하이
패스

건축(산업)기사
실기 기출문제집

서울고시각

**Stand by
Strategy
Satisfaction**

새로운 출제경향에 맞춘 수험서의 완벽서

건축(산업)기사 실기 기출문제집 정오표

정오가 생긴 점, 깊이 사과드리며 정오 부분을 수정하오니 참조하시기 바랍니다.

— 서울고시각 편집부

페이지	수정 전	수정 후
89	08. 말뚝 간격	08. 말뚝 간격(**말뚝의 종류별 최소 간격 기준은 말뚝의 종류와 상관없이 2.5D로 개정되었음**)
91	21번 < 해설 > (1) 표준네트워크 공정표 그림에서 ③에서 ⑤로 가는 화살표의 끝이 없음	21번 < 해설 > (1) 표준네트워크 공정표 그림에서 ③**에서 ⑤로 가는 방향으로 화살표의 끝이 추가되어야 함**
92	21번 < 해설 > ③ 공기단축된 공정표 그림에서 공기단축 후 E작업의 작업일수는 **6일**	21번 < 해설 > ③ 공기단축된 공정표 그림에서 공기단축 후 E작업의 작업일수는 **3일**
316	17번 철골 공사에서 용접 **결합**이 생기기 쉬운 용접…	17번 철골 공사에서 용접 **결함**이 생기기 쉬운 용접…
362	19번 …(단, 블록의 전단면적(19cm×39cm)은 741**cm2**이고, 구멍을 공제한 중앙부의 순단면적은 460cm²이다.)	19번 …(단, 블록의 전단면적(19cm×39cm)은 741cm^2이고, 구멍을 공제한 중앙부의 순단면적은 460cm²이다.)
417	21번 다음은 용접 결함에 관한 설명이다. ( )에 적당한 **결합** 항목을 기입하시오.	21번 다음은 용접 결함에 관한 설명이다. ( )에 적당한 **결함** 항목을 기입하시오.
457	23번 보기 안 내용 기포콘크리트, 자기질 타일, **보호 모르타르, 고름 모르타르(XL15)**, 액체 방수 1종	23번 보기 안 내용 기포콘크리트, 자기질 타일, **고름(보호) 모르타르, 보호 모르타르(XL15)**, 액체 방수 1종
462	23. 나. **고름 모르타르**	23. 나. **고름(보호) 모르타르**

머리말
INTRO

　본 기출문제집에서는 건축기사 또는 건축산업기사 자격증을 취득하기 위해 치러야 하는 실기시험 5과목(건축산업기사는 4과목)의 지난 11개년(건축산업기사는 4개년) 동안의 기출문제를 수록하고 있다. 건축기사 및 건축산업기사의 실기시험 준비는 관련 이론을 여러 번의 반복 회독을 거쳐 충분히 학습한 후 과년도의 기출문제를 풀어 학습한 이론이 문제에 어떻게 적용되는지를 연마하는 것이 반드시 필요하다. 또한 건축기사 시험의 특성상 일정한 비율의 기출문제를 동일하게 출제하는 경향이 있어 기출문제의 중요성은 좀 더 높아지고 있는 추세이다. 또한 건축산업기사 시험의 실기 과목도 건축구조를 제외하고 건축기사의 실기 과목과 동일한 과목으로 출제범위는 약간 다르지만 출제위원이 같으므로 요즈음의 추세는 건축기사와 건축산업기사의 구분이 점점 없어져 가고 있는 실정이다.

※ **건축기사/건축산업기사 실기시험 과목**
　건축시공, 공정관리, 건축적산, 품질관리, 건축구조(건축산업기사는 해당 없음)

　이 교재의 특징은 다음과 같다.

- **첫째**, 수험생들이 효율적으로 학습하는 것을 최우선으로 하여 각 과목별로 최소한의 노력으로 최대한의 효과를 얻을 수 있도록 하였다.
- **둘째**, 각 기출문제에 대한 정답 해설을 꼭 필요한 부분은 물론 다른 기출문제를 감안해 추가로 숙지해야할 내용도 수록하였고 수험생들의 학습량을 최소화하는데 중점을 두었다.
- **셋째**, 이론 강의에서의 단어-단어 암기법을 기초로 방대한 분량의 내용을 암기하기 쉽도록 기술하여 동영상 강의와 병행하면 누구나 쉽게 이해하고 학습할 수 있도록 하였다.
- **넷째**, 최근 개정된 새 법령에 맞춰 과년도 문제를 출제 당시의 법령에 따른 풀이와 현재의 법령으로 풀이한 경우도 병행하여 기술하였다.

　마지막으로 건축기사 및 건축산업기사 실기 기출 교재의 발행에 많은 협조를 아끼지 않은 (주)서울고시각 및 에듀마켓 대표이사님 이하 임직원 여러분과 편집하신 분들께 깊은 감사를 드립니다.

저자 안남식

자격시험 정보
GUIDE

[1] **자격명**
   건축기사(Architectural Engineer)/건축산업기사(Architectural Industrial Engineer)

[2] **관련부처**
   국토교통부

[3] **시행기관**
   한국산업인력공단

[4] **자격시험 일정 및 수수료(건축기사/건축산업기사)**

① 시험 일정

구분	실기원서접수 (휴일제외)	실기시험	합격자 발표
제1회	3.24.~3.27.	4.19.~5.9.	• 1차 6.5. • 2차 6.13.
제2회	6.23.~6.26.	7.19.~8.6.	• 1차 9.5. • 2차 9.12.
제3회	9.22.~9.25.	11.1.~11.21.	• 1차 12.5. • 2차 12.24.

※ 원서접수시간은 원서접수 첫날 10:00부터 마지막 날 18:00까지임
※ 시험 일정은 종목별, 지역별로 상이할 수 있음
   [접수 일정 전에 공지되는 해당 회별 수험자 안내(Q-Net 공지사항 게시) 참조 필수]

② 수수료 : [건축기사] 필기-19,400원 / 실기-22,600원
           [건축산업기사] 필기-19,400원 / 실기-20,800원

[5] **취득방법**
   ① **시행처** : 한국산업인력공단
   ② **관련학과** : [건축기사] 대학이나 전문대학의 건축, 건축공학, 건축설비, 실내건축 관련학과
                  [건축산업기사] 대학이나 전문대학의 건축 관련학과
   ③ **시험과목**
      • 필기 : 1. 건축계획, 2. 건축시공, 3. 건축구조, 4. 건축설비, 5. 건축관계법규
      • 실기 : 건축시공 실무
   ④ **검정방법**
      • 필기 : 객관식 4지 택일형 과목당 20문항(과목당 30분)
      • 실기 : [건축기사] 필답형(3시간)
              [건축산업기사] 필답형(2시간 30분)

⑤ 합격기준
- 필기 : 100점을 만점으로 하여 과목당 40점 이상, 전과목 평균 60점 이상
- 실기 : 100점을 만점으로 하여 60점 이상

[6] 최근 6개년 종목별 검정현황

① 건축기사

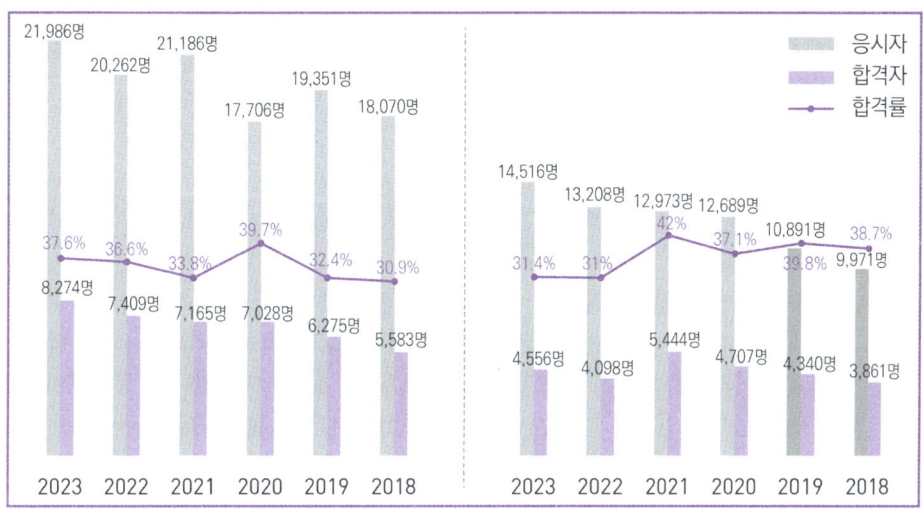

② 건축산업기사

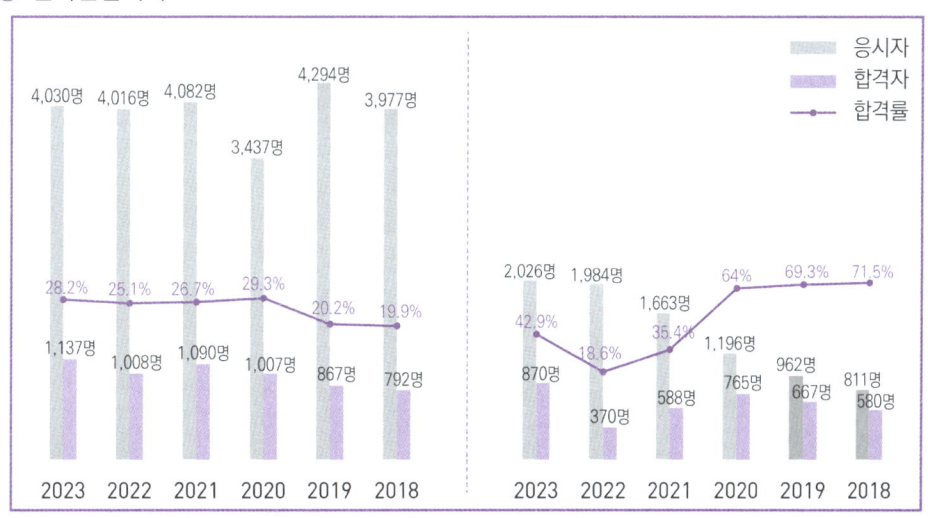

자격시험 정보
GUIDE

[7] 기본정보

① 개요

건축물의 계획 및 설계에서 시공에 이르기까지 전 과정에 관한 공학적 지식과 기술을 갖춘 기술인력으로 하여금 건축업무를 수행하게 함으로써 안전한 건축물 창조를 위하여 자격제도 제정

② 수행직무

건축시공에 관한 공학적 기술이론을 활용하여, 건축물 공사의 공정, 품질, 안전, 환경, 공무관리 등을 통해 건축 프로젝트를 전체적으로 관리하고 공종별 공사를 진행하며 시공에 필요한 기술적 지원을 하는 등의 업무 수행

③ 진로 및 전망

- 종합 또는 전문건설회사의 건설현장, 건축사사무소, 용역회사, 시공회사 등으로 진출할 수 있다.
- 신규 착공부지의 부족, 기업에 대한 정부의 강도 높은 부동산 제재로 투자위축 우려, 전세대란의 대책으로 인한 재건축사업의 부진 우려, 지방지역의 높은 주택보급률에 대한 부담 등 감소요인이 있으나, 최근 저금리추세가 지속, 신규 공동주택에 대한 매매수요가 증가요인으로 작용하여 건축(산업)기사 자격취득자에 대한 인력수요는 증가할 것이다.

출제경향과 수험대책
TREND & MEASURE

📑 출제경향

   건축기사 및 건축산업기사 실기시험은 **일정한 비율의 기출문제를 문제은행식으로 동일하게 출제하는 경향이 있는 것이 특징**이고, 만점을 방지한다는 이유인지는 모르겠으나 지난 10년 동안 한 번도 출제되지 않았던 **새롭고 지엽적인 문제들도 5~8문제는 꼭 출제되고 있는 실정**이다.

   또한 건축기사 수험생들이 공통적으로 어렵다고 말하는 건축구조 과목에서 그림과 수치들도 일부 문제에 대해서는 동일하게 출제되고 있으므로 이러한 특성들을 고려한다면 충분히 합격점수를 받을 수 있을 것으로 판단된다.

   간혹 건축시공의 시방서와 건축구조기준에서 개정된 기준을 적용한 문제들도 출제되고 있으니 이에 대한 대비도 필요할 것으로 보인다.

📑 수험대책

   위의 출제경향에 맞춰 **단기 합격을 위한 학습법은 반복 학습이 최고**라고 단언할 수 있다. 지난 20여 년의 강의 경력을 토대로 기출문제를 정밀하게 분석해 보면 건축기사 및 건축산업기사 실기시험은 10개년의 과년도 기출문제만 충실하게 반복 학습할 경우 합격할 확률이 거의 100%에 가까울 것으로 확신하고 있다. 다만, 건축산업기사의 경우 필답형으로 전환된 것이 4년 전이므로 4개년의 기출문제만 수록되어 있으므로 이를 토대로 하여 건축기사 기출문제도 병행하는 것을 권유드린다.

   건축기사 및 건축산업기사 실기시험도 필기시험과 유사하게 문제은행식으로 일정 비율의 문제들이 동일하게 출제되므로 반복학습을 하다 보면 이러한 문제들에 익숙해지며, 1년에 3회 실시되는 자격증 시험의 특성상 상대평가보다는 실기 과목 평균이 100점 만점에 60점 이상이면 합격하는 절대평가의 기준이므로 전체 5과목 중 한두 과목에서 낮은 점수를 받아도 나머지 과목에서 만회가 가능하기 때문에 충분히 합격할 수 있는 것이다.

   따라서 **이론서를 통해 전체적인 이론을 학습한 후 과년도 기출문제를 반복해서 풀어보고 문제들을 숙지하는 것이 단기 합격으로 가는 지름길**이라는 것은 자명할 것이다. 또한 수험생들이 공통적으로 어려움을 호소하는 건축구조 과목의 경우 처음에는 이해도가 많이 떨어져도 끝까지 1회독하는 것을 목표로 완강할 것을 권유드리며 적어도 3회독 이상 반복 학습한다면 틀림없이 좋은 결과를 얻을 수 있을 것이다.

차례
CONTENTS

PART 01 건축기사 과년도 문제

2014년도	제1회 건축기사	3
	제2회 건축기사	16
	제4회 건축기사	31
2015년도	제1회 건축기사	43
	제2회 건축기사	56
	제4회 건축기사	69
2016년도	제1회 건축기사	81
	제2회 건축기사	96
	제4회 건축기사	109
2017년도	제1회 건축기사	122
	제2회 건축기사	134
	제4회 건축기사	147
2018년도	제1회 건축기사	159
	제2회 건축기사	171
	제4회 건축기사	182
2019년도	제1회 건축기사	195
	제2회 건축기사	207
	제4회 건축기사	219

2020년도	제1회 건축기사	231
	제2회 건축기사	244
	제3회 건축기사	256
	제4회 건축기사	268
	제5회 건축기사	280
2021년도	제1회 건축기사	290
	제2회 건축기사	302
	제4회 건축기사	314
2022년도	제1회 건축기사	324
	제2회 건축기사	335
	제4회 건축기사	347
2023년도	제1회 건축기사	359
	제2회 건축기사	370
	제4회 건축기사	380

차례
CONTENTS

PART 02   건축산업기사 과년도 문제

2021년도	제1회 건축산업기사	395
	제2회 건축산업기사	405
	제3회 건축산업기사	414
2022년도	제1회 건축산업기사	423
	제2회 건축산업기사	433
	제3회 건축산업기사	443
2023년도	제1회 건축산업기사	453
	제2회 건축산업기사	464
	제3회 건축산업기사	474

부록   2024년 기출복원 문제

건축기사	제1회	487
	제2회	497
	제3회	510
건축산업기사	제1회	520
	제2회	531
	제3회	541

실기 기출문제집

PART 1

건축기사
과년도 문제

2014 제1회 건축기사

01
[2점]

다음 괄호에 알맞은 단어나 숫자를 기술하시오.

> 기둥의 띠철근 간격은 주근 지름의 (①)배 이하, 띠철근 지름의 (②)배 이하, 기둥의 최소폭 이하 중 작은 값으로 한다.

①
②

02
[6점]

다음에 제시하는 형강을 보고 간략히 도시하고, 치수를 기입하시오.

> (1) H - 300 × 200 × 8 × 12
> (2) C - 150 × 75 × 10
> (3) L - 90 × 90 × 10

(1)
(2)
(3)

03 [10점]

다음 데이터를 네트워크 공정표로 작성하고, 각 작업의 여유시간(TF와 FF)을 계산하시오.

작업명	작업일수	선행작업	비고
A	5	없음	① CP는 굵은 선으로 표시한다.
B	6	없음	② 각 결합점에서는 다음과 같이 표시한다.
C	5	A, B	EST|LST △LET|EFT
D	7	A, B	
E	3	B	③ 각 작업은 다음과 같이 표시한다.
F	4	B	i —작업명/공사일수→ j
G	3	C, E	
H	4	C, D, E, F	

(1) 공정표 작성 :
(2) 여유시간 계산 :

04 [3점]

다음은 TQC의 도구에 대한 설명이다. 해당되는 도구명을 기술하시오.

(1) 계량치가 어떤 분포를 하는지 알아보기 위하여 작성하는 그림
(2) 불량 등 발생건수를 분류 항목별로 나누어 크기 순서대로 나열해 놓은 그림
(3) 결과에 원인이 어떻게 관계하고 있는가를 한눈에 알 수 있도록 작성한 그림

(1)
(2)
(3)

05 [4점]

공사 착공 시 첨부되는 품질관리계획서에 들어가는 사항 4가지를 기술하시오.

(1)
(2)
(3)
(4)

06 [6점]

다음 그림의 헌치 보에 대하여 콘크리트량과 거푸집 면적을 계산하시오.

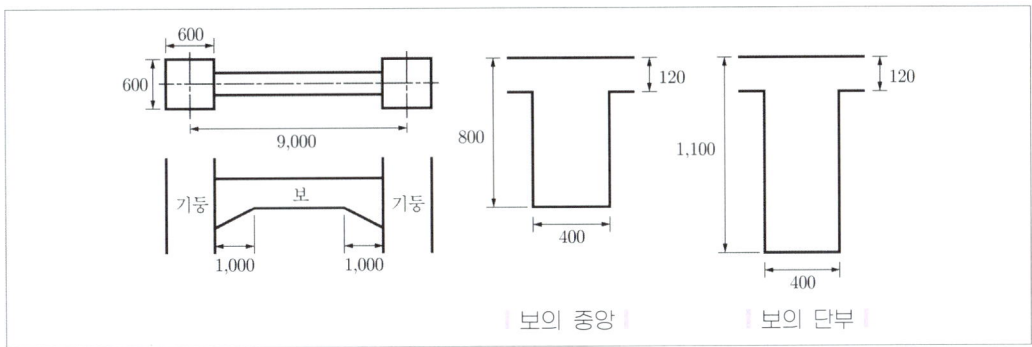

(1) 콘크리트량 :
(2) 거푸집 면적 :

07 [3점]

BOT(Build-Operate-Transfer Contract) 방식에 대해 설명하시오.

08 [2점]

기준점(Bench Mark)의 정의를 기술하시오.

09 [4점]

지하구조물은 지하수위에서 구조물 밑면까지의 깊이만큼 부력을 받아 건물이 부상하게 되는데, 이러한 부상에 대한 방지대책 4가지를 기술하시오.

(1)
(2)
(3)
(4)

10 [3점]

철근콘크리트 공사에서 철근 간격을 일정하게 유지하는 이유 3가지를 기술하시오.
(1)
(2)
(3)

11 [4점]

다음 측정기별 용도를 기술하시오.
(1) Washington Meter :
(2) Piezometer :
(3) Earth Pressure Meter :
(4) Dispenser :

12 [2점]

다음 설명에 해당하는 콘크리트의 줄눈 명칭을 기술하시오.

> 콘크리트 시공과정 중 휴식시간 등으로 응결하기 시작한 콘크리트에 새로운 콘크리트를 이어칠 때 일체화가 저해되어 생기게 되는 줄눈

13 [3점]

한중콘크리트의 문제점에 대한 대책을 보기에서 모두 골라 기호를 나열하시오.

가. AE제 사용	나. 응결지연제 사용
다. 보온양생	라. 물-시멘트비를 60% 이하로 유지
마. 중용열시멘트 사용	바. Pre-cooling 방법 사용

14 [3점]

화재 시 발생하는 고강도 콘크리트의 폭렬현상에 대하여 기술하시오.

15 [4점]

철골공사에서 녹막이 칠을 하지 않는 부분 4개를 기술하시오.

(1)
(2)
(3)
(4)

16 [4점]

철골공사 접합방법 중 용접의 장점 4가지를 기술하시오.

(1)
(2)
(3)
(4)

17 [3점]

철골공사에서 용접부의 비파괴 시험방법의 종류 3가지를 기술하시오.

(1)
(2)
(3)

18 [4점]

건설공사에 사용되는 타워크레인의 종류로는 T형 타워크레인(T-Tower Crane)과 러핑 크레인(Luffing Crane)이 있는데, 이 중 러핑 크레인을 사용하는 경우 2가지를 기술하시오.

(1)
(2)

19 [4점]

철골공사에 있어서 철골 습식 내화피복공법의 종류 4가지를 기술하시오.

(1)
(2)
(3)
(4)

20 [3점]

목구조에서 횡력에 저항하도록 설계하는 부재 3가지를 기술하시오.

(1)
(2)
(3)

21 [2점]

알루미늄 창호를 철제 창호와 비교할 때 장점 4가지를 기술하시오.

(1)
(2)
(3)
(4)

22 [4점]

다음 용어의 정의를 기술하시오.

(1) 스캘럽(Scallop) :
(2) 뒷댐재(Back Strip) :

23 [3점]

콘크리트 설계기준압축강도 f_{ck}=30MPa일 때, 등가응력블록의 깊이 계수 β_1을 계산하시오.

계산과정 :

24 [3점]

테두리보의 역할 3가지를 기술하시오.

(1)
(2)
(3)

25 [4점]

다음 그림과 같은 트러스 구조물의 부정정차수를 구하고, 안정구조물 또는 불안정 구조물 여부를 판별하시오.

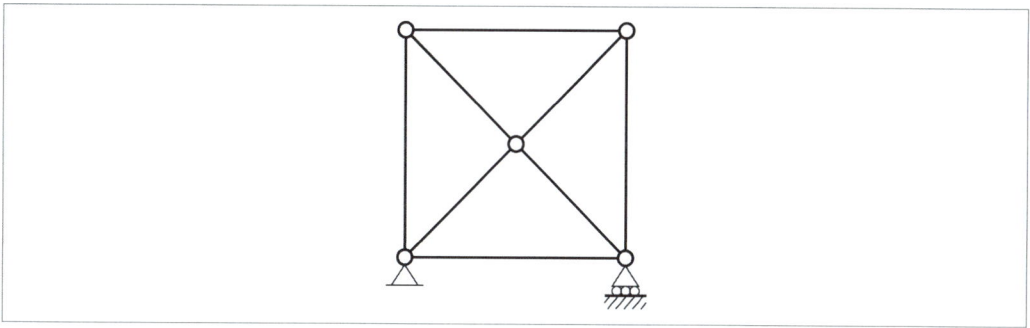

26 [2점]

그림과 같은 단면의 X-X축에 대한 단면2차모멘트를 계산하시오.

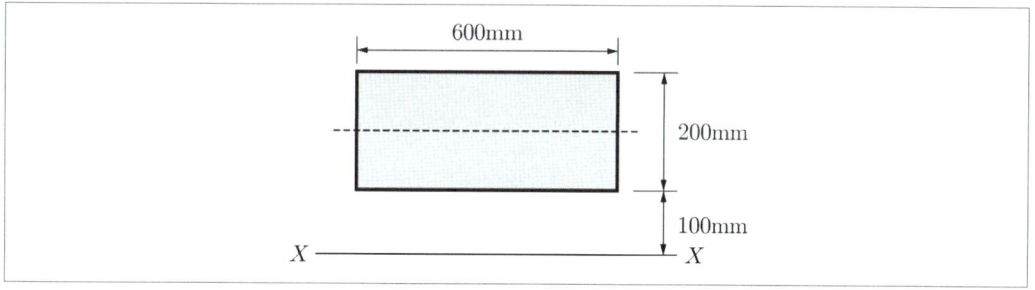

계산과정 :

27 [4점]

그림과 같은 하중을 받는 단순보(A)와 단순보(B)의 최대휨모멘트가 같을 때 집중하중 P를 계산하시오.

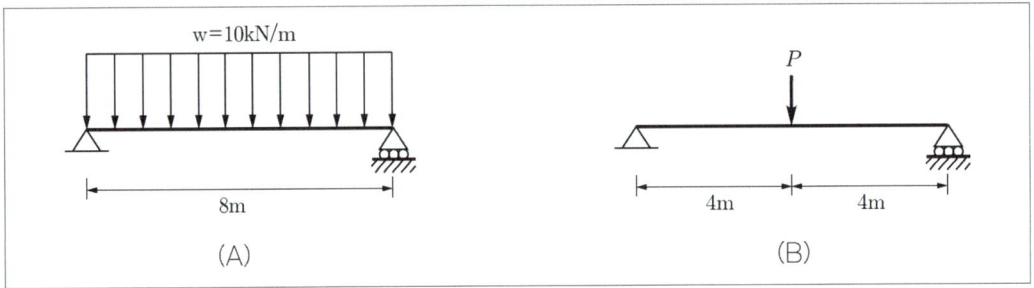

계산과정 :

14년 1회 해설 및 정답

01 기둥의 띠철근 간격
① 16
② 48

02 형강의 그림과 치수
(1) 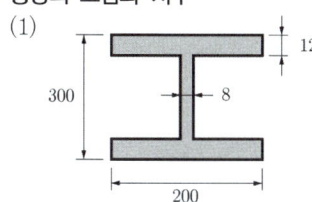 (2) 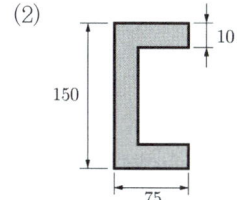 (3)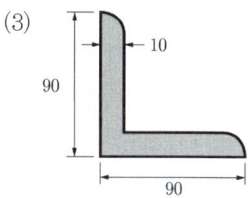

03 공정표 작성 및 여유시간
(1) 공정표 작성

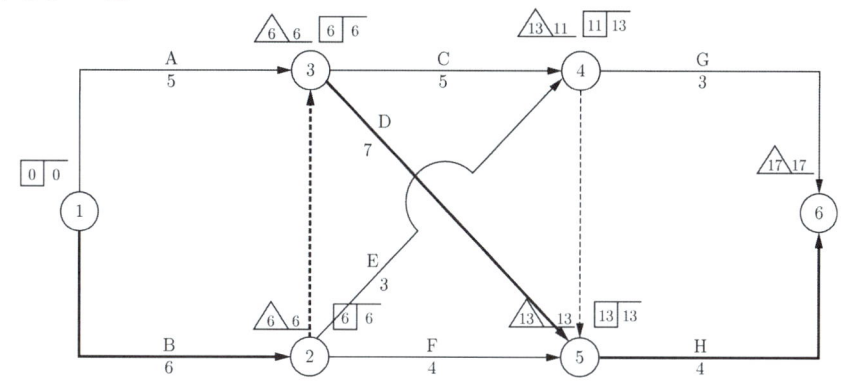

(2) 작업의 여유시간

작업명	TF	FF	DF	CP
A	1	1	0	
B	0	0	0	*
C	2	0	2	
D	0	0	0	*
E	4	2	2	
F	3	3	0	
G	3	3	0	
H	0	0	0	*

04 TQC 도구
(1) 히스토그램
(2) 파레토도
(3) 특성요인도

05 품질관리계획서 항목
(1) 품질관리 조직
(2) 품질관리 항목
(3) 품질관리 실시방법
(4) 시험담당자
(5) 규격

06 적산 – 헌치 보의 콘크리트량 거푸집 면적

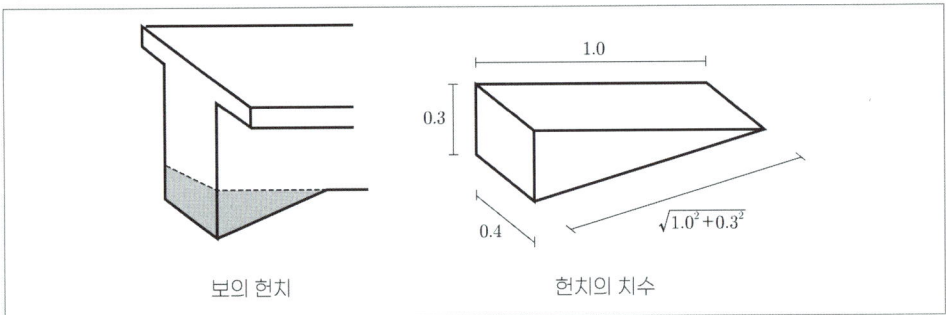

보의 헌치   헌치의 치수

보의 콘크리트량 산출 문제에서는 보의 두께 계산 시 슬래브 두께까지 포함해서 계산한다.
(1) 콘크리트량
    ① 보 부분 = $0.4 \times 0.8 \times (9 - \frac{0.6}{2} \times 2) = 2.688\text{m}^3$

    ② 헌치 부분 = $\frac{1}{2} \times 0.3 \times 1.0 \times 0.4 \times 2 = 0.12\text{m}^3$

    ∴ 콘크리트량 = $2.688 + 0.12 = 2.808\text{m}^3$

(2) 거푸집 면적
    ① 헌치 부분을 제외한 보 옆 = $(0.8 - 0.12) \times (9 - \frac{0.6}{2} \times 2) \times 2 = 11.424\text{m}^2$

    ② 헌치 = $\frac{1}{2} \times 0.3 \times 1.0 \times 2 \times 2 = 0.6\text{m}^2$

    ③ 보 밑 = $[0.4 \times (9 - 1 - 1 - \frac{0.6}{2} \times 2)] + [0.4 \times \sqrt{(0.3)^2 + 1^2} \times 2] = 3.395\text{m}^2$

    ∴ 거푸집 면적 = $11.424 + 0.6 + 3.395 = 15.415\text{m}^2$

07 BOT
민간자본을 들여 시설물을 완공(Build)한 후 투자자가 일정 기간 동안 운영(Operation)한 뒤 시설물의 소유권을 발주자에게 이전(Transfer)하는 방식

08 기준점
건축물 시공 시 기준위치를 정하는 원점으로 공사 중 높이의 기준을 정하고자 설치하는 것

09 건물의 부상 방지대책
(1) 건물의 자중 증가
(2) 락-앵커(Rock Anchor)를 사용하여 정착
(3) 배수공법을 이용한 지하수위 저하
(4) 지하수를 채운 이중 지하실의 설치

10 철근 간격 설치목적
(1) 콘크리트 시공성 확보
(2) 소요강도 유지
(3) 재료분리 방지

11 측정기기
(1) Washington Meter : 콘크리트의 공기량 측정
(2) Piezometer : 지반 내의 간극수압 측정
(3) Earth Pressure Meter : 토압 측정
(4) Dispenser : AE제의 부피 측정

12 용어
콜드 조인트(Cold Joint)

13 한중콘크리트의 대책
가, 다, 라

14 고강도 콘크리트 폭렬현상
화재 시 고열로 인하여 콘크리트 내부에서 생성된 수증기의 압력이 증가하게 되고 이 압력이 콘크리트의 인장강도보다 크게 되면 폭음과 함께 콘크리트가 떨어져 나가는 현상

15 녹막이 칠을 하지 않는 부분
(1) 고력볼트 접합부의 마찰면
(2) 콘크리트에 매입되는 부분
(3) 조립에 의해 맞닿는 면
(4) 현장 용접하는 부분

16 용접의 장점
(1) 강재량의 절약(경제적)
(2) 접합부의 일체성과 수밀성 확보
(3) 철골의 중량 감소
(4) 무소음/무진동

17 용접부 비파괴시험
(1) 방사선 투과법
(2) 초음파 탐상법
(3) 자기분말 탐상법

18 Luffing Crane의 사용처
(1) 주변 건물에 방해되어 회전이 불가능한 경우
(2) 크레인의 일부가 타 대지를 침범하게 되는 경우

19 철골 습식 내화피복공법
(1) 타설공법
(2) 조적공법
(3) 미장공법
(4) 뿜칠공법

20 목구조의 횡력 보강 부재
(1) 가새
(2) 버팀대
(3) 귀잡이

21 알루미늄 창호의 장점
(1) 비중이 철의 $\frac{1}{3}$로 가볍다.
(2) 공작이 자유롭고 기밀성이 있다.
(3) 여닫음이 경쾌하다.
(4) 녹슬지 않고 수명이 길다.

22 용어 정의
(1) 스캘럽(Scallop) : 철골부재 용접 시 이음 및 접합부위의 용접선이 교차되어 재용접된 부위가 열 영향을 받아 약해지는 것을 방지하기 위해 모재를 부채꼴 모양으로 제거한 것
(2) 뒷댐재(Back Strip) : 한 면 그루브용접 시 용융금속이 녹아 떨어지는 것을 방지하기 위해 루트 하부에 받치는 금속판

23 등가응력블록의 깊이 계수
$f_{ck} \leq 40MPa$이므로 $\beta_1 = 0.80$

24 테두리보의 역할
(1) 수직균열 방지
(2) 벽체를 일체로 하여 하중의 균등한 분포
(3) 집중하중을 받는 부분의 보강
(4) 수직철근의 정착위치 제공

25 구조물의 판별식
(1) $n = r + m - 2j = 3 + 8 - 2 \times 5 = 1$차 부정정
  여기에서 반력수 $r = 1 + 2 = 3$, 부재수 $m = 8$, 절점수 $j = 5$
(2) 힘의 평형조건식을 만족하고 삼각형 형태로 내부의 큰 변형이 발생하지 않으므로 안정구조물이다.

26 단면2차모멘트 계산
$$I_X = I_x + A y_0^2 = \frac{600 \times (200)^3}{12} + (600 \times 200) \times (100 + 100)^2 = 5.2 \times 10^9 \text{mm}^4$$

27 하중 계산
$$\frac{wL^2}{8} = \frac{PL}{4} \rightarrow \frac{10(8)^2}{8} = \frac{P(8)}{4} \rightarrow P = 40\text{kN}$$

2014 제2회 건축기사

01 [4점]

언더피닝(Underpinning)을 실시하는 이유(목적)를 기술하고, 언더피닝 공법의 종류 2가지를 기술하시오.

(1) 이유 :
(2) 종류 :

02 [4점]

다음은 지반조사법 중 보링에 대한 설명이다. 알맞은 용어를 쓰시오.

> (1) 경질층에 사용하며, 충격날을 낙하시키고 그 낙하충격에 의해 파쇄된 토사를 퍼내어 지층 상태를 판단하는 방법
> (2) 충격날을 회전시켜 천공하고, 지층의 변화를 연속적으로 파악하고자 할 때 사용하는 방법
> (3) 오거를 회전시키면서 지중에 압입, 굴착하고 여러 번 오거를 인발하여 교란 시료를 채취하는 방법
> (4) 비교적 연질층에 사용하며, 수압을 이용하여 천공하면서 흙과 물을 동시에 배출시키는 방법

(1)
(2)
(3)
(4)

03 [3점]

콘크리트 공사에 사용된 골재의 비중이 2.65이고 단위용적중량이 1,600kg/m³일 때 이 골재의 공극률(%)을 구하시오.

계산과정 :

04 [4점]

SPS(Struct as Permanent System) 공법의 특징 4가지를 기술하시오.

(1)
(2)
(3)
(4)

05 [3점]

기성말뚝 타격공법 중 주로 사용되는 디젤해머(Diesel Hammer)의 장점과 단점 3가지를 기술하시오.

(1) 장점
　①
　②
　③
(2) 단점
　①
　②
　③

06 [3점]

목재의 방부처리방법 3가지를 쓰고 간략히 설명하시오.

(1)
(2)
(3)

07 [3점]

건축공사 표준시방서에 의한 석재의 물갈기 마감공정을 순서대로 나열하시오.

08 [3점]

철근공사에서 철근선조립공법의 시공적 측면에서의 장점 4가지를 기술하시오.

(1)
(2)
(3)
(4)

09 [4점]

미장공사와 관련된 다음 용어의 정의를 간략히 기술하시오.

(1) 손질바름 :
(2) 실러바름 :

10 [3점]

콘크리트 공사에서 소성수축균열(Plastic Shrinkage Crack)에 대하여 기술하시오.

11 [4점]

콘크리트 타설 시 현장 가수로 인해 물시멘트비가 큰 콘크리트로 시공하였을 때 예상되는 문제점 4가지를 기술하시오.

(1)
(2)
(3)
(4)

12 [3점]

실시설계도서가 완성되고 공사 물량산출 등 견적업무가 끝나면 공사예정가격 작성을 위한 원가계산을 하게 된다. 원가계산기준 중 아래 내용에 대한 용어를 기술하시오.

(1) 공사 시공과정에서 발생하는 재료비, 노무비, 경비의 합계액
(2) 기업의 유지를 위한 관리활동부문에서 발생하는 제비용
(3) 공사계약목적물을 완성하기 위하여 직접 작업에 종사하는 종업원 및 기능공에 제공되는 노동력의 대가

(1)
(2)
(3)

13 [3점]

다음은 목공사의 단면치수 표기법에 대한 설명이다. (   ) 안에 해당하는 용어를 기술하시오.

목재의 단면을 표시하는 치수는 특기사항이 없을 때 구조재와 수장재는 모두 (①)치수로 하고, 창호재와 가구재는 (②)치수로 한다. 또한, 제재목을 지정치수대로 한 것을 (③) 치수라고 한다.

①
②
③

14 [4점]

숏크리트(Shotcrete) 공법의 정의를 기술하고, 그에 대한 장단점을 1가지씩 기술하시오.

(1) 숏크리트 공법 :
(2) 장점 :
(3) 단점 :

15 [3점]

레디믹스트 콘크리트가 현장에 도착하여 타설될 때 현장에서 일반적으로 행하는 품질관리 항목을 보기에서 선택하여 나열하시오.

```
가. 슬럼프 시험            나. 물의 염소이온량 측정
다. 골재반응성 시험        라. 공기량 시험
마. 압축강도 공시체 제작    바. 시멘트 알칼리량 측정
```

16 [4점]

철골공사에서 내화피복공법 종류에 따른 재료를 각각 2가지씩 기술하시오.

17 [10점]

다음의 그림은 철근콘크리트조 경비실 건물이다. 주어진 평면도와 단면도를 보고 C_1, G_1, G_2, S_1에 해당되는 부분의 1층과 2층의 콘크리트량과 거푸집 면적을 계산하시오.

단, 1) 기둥 단면(C_1) : 30cm×30cm,   2) 보 단면(G_1, G_2) : 30cm×60cm
    3) 슬래브 두께(S_1) : 13cm   4) 층고 : 단면도 참조

단, 단면도에 표기된 1층 바닥선 이하는 계산하지 않는다.

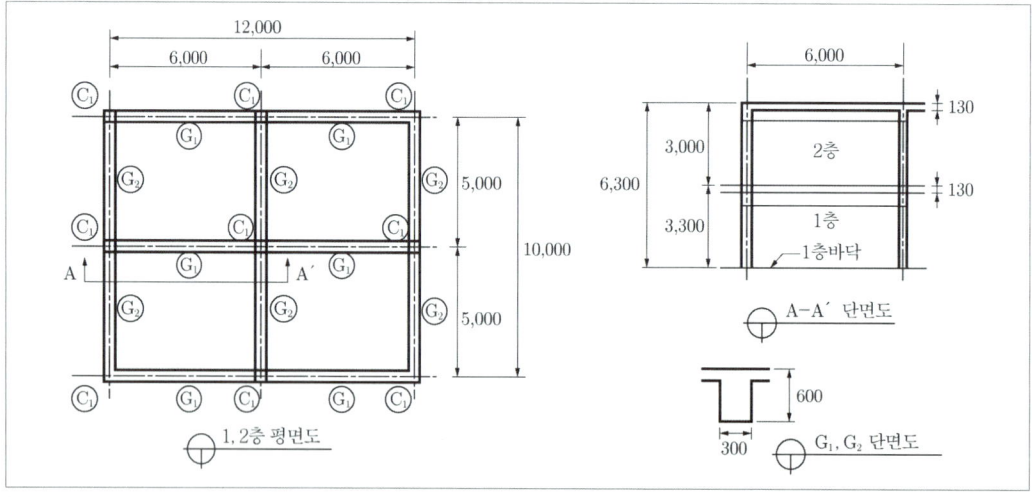

계산과정 :

18 [8점]

다음 데이터를 네트워크 공정표로 작성하고, 각 작업의 여유시간(TF와 FF)을 계산하시오.

작업명	작업일수	선행작업	비고
A	5	없음	① CP는 굵은 선으로 표시한다.
B	6	없음	② 각 결합점에서는 다음과 같이 표시한다.
C	5	A, B	EST │ LST LET │ EFT
D	7	A, B	
E	3	B	③ 각 작업은 다음과 같이 표시한다.
F	4	B	i ─작업명/공사일수─ j
G	3	C, E	
H	4	C, D, E, F	

(1) 공정표 작성 :
(2) 여유시간 계산 :

19 [4점]

PERT 기법에 의한 기대시간(Expected Time)을 계산하시오.

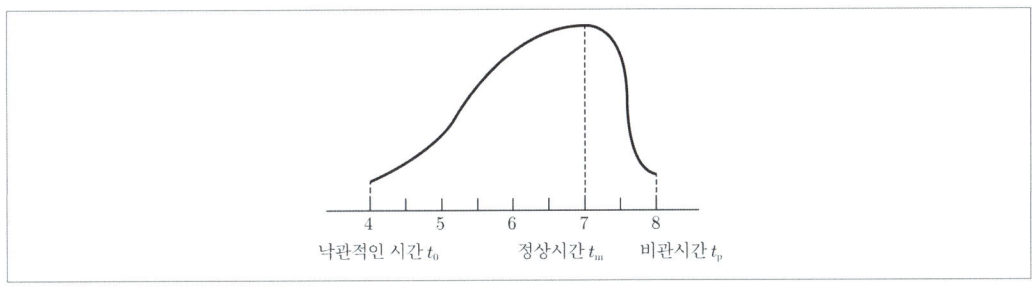

계산과정 :

20 [3점]

보통골재를 사용한 $f_{ck}=30\text{MPa}$인 콘크리트의 탄성계수를 계산하시오.

계산과정 :

21 [4점]

그림과 같은 용접부의 기호에 대해 기호의 수치를 모두 표기하여 제작 상세를 도시하시오. (단, 기호의 수치를 모두 표기해야 함)

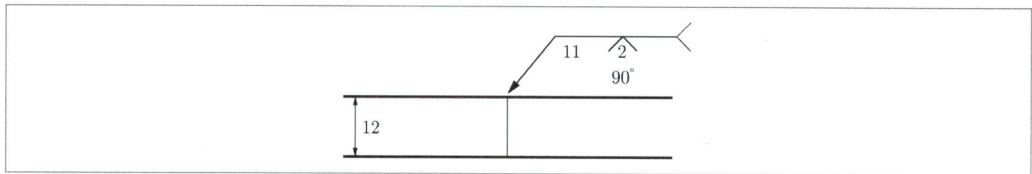

22 [4점]

그림과 같이 고력볼트로 접합된 큰보와 작은보의 접합부의 사용성 한계상태에 대한 설계미끄럼강도를 계산하여 볼트 개수가 적절한지 검토하시오. (단, 사용된 고력볼트는 M22(F10T)이며 표준구멍을 적용하고, 고력볼트의 설계볼트장력 $T_o = 200kN$, 미끄럼계수 $\mu = 0.5$, 고력볼트의 설계미끄럼강도 $\phi R_n = \phi \times \mu \times h_{sc} \times T_o \times N_s$ 식으로 검토한다. 사용하중은 450kN이 작용한다.)

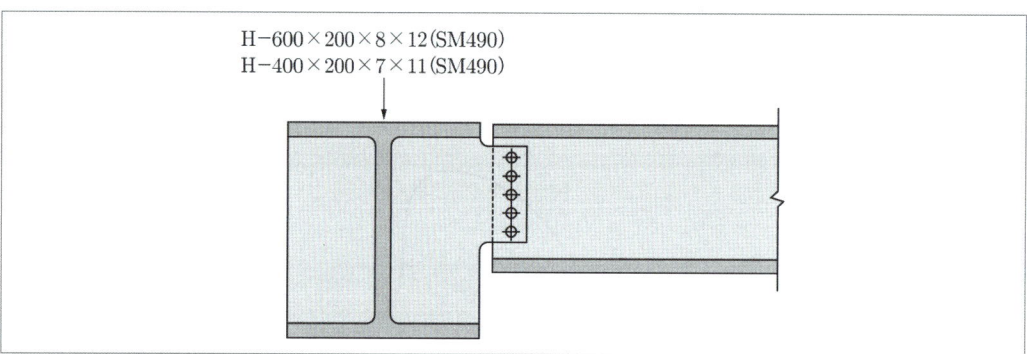

계산과정 :

23 [4점]

그림과 같은 철근콘크리트 단순보에서 계수집중하중(P_u)의 최대값(kN)을 계산하시오. (단, 보통중량콘크리트 $f_{ck}=28\text{MPa}$, $f_y=400\text{MPa}$, 인장철근 단면적 $A_s=1{,}500\text{mm}^2$, 휨에 대한 강도감소계수 $\phi=0.85$를 적용한다.)

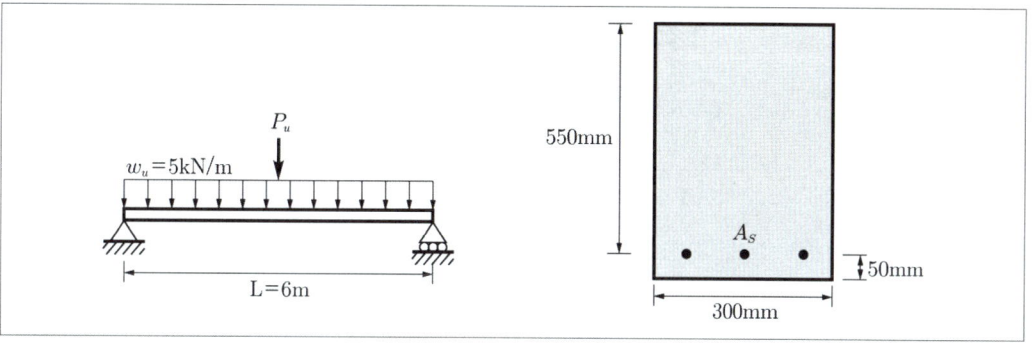

계산과정 :

24 [4점]

그림과 같은 T형보의 중립축 위치(c)를 계산하시오. (단, 보통중량콘크리트 $f_{ck}=30\text{MPa}$, $f_y=400\text{MPa}$, 인장철근 단면적 $A_s=2{,}000\text{mm}^2$)

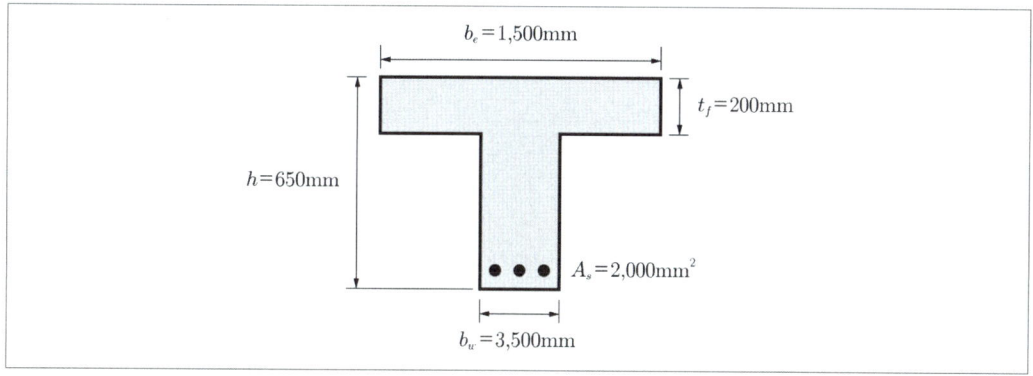

계산과정 :

25 [3점]

그림과 같은 캔틸레버 보의 자유단 B점의 처짐이 0이 되기 위한 등분포하중 w(kN/m)의 크기를 계산하시오. (단, 경간 전체의 휨강성 EI는 일정)

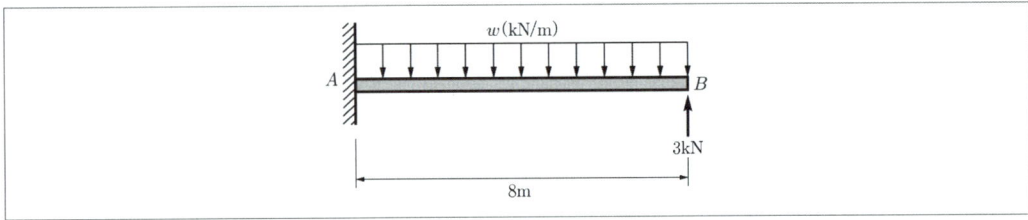

계산과정 :

14년 2회 해설 및 정답

01 언더피닝 공법
(1) 이유 : 기존 건축물 가까이에서 신축공사를 할 때 기존 건축물의 침하를 방지하기 위해 지반과 기초를 보강하는 공법
(2) 언더피닝 공법의 종류
  ① 2중 널말뚝 공법
  ② 현장타설 콘크리트말뚝 공법
  ③ 모르타르 및 약액주입 공법

02 보링공법
(1) 충격식
(2) 회전식
(3) 오거식
(4) 수세식

03 골재의 공극률 계산
공극률 $= \dfrac{G \times 0.999 - w}{G \times 0.999} \times 100 = \dfrac{2.65 \times 0.999 - 1.6}{2.65 \times 0.999} \times 100 = 39.56\%$
여기서, G : 비중
  w : 단위용적중량(t/m³)

04 SPS 특징
(1) 가설재(버팀재)의 감소
(2) 채광, 환기 등이 양호함
(3) 지하/지상의 동시 작업으로 공기단축
(4) 굴착작업이 용이함

05 디젤해머 특징
(1) 장점
  ① 큰 타격력으로 시공능률이 우수하다.
  ② 말뚝 두부의 타격으로 인한 손상이 적다.
  ③ 장비의 조립·해체가 용이하다.
(2) 단점
  ① 해머의 낙하높이 조절이 어렵다.
  ② 소음, 진동이 크다.
  ③ 연약지반에서는 시공능률이 떨어진다.

06 목재의 방부법
(1) 표면 탄화법 : 목재표면을 태워 수분을 제거하는 방법
(2) 방부제법 : 방부제를 칠하거나 뿌리는 방법
(3) 일광직사법 : 목재를 30시간 이상 햇빛에 쪼이는 방법

07 석재 물갈기 공정 순서
거친갈기 → 물갈기 → 본갈기 → 정갈기

08 철근선조립공법
① 철근의 피복이 정확하여 시공 정밀도가 높다.
② 굵은 철근의 사용이 가능하다.
③ 고강도 철근의 사용으로 고강도 콘크리트 적용에 유리하다.
④ 재료량 및 노무량을 줄일 수 있다.

09 미장공사의 용어
(1) 손질바름 : 콘크리트 또는 콘크리트 블록 바탕에서 초벌바름 전에 마감두께를 균등하게 하기 위해 모르타르 등으로 미리 요철을 조정하는 것
(2) 실라바름 : 바름재와 바탕과의 접착력 증진 등을 위하여 합성수지 에멀션 플라스터 등을 바탕에 바르는 것

10 소성수축균열
콘크리트 타설 후 블리딩의 발생속도보다 표면의 증발속도가 빠른 경우 표면 수축에 의해 발생되는 불규칙한 방향의 균열로, 주로 외기에 노출된 슬래브에서 많이 발생한다.

11 콘크리트 타설 시 가수 피해
(1) 콘크리트의 강도저하
(2) 재료분리 현상 유발
(3) 건조수축으로 인한 균열 발생
(4) 내구성 및 수밀성의 저하

12 공사비 비목
(1) 공사원가
(2) 일반관리비
(3) 직접노무비

13 제재치수
① 제재
② 마무리
③ 정

14 숏크리트
(1) 모르타르를 압축공기로 시공 면에 분사하여 바르는 뿜칠 콘크리트공법
(2) 장점 : 조기강도 발현이 가능하며 거푸집이 불필요하다.
(3) 단점 : 표면이 거칠고 건조수축 균열이 크다.

15 콘크리트 현장 품질관리
가, 라, 마

16 내화공법

공법	재료	
타설공법	콘크리트	경량콘크리트
조적공법	벽돌	콘크리트 블록
미장공법	철망 모르타르	철망 펄라이트 모르타르
뿜칠공법	뿜칠 모르타르	뿜칠 플라스터

17 콘크리트량과 거푸집 면적 계산
(1) 콘크리트량
    1) 기둥-C_1
        ① 1층 = $0.3 \times 0.3 \times (3.3 - 0.13) \times 9개 = 2.568 \text{m}^3$
        ② 2층 = $0.3 \times 0.3 \times (3.0 - 0.13) \times 9개 = 2.325 \text{m}^3$
    2) 보-G_1
        ① 1층 = $0.3 \times (0.6 - 0.13) \times (6 - \frac{0.3}{2} \times 2) \times 6개 = 4.822 \text{m}^3$
        ② 2층 = $0.3 \times (0.6 - 0.13) \times (6 - \frac{0.3}{2} \times 2) \times 6개 = 4.822 \text{m}^3$
    3) 보-G_2
        ① 1층 = $0.3 \times (0.6 - 0.13) \times (5 - \frac{0.3}{2} \times 2) \times 6개 = 3.976 \text{m}^3$
        ② 2층 = $0.3 \times (0.6 - 0.13) \times (5 - \frac{0.3}{2} \times 2) \times 6개 = 3.976 \text{m}^3$
    4) 슬래브-S_1
        ① 1층 = $(12 + \frac{0.3}{2} \times 2) \times (10 + \frac{0.3}{2} \times 2) \times 0.13 = 16.470 \text{m}^3$
        ② 2층 = $(12 + \frac{0.3}{2} \times 2) \times (10 + \frac{0.3}{2} \times 2) \times 0.13 = 16.470 \text{m}^3$
    5) 전체 콘크리트량 = 기둥+보+슬래브
        = $2.568 + 2.325 + (4.822 \times 2) + (3.976 \times 2) + (16.470 \times 2) = 55.43 \text{m}^3$

(2) 거푸집 면적 : 보의 밑면 거푸집은 계산하지 않고 슬래브의 밑면 거푸집으로 계산한다.
    1) 기둥-C_1
        ① 1층 = $(0.3 + 0.3) \times 2 \times (3.3 - 0.13) \times 9개 = 34.236 \text{m}^2$
        ② 2층 = $(0.3 + 0.3) \times 2 \times (3.0 - 0.13) \times 9개 = 30.996 \text{m}^2$
    2) 보-G_1
        ① 1층 = $(0.6 - 0.13) \times 2 \times (6 - \frac{0.3}{2} \times 2) \times 6개 = 32.148 \text{m}^2$
        ② 2층 = $(0.6 - 0.13) \times 2 \times (6 - \frac{0.3}{2} \times 2) \times 6개 = 32.148 \text{m}^2$

3) 보-G_2

①　1층 = $(0.6-0.13) \times 2 \times (5 - \frac{0.3}{2} \times 2) \times 6개 = 26.508\text{m}^2$

②　2층 = $(0.6-0.13) \times 2 \times (5 - \frac{0.3}{2} \times 2) \times 6개 = 26.508\text{m}^2$

4) 슬래브-S_1

①　측면 = $[(12+\frac{0.3}{2}\times 2)+(10+\frac{0.3}{2}\times 2)] \times 2 \times 0.13 \times 2개층 = 11.745\text{m}^2$

②　밑면 = $[(12+\frac{0.3}{2}\times 2) \times (10+\frac{0.3}{2}\times 2)] \times 2개층 = 253.38\text{m}^2$

5) 전체 거푸집 면적 = 기둥+보+슬래브
= $34.236 + 30.996 + (32.148 \times 2) + (26.508 \times 2) + 11.745 + 253.38 = 447.67\text{m}^2$

18 공정표 작성 및 여유시간

(1) 공정표 작성

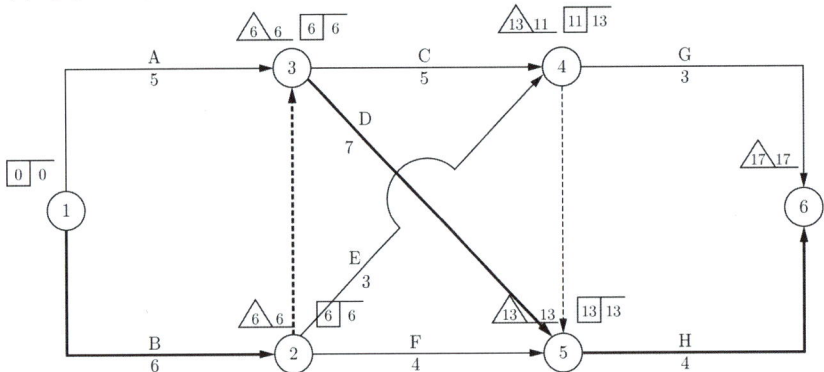

(2) 작업의 여유시간

작업명	TF	FF	DF	CP
A	1	1	0	
B	0	0	0	*
C	2	0	2	
D	0	0	0	*
E	4	2	2	
F	3	3	0	
G	3	3	0	
H	0	0	0	*

19 PERT 기법의 평균 기대시간 계산

$$t_e = \frac{t_o + (4 \times t_m) + t_p}{6} = \frac{4 + (4 \times 7) + 8}{6} = 6.67$$

20 콘크리트의 탄성계수 계산
(1) $f_{ck} \leq 40\text{MPa} \rightarrow \triangle f = 4\text{MPa}$
(2) $E_c = 8{,}500 \times \sqrt[3]{f_{ck} + \triangle f} = 8{,}500 \times \sqrt[3]{30+4}$
$\qquad = 27{,}536.7\text{MPa}$

21 그루브용접의 제작 상세

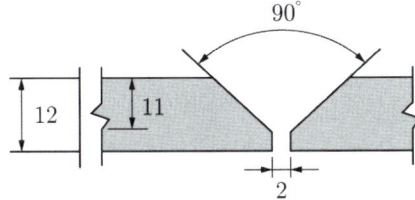

22 볼트 개수의 적절 여부 검토
(1) 표준구멍이므로 $\phi = 1.0$
(2) 필러계수는 일반적으로 $h_{sc} = 1.0$
(3) 판 2개를 고력볼트로 접합하므로 전단면의 수 $N_s = 2-1 = 1$
(4) 고력볼트 1개의 설계미끄럼강도
$\qquad \phi R_n = 1.0 \times 0.5 \times 1.0 \times 200 \times 1 = 100\text{kN}$
(5) 사용된 고력볼트는 5개이므로
$\qquad 100 \times 5\text{개} = 500\text{kN}$
(6) 사용하중 $450\text{kN} < 500\text{kN}$이므로 볼트 개수는 적절하다.

23 계수집중하중 계산
(1) 등가응력블록의 깊이 산정
$$a = \frac{A_s f_y}{0.85 f_{ck} b} = \frac{1{,}500 \times 400}{0.85 \times 28 \times 300} = 84.034\text{mm}$$
(2) $\phi M_n = \phi A_s f_y \times \left(d - \dfrac{a}{2}\right)$
$\qquad = 0.85 \times 1{,}500 \times 400 \times (550 - \dfrac{84.034}{2})$
$\qquad = 259{,}071{,}330 Nmm$
$\qquad = 259.07 kNm$
(3) $M_u = \dfrac{P_u \times L}{4} + \dfrac{w_u \times L^2}{8} = \dfrac{P_u \times 6}{4} + \dfrac{5 \times (6)^2}{8}$
(4) $M_u \leq \phi M_n$이므로
$\qquad \dfrac{P_u \times 6}{4} + \dfrac{5 \times (6)^2}{8} \leq 259.07$
$\qquad \therefore P_u \leq 157.71\text{kN}$

24 T형보 중립축 위치 계산

(1) 등가응력블록의 깊이 산정

$$a = \frac{A_s f_y}{0.85 f_{ck} b} = \frac{2,000 \times 400}{0.85 \times 30 \times 1,500} = 20.915 \text{mm}$$

(2) $f_{ck} \leq 40 MPa$ 이므로 $\beta_1 = 0.80$

(3) $c = \dfrac{a}{\beta_1} = \dfrac{20.915}{0.80} = 26.14 \text{mm}$

25 캔틸레버 처짐 계산

(1) 등분포하중 w에 의한 처짐 $\delta_{B1} = \dfrac{wL^4}{8EI}(\downarrow)$

(2) 집중하중 P에 의한 처짐 $\delta_{B2} = \dfrac{PL^3}{3EI}(\uparrow)$

(3) $\delta_{B1} + \delta_{B2} = 0$ 이므로

$$\frac{wL^4}{8EI} - \frac{PL^3}{3EI} = 0 \rightarrow \frac{w(8)^4}{8EI} = \frac{3 \times (8)^3}{3EI} \rightarrow \therefore w = 1\text{kN/m}$$

2014 제4회 건축기사

01 [4점]

평판구조(Flat Plate Slab)에서 2방향 전단보강방법 4가지를 기술하시오.

(1)
(2)
(3)
(4)

02 [4점]

건설업의 TQC에 사용되는 도구 중 다음의 용어를 설명하시오.

(1) 파레토도 :
(2) 특성요인도 :
(3) 층별 :
(4) 산점도 :

03 [3점]

Fastener는 커튼월을 구조체에 긴결시키는 부품을 말하는데, 외력에 대응할 수 있는 강도를 가져야 하며 설치가 용이하고 내구성, 내화성 및 층간변위에 대한 추종성이 있어야 한다. 커튼월 공사에서 구조체의 층간변위, 커튼월의 열팽창 등을 해결하는 Fastener의 긴결방식 3가지를 기술하시오.

(1)
(2)
(3)

04 [4점]

VE(가치공학)의 사고방식 4가지를 기술하시오.

(1)
(2)
(3)
(4)

05 [3점]

다음 그림에서 제시하는 볼트 접합의 파괴형태 용어를 기술하시오.

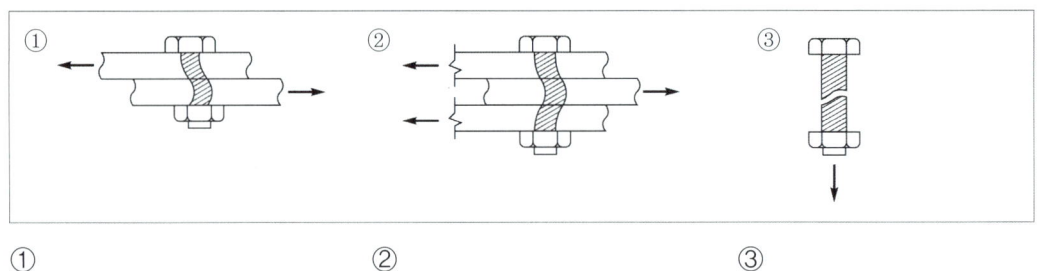

①   ②   ③

06 [3점]

BOT(Build-Operate-Transfer Contract) 방식에 대해 설명하시오.

07 [4점]

Pre-stressed Concrete에서 Pre-tension 공법과 Post-tension 공법의 차이점을 시공순서를 바탕으로 쓰시오.

08 [4점]

주열식 지하연속벽 공법의 특징 4가지를 기술하시오.

(1)
(2)
(3)
(4)

09 [6점]

다음 계측기의 종류에 해당하는 용도를 골라 번호를 기술하시오.

종류	용도
가. Piezometer	① 하중 측정
나. Inclino Meter	② 인접건물의 기울기도 측정
다. Load Cell	③ Strut 변형 측정
라. Extension Meter	④ 지중 수평 변위 측정
마. Strain Gauge	⑤ 지중 수직 변위 측정
바. Tilt Meter	⑥ 간극수압의 변화 측정

10 [5점]

지반의 허용지내력과 관련된 내용이다. ( )에 알맞은 숫자를 채우시오.

(1) 장기허용 지내력도
  ① 경암반 : ( )kN/m^2
  ② 연암반 : ( )kN/m^2
  ③ 자갈과 모래의 혼합물 : ( )kN/m^2
  ④ 모래 : ( )kN/m^2
(2) 단기허용 지내력도 = 장기허용 지내력도 × ( )배

11 [4점]

벽타일 붙이기 시공순서를 쓰시오.

① 바탕처리 → (②) → (③) → (④) → (⑤)

12 [3점]

다음의 콘크리트공사용 거푸집에 대하여 설명하시오.

(1) 슬라이딩 폼(Sliding Form) :
(2) 워플 폼(Waffle Form) :
(3) 터널 폼(Tunnel Form) :

13 [3점]

매스콘크리트의 수화열 저감을 위한 대책 3가지를 기술하시오.

(1)
(2)
(3)

14 [3점]

철골공사에서 철골부재를 접합할 때 발생하는 용접결함 3가지를 기술하시오.

(1)
(2)
(3)

15 [3점]

다음 그림은 철골 보-기둥 접합부의 개략적인 그림이다. 각 번호에 해당하는 구성재의 명칭을 기술하시오.

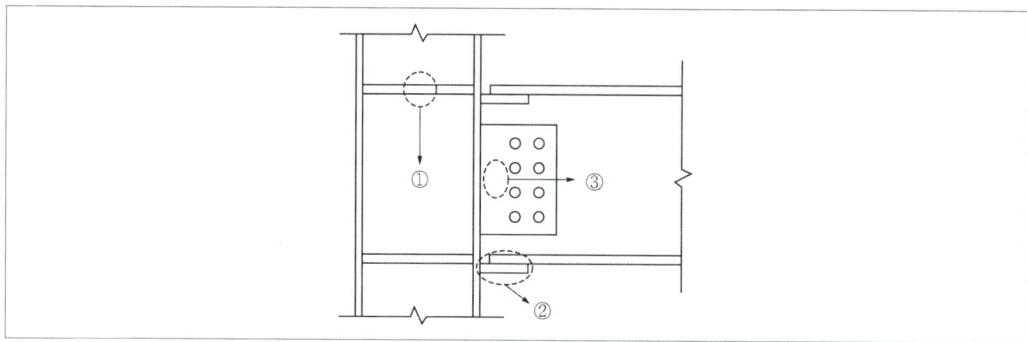

16 [3점]

블록구조의 외부 벽체에 대한 직접 방수처리방법 3가지를 기술하시오.

(1)
(2)
(3)

17 [4점]

콘크리트 공사와 관련된 다음 용어를 간략히 설명하시오.

(1) 블리딩(Bleeding) :
(2) 레이턴스(Laitance) :

18 [3점]

샌드 드레인 공법에 대하여 설명하시오.

19 [5점]

포틀랜드 시멘트의 종류 5가지를 기술하시오.

(1)
(2)
(3)
(4)
(5)

20 [10점]

다음 데이터를 이용하여 네트워크 공정표를 작성하고, 각 작업의 여유시간을 구하시오.

작업명	작업일수	선행작업	비고
A	5	없음	① CP는 굵은 선으로 표시한다.
B	2	없음	② 각 결합점에서는 다음과 같이 표시한다.
C	4	없음	[EST│LST] △LET\EFT
D	4	A, B, C	③ 각 작업은 다음과 같이 표시한다.
E	3	A, B, C	(i) —작업명/공사일수→ (j)
F	3	A, B, C	또한, 여유시간 계산 시 각 작업의 실제적인 의미의 여유시간으로 계산한다. (더미의 여유시간은 고려하지 않을 것)

(1) 공정표 :
(2) 여유시간 :

21 [10점]

아래 그림에서 한 층분의 콘크리트량과 거푸집 면적을 계산하시오.

(1) 부재 치수(단위 : mm)
(2) 전 기둥(C_1) : 500×500, 슬래브 두께(t) : 120
(3) 보 G_1, G_2 : 400×600(B×H), 보 G_3 : 400×700(B×H), 보 B_1 : 300×600(B×H)
(4) 층고 : 3,600

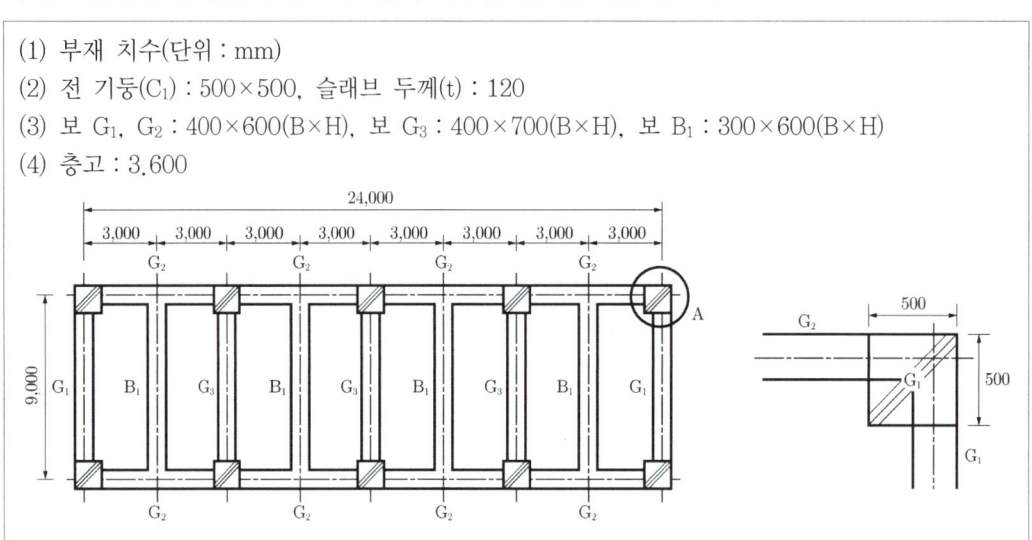

가. 콘크리트량(m^3) :
나. 거푸집 면적(m^2) :

22 [3점]

그림과 같은 단순보의 최대휨응력을 계산하시오.

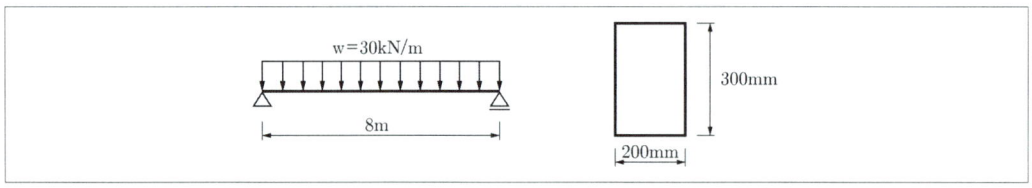

계산과정 :

23 [3점]

다음 그림의 X-X축에 대한 단면2차모멘트를 계산하시오.

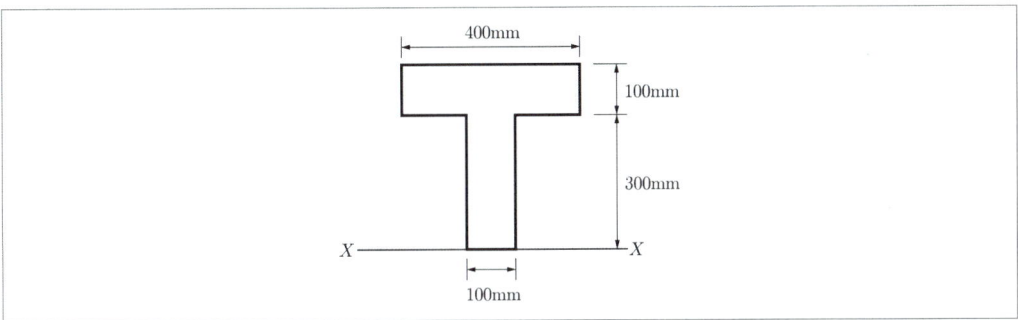

계산과정 :

24 [3점]

휨부재의 공칭강도에서 최외단 인장철근의 순인장변형률 ε_t가 0.004일 경우 강도감소계수 ϕ를 계산하시오. (단, $f_y = 400$MPa)

계산과정 :

14년 4회 해설 및 정답

01 평판구조(플랫 플레이트 슬래브)의 전단보강법
  (1) 전단 머리(Shear Head)의 보강
  (2) 슬래브 두께의 증가
  (3) 지판 또는 주두의 사용
  (4) 기둥의 주철근을 스터럽으로 보강

02 TQC 도구
  (1) 파레토도 : 고장, 불량 등의 발생건수를 분류하고 항목별로 나누어 크기 순서대로 나열해 놓은 것
  (2) 특성요인도 : 결과와 원인이 어떻게 연관되어 있는지를 한눈에 알 수 있도록 작성한 그림
  (3) 층별 : 집단을 구성하고 있는 많은 데이터를 특징에 따라 몇 개의 부분집단으로 나눈 것
  (4) 산점도 : 서로 대응되는 두 개의 짝으로 된 데이터를 그래프에 점으로 나타낸 것

03 패스너 긴결방식
  (1) 슬라이드 방식
  (2) 고정방식
  (3) 회전방식

04 VE의 사고방식
  (1) 고정관념의 제거
  (2) 기능 중심의 접근
  (3) 조직적 노력
  (4) 사용자 중심의 사고

05 볼트 접합의 파괴형태
  (1) 1면 전단파괴
  (2) 2면 전단파괴
  (3) 볼트 인장파괴

06 BOT
민간자본을 들여 시설물을 완공(Build)한 후 투자자가 일정 기간 동안 운영(Operation)한 뒤 시설물의 소유권을 발주자에게 이전(Transfer)하는 방식

07 프리스트레스트 콘크리트
  (1) PC 강재 긴장 → 콘크리트 타설 → 콘크리트 경화 후 인장력 풀어줌
    프리텐션 방식 : 긴장재에 인장력을 먼저 작용시킨 후 콘크리트를 타설하고 경화 후 단부에서 인장력을 풀어주는 방식
  (2) 쉬스 설치 → 콘크리트 타설 → PC 강재 삽입, 긴장, 고정 → 단부에 정착
    포스트텐션 방식 : 쉬스(덕트)를 설치하고 콘크리트를 타설하고 경화시킨 뒤 쉬스 구멍에 긴장재를 삽입하여 긴장시키고 단부에 정착시키는 방식

08 주열식 흙막이 특징
(1) 소음/진동이 적다.
(2) 벽체 강성이 높아 인접 건물 근접시공이 가능하여 도심지 공사에 적합하다.
(3) 신속한 시공이 가능하다.
(4) 지하연속벽에 비해 가격이 저렴하다.
(5) 차수성이 크다.

09 계측기기의 용도
가-⑥, 나-④, 다-①, 라-⑤, 마-③, 바-②

10 지반의 허용지지력
(1) ① 4,000 ② 2,000 ③ 200 ④ 100
(2) 1.5

11 벽타일 붙이기 시공순서
① 바탕처리 → ② 타일 나누기 → ③ 벽타일 붙이기 → ④ 치장줄눈 → ⑤ 보양

12 거푸집의 종류
(1) 슬라이딩 폼 : 유닛 거푸집을 설치하여 요크(York)로 거푸집을 끌어올리면서 연속해서 콘크리트를 타설 가능한 수직활동 거푸집, Silo, 굴뚝 등 단면형상의 변화가 없는 구조물에 사용
(2) 워플 폼 : 무량판 구조에서 2방향 장선(격자보) 바닥판 구조가 가능하도록 된 특수 상자모양의 기성재 거푸집
(3) 터널 폼 : 대형 형틀로 벽과 바닥의 콘크리트 타설을 일체화하기 위한 ㄱ자 또는 ㄷ자 형의 기성재 거푸집으로 한 번에 설치·해체할 수 있도록 한 거푸집

13 수화열 저감 대책
(1) 수화열이 적은 중용열 시멘트 사용
(2) 단위시멘트량 저감
(3) Pre-cooling, Pipe-cooling 적용

14 용접 결함
(1) 크랙
(2) 크레이터
(3) 오버 랩
(4) 언더 컷
(5) 블로 홀
(6) 피시아이
(7) 피트

15 **접합부 용어**
① 스티프너(Stiffener)
② 하부 플랜지 플레이트
③ 전단 플레이트

16 **블록구조의 직접 방수처리방법**
(1) 도막 방수(에폭시 수지)
(2) 시멘트 액체 방수
(3) 수밀성 재료의 부착

17 **용어**
(1) 블리딩(Bleeding) : 아직 굳지 않은 시멘트 풀, 모르타르 및 콘크리트에서 물이 윗면에 스며 오르는 일종의 물의 재료분리 현상
(2) 레이턴스 : 콘크리트를 타설한 후 블리딩에 의한 물이 증발함에 따라 그 표면에 발생하는 백색의 미세한 물질

18 **샌드 드레인**
점토지반에 적용하는 지반 개량공법으로 모래 말뚝을 형성하여 지반의 간극수를 모래를 통해 제거하는 일종의 탈수공법

19 **포틀랜드 시멘트 종류**
(1) 보통 포틀랜드 시멘트
(2) 중용열 포틀랜드 시멘트
(3) 조강 포틀랜드 시멘트
(4) 저열 포틀랜드 시멘트
(5) 내황산염 포틀랜드 시멘트

20 **공정표 작성 및 여유시간**
(1) 공정표 작성

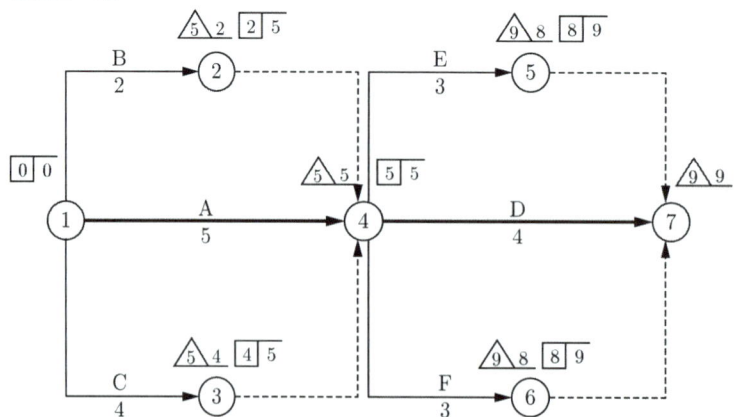

(2) 작업의 여유시간

작업명	TF	FF	DF	CP
A	0	0	0	*
B	3	3	0	
C	1	1	0	
D	0	0	0	*
E	1	1	0	
F	1	1	0	

21 **콘크리트량과 거푸집 면적 계산**

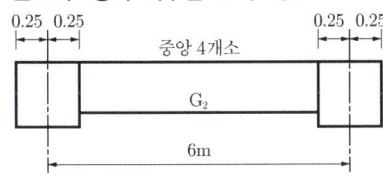
안목길이=6−0.25×2=5.5m

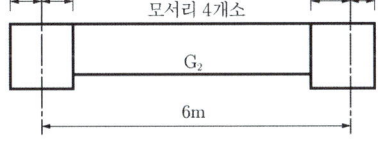
안목길이=6−0.3−0.25=5.45m

(1) 콘크리트량
  1) 기둥-C_1 : $0.5 \times 0.5 \times (3.6-0.12) \times 10개 = 8.7 \text{m}^3$
  2) 보-G_1 : $0.4 \times (0.6-0.12) \times [9-(0.5-0.2) \times 2] \times 2개 = 3.226 \text{m}^3$
  3) 보-G_2
     ① 단부(5.45m) : $0.4 \times (0.6-0.12) \times (6-0.3-0.25) \times 4개 = 4.186 \text{m}^3$
     ② 중앙부(5.5m) : $0.4 \times (0.6-0.12) \times (6-0.25 \times 2) \times 4개 = 4.224 \text{m}^3$
  4) 보-G_3 : $0.4 \times (0.7-0.12) \times (9-0.3 \times 2) \times 3개 = 5.846 \text{m}^3$
  5) 보-B_1 : $0.3 \times (0.6-0.12) \times (9-0.2 \times 2) \times 4개 = 4.954 \text{m}^3$
  6) 슬래브-S_1 : $(9+0.2 \times 2) \times (24+0.2 \times 2) \times 0.12 = 27.523 \text{m}^3$
  7) 전체 콘크리트량=기둥+보+슬래브
     $= 8.7 + 3.226 + 4.186 + 4.224 + 5.846 + 4.954 + 27.523 = 58.66 \text{m}^3$

(2) 거푸집 면적 : 보의 밑면 거푸집은 계산하지 않고 슬래브의 밑면 거푸집으로 계산한다.
  1) 기둥-C_1 : $(0.5+0.5) \times 2 \times (3.6-0.12) \times 10개 = 69.6 \text{m}^2$
  2) 보-G_1 : $(0.6-0.12) \times 2 \times (9-0.3 \times 2) \times 2개 = 16.128 \text{m}^2$
  3) 보-G_2
     ① 단부(5.45m) : $(0.6-0.12) \times 2 \times (6-0.3-0.25) \times 4개 = 20.928 \text{m}^2$
     ② 중앙부(5.5m) : $(0.6-0.12) \times 2 \times (6-0.25 \times 2) \times 4개 = 21.12 \text{m}^2$
  4) 보-G_3 : $(0.7-0.12) \times 2 \times (9-0.3 \times 2) \times 3개 = 29.232 \text{m}^2$
  5) 보-B_1 : $(0.6-0.12) \times 2 \times (9-0.2 \times 2) \times 4개 = 33.024 \text{m}^2$
  6) 슬래브-S_1 :
     ① 밑면 : $(9+0.2 \times 2) \times (24+0.2 \times 2) = 229.36 \text{m}^2$
     ② 측면 : $[(9+0.2 \times 2)+(24+0.2 \times 2)] \times 2 \times 0.12 = 8.112 \text{m}^2$
  7) 전체 거푸집 면적=기둥+보+슬래브
     $= 69.6 + 16.128 + 20.928 + 21.12 + 29.232 + 33.024 + 229.36 + 8.112$
     $= 427.50 \text{m}^2$

22 단순보 최대휨응력 계산

응력의 단위인 MPa을 구하는 것이므로 모든 단위를 N과 mm로 통일시킨다.

(1) $M_{max} = \dfrac{wL^2}{8} = \dfrac{30 \times (8)^2}{8} = 240 \text{kNm}$
$= 240 \times (10)^6 \text{Nmm}$

(2) $Z = \dfrac{bh^2}{6} = \dfrac{200 \times (300)^2}{6} = 3 \times (10)^6 \text{mm}^3$

(3) $\sigma_{max} = \dfrac{M_{max}}{Z} = \dfrac{240 \times (10)^6}{3 \times (10)^6} = 80 N/mm^2 = 80 \text{MPa}$

23 도심축이 아닌 축에 대한 단면2차모멘트 계산

(1) 상부에 위치한 좌우로 긴 사각형은 1번 도형, 하부에 위치한 상하로 긴 사각형을 2번 도형으로 가정한다.

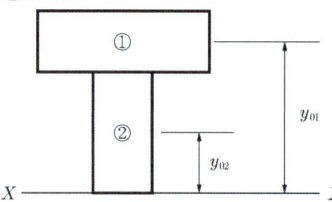

(2) 도심축이 아닌 축에 대한 단면2차모멘트 $I_X = I_x + Ay_0^2$로 계산하며 각 도형의 단면2차모멘트를 더하면 전체의 단면2차모멘트를 얻을 수 있다.

(3) $I_X = (I_{x1} + Ay_{01}^2) + (I_{x2} + Ay_{02}^2)$
$= \left\{ \dfrac{400 \times 100^3}{12} + (400 \times 100) \times (300 + \dfrac{100}{2})^2 \right\} + \left\{ \dfrac{100 \times 300^3}{12} + (100 \times 300) \times (\dfrac{300}{2})^2 \right\}$
$= 5,833,333,333.33 \text{mm}^4$

24 강도감소계수 계산

최외단 인장철근의 순인장변형률 ε_t가 $0.002 < (\varepsilon_t = 0.004) < 0.005$이므로 변화구간 단면이며, 이때의 강도감소계수는 아래와 같이 계산한다.

$\phi = 0.65 + (\varepsilon_t - 0.002) \times \dfrac{200}{3}$
$= 0.65 + (0.004 - 0.002) \times \dfrac{200}{3}$
$= 0.783$

2015 제1회 건축기사

01 [4점]
기초구조물의 부동침하 방지대책 4가지를 기술하시오.
(1)
(2)
(3)
(4)

02 [4점]
다음 용어를 간략히 설명하시오.
(1) 물-시멘트비 :
(2) 아스팔트침입도 :

03 [4점]
흙의 전단강도 공식을 쓰고 기호의 뜻을 쓰시오.

04 [2점]
흙막이 지지 스트럿을 가설재로 사용하지 않고 영구 철골구조물로 활용하는 공법의 명칭을 기술하시오.

05 [4점]

목재에 적용이 가능한 방부제 처리법 4가지를 기술하시오.

(1)
(2)
(3)
(4)

06 [3점]

가설공사에서 사용하는 강관 파이프 비계의 연결철물 중 클램프의 종류와 기둥 하단과 지반 사이에 설치하는 철물을 기술하시오.

(1) 클램프의 종류 :
(2) 기둥 하단과 지반 사이에 설치하는 철물 :

07 [6점]

아래 도면은 건물 옥상의 평면도와 단면도이다. 다음을 산출하시오. (단, 벽돌은 표준형을 사용하며 벽돌의 할증률은 5%로 한다.)

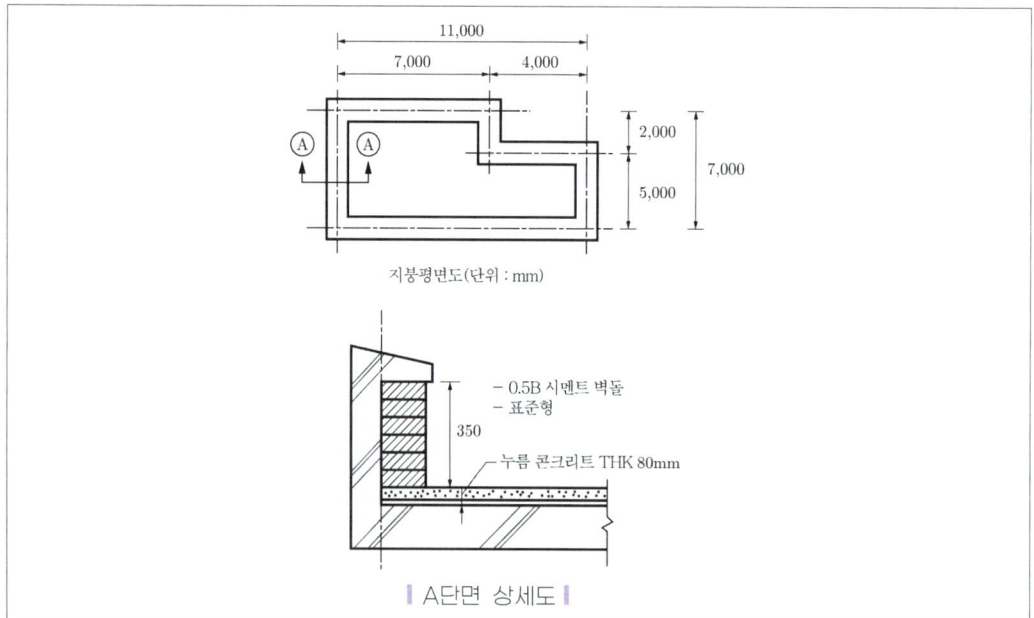

(1) 옥상 방수면적(m^2) :
(2) 누름 콘크리트량(m^3) :
(3) 보호 벽돌량(매) :

08 [3점]

조적공사에서 시공 시 기준이 되는 세로규준틀의 설치 위치 1개소와 규준틀에 기재하는 사항 2가지를 기술하시오.

(1) 설치 위치 :
(2) 기재사항 :

09 [4점]

갱폼의 장점과 단점을 각각 2개씩 기술하시오.

(1) 장점
   ①
   ②
(2) 단점
   ①
   ②

10 [3점]

다음 철근의 응력-변형률 곡선에서 번호에 해당하는 용어를 쓰시오.

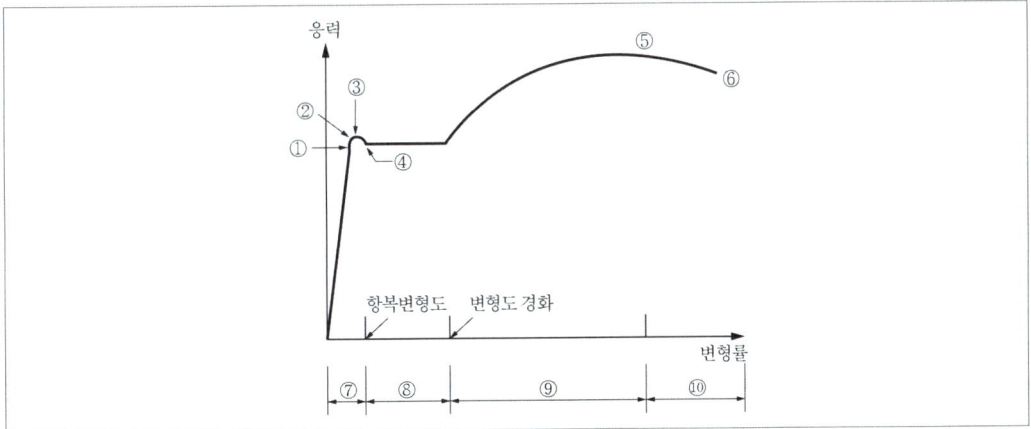

11 [3점]

생콘크리트 측압에서 콘크리트 헤드(Concrete Head)에 대하여 간단히 설명하시오.

12 [4점]

다음 금속 철물 종류를 간단히 설명하시오.

(1) 와이어메시 :
(2) 펀칭메탈 :
(3) 메탈라스 :
(4) 와이어라스 :

13 [3점]

기성콘크리트 말뚝을 사용한 기초공사에서 사용 가능한 무소음·무진동 공법 3가지를 기술하시오.

(1)
(2)
(3)

14 [4점]

다음 보기를 보고 철골공사 현장작업 순서를 기호로 골라 나열하시오.

① 세우기	② 중심내기
③ 앵커볼트 매립	④ 접합부 검사
⑤ 세우기 검사	⑥ 본접합

15 [10점]

다음 데이터를 이용하여 네트워크 공정표를 작성하고, 각 작업의 여유시간을 구하시오.

작업명	작업일수	선행작업	비고
A	5	없음	① CP는 굵은 선으로 표시한다. ② 각 결합점에서는 다음과 같이 표시한다.
B	2	없음	
C	4	없음	
D	4	A, B, C	③ 각 작업은 다음과 같이 표시한다.
E	3	A, B, C	또한, 여유시간 계산 시 각 작업의 실제적인 의미의 여유시간으로 계산한다. (더미의 여유시간은 고려하지 않을 것)
F	3	A, B, C	

(1) 공정표 :
(2) 여유시간 :

16 [3점]

철골구조의 칼럼 쇼트닝에 대하여 간략히 설명하시오.

17 [4점]

지하구조물 축조 시 인접 구조물의 피해를 막기 위해 실시하는 언더피닝(Under Pinning)공법의 종류 4가지를 기술하시오.

(1)
(2)
(3)
(4)

18 [2점]

콘크리트 시방서를 기준으로 다음과 같은 조건에 대한 콘크리트의 압축강도와 거푸집 존치기간을 기술하시오.

(1) 기초/벽/기둥/보 옆 :
(2) 평균 10℃ 이상, 보통 포틀랜드 시멘트 사용 존치기간이 며칠 이상이 경과하면 압축강도 시험을 행하지 않고, 거푸집을 제거할 수 있는가? :

19 [4점]

다음과 같은 철근의 인장강도 데이터를 이용하여 아래 용어를 계산하시오.

460, 520, 450, 450, 470, 500, 530, 480, 490, 550

(1) 산술평균($\overline{X}$) :
(2) 표본분산(S^2) :

20 [3점]

시트(Sheet) 방수공법의 순서를 쓰시오.

바탕처리 - (①) - 접착제 칠 - (②) - (③)

①
②
③

21 [3점]

VE 기법의 정의와 효율적인 적용단계를 기술하시오.
(1) 정의 :
(2) 효율적인 적용단계 :

22 [2점]

다음 타일 붙임공법의 용어를 기술하시오.

바탕면에 붙임 모르타르를 바르고 타일에도 붙임 모르타르를 발라 두드려 누르거나 비벼 넣으며 붙이는 공법으로 압착공법을 한층 발전시킨 공법

23 [3점]

다음과 같은 보에서 최대휨모멘트가 발생되는 지점의 위치는 A점으로부터 어느 정도 떨어진 점인지 A점으로부터의 거리 x를 계산하시오.

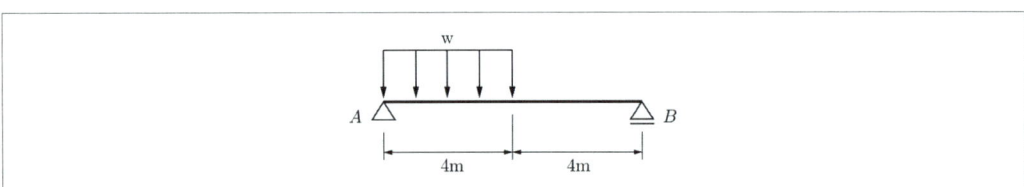

계산과정 :

24 [4점]

다음 도면과 같은 기둥의 주근 및 띠철근의 철근량을 산출하시오. (단, 층고는 3.6m, 주근의 이음길이는 25d로 하고, 철근의 중량은 D22는 3.04kg/m, D19는 2.25kg/m, D10은 0.56kg/m 로 한다.)

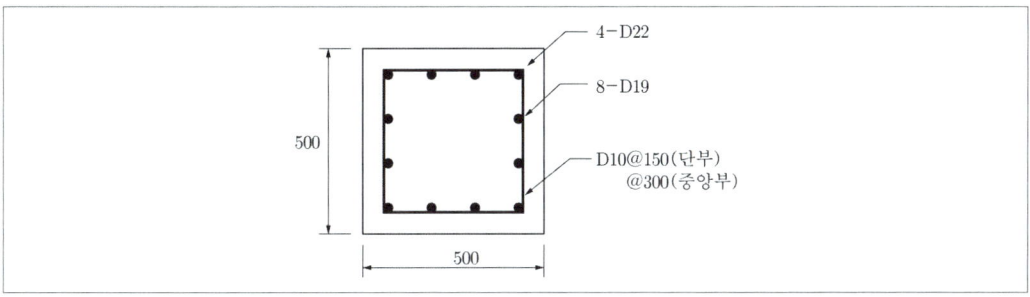

계산과정 :

25 [2점]

다음 장방형 단면에서 각 축에 대한 단면2차모멘트의 비 I_X/I_Y를 계산하시오.

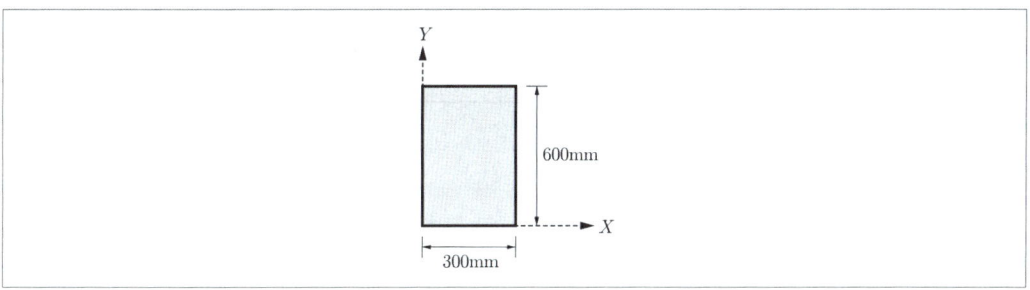

계산과정 :

26 [4점]

다음과 같은 단면을 가진 보에서 전단철근의 간격을 계산하시오. (단, $V_s = 200\text{kN}$이고, 철근의 항복강도는 400MPa이다.)

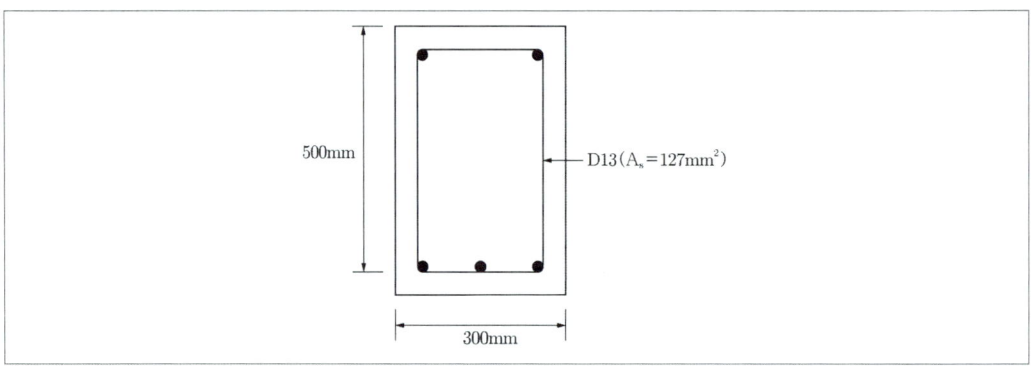

계산과정 :

27 [4점]

그림과 같은 보의 최외단 인장철근의 순인장변형률(ε_t)을 계산하고 강도감소계수를 산정하시오. (단, $A_s = 2,100\text{mm}^2$, $f_{ck} = 24\text{MPa}$, $f_y = 400\text{MPa}$, $E_s = 200,000\text{MPa}$)

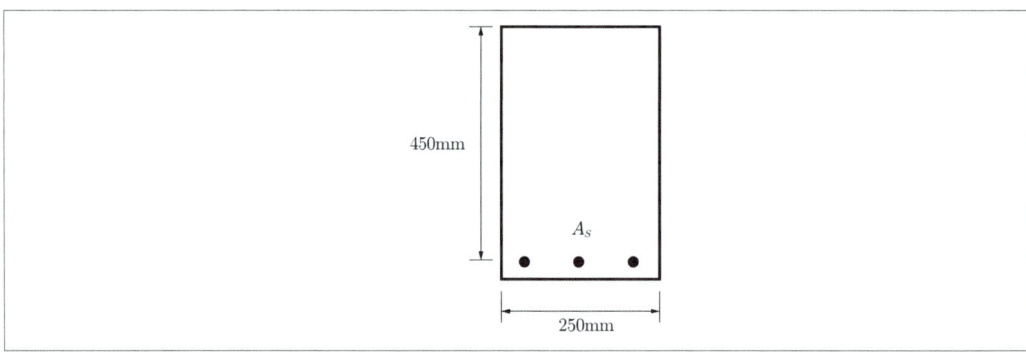

계산과정 :

15년 1회 해설 및 정답

01 부동침하 방지대책
(1) 기초를 경질지반에 지지시킬 것
(2) 마찰말뚝을 사용할 것
(3) 복합기초를 사용할 것
(4) 지하실을 설치할 것

02 용어 정의
가. 물-시멘트비 : 시멘트 모르타르 또는 콘크리트에 사용된 시멘트 중량에 대한 물의 중량비
나. 아스팔트침입도 : 25℃, 100g의 추가 5초간 관입하는 것으로 아스팔트 상태의 좋고 나쁨을 나타냄

03 흙의 전단강도 공식
$\tau = C + \sigma \tan \phi$
여기서, τ : 흙의 전단강도
C : 진흙의 점착력
σ : 파괴면에 수직인 힘(수직응력)
$\tan \phi$: 마찰계수
ϕ : 내부마찰각

04 SPS 공법(Strut as Permanent System)

05 목재의 방부제 처리법
(1) 방부제 도포법
(2) 침지법
(3) 표면탄화법
(4) 주입법

06 강관 파이프 비계 철물
(1) 클램프의 종류 : 자재형(자동) 클램프, 고정형 클램프
(2) 기둥 하단과 지반 사이에 설치하는 철물 : 베이스 플레이트

07 옥상 방수 적산
(1) 옥상 방수면적 : $(7\times7)+(4\times5)+[(11+7)\times2\times(0.35+0.08)]=84.48\text{m}^2$
(2) 누름 콘크리트량 : $[(7\times7)+(4\times5)]\times0.08=5.52\text{m}^3$
(3) 보호 벽돌량 : $[(11-0.09)+(7-0.09)]\times2\times0.35\times75\text{매}/\text{m}^2\times1.05=982.3 \rightarrow 983\text{매}$

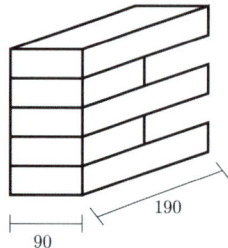

08 세로규준틀
(1) 설치위치 : 건물의 모서리, 벽의 끝부분
(2) 기재사항 : 개구부 치수, 쌓기 높이/단수, 앵커볼트 위치, 테두리보, 인방보의 위치

09 갱폼의 특징
(1) 장점
  ① 조립과 해체가 불필요하여 비용 절감
  ② 이음새가 발생하지 않아 마감에 유리
  ③ 합판의 재사용 가능
(2) 단점
  ① 대형 양중장비 필요
  ② 초기 투자비 과다
  ③ 기능공의 교육 및 작업 숙달기간 필요

10 응력-변형률 곡선
① 비례한도　② 탄성한도　③ 상위 항복점
④ 하위 항복점　⑤ 최대응력(인장강도)　⑥ 파괴점
⑦ 탄성영역　⑧ 소성영역　⑨ 변형도 경화영역
⑩ 파괴영역

11 콘크리트 헤드(Concrete Head)
수직거푸집에서 타설된 콘크리트 윗면으로부터 최대측압이 발생하는 면까지의 수직거리

12 수장용 철물
(1) 와이어메시 : 연강 철선을 직교해서 용접한 것
(2) 펀칭메탈 : 얇은 철판에 각종 모양으로 구멍을 따낸 것
(3) 메탈라스 : 얇은 철판에 금을 내어서 당겨 늘인 것
(4) 와이어라스 : 철선을 꼬아서 만든 그물 형태의 철망

13 기성콘크리트 말뚝 무소음·무진동 공법
   (1) 중굴공법
   (2) 프리보링 공법
   (3) 회전 압입식공법

14 철골 세우기 순서
   ② → ③ → ① → ⑤ → ⑥ → ④

15 공정표 작성 및 여유시간
   (1) 공정표 작성

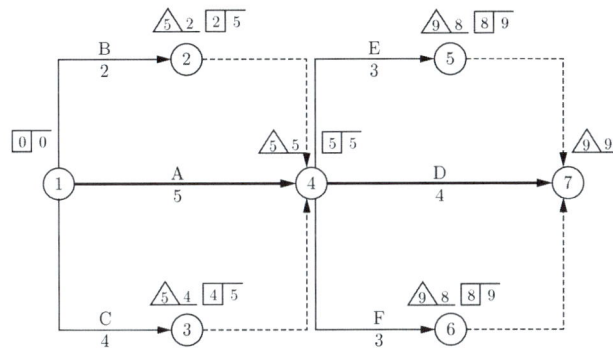

   (2) 작업의 여유시간

작업명	TF	FF	DF	CP
A	0	0	0	*
B	3	3	0	
C	1	1	0	
D	0	0	0	*
E	1	1	0	
F	1	1	0	

16 칼럼 쇼트닝
   철골구조의 고층 건축물에서 높이가 증가함에 따라 내외부 구조 차이, 재질 차이, 기둥·벽의 과적하중에 의해 발생하는 기둥의 축소변위량

17 언더피닝(Under Pinning) 공법
   (1) 이중 널말뚝 설치공법
   (2) 현장타설 콘크리트말뚝 공법
   (3) 모르타르 및 약액주입 공법
   (4) 강재말뚝 공법

18 거푸집 존치기간
(1) 5MPa
(2) 4일 이상

19 데이터 정리
(1) 산술평균($\overline{X}$)
$$\frac{460+520+450+450+470+500+530+480+490+550}{10}=490$$
(2) 표본분산(S^2)
　① 편차 제곱의 합(S) :
$$(490-460)^2+(490-520)^2+(490-450)^2+(490-450)^2+(490-470)^2+(490-500)^2$$
$$+(490-530)^2+(490-480)^2+(490-490)^2+(490-550)^2=10{,}800$$
　② 표본분산 : $S^2=\dfrac{S}{n-1}=\dfrac{10{,}800}{10-1}=1{,}200$

20 시트 방수공법 순서
① 단열재 깔기(또는 프라이머 칠)
② 시트 붙이기
③ 조인트 seal(또는 물 채우기 시험)

21 VE 기법
(1) 정의 : 원가를 줄이면서 공사에 요구되는 품질, 공기, 안전성 등의 기능을 충족시키는 공사비 절감 방안
(2) 효율적인 적용단계 : 공사의 초기설계 단계

22 타일 붙이기
개량 압착공법

23 최대휨모멘트의 발생 위치 계산
(1) $\Sigma M_B=0 \;\rightarrow\; R_A\times(4+4)-w\times4\times(4+\dfrac{4}{2})=0 \;\rightarrow\; R_A=3w(\uparrow)$
(2) 최대휨모멘트가 발생하는 점의 전단력은 항상 0이므로,
$V_x=R_A-w\times x=3w-w\times x=0$
　∴ x = 3m

24 주근 및 띠철근의 철근량 산출
(1) 주근(D22) : 4개 × [3.6+(25×0.022)] × 3.04 = 50.464kg
(2) 주근(D19) : 8개 × [3.6+(25×0.019)] × 2.25 = 73.35kg
(3) 띠철근(D10) : $2\times(0.5+0.5)\times[(\dfrac{1.8}{0.15})+(\dfrac{1.8}{0.3}+1)]\times0.56=21.28\text{kg}$
　∴ 전체 철근량 : 50.464 + 73.35 + 21.28 = 145.09kg

25 단면 2차모멘트

(1) 도심축이 아닌 임의의 축에 대한 단면2차모멘트 산정식 : $I_X = I_x + Ay_0^2$, $I_Y = I_y + Ax_0^2$

(2) $I_X = I_x + Ay_0^2 = \dfrac{300(600)^3}{12} + (300)(600)(\dfrac{600}{2})^2 = 2.16 \times 10^{10} \text{mm}^4$

(3) $I_Y = I_y + Ax_0^2 = \dfrac{600(300)^3}{12} + (600)(300)(\dfrac{300}{2})^2 = 5.4 \times 10^9 \text{mm}^4$

(4) $\dfrac{I_X}{I_Y} = \dfrac{2.16 \times 10^{10}}{5.4 \times 10^9} = 4$

26 전단철근의 간격

(1) $s = \dfrac{A_v f_{yt} d}{V_s} = \dfrac{(2 \times 127) \times 400 \times 500}{200 \times 1,000} = 254.0 \text{mm}$

(2) $s = \dfrac{d}{2} = \dfrac{500}{2} = 250 \text{mm}$

(3) $s = 600 \text{mm}$

∴ 이중 최소값인 $s = 250mm$ 이하로 배근

27 순인장변형률과 강도감소계수 계산

(1) 최외단 인장철근의 순인장변형률(ε_t)

① $a = \dfrac{A_s f_y}{0.85 f_{ck} b} = \dfrac{(2,100)(400)}{0.85(24)(250)} = 164.706 \text{mm}$

② $f_{ck} = 24\text{MPa} \leq 40\text{MPa} \rightarrow \beta_1 = 0.80$

③ $a = \beta_1 c \rightarrow c = \dfrac{a}{\beta_1} = \dfrac{164.706}{0.80} = 205.88 \text{mm}$

④ 최외단 인장철근의 순인장변형률(ε_t)

$\varepsilon_t = \dfrac{(d_t - c)}{c} \times \varepsilon_c = \dfrac{(450 - 205.88)}{205.88} \times 0.0033 = 0.0039$

(2) 지배단면 판정

$0.002 < \varepsilon_t = 0.0039 < 0.005$이므로 이 보는 **변화구간 단면**이다.

(3) 변화구간의 강도감소계수

$\phi = 0.65 + \dfrac{200}{3}(\varepsilon_t - 0.002)$

$= 0.65 + \dfrac{200}{3}(0.0039 - 0.002) = 0.777$

2015 제2회 건축기사

01 [2점]
가설공사에서 수평규준틀의 설치목적 2가지를 기술하시오.
(1)
(2)

02 [4점]
다음 조건을 기준으로 파워셔블(Power Shovel)의 1시간당 추정 굴착작업량을 계산하시오. (단, 단위를 명기하시오)

| • $q = 0.8 \text{m}^3$ | • $k = 0.8$ | • $f = 0.83$ | • $E = 0.7$ | • $C_m = 40 \text{sec}$ |

계산과정 :

03 [4점]
다음 용어를 간략히 설명하시오.
(1) 접합유리 :
(2) 로이유리 :

04 [4점]
슬러리월 공법에서 가이드 월(Guide Wall)을 스케치하고 설치목적 2가지를 기술하시오.
(1) 스케치 :
(2) 설치목적
    ①
    ②

05 [4점]

용접접합 중 슬래그 감싸들기의 이유 및 방지대책을 2가지씩 나열하시오.

(1) 원인
  ①
  ②
(2) 방지대책
  ①
  ②

06 [4점]

다음 콘크리트 공사에서 사용되는 다음 용어의 정의를 간략히 설명하시오.

(1) 슬럼프 플로 :
(2) 조립률 :

07 [3점]

철골공사의 절단가공에서 절단방법의 종류 3가지를 기술하시오.

(1)
(2)
(3)

08 [3점]

대안입찰제도에 대하여 간단히 설명하시오.

09 [4점]

다음 거푸집의 정의를 간단히 설명하시오.

(1) 슬립폼 :
(2) 트래블링폼 :

10 [3점]

트럭 적재한도의 중량이 6t일 때 비중 0.6, 부피 300,000(才)의 목재 운반 트럭대수를 계산하시오. (단, 6t 트럭의 적재량은 8.3m³)

계산과정 :

11 [3점]

다음 보기를 이용하여 히스토그램 작성과정을 순서대로 나열하시오.

① 히스토그램과 규격값을 대조하여 안정상태인지 검토한다.
② 히스토그램을 작성한다.
③ 도수분포도를 만든다.
④ 데이터에서 최솟값과 최댓값을 구하며 전 범위를 구한다.
⑤ 구간폭을 정한다.
⑥ 데이터를 수집한다.

12 [4점]

토공사와 관련된 다음 용어의 정의를 간단히 설명하시오.
(1) 예민비 :
(2) 압밀 :

13 [2점]

흙의 함수량 변화와 관련하여 ( ) 안에 적당한 용어로 넣으시오.

흙이 소성상태에서 반고체 상태로 옮겨지는 경계의 함수비를 (①)라 하고, 액성상태에서 소성상태로 옮겨지는 함수비를 (②)라고 한다.

①
②

14 [4점]

철골구조의 보-기둥 접합부에서 강접합 및 전단접합을 도시하고 설명하시오.

15 [3점]

경량철골 공사에서 사용되는 파이프 절단면 단부의 밀폐방법 3가지를 기술하시오.

(1)
(2)
(3)

16 [4점]

조적공사에서 블록벽에 습기나 빗물이 침투되는 원인 4가지를 기술하시오.

(1)   (2)
(3)   (4)

17 [10점]

다음 데이터를 기준으로 Normal Time 네트워크 공정표를 작성하고, 3일 공기단축한 새로운 네트워크 공정표를 작성하고 총 공사금액을 계산하시오.

Activity	정상시간(일)	정상비용(원)	특급시간(일)	특급비용(원)
A(1→2)	3	20,000	2	26,000
B(1→3)	7	40,000	5	50,000
C(2→3)	5	45,000	3	59,000
D(2→5)	8	50,000	7	60,000
E(3→4)	5	35,000	4	44,000
F(3→5)	4	15,000	3	20,000
G(4→6)	3	15,000	3	15,000
H(5→6)	7	60,000	7	60,000

① CP는 굵은 선으로 표시한다.
② 각 결합점에서는 다음과 같이 표시한다.

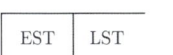 

③ 각 작업은 다음과 같이 표시한다.

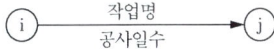

④ 공기단축 네트워크 공정표에는  는 표시하지 않는다.

계산과정 :

18 [3점]

표준형 벽돌 1,000장으로 1.5B 두께로 쌓을 수 있는 벽면적(m^2)을 계산하시오. (단, 할증률은 고려하지 않는다.)

계산과정 :

19 [2점]

다음에 설명에 해당하는 콘크리트 줄눈의 용어를 기술하시오.

> 지반 등 안정된 위치에 있는 바닥판은 수축에 의하여 표면에 균열이 생길 수 있는데 이러한 균열을 방지하기 위해 설치하는 줄눈

20 [2점]

온도조절 철근의 정의를 간단히 기술하시오.

21 [2점]

지내력 시험의 종류 2가지를 기술하시오.

22 [4점]

8층 아스팔트 방수공법을 시공순서대로 나열하시오.

23 [4점]

다음 그림과 같은 원형 단면에서 폭 b, 높이 $h = 2b$의 직사각형 단면을 얻기 위한 단면계수 Z를 직경 D의 함수로 나타내시오. (단, 지름이 D인 원에 내접하는 밑변이 b이고 $h = 2b$)

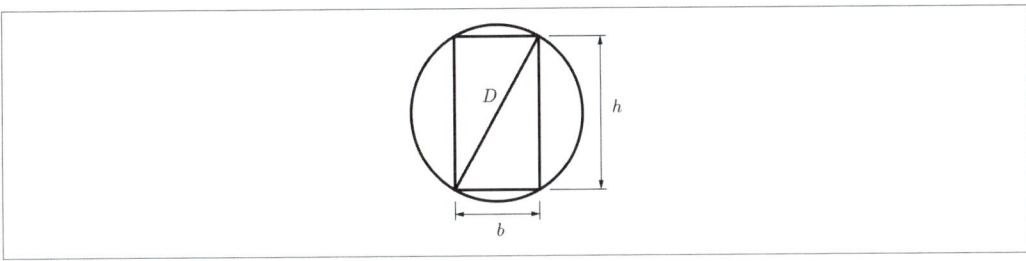

계산과정 :

24 [4점]

그림과 같은 인장부재의 순단면적을 계산하시오. (단, 판재의 두께는 10mm이며, 구멍 크기는 22mm이다.)

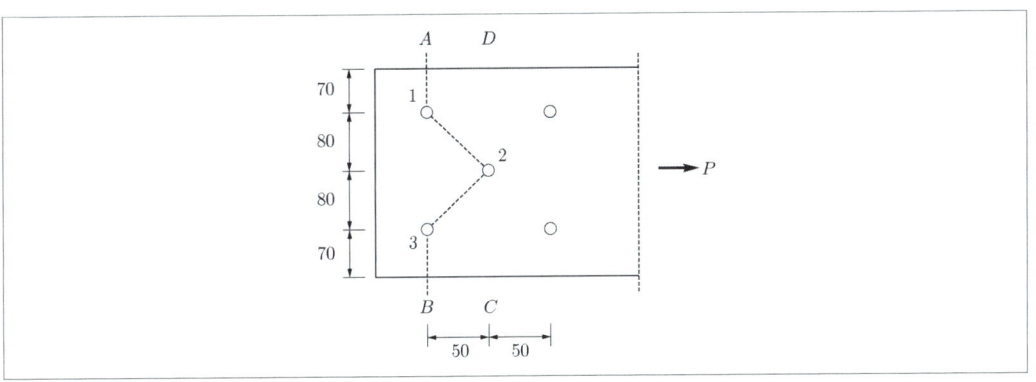

계산과정 :

25 [4점]

인장철근비 0.0025, 압축철근비 0.0016의 철근콘크리트 직사각형 단면의 보에 하중이 작용하여 순간처짐이 2cm 발생하였다. 3년의 지속하중이 작용할 경우 총 처짐량(순간처짐+장기처짐)을 계산하시오. (단, 시간경과계수는 다음의 표를 참조한다.)

기간(월)	1	3	6	12	18	24	36	48	60 이상
ξ	0.5	1.0	1.2	1.4	1.6	1.7	1.8	1.9	2.0

계산과정 :

26 [3점]

그림과 같은 라멘에 있어서 A점의 전달모멘트를 계산하시오. (단, k는 강비이다.)

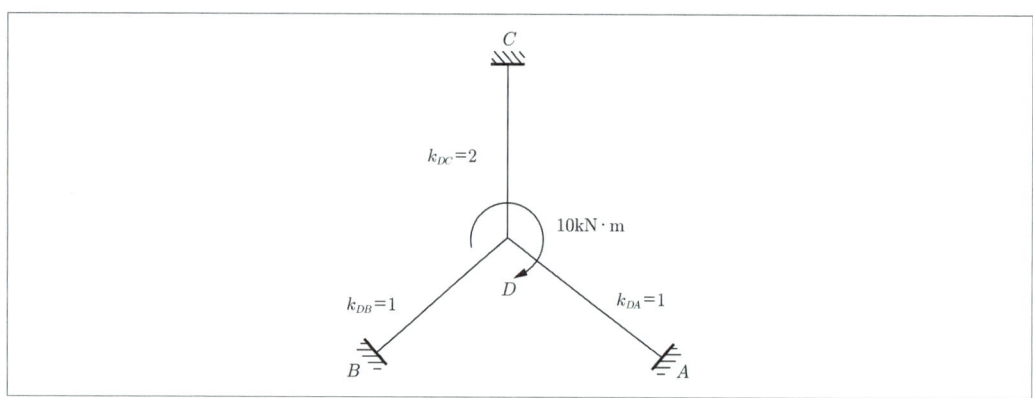

계산과정 :

27 [4점]

1단 자유, 타단고정, 길이 2.5m인 압축력을 받는 기둥의 탄성좌굴하중을 계산하시오. (단, $I = 798,000 \text{mm}^4$, $E = 205,000 \text{MPa}$)

계산과정 :

28 [3점]

재령 28일 콘크리트 표준공시체($\phi 150 \times 300$)에 대한 압축강도시험 결과 파괴하중이 500kN일 때 압축강도(MPa)를 계산하시오.

계산과정 :

15년 2회 해설 및 정답

01 수평규준틀
(1) 건물의 각부 위치를 정확히 표시
(2) 건물이나 터파기의 높이, 너비, 길이 등을 정확하게 결정

02 파워셔블의 1시간당 굴착작업량 계산
$$Q = \frac{3{,}600 \times q \times k \times f \times E}{C_m} = \frac{3{,}600 \times 0.8 \times 0.8 \times 0.7 \times 0.83}{40} = 33.47 \mathrm{m}^3/\mathrm{hr}$$

03 용어 정의
(1) 접합유리 : 2장 이상의 판유리 사이에 합성수지(필름)를 넣은 것
(2) 로이유리 : 금속이나 금속산화물이 얇게 코팅된 유리로서 가시광선의 투과율이 높고 열의 이동이 최소화된 에너지 절약형 유리로 저방사 유리라고도 함

04 슬러리월 공법 – 가이드 월
(1) 가이드 월 스케치

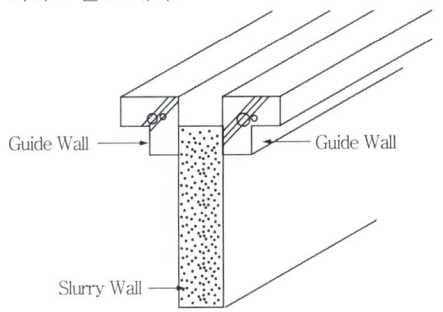

(2) 설치목적
　① 굴착구 인접지반의 붕괴방지
　② 높이, 수직도 등의 기준선의 역할

05 용접 결함(슬래그 감싸들기)
(1) 원인
　① 용접 중에 발생하는 슬래그가 용접부 안으로 들어간 경우
　② 용접 전류가 낮거나 운봉 속도가 늦은 경우
(2) 방지대책
　① 용접 중 혼입된 슬래그를 제거하고 용접한다.
　② 적정한 전류와 운봉 속도 유지

06 용어 설명
(1) 슬럼프 플로 : 슬럼프시험을 하여 콘크리트 반죽이 옆으로 퍼진 정도를 지름으로 측정한 것으로 워커빌리티가 좋은 유동화콘크리트의 시험방법의 일종
(2) 조립률 : 골재의 입도를 체가름 시험을 통해 수치로 표현한 것으로 골재의 대략적인 크기를 알 수 있음

07 철골 절단방법
(1) 전단 절단
(2) 가스 절단
(3) 톱 절단

08 대안입찰제도
처음 설계된 내용보다 기본방침의 변경없이 공사비를 낮추면서 동등 이상의 기능과 효과를 갖는 방안을 시공자가 제시할 경우 이를 검토하여 채택하는 입찰방식

09 거푸집의 용어 정의
(1) 슬립폼 : 연속으로 콘크리트를 타설하기 위한 수직 거푸집 공법으로 급수탑, 전망탑 등 단면의 형상이 변화하는 구조물의 시공에 사용
(2) 트래블링폼 : 수평 이동이 가능한 system 거푸집 공법

10 목재 운반 대수 계산
(1) 목재 $1m^3$는 300才이므로 $\dfrac{300,000}{300} = 1,000 m^3$
(2) 비중은 일종의 밀도와 같은 개념이므로 목재의 비중은 $0.6 t/m^3$으로 볼 수 있음
(3) 목재 $1,000 m^3$의 중량 : $1,000 m^3 \times 0.6 t/m^3 = 600 t$
(4) 트럭 1대($8.3 m^3$)에 적재할 수 있는 목재의 중량 : $8.3 m^3 \times 0.6 t/m^3 = 4.98 t$
(5) 운반대수 = $\dfrac{600}{4.98} = 120.48$대 → 121대

11 히스토그램 작성순서
⑥ → ④ → ⑤ → ③ → ② → ①

12 용어 정의
(1) 예민비 : 이긴 시료에 대한 자연시료의 강도의 비
(2) 압밀 : 점토지반에서 외력에 의해 흙의 간극수가 빠져나가면서 흙이 수축되는 현상

13 흙의 함수량
① 소성한계
② 액성한계

14 **강접합과 전단접합**

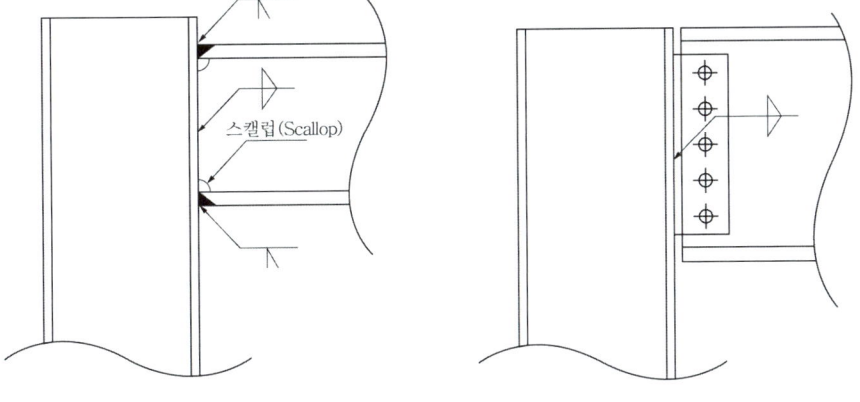

(1) 강접합 : 보의 플랜지와 웨브를 기둥에 일체화되도록 용접하여 접합부에서 전단력과 휨모멘트를 전달할 수 있도록 한 접합형식
(2) 전단접합 : 보의 웨브만을 기둥과 볼트 접합하여 접합부에서 전단력만을 전달할 수 있도록 한 접합형식

15 **파이프 단부의 밀폐방법**
(1) 관 끝을 압착하여 용접·밀폐시키는 방법
(2) 가열하여 구형으로 가공
(3) 원판, 반구형 판을 용접

16 **블록벽의 습기 침투 원인**
(1) 재료 자체의 방수성 불량
(2) 줄눈의 불완전 시공 및 균열
(3) 물흘림, 빗물막이의 불완전 시공
(4) 개구부, 창호재 접합부의 시공 불량

17 공정표 및 공기단축

(1) 표준상태 공정표

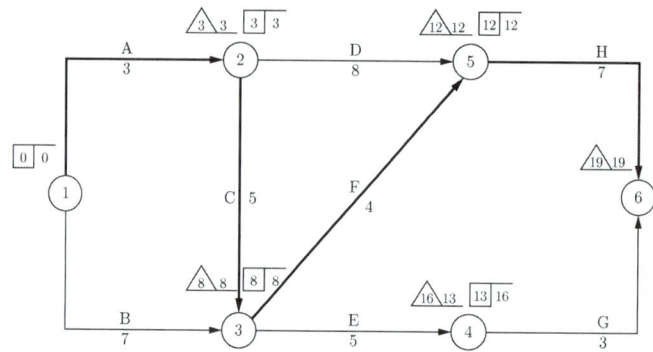

(2) 공기단축

작업	단축가능일수	비용구배
A	1	6,000
B	2	5,000
C	2	7,000
D	1	10,000
E	1	9,000
F	1	5,000
G	—	—
H	—	—

경로(소요일수)	1차	2차	3차
A-D-H (18)	18	17	16
A-C-F-H (19)	18	17	16
A-C-E-G (16)	16	15	14
B-F-H (18)	17	17	16
B-E-G (15)	15	15	14
단축작업-일수	F-1	A-1	B-1, C-1, D-1

(3) 총공사비 계산
  ① 표준상태 총공사비 = 280,000원
  ② 공기단축 시 증가 비용
     $A+B+C+D+F = 6,000+5,000+7,000+10,000+5,000 = 33,000$원
  ③ 공기단축 시 총공사비 = 280,000 + 33,000 = 313,000원

(4) 공기단축 공정표

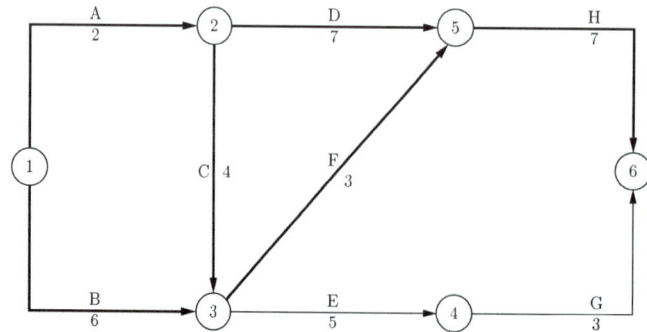

18 1.5B 두께의 벽면적 산출
(1) 1.5B의 정미량 : 224매/m^2
(2) 벽면적 = $\dfrac{1,000}{224}$ = $4.46m^2$

19 수축균열 방지 줄눈
조절줄눈

20 온도조절 철근
콘크리트의 건조수축, 온도변화 등에 의해 발생하는 **콘크리트 수축균열을 줄이기 위해 사용되는 철근**

21 지내력 시험의 종류
평판재하시험, 말뚝재하시험

22 아스팔트 방수공법의 시공순서
① 아스팔트 프라이머   ② 아스팔트
③ 아스팔트 펠트   ④ 아스팔트
⑤ 아스팔트 루핑   ⑥ 아스팔트
⑦ 아스팔트 루핑   ⑧ 아스팔트

23 단면계수 계산
(1) D와 b의 관계
$$D = \sqrt{b^2 + h^2} = \sqrt{b^2 + (2b)^2} = \sqrt{5b^2} = \sqrt{5}\,b \;\rightarrow\; b = \dfrac{D}{\sqrt{5}}$$

(2) 단면계수 계산
$$Z = \dfrac{bh^2}{6} = \dfrac{b(2b)^2}{6} = \dfrac{4b^3}{6} = \dfrac{2b^3}{3}$$

(3) 단면계수 Z를 D의 함수로 표현
$$Z = \dfrac{2b^3}{3} = \dfrac{2\left(\dfrac{D}{\sqrt{5}}\right)^3}{3} = \dfrac{2D^3}{15\sqrt{5}} = \dfrac{2\sqrt{5}\,D^3}{75} = 0.06D^3$$

24 인장재의 순단면적 계산
(1) 파단선 A-1-3-B인 경우 : 정렬 배치
$$A_n = A_g - nd_0t = (70+80+80+70) \times 10 - 2 \times 22 \times 10 = 2,560\text{mm}^2$$

(2) 파단선 A-1-2-3-B인 경우(엇모 배치)
$$A_n = A_g - nd_0t + \Sigma \dfrac{s^2 t}{4g}$$
$$= (300 \times 10) - 3 \times 22 \times 10 + \dfrac{(50)^2 \times 10}{4 \times 80} + \dfrac{(50)^2 \times 10}{4 \times 80} = 2,496.25\text{mm}^2$$

∴ 두 값 중 최소값 $A_n = 2,496.25\text{mm}^2$

25 총 처짐량 산정
(1) 장기처짐 산정
  ① 처짐계수 $\lambda = \dfrac{\xi}{1+50\rho'} = \dfrac{1.8}{1+50\times 0.0016} = 1.6667$
  ② 장기처짐 = 처짐계수 × 단기처짐 = $1.6667 \times 2 = 3.333\text{cm}$
(2) 총 처짐량 산정
  총 처짐 = 단기처짐 + 장기처짐 = $2 + 3.333 = 5.333 cm$

26 모멘트 분배법
(1) AD 부재의 분배율 $\mu = \dfrac{k_{DA}}{k_{DA}+k_{DB}+k_{DC}} = \dfrac{1}{1+1+2} = \dfrac{1}{4}$

(2) AD 부재의 분배모멘트 $M_{DA} = \mu \times M = \dfrac{1}{4} \times 10 = 2.5\text{kNm}$

(3) A지점의 전달모멘트 $M_{AD} = \dfrac{1}{2} \times M_{DA} = \dfrac{1}{2} \times 2.5 = 1.25\text{kNm}$

27 탄성 좌굴 하중
(1) 1단 자유-타단 고정은 캔틸레버이므로 $k=2$이며, 모든 단위를 N, mm로 통일한다.

(2) $P_{cr} = \dfrac{\pi^2 EI}{(kL)^2} = \dfrac{\pi^2 (205{,}000)(798{,}000)}{(2 \times 2{,}500)^2} = 64{,}582.74 N = 64.58\text{kN}$

28 콘크리트 압축강도 계산
(1) MPa로 압축강도를 산정하므로 모든 단위를 N, mm로 통일한다.

(2) $f_{ck} = \dfrac{P}{A} = \dfrac{P}{\dfrac{\pi D^2}{4}} = \dfrac{500 \times 1{,}000}{\dfrac{\pi \times (150)^2}{4}} = 28.29\text{MPa}$

2015 제4회 건축기사

01 [3점]
레디믹스트 콘크리트 규격(25-30-210)에 대하여 3가지 수치가 무엇을 의미하는지 기술하시오.
(단, 단위까지 명확히 기재)
(1)
(2)
(3)

02 [4점]
콘크리트에서 경화콘크리트의 성질 중 하나인 크리프에 대하여 간략히 설명하시오.

03 [3점]
콘크리트의 강도 추정과 관련된 비파괴시험의 종류 3가지를 기술하시오.
(1)
(2)
(3)

04 [4점]
벽돌벽의 표면에 생기는 백화의 정의와 방지대책 3가지를 기술하시오.
(1) 정의 :
(2) 방지대책
　①
　②
　③

05 [3점]

BTO(Build-Transfer-Operate) 방식을 설명하시오.

06 [5점]

알칼리 골재 반응의 정의를 설명하고 방지책 3가지를 기술하시오.

(1) 정의 :
(2) 방지대책
   ①
   ②
   ③

07 [2점]

구조용 강재인 SM355에서 SM과 355의 의미를 기술하시오.

(1) SM :
(2) 355 :

08 [10점]

다음 데이터를 네트워크 공정표로 작성하고, 각 작업의 여유시간을 구하시오.

작업명	작업일수	선행작업	비고
A	3	없음	① CP는 굵은 선으로 표시한다. ② 각 결합점에서는 다음과 같이 표시한다. ③ 각 작업은 다음과 같이 표시한다.
B	4	없음	
C	5	없음	
D	6	A, B	
E	7	B	
F	4	D	
G	5	D, E	
H	5	C, F, G	
I	7	F, G	

(1) 공정표 :
(2) 여유시간 :

09 [2점]

바닥미장 면적이 1000m²일 때, 1일 10인의 작업 시 작업소요일을 계산하시오. (단, 아래와 같은 품셈을 사용하며 계산과정을 쓰시오.)

바닥미장 품셈

(m²당)

구분	단위	수량
미장공	인	0.05

계산과정 :

10 [4점]

품질관리계획서 제출 시 필수적으로 기입하여야 하는 항목 4가지를 기술하시오.

(1)
(2)
(3)
(4)

11 [4점]

잭 서포트(Jack Support)의 정의에 대하여 기술하시오.

12 [4점]

지하 토공사 중 계측관리와 관련된 항목을 골라 번호로 쓰시오.

① Strain Gauge   ② 경사계(Inclino Meter)
③ Water Level Meter   ④ Level and Staff

(1) 지표면 침하 측정 :
(2) 응력 측정계 :
(3) 지하수위 측정 :
(4) 흙막이벽의 수평변위 측정 :

13 [3점]

다음 설명에 해당하는 콘크리트 용어를 기술하시오.

(1) 콘크리트 면에 미장 등을 하지 않고, 직접 노출시켜 마무리한 콘크리트
(2) 부재 단면치수 800mm 이상, 콘크리트 내·외부 온도차가 25℃ 이상으로 예상되는 콘크리트
(3) 건축구조물이 20층 이상이면서 기둥 크기를 적게 하도록 콘크리트 강도를 높게 하는 구조물에 사용되는 콘크리트로서 보통 설계기준 강도가 보통 40MPa 이상인 콘크리트

(1)
(2)
(3)

14 [3점]

다음 설명에 해당하는 철골공사의 용어를 기술하시오.

(1) 철골부재 용접 시 이음 및 접합부위의 용접선이 교차되어 재용접된 부위가 열영향을 받아 취약해지는 것을 방지하기 위하여 모재에 부채꼴 모양의 모따기를 한 것
(2) 철골 기둥의 이음부를 가공하여 상하부 기둥 밀착을 좋게 하여 축력의 50%까지 하부기둥의 밀착면에 직접 전달하기 위한 이음 방법
(3) 용접 결함이 생기기 쉬운 용접 비드의 시작 부분이나 끝부분에 설치하는 보조 강판

(1)
(2)
(3)

15 [4점]

TQC에 이용되는 7가지 도구 중 4가지를 기술하시오.

(1)
(2)
(3)
(4)

16 [4점]

철골공사에 있어서 철골 습식 내화피복공법의 종류 4가지를 기술하시오.

(1)
(2)
(3)
(4)

17 [3점]

철골공사에서 철골부재를 접합할 때 발생하는 용접결함 3가지를 기술하시오.

(1)
(2)
(3)

18 [4점]

다음 그림에서 나타내는 용접기호에 대해 4가지를 설명하시오. (단, 숫자는 반드시 설명)

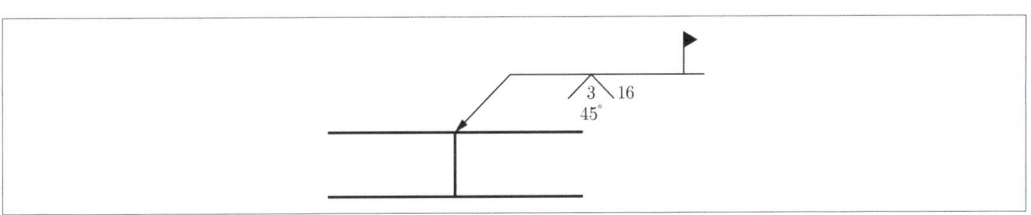

(1)
(2)
(3)
(4)

19 [3점]

흐트러진 상태의 흙 30m³를 이용하여 30m²의 면적에 다짐 상태로 60cm 두께로 터 돋우기 할 때 시공 완료된 다음의 흐트러진 상태의 토량을 계산하시오. (단, 이 흙의 L=1.2이고, C=0.9이다.)

계산과정 :

20 [4점]

콘크리트 타설 시 거푸집 측압의 증가 원인에 대해서 4가지를 기술하시오.

(1)
(2)
(3)
(4)

21 [4점]

적산에서 사용하는 건축공사용 재료의 할증률을 기술하시오.

(1) 유리 :
(2) 시멘트 벽돌 :
(3) 붉은 벽돌 :
(4) 단열재 :

22 [3점]

Value Engineering 개념에서 $V = \dfrac{F}{C}$ 식의 각 기호의 의미를 설명하시오.

(1) V :
(2) F :
(3) C :

23 [4점]

강도설계법에서 보통골재를 사용한 콘크리트의 압축강도(f_{ck})가 24MPa이고 철근의 탄성계수 (E_s)가 200,000MPa, 항복강도(f_y)가 400MPa일 때 콘크리트의 탄성계수(E_c)와 탄성계수비 $\left(\dfrac{E_s}{E_c}\right)$를 계산하시오.

(1) 콘크리트의 탄성계수 :
(2) 탄성계수비 :

24 [3점]

어떤 골재의 비중이 2.65이고, 단위용적중량이 1,800kg/m³이라면 이 골재의 실적률을 계산하시오.

계산과정 :

25 [3점]

강도설계법을 사용할 경우 기초판의 크기가 2m×3m일 때 단변 방향으로의 소요 전체 철근량이 3,000mm²이다. 유효폭 내에 배근하여야 할 철근량을 계산하시오.

계산과정 :

26 [5점]

다음 그림과 같은 마찰접합에서 설계미끄럼강도를 산출하시오. (단, 강재의 재질은 SS400, 고력볼트는 M22(F10T), 미끄럼계수는 0.5, 설계볼트장력 T_0=200kN, 표준구멍을 사용함)

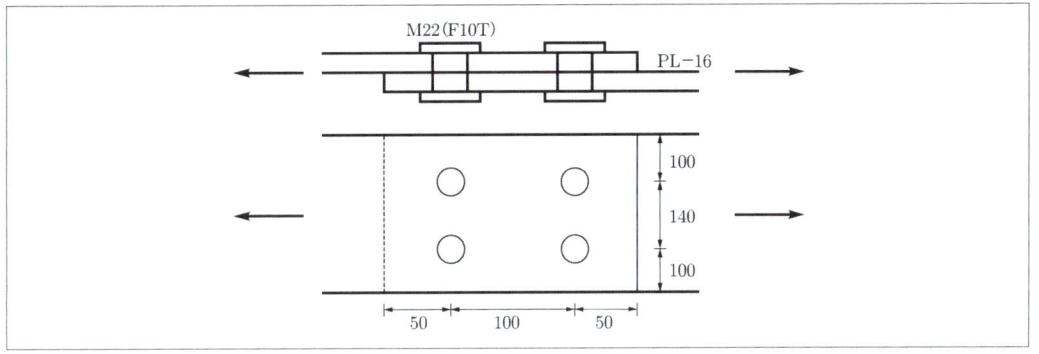

계산과정 :

27 [4점]

스팬 6m의 단순보에 w_D=15kN/m, w_L=12kN/m가 작용하는 경우, 보의 전단 설계를 위한 최대전단력 V_u를 계산하시오. (단, 보의 단면 $b_w \times d = 300\text{mm} \times 500\text{mm}$ 이다.)

계산과정 :

15년 4회 해설 및 정답

01 레미콘 규격 표시
(1) 25 : 굵은 골재 최대치수(mm)
(2) 30 : 호칭강도(MPa)
(3) 210 : 슬럼프(mm)

02 크리프
어떤 하중을 지속적으로 작용시킬 때 시간이 지남에 따라 하중의 증가가 없어도 변형이 증가하는 콘크리트 소성 변형 현상

03 콘크리트 비파괴시험
(1) 슈미트해머법(반발경도법)
(2) 인발법
(3) 공진법
(4) 초음파법

04 백화현상
(1) 정의 : 모르타르 중의 석회성분이 빗물에 용해되어 건물의 표면에 올라와 공기 중 CO_2 가스와 결합하여 탄산석회를 생성하여 조적 벽면에 백색 물질이 돋는 현상
(2) 방지대책
   ① 소성이 잘된 벽돌의 사용
   ② 벽면에 비막이 설치
   ③ 벽면에 파라핀 도료 등의 방수제 도포
   ④ 줄눈 모르타르에 방수제를 혼합하고 밀실하게 사춤

05 BTO(Build-Transfer-Operate)
민간자본을 들여 시설물을 완공(Build)한 후 소유권을 발주처에 미리 이전하고 일정 기간 동안 운영하여 투자금을 회수하는 방식

06 알칼리 골재 반응
(1) 정의
   시멘트 내의 알칼리 성분과 골재의 실리카 성분이 화학반응을 일으켜 콘크리트가 팽창하여 균열을 발생시키는 현상
(2) 방지대책
   ① 저알칼리 시멘트(고로 시멘트, Fly Ash 등) 사용
   ② 비반응성 골재의 사용
   ③ 알칼리 골재 반응을 촉진하는 수분의 흡수 방지

07 강재의 명칭
(1) SM : 용접구조용 압연강재
(2) 355 : 항복강도(355MPa)

08 공정표 작성/여유시간 산정
(1) 공정표

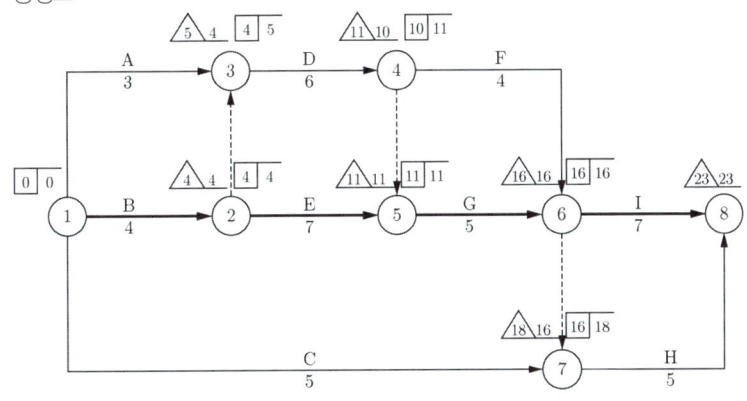

(2) 여유시간

작업명	TF	FF	DF	CP
A	2	1	1	
B	0	0	0	*
C	13	11	2	
D	1	0	1	
E	0	0	0	*
F	2	2	0	
G	0	0	0	*
H	2	2	0	
I	0	0	0	*

09 미장 작업일수 계산
(1) $1,000m^2 \times 0.05인/m^2 = 50인$
(2) 소요일수 $= \dfrac{50인}{10인/일} = 5일$

10 품질관리계획서 항목
(1) 품질관리 조직
(2) 품질관리 항목
(3) 품질관리 실시방법
(4) 시험담당자
(5) 규격

11 잭 서포트(Jack Support)
건축물 상판 구조물에 작용하는 과다한 하중이나 진동으로 인한 균열 또는 붕괴를 방지하기 위해 보나 슬래브 밑에 수직으로 설치해 하중을 지지하는 동바리

12 계측관리
(1) ④
(2) ①
(3) ③
(4) ②

13 콘크리트의 종류
(1) 제치장 콘크리트(노출 콘크리트)
(2) 매스 콘크리트
(3) 고강도 콘크리트

14 철골 용어
(1) 스캘럽
(2) 메탈터치
(3) 엔드탭(뒷댐재)

15 TQC 도구
(1) 히스토그램
(2) 특성요인표
(3) 파레토도
(4) 그래프
(5) 체크시트
(6) 산점도
(7) 층별

16 철골 습식 내화피복공법
(1) 타설공법
(2) 조적공법
(3) 미장공법
(4) 뿜칠공법

17 용접 결함
(1) 크랙
(2) 크레이터
(3) 오버 랩
(4) 언더 컷
(5) 블로 홀
(6) 피시아이
(7) 피트

18 용접기호
   (1) 지시방향(화살이 있는 쪽 또는 앞쪽 용접)
   (2) V형 맞댐용접
   (3) 3 : 루트 간격 3mm
   (4) 45 : 개선(홈) 각도 45도
   (5) 16 : 홈깊이 16mm
   (6) 깃발 : 현장용접

19 흐트러진 상태의 토량 계산
   (1) 시공 시 건축물의 부피에 해당하는 돋우기된 토량을 흐트러진 상태로 환산
   $$30\text{m}^2 \times 0.6\text{m} \times \frac{1.2}{0.9} = 24\text{m}^3$$

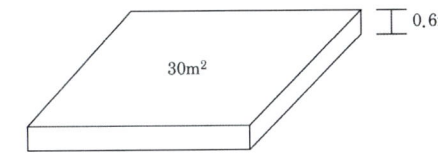

   (2) 남는 토량 = $30\text{m}^3 - 24\text{m}^3 = 6\text{m}^3$

20 거푸집 측압의 증가 원인
   (1) 온도가 낮을수록 습도가 높을수록
   (2) 슬럼프값이 클수록
   (3) 타설속도가 빠를수록
   (4) 부배합일수록
   (5) 거푸집 강성이 클수록

21 재료의 할증률
   (1) 유리 : 1%
   (2) 시멘트 벽돌 : 5%
   (3) 붉은 벽돌 : 3%
   (4) 단열재 : 10%

22 VE 공식
   (1) V : 가치(Value)
   (2) F : 기능(Function)
   (3) C : 비용(Cost)

23 탄성계수 및 탄성계수비
   (1) $E_c = 8{,}500 \times \sqrt[3]{f_{ck} + \Delta f} = 8{,}500 \times \sqrt[3]{f_{ck} + 4} = 8{,}500 \times \sqrt[3]{28} = 25{,}811.0\text{MPa}$
      ($\because f_{ck} \leq 40\text{MPa} \rightarrow \Delta f = 4\text{MPa}$)
   (2) $n = \dfrac{E_s}{E_c} = \dfrac{200{,}000}{25{,}811} = 7.75$

24 실적률 계산

(1) 단위용적중량 $w = 1.8 t/\mathrm{m}^3$

(2) 공극률 $= \dfrac{G \times 0.999 - w}{G \times 0.999} \times 100(\%) = \dfrac{2.65 \times 0.999 - 1.8}{2.65 \times 0.999} \times 100 = 32.01\%$

(3) 실적률 $= 100\% -$ 공극률 $= 100 - 32.01 = 67.99\%$

※ 별해

$$\text{실적률} = \dfrac{w}{G} \times 100(\%) = \dfrac{1.8}{2.65} \times 100 = 67.92\%$$

25 기초판의 철근량 계산

(1) 변장비 $\lambda = \dfrac{\text{장변}}{\text{단변}} = \dfrac{3}{2} = 1.5$

(2) 유효폭 내의 철근량 $(A_s{}')$

$$= \text{전체 철근량}(A_s) \times \dfrac{2}{1+\lambda}$$

$$= 3{,}000 \times \dfrac{2}{1+1.5} = 2{,}400 \mathrm{mm}^2$$

26 고력볼트의 설계미끄럼강도 계산

(1) 고력볼트 1개의 미끄럼강도

$$\phi R_n = \phi \times \mu \times h_{sc} \times T_0 \times N_s$$
$$= 1.0 \times 0.5 \times 1.0 \times 200 \times 1 = 100 \mathrm{kN}$$

∵ 표준구멍이므로 $\phi = 1.0$, 필러를 사용하지 않았으므로 필러계수 $h_{sc} = 1.0$

(2) 고력볼트가 4개이므로 $4 \times 100 = 400 \mathrm{kN}$

27 설계를 위한 보의 최대 전단력 계산

(1) 계수하중 $w_u = 1.2 w_D + 1.6 w_L = 1.2 \times 15 + 1.6 \times 12 = 37.2 \mathrm{kN/m}$

(2) 최대 전단력은 반력과 같으므로 $V_{\max} = \dfrac{w_u \times L}{2} = \dfrac{37.2 \times 6}{2} = 111.6 \mathrm{kN}$

(3) 설계용 최대 전단력은 지점에서 d만큼 떨어진 단면에서의 전단력이므로

$$V_u = V_{\max} - w_u \times d = 111.6 - 37.2 \times 0.5 = 93.0 \mathrm{kN}$$

2016 제1회 건축기사

01 [3점]
콘크리트 헤드(Concrete Head)의 정의를 기술하시오.

02 [5점]
콘크리트 충전강관(CFT) 구조의 정의를 간단히 설명하고 장점과 단점을 각각 2가지씩 기술하시오.
(1) 정의 :
(2) 장점
　　①
　　②
(3) 단점
　　①
　　②

03 [3점]
Life Cycle Cost(LCC)에 대해 간략히 설명하시오.

04 [2점]
전기로에서 금속규소나 규소철을 생산하는 과정 중 부산물로 생성되는 매우 미세한 입자로서 고강도 콘크리트 제조 시 사용되는 포졸란계 혼화재의 명칭을 기술하시오.

05 [4점]

커튼월(Curtain Wall) 방식을 다음의 분류에 따라 각각 2가지씩 기술하시오.

(1) 구조형식에 의한 분류 :
(2) 조립방식에 의한 분류 :

06 [3점]

철근콘크리트 공사 시 사용하는 철근이음 방식 3가지를 기술하시오.

(1)
(2)
(3)

07 [3점]

프리스트레스트 콘크리트에 이용되는 긴장재의 종류 3가지를 기술하시오.

(1)
(2)
(3)

08 [2점]

다음 (   ) 안에 알맞은 숫자를 기입하시오.

> 기성콘크리트말뚝을 타설할 때 그 중심간격은 말뚝머리지름의 (①)배 이상 또한 (②)mm 이상으로 한다.

①
②

09 [3점]

지반조사를 위한 보링의 종류 3가지를 기술하시오.

(1)
(2)
(3)

10 [3점]

프리플레이스트(프리팩트) 콘크리트 말뚝의 종류 3가지를 기술하시오.

(1)
(2)
(3)

11 [4점]

표준관입시험 결과 관입량 30cm에 달하는 데 필요한 타격횟수 N값이 다음과 같을 때 해당하는 모래의 상대밀도를 ( )에 기입하시오.

N값	모래의 상대밀도
0~4	(①)
4~10	(②)
10~30	(③)
50 이상	(④)

①
②
③
④

12 [4점]

다음 용어의 정의에 대해 기술하시오.

(1) AE 감수제 :
(2) Shrink Mixed Concrete :

13 [3점]

수평버팀대식 흙막이에 작용하는 응력이 그림과 같을 때 각 번호에 해당되는 용어를 보기에서 골라 기호로 쓰시오.

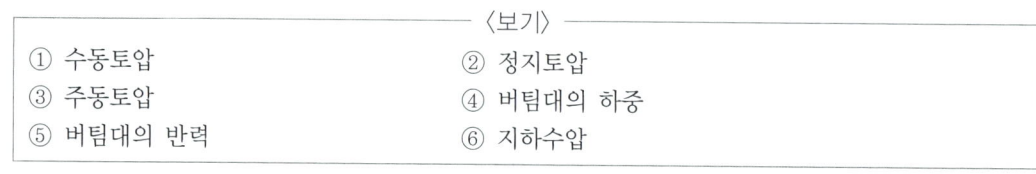

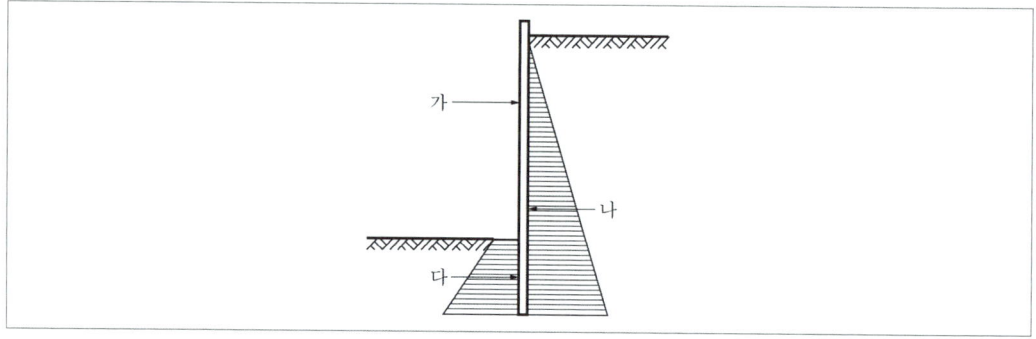

가.
나.
다.

14 [4점]

벽타일의 붙임공법 종류 4가지를 기술하시오.

(1)
(2)
(3)
(4)

15 [3점]

목재 난연처리법의 종류 3가지를 기술하시오.

(1)
(2)
(3)

16 [4점]

건설 계약방식과 관련된 다음 용어의 정의를 기술하시오.

(1) BOT(Build Operation Transfer) 방식 :
(2) 파트너링(Partnering) 방식 :

17 [2점]

주문공급방식으로서 대형구조물이나 특수구조물에 적합한 PC(Precast Concrete) 생산방식의 명칭을 기술하시오.

18 [3점]

가설건축물의 축조 신고 시 구비서류 3가지를 기술하시오.

(1)
(2)
(3)

19 [3점]

샌드 드레인 공법에 대하여 설명하시오.

20 [4점]

콘크리트용 골재가 갖추어야 할 조건 4가지를 기술하시오.

(1)
(2)
(3)
(4)

21 [10점]

다음 데이터를 보고 표준네트워크 공정표를 작성하고, 7일 공기단축한 상태의 네트워크공정표를 작성하시오.

작업명	작업일수	선행작업	비용구배(천원)	비고
A(①→②)	2	없음	50	(1) 결합점 위에는 다음과 같이 표시한다.
B(①→③)	3	없음	40	
C(①→④)	4	없음	30	
D(②→⑤)	5	A, B, C	20	
E(②→⑥)	6	A, B, C	10	
F(③→⑤)	4	B, C	15	
G(④→⑥)	3	C	23	(2) 공기단축은 작업일수의 1/2을 초과할 수 없다.
H(⑤→⑦)	6	D, F	37	
I(⑥→⑦)	7	E, G	45	

(1) 표준네트워크 공정표
(2) 공기단축 네트워크 공정표

22 [6점]

자연상태 흙의 터파기량이 12,000m³일 때, 이중 5,000m³을 되메우기하고 나머지 흙을 8t 트럭으로 잔토처리할 경우 덤프트럭 1회 적재량과 필요한 차량 대수를 계산하시오. (단, 자연상태에서의 흙의 단위체적중량 : 1,800kg/m³, 토량변화율(L) : 1.25)

(1) 덤프트럭 1회 적재량
(2) 필요 차량 대수

23 [3점]

그림과 같은 구조물을 모멘트 분배법으로 해석할 때 부재 OA로의 분배율을 계산하시오.

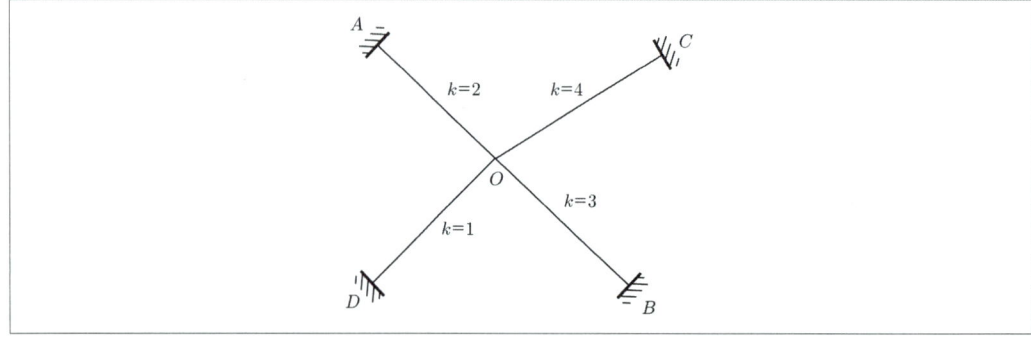

24 [4점]

그림과 같이 SS235(F_u=235N/mm^2)를 사용한 필릿용접(모살용접)의 설계강도(ϕP_w)를 계산하시오. (단, $\phi P_w = 0.75 F_w A_w$, $F_w = 0.6 F_u$ 이다.)

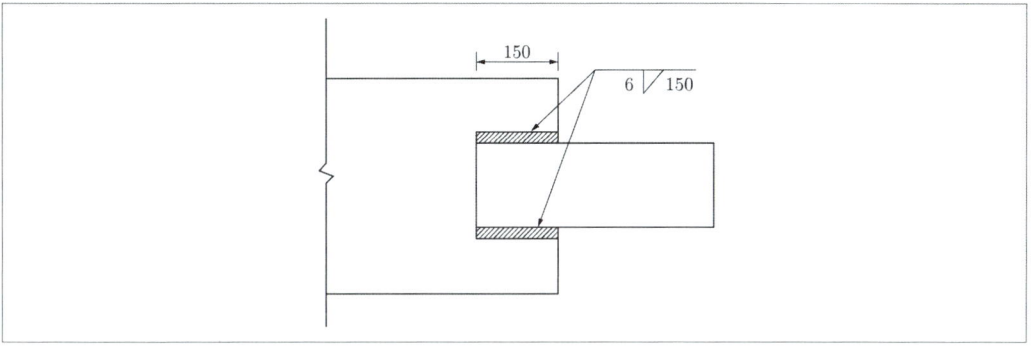

25 [4점]

다음 그림과 같은 콘크리트 단근보에서 강도설계법에 따라 균형철근비 및 최대철근량을 계산하시오. (단, f_{ck}=27MPa, f_y=300MPa, E_s=200,000MPa)

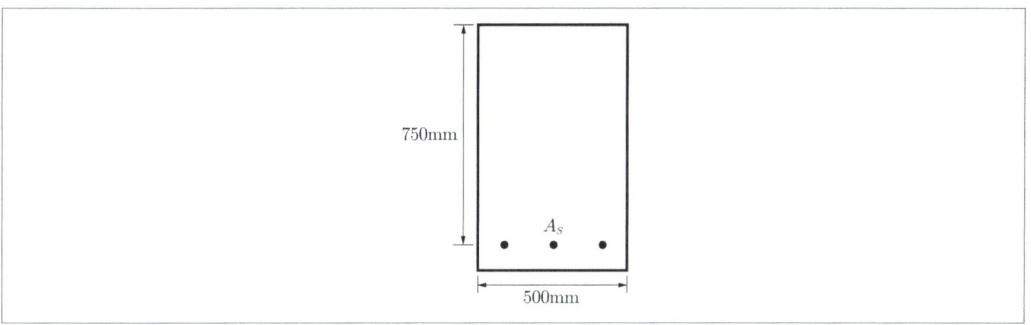

(1) 균형철근비(단, 소수점 다섯째 자리까지 구하시오.)
(2) 최대 철근량

26 [4점]

다음 그림과 같은 구조물의 휨모멘트도와 전단력도를 그리시오. (단, 휨모멘트 및 전단력의 크기와 부호를 표기해야 함)

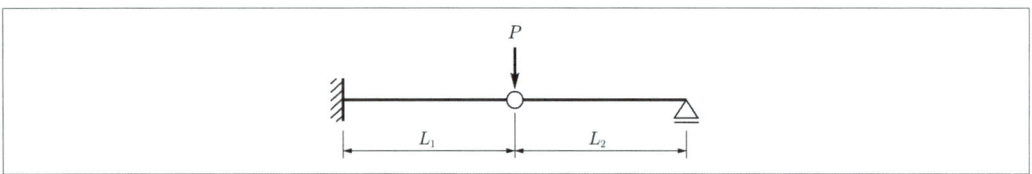

(1) 휨모멘트도
(2) 전단력도

27 [4점]

폭 b=400mm인 보에 3-D22를 배근할 경우 균열제어 측면에서 철근의 배치 간격의 적합 여부를 검토하시오. (단, KCI 2012 기준이며, k_{cr}은 210, f_y=400MPa, $f_s = \dfrac{2}{3}f_y$의 근사값 사용, 피복두께는 40mm, 스터럽은 D10 사용)

16년 1회 해설 및 정답

01 콘크리트 헤드
수직거푸집에서 타설된 콘크리트 윗면으로부터 최대측압이 발생하는 면까지의 수직거리

02 CFT(Concrete Filled Tube) : 콘크리트 충전강관 구조
(1) 정의 : 원형 또는 사각형인 강관의 기둥 내부에 고강도 콘크리트를 충전하여 만든 구조로, 주로 초고층 건물의 기둥구조물에 사용한다.
(2) 장점
　① 휨강성 증대
　② 거푸집이 필요하지 않아 공사비가 감소함
(3) 단점
　① 고품질 콘크리트를 사용해야 함
　② 콘크리트 시공 확인이 어려움

03 LCC
건축물의 초기 기획단계에서 설계, 시공, 유지관리, 해체에 이르는 건축물의 전 생애에 소요되는 비용

04 혼화재
실리카 퓸

05 커튼월 종류
(1) 구조형식에 의한 분류 : 샛기둥방식, 패널방식, 커버방식
(2) 조립방식에 의한 분류 : Stick Wall 방식, Window Wall 방식, Unit Wall 방식

06 철근 이음 종류
(1) 겹침이음
(2) 가스압접이음
(3) 기계적 이음
(4) 용접이음

07 긴장재 종류
(1) PC 강선
(2) PC 강연선
(3) PC 강봉

08 말뚝 간격
① 2.5
② 750

09 보링의 종류
(1) 회전식 보링
(2) 충격식 보링
(3) 수세식 보링

10 프리플레이스트(프리팩트) 공법
(1) PIP 파일
(2) CIP 파일
(3) MIP 파일

11 N값에 따른 모래의 상대밀도
① 0.2 이하
② 0.2~0.4
③ 0.4~0.6
④ 0.8~1.0

12 용어설명
(1) AE 감수제
   AE(Air Entraining Agent)제의 성능과 함께 단위수량을 감소시키는 혼화제
(2) Shrink Mixed Concrete
   믹싱플랜트의 고정믹서에서 어느 정도 비빈 콘크리트를 트럭믹서에 넣고 운반 도중 완전히 비비는 것

13 흙막이에 작용하는 토압
가. ⑤ 버팀대의 반력
나. ③ 주동토압
다. ① 수동토압

14 타일붙이기 공법
(1) 떠붙이기(적층) 공법
(2) 개량적층 공법
(3) 압착 공법
(4) 개량압착 공법
(5) 밀착(동시줄눈) 공법

15 목재의 난연처리법
(1) 불연성 도료 칠
(2) 방화제법
(3) 난연약제 도포법

16 용어 정리
(1) BOT(Build Operation Transfer) 방식
민간자본을 들여 시설물을 완공(Build)한 후 투자자가 일정 기간 동안 운영(Operation)한 뒤 시설물의 소유권을 발주자에게 이전(Transfer)하는 방식
(2) 파트너링(Partnering) 방식
발주자가 직접 설계와 시공에 참여하여 발주자, 설계자, 시공자와 프로젝트 관련자들이 하나의 팀으로 조직하여 파트너와 함께 공사를 완성하는 방식

17 대형구조물/특수구조물에 적합한 PC 생산방식
Closed System

18 가설물 축조신고서류
(1) 가설건물축조 신고서
(2) 토지주의 사용허가서
(3) 가설건축물 배치도
(4) 가설건축물 평면도

19 샌드 드레인 공법
점토지반에 적용하는 지반 개량공법으로 모래 말뚝을 형성하여 지반의 간극수를 모래를 통해 제거하는 일종의 탈수공법

20 콘크리트용 골재의 품질
(1) 입도와 입형이 좋을 것
(2) 불순물을 포함하지 않은 것
(3) 소요강도를 충족할 것
(4) 물리적/화학적으로 안정할 것

21 공정표 및 공기단축
(1) 표준네트워크 공정표

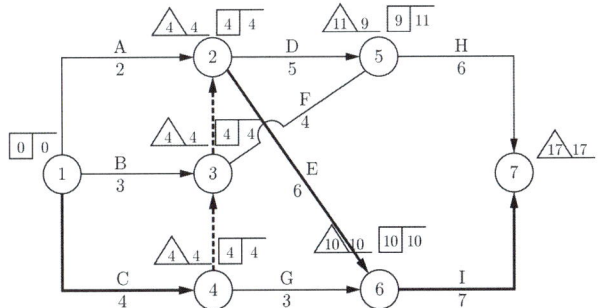

(2) 공기단축된 공정표
　① 공기단축을 위한 비용구배와 단축가능일수

작업명	비용구배	단축가능일수	1차	2차	3차	4차	5차	6차
A	50,000	1						
B	40,000	1				1		
C	30,000	2		1		1		
D	20,000	2			1		1	
E	10,000	3	2		1			
F	15,000	2					1	
G	23,000	1						
H	37,000	3						1
I	45,000	3					1	1

경로(소요일수)	1차	2차	3차	4차	5차	6차
A-D-H (13일)	13	13	12	12	11	10
A-E-I (15일)	13	13	12	12	11	10
B-D-H (14일)	14	14	13	12	11	10
B-F-H (13일)	13	13	13	12	11	10
B-E-I (16일)	14	14	13	12	11	10
C-D-H (15일)	15	14	13	12	11	10
C-E-I (17일)	15	14	13	12	11	10
C-F-H (14일)	14	13	13	12	11	10
C-G-I (14일)	14	13	13	12	11	10
공기단축	E-2	C-1	D-1, E-1	B-1, C-1	D-1, F-1, I-1	H-1, I-1

　② 공기단축 후 증가된 비용
　　$40,000 + 30,000 \times 2 + 20,000 \times 2 + 10,000 \times 3 + 15,000 + 37,000 + 45,000 \times 2$
　　$= 312,000$원
　③ 공기단축된 공정표(모든 공정이 주공정선임)

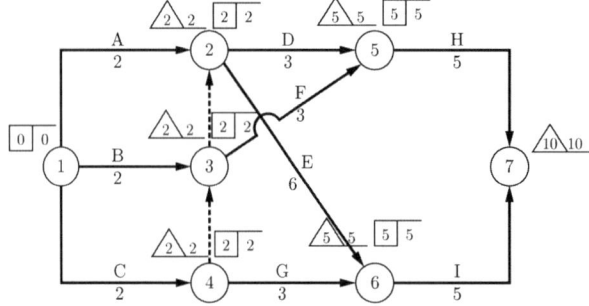

22. 적산 – 트럭 적재량, 차량 대수 계산

(1) 덤프트럭 1회 적재량

① 8t 트럭 1대의 흙의 적재량(자연상태) $= \dfrac{8t}{1.8t/m^3} = 4.444\mathrm{m}^3$

② 8t 트럭 1대의 흙의 적재량(흐트러진 상태) $= 4.444 \times 1.25 = 5.56\mathrm{m}^3$

(2) 필요 차량 대수

① 잔토처리량(흐트러진 상태) $= (12{,}000 - 5{,}000) \times 1.25 = 8{,}750\mathrm{m}^3$

② 필요 차량 대수 $= \dfrac{8{,}750\mathrm{m}^3}{5.56\mathrm{m}^3/\text{대}} = 1{,}573.7 \rightarrow 1{,}574\text{대}$

23. 모멘트 분배법의 부재별 분배율 계산

$$DF_{OA} = \dfrac{k_{OA}}{\Sigma k} = \dfrac{2}{2+4+1+3} = \dfrac{2}{10} = 0.2$$

24. 필릿용접의 설계강도(ϕP_w) 계산

(1) $A_w = 2 \times 0.7s \times (L - 2s) = 2 \times 0.7(6) \times (150 - 2 \times 6) = 1{,}159.2\mathrm{mm}^2$

(2) $\phi P_w = 0.75 F_w \times A_w = 0.75 \times 0.6 \times F_u \times A_w$
$= 0.75 \times 0.6 \times 235 \times 1{,}159.2 = 122{,}585.4N = 122.59\mathrm{kN}$

25. 균형철근비

(1) 균형철근비

① $f_{ck} \leq 40MPa \rightarrow \beta_1 = 0.80$

② $\rho_b = 0.85\beta_1 \times \dfrac{f_{ck}}{f_y} \times \dfrac{660}{660+f_y}$
$= 0.85 \times 0.85 \times \dfrac{27}{300} \times \dfrac{660}{660+300} = 0.04208$

(2) 최대 철근량

① 최소 허용변형률

$\varepsilon_{a,\min} = 2 \times \dfrac{f_y}{E_s} \geq 0.004$
$= 2 \times \dfrac{300}{200{,}000} = 0.003 \rightarrow 0.004$

② 최대철근비

$\rho_{\max} = 0.85\beta_1 \times \dfrac{f_{ck}}{f_y} \times \dfrac{0.0033}{0.0033 + \varepsilon_{a,\min}}$
$= 0.85 \times 0.80 \times \dfrac{27}{300} \times \dfrac{0.0033}{0.0033 + 0.004} = 0.02767$

③ 최대철근량

$A_{s,\max} = \rho_{\max} bd$
$= 0.02767 \times 500 \times 750 = 10{,}374.66\mathrm{mm}^2$

26 구조 - 휨/전단력도

(1) 반력 산정

중앙의 힌지 절점을 C라고 하고 힌지를 기준으로 우측 부분만 생각하면,

$\Sigma M_B = 0 \rightarrow -P \times L_2 + V_c \times L_2 = 0$

$$\therefore V_c = P(\uparrow)$$

좌측 부분의 캔틸레버보에 반력 V_c를 반대방향으로 해서 작용하면,

$\Sigma V = 0 \rightarrow -P + V_A = 0$

$$\therefore V_A = P(\uparrow)$$

$\Sigma M_A = 0 \rightarrow P \times L_1 + M_A = 0$

$$\therefore M_A = -PL_1$$

(2) 캔틸레버보에서 최대전단력과 최대휨모멘트값은 항상 고정단에서 발생한다.

$V_{max} = P$

$M_{max} = -PL_1$

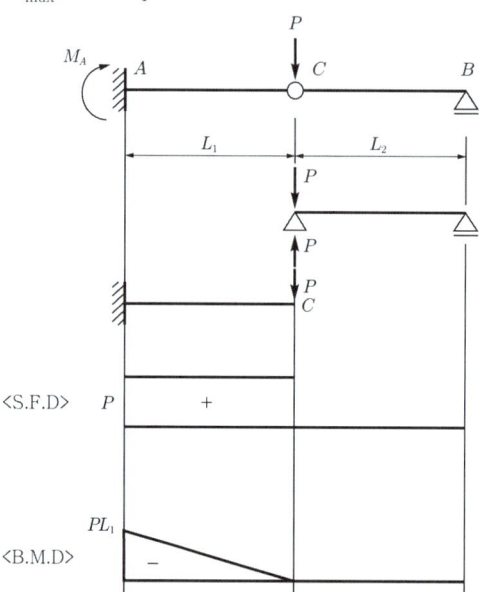

27 보 철근배치

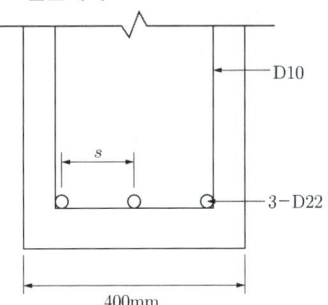

(1) 허용간격(s_a)
  ① 인장철근 표면과 콘크리트 표면 사이의 최소두께
  $C_c = 40 + 10 = 50\text{mm}$

  ② 철근의 응력 $f_s = \dfrac{2}{3}f_y = \dfrac{2}{3} \times 400 = 266.67\text{MPa}$

  ③ $s_1 = 375\left(\dfrac{k_{cr}}{f_s}\right) - 2.5 C_c$
  $= 375\left(\dfrac{210}{266.67}\right) - 2.5 \times 50 = 170.3\text{mm}$

  $s_2 = 300\left(\dfrac{k_{cr}}{f_s}\right) = 300 \times \left(\dfrac{210}{266.67}\right) = 236.25\text{mm}$

  허용간격 $s_a = [s_1, s_2]_{\min} = 170.3\text{mm}$

(2) 문제의 철근 중심간격(s)
  $s = \dfrac{1}{2}\left[400 - 2\left(40 + 10 + \dfrac{22}{2}\right)\right] = 139\text{mm}$

(3) 적합 여부 검토
  $s(=139\text{mm}) < s_a(=170.3\text{mm})$ → 적합

2016 제2회 건축기사

01 [4점]

각 색깔에 맞는 콘크리트용 착색제를 보기에서 찾아 번호로 나열하시오.

〈보기〉
① 카본블랙   ② 군청
③ 크롬산 바륨   ④ 산화크롬
⑤ 제2산화철   ⑥ 이산화망간

(1) 초록색 –
(2) 빨강색 –
(3) 노랑색 –
(4) 갈색 –

02 [4점]

건축공사 표준시방서에 기술된 방수공사의 표기법에서 최초의 문자는 방수층의 종류에 따라 달라지는데 다음 알파벳 기호가 나타내는 의미를 기술하시오.

(1) A :
(2) S :
(3) L :
(4) M :

03 [4점]

다음은 건축공사 표준시방서의 한중콘크리트 시공에 대한 설명이다. ( ) 안에 알맞은 숫자를 기술하시오.

(1) 한중콘크리트의 배합은 초기 동해의 방지에 필요한 압축강도 (①)MPa까지는 보양 양생이 필요하다.
(2) 물시멘트비는 (②)% 이하로 하고, 단위수량은 콘크리트의 소요성능이 얻어지는 범위 내에서 될 수 있는 한 적게 한다.

①
②

04 [4점]

다음의 콘크리트공사용 거푸집에 대하여 설명하시오.

(1) 슬라이딩 폼(Sliding Form) :
(2) 터널 폼(Tunnel Form) :

05 [3점]

목재면 바니쉬 칠의 작업순서대로 보기의 번호를 나열하시오.

〈보기〉
① 색올림 ② 왁스 문지름
③ 바탕처리 ④ 눈먹임

06 [3점]

금속재 바탕처리법 중 화학적 방법 3가지를 기술하시오.

(1)
(2)
(3)

07 [3점]

건축공사 벽체 단열공법의 종류 3가지를 기술하시오.

(1)
(2)
(3)

08 [3점]

다음 보기를 이용하여 히스토그램 작성과정을 순서대로 나열하시오.

① 히스토그램과 규격값을 대조하여 안정상태인지 검토한다.
② 히스토그램을 작성한다.
③ 도수분포도를 만든다.
④ 데이터에서 최솟값과 최댓값을 구하며 전 범위를 구한다.
⑤ 구간폭을 정한다.
⑥ 데이터를 수집한다.

09 [3점]

흙막이 공사에서 역타설공법(Top-Down Method)의 장점 4가지를 기술하시오.

(1) (2)
(3) (4)

10 [3점]

철골공사에 있어서 철골 습식 내화피복공법의 종류 3가지를 기술하시오.

(1)
(2)
(3)

11 [4점]

보통시멘트콘크리트와 비교하여 폴리머시멘트콘크리트의 특성 4가지를 기술하시오.

(1) (2)
(3) (4)

12 [10점]

주어진 Data를 이용하여 다음 물음에 답하시오.

작업명	선행작업	정상		급속		비고
		Time (일)	Cost (천원)	Time (일)	Cost (천원)	
A	없음	5	170	4	210	단, CP는 굵은 선으로 표시하고 각 결합에서는 다음과 같이 표기한다. EST │ LST / LET \ EFT ⓘ —작업명/공사일수→ ⓙ
B	없음	18	300	13	450	
C	없음	16	320	12	480	
D	A	8	200	6	260	
E	A	7	110	6	140	
F	A	6	120	4	200	
G	D, E, F	7	150	5	220	

(1) 표준네트워크 공정표를 작성하시오.
(2) 정상 공기 시 총공사비용을 구하시오.
(3) 공기를 4일 단축 시 증가된 총공사비용을 구하시오.

13 [4점]

다음 그림과 같은 철근콘크리트조 건물의 신축 시 필요한 귀규준틀과 평규준틀의 수량을 구하시오.

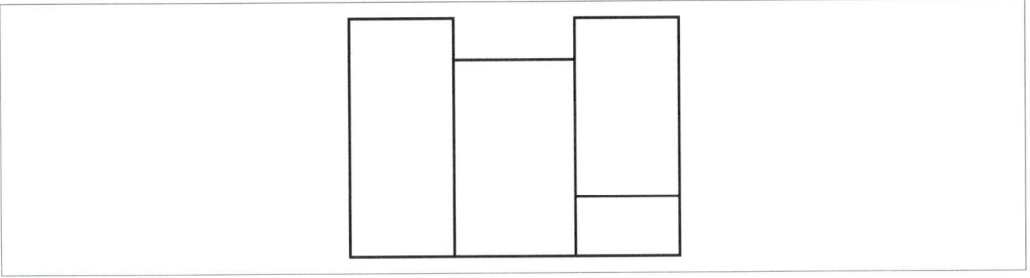

(1) 귀규준틀 :   개소
(2) 평규준틀 :   개소

14 [4점]

토량 2,000m³을 2대로 불도저로 작업할 예정이다. 삽날용량 0.6m³, 토량환산계수 0.7, 작업효율 0.9이며, 1회 사이클 시간이 15분일 때 작업 완료에 필요한 시간을 계산하시오.

15 [4점]

최대적재량이 6ton(중량)이고 7.5m³(용적)인 차량으로 목재 300,000재(才)를 운반하려고 할 때 필요한 운반차량 대수를 계산하시오. (단, 목재의 비중은 0.8로 가정한다.)

16 [3점]

콘크리트 펌프가 실린더의 안지름이 18cm, 스트로크 길이가 1m, 스트로크 수가 24회/분, 효율이 90% 조건으로 콘크리트를 펌핑할 때 원활한 시공을 위한 7m³ 레미콘 트럭의 배차시간 간격(분)을 계산하시오.

17 [3점]

콘크리트의 건조수축에 의한 균열을 감소시키기 위해 구조물의 일정 부위를 남겨놓고 콘크리트를 타설한 후 초기 건조수축이 완료되면 나머지 부분을 타설할 목적으로 설치하는 줄눈의 명칭을 기술하시오.

18 [2점]

아래의 보기가 설명하는 구조의 명칭을 기술하시오.

> 건축물의 기초부분 등에 적층고무 또는 미끄럼받이 등을 넣어서 지진에 대한 건축물의 흔들림을 감소시키는 구조

19 [4점]

철골부재 용접과 관련된 다음 용어에 대해 설명하시오.

(1) 엔드 탭(End Tab) :
(2) 스캘럽(Scallop) :

20 [2점]

다음은 건축공사 표준시방서에 따른 철근의 순간격 기준에 관한 내용이다. ( ) 안에 알맞은 숫자를 기술하시오.

> 철근과 철근의 순간격은 굵은골재 최대치수의 (①)배 이상으로 (②)mm 이상, 철근 공칭지름의 1.5배 이상으로 한다.

①   ②

21 [4점]

점토지반 개량공법 중 2가지를 제시하고 그중 1개를 선택하여 간략히 설명하시오.

(1) 개량공법 2가지
　　①
　　②
(2) 설명

22 [4점]

커튼월의 성능시험 관련 실물모형시험(Mock-up Test)에서 성능시험의 시험종목 4가지를 기술하시오. (단, 건축공사표준시방서 2013 기준)

(1)　　　　　　　　　　　　　　(2)
(3)　　　　　　　　　　　　　　(4)

23 [3점]

다음 통합공정관리(EVMS; Earned Value Management System) 용어를 설명한 것 중 해당되는 항목을 보기에서 골라 번호로 쓰시오.

〈보기〉
① 프로젝트의 모든 작업내용을 계층적으로 분류한 것
② 성과측정시점까지 투입예정된 공사비
③ 공사착수일부터 추정준공일까지의 실 투입비에 대한 추정치
④ 성과측정시점까지 지불된 공사비(BCWP)에서 성과측정시점까지 투입예정된 공사비를 제외한 비용
⑤ 성과측정시점까지 실제로 투입된 금액
⑥ 성과측정시점까지 지불된 공사비(BCWP)에서 성과측정시점까지 실제로 투입된 금액을 제외한 비용
⑦ 공정, 공사비 통합, 성과측정, 분석의 기본단위

(1) CA(Cost Account) :
(2) CV(Cost Variance) :
(3) ACWP(Actual Cost for Work Performed) :

24 [5점]

다음 그림과 같은 단순보의 최대모멘트를 구하고, 균열모멘트와의 비교를 통해 균열발생 여부를 검토하시오. (단, $w = 50\text{kN/m}$, $L = 12\text{m}$, $f_{ck} = 24\text{MPa}$이고 보통중량콘크리트를 사용한다.)

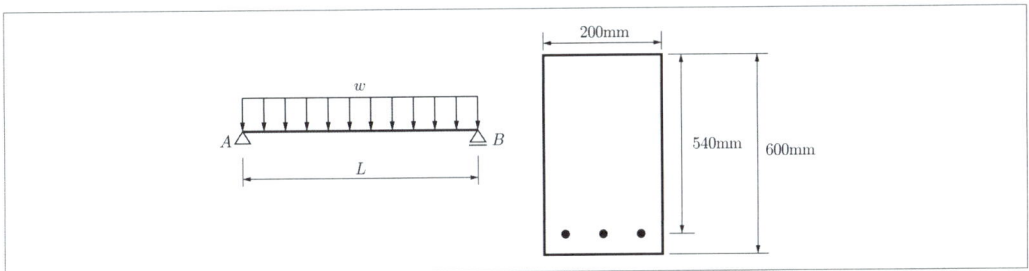

(1) 최대모멘트($M_{\max}$)　　　　(2) 균열 발생여부 검토

25 [3점]

다음과 같은 철골보에 고정하중 $W_D = 10\text{kN/m}$, 활하중 $W_L = 15\text{kN/m}$가 작용하고 있을 때 철골보의 최대 처짐을 계산하시오. (단, 철골보의 자중은 무시) (단, 탄성계수 : $E = 205,000\text{MPa}$, 단면2차모멘트 : $I = 47,800\text{cm}^4$)

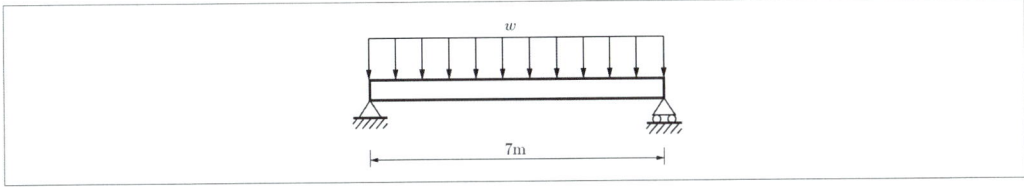

26 [3점]

그림과 같은 단면 100×100mm, 길이 $L=1,000$mm 부재에 1,000kN의 압축력이 작용하여 990mm로 되었다. 이때 부재의 압축응력, 재축방향의 변형률, 탄성계수를 계산하시오.

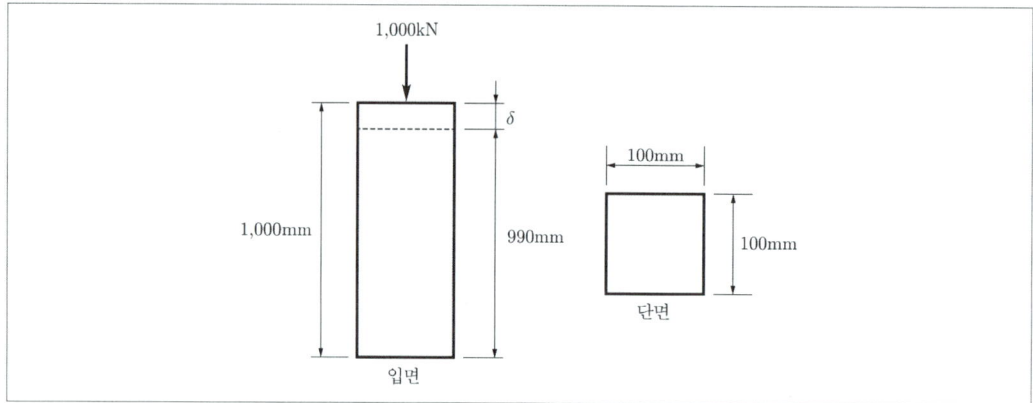

(1) 압축응력 :
(2) 변형률 :
(3) 탄성계수 :

27 [3점]

다음 그림과 같은 구조물에서 T_1 부재에 작용하는 부재력을 계산하시오.

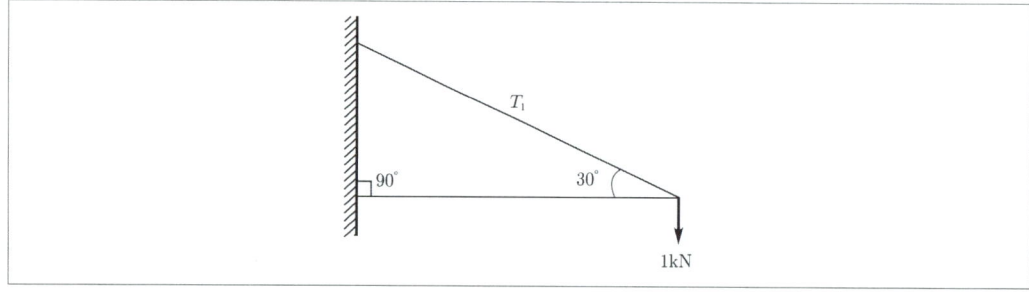

16년 2회 해설 및 정답

01 착색제의 색깔
(1) ④
(2) ⑤
(3) ③
(4) ⑥

02 멤브레인 방수의 영문표기법
(1) A : 아스팔트방수(Asphalt)
(2) S : 시트방수(Sheet)
(3) L : 도막방수(Liquid)
(4) M : 개량형 아스팔트방수(Modifed Asphalt)

03 한중콘크리트의 시공
① 5
② 60

04 거푸집의 정의
(1) 슬라이딩 폼 : 유닛 거푸집을 설치하여 요크(York)로 거푸집을 끌어올리면서 연속해서 콘크리트를 타설 가능한 수직활동 거푸집, Silo, 굴뚝 등 단면형상의 변화가 없는 구조물에 사용
(2) 터널 폼 : 대형 형틀로 벽과 바닥의 콘크리트 타설을 일체화하기 위한 ㄱ자 또는 ㄷ자 형의 기성재 거푸집으로 한 번에 설치·해체할 수 있도록 한 거푸집

05 바니시 칠 작업순서
③ → ④ → ① → ②

06 금속재 바탕처리법 중 화학적 방법
(1) 용제에 의한 방법
(2) 인산 피막법
(3) 워시 프라이머법

07 벽체 단열공법
(1) 외단열 공법
(2) 내단열 공법
(3) 중공벽 단열공법

08 히스토그램 작성순서
⑥ → ④ → ⑤ → ③ → ② → ①

09 역타설공법의 장점
(1) 지상과 지하의 동시작업으로 공기가 단축된다.
(2) 1층 바닥판이 먼저 시공되어 우기 시에도 공사가 가능하다.
(3) 소음 및 진동이 적어 도심지 공사에 적합하다.
(4) 부정형인 평면 형상이라도 굴착이 가능하다.

10 철골 습식 내화피복공법
(1) 타설공법
(2) 조적공법
(3) 미장공법
(4) 뿜칠공법

11 폴리머 콘크리트의 특성
(1) 강도가 높다.
(2) 내열성이 약하고 경화 시 건조수축이 작다.
(3) 동결융해 저항성, 내후성이 우수하다.
(4) 내약품성이 우수하다.

12 공정-공기단축
(1) 표준네트워크 공정표

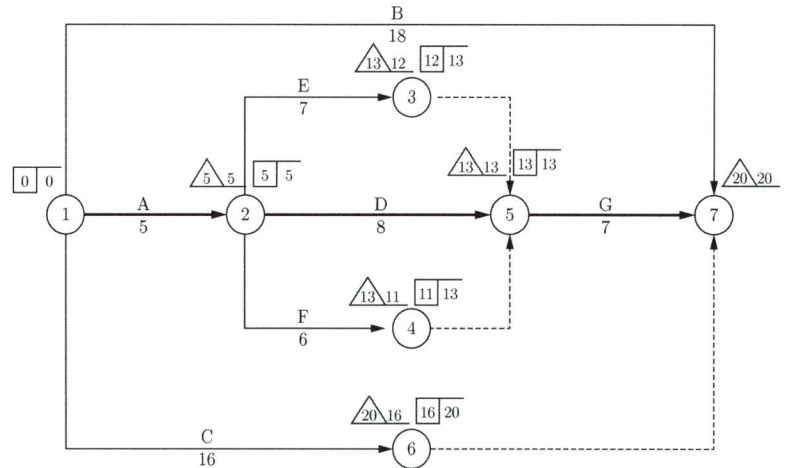

(2) 표준 공기 시 총공사비
= 170+300+320+200+110+120+150

= 1,370천원 = 1,370,000원

(3) 공기단축을 위한 비용구배와 단축가능일수

작업명	비용구배(천원)	단축가능일수	1차	2차	3차	4차
A	40	1				1
B	30	5			1	1
C	40	4				
D	30	2	1			
E	30	1				
F	40	2				
G	35	2		1	1	

경로(소요일수)	1차	2차	3차	4차
B (18일)	18	18	17	16
A-E-G (19일)	19	18	17	16
A-D-G (20일)	19	18	17	16
A-F-G (18일)	18	17	16	15
C (16일)	16	16	16	16
공기단축	D-1	G-1	B-1, G-1	A-1, B-1

(4) 공기단축 시 총공사비
① 공기단축으로 추가된 비용
$= A + 2B + D + 2G = 40 + 2 \times 30 + 30 + 2 \times 35$

$= 200$천원 $= 200,000$원

② 최종 공사비
$= 1,370,000 + 200,000 = 1,570,000$원

13 적산-규준틀 개소 산출

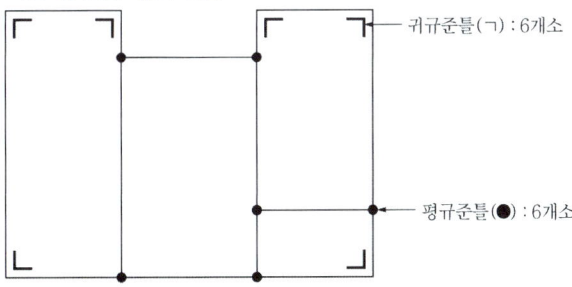

(1) 귀규준틀 : 6개소
(2) 평규준틀 : 6개소

14 불도저의 시간당 작업량

(1) 불도저 1대의 시간당 작업량 $Q = \dfrac{60 \times q \times f \times E}{C_m} = \dfrac{60 \times 0.6 \times 0.7 \times 0.9}{15} = 1.512 \mathrm{m^3/hr}$

(2) 불도저 2대의 시간당 작업량 $= 1.512 \mathrm{m^3/hr} \times 2 = 3.024 \mathrm{m^3/hr}$

(3) 토량 $2,000 m^3$의 작업시간 $= \dfrac{2,000 \mathrm{m^3}}{3.024 \mathrm{m^3/hr}} = 661.38$시간 $= 661$시간 23분

15 적산 - 목재 운반 대수 계산

(1) 목재 1m³는 300才이므로 $\dfrac{300,000}{300} = 1,000 \text{m}^3$

(2) 목재 $1,000 m^3$의 중량 : $1,000 \text{m}^3 \times 0.8 \text{t}/\text{m}^3 = 800 \text{t}$

(3) 운반대수 $= \dfrac{800t}{6t} = 133.33$대 → 134대

16 적산 - 레미콘 배차시간 계산

(1) 분당 토출량(단위를 m로 통일)

$$= \dfrac{\pi D^2}{4} \times L \times N \times E = \dfrac{\pi (0.18)^2}{4} \times 1 \times 24 \times 0.9 = 0.5497 \text{m}^3/\text{min}$$

(2) 레미콘 트럭의 배차시간 계산

$$= \dfrac{7 \text{m}^3}{0.5497 \text{m}^3/\text{min}} = 12.73 \text{min} \rightarrow 12분$$

17 용어 - 줄눈

Delay Joint(지연 줄눈)

18 용어

면진 구조

19 용어 - 철골

(1) 엔드 탭(End Tab) : 용접 결함이 생기기 쉬운 용접 비드의 시작 부분이나 끝부분에 설치하는 보조 강판

(2) 스캘럽(Scallop) : 철골부재 용접 시 이음 및 접합부위의 용접선이 교차되어 재용접된 부위가 열 영향을 받아 약해지는 것을 방지하기 위해 모재를 부채꼴 모양으로 제거한 것

20 철근의 간격

① $\dfrac{4}{3}$

② 25

21 점토지반 개량공법

(1) 점토지반 개량공법
  ① 샌드드레인
  ② 페이퍼드레인

(2) 공법 설명
  ① 샌드드레인 : 점토지반에 적용하는 지반 개량공법으로 모래 말뚝을 형성하여 지반의 간극수를 모래를 통해 제거하는 일종의 탈수공법
  ② 페이퍼 드레인 공법 : 점토지반에 모래 대신 합성수지로 된 카드 보드를 삽입하여 지반 내의 간극수를 제거하는 탈수 공법

22 커튼월 성능시험의 시험종목
(1) 기밀시험
(2) 정압/동압수밀시험
(3) 내풍압시험
(4) 층간변위시험

23 통합공정관리(EVMS)의 용어 정의
(1) CA(Cost Account) : ⑦
(2) CV(Cost Variance) : ⑥
(3) ACWP(Actual Cost for Work Performed) : ⑤

24 최대모멘트/균열모멘트
(1) 보의 최대모멘트($M_{\max}$)

$$M_{\max} = \frac{wL^2}{8} = \frac{50 \times (12)^2}{8} = 900 \text{kNm}$$

(2) 균열 발생여부 검토
  ① 균열모멘트
  $\lambda = 1 (\because 보통중량콘크리트)$
  $f_r = 0.63 \lambda \sqrt{f_{ck}} = 0.63 \times 1 \times \sqrt{24} = 3.086 \text{MPa}$
  $Z = \dfrac{bh^2}{6} = \dfrac{200 \times (600)^2}{6} = 12 \times 10^6 \text{mm}^3$
  $f_r = \dfrac{M_{cr}}{Z} \rightarrow M_{cr} = f_r \times Z = 3.086 \times (12 \times 10^6)$
  $\qquad\qquad\qquad = 37{,}032{,}000 \text{Nmm} = 37.03 \text{kNm}$
  ② 균열여부 검토
  $M_{\max}(=900\text{kNm}) > M_{cr}(=37.03\text{kNm}) \rightarrow$ 균열 발생

25 철골보의 최대 처짐 계산
(1) $w = w_D + w_L = 10 + 15 = 25 \text{kN/m} = 25 \text{N/mm}$
  처짐은 사용성 검토이므로 사용하중을 적용한다($w_u = 1.2w_D + 1.6w_L$을 적용하지 않음).

(2) 최대 처짐 계산(모든 단위를 N, mm로 통일)

$$\delta_{\max} = \frac{5wL^4}{384EI} = \frac{5 \times 25 \times (7000)^4}{384 \times (205{,}000) \times (47{,}800 \times 10^4)} = 7.98 \text{mm}$$

26 압축응력, 변형률, 탄성계수 계산
모든 단위를 N, mm로 통일함

(1) 압축응력 $\sigma = \dfrac{P}{A} = \dfrac{1{,}000 \times 10^3}{100 \times 100} = 100 \text{N/mm}^2 = 100 \text{MPa}$

(2) 변형률 $\varepsilon = \dfrac{\delta}{L} = \dfrac{1{,}000 - 990}{1000} = 0.01$

(3) 탄성계수 $E = \dfrac{\sigma}{\varepsilon} = \dfrac{100}{0.01} = 10{,}000 \text{N/mm}^2 = 10{,}000 \text{MPa}$

27 sine법칙을 이용한 부재력 계산

$$\frac{T_1}{\sin 90°} = \frac{1}{\sin 30°} \rightarrow T_1 = 2\text{kN}(인장)$$

2016 제4회 건축기사

01 [2점]

목공사의 다음 용어의 정의를 간단히 설명하시오.

(1) 이음 :
(2) 맞춤 :

02 [4점]

타일공사에서 타일의 탈락(박리, 박락)의 원인 4가지를 기술하시오.

(1)
(2)
(3)
(4)

03 [3점]

목공사 마무리 중 모접기(면접기)의 종류 3가지를 기술하시오.

(1)
(2)
(3)

04 [2점]

도장공사에 쓰이는 철골 방청 도장재료 2가지를 기술하시오.

(1)
(2)

05 [3점]

건축물 가설공사에 사용하는 기준점(Bench Mark)의 정의를 간략히 설명하시오.

06 [4점]

조적공사에서 사용되는 세로규준틀의 기입사항 4가지를 기술하시오.

(1)
(2)
(3)
(4)

07 [6점]

다음 용어를 설명하시오.

(1) 데크 플레이트(Deck Plate) :
(2) 전단연결재(Shear Connector) :
(3) 거싯 플레이트(Gusset Plate) :

08 [4점]

석고보드의 장점과 단점을 각각 2가지씩 기술하시오.

(1) 장점
　①
　②
(2) 단점
　①
　②

09 [4점]

다음과 같은 건설계약방식의 정의에 대하여 설명하시오.

(1) BOT(Build Operate Transfer) 방식 :
(2) 파트너링(Partnering) 방식 :

10 [3점]

혼합시멘트 중 플라이애시 시멘트의 특징 3가지를 기술하시오.

(1)
(2)
(3)

11 [3점]

콘크리트 타설 시 현장 가수로 인한 문제점 3가지를 기술하시오.

(1)
(2)
(3)

12 [3점]

다음 〈보기〉의 용접부 검사항목을 용접 착수 전, 작업 중, 완료 후의 검사작업으로 구분하여 번호로 기술하시오.

① 홈의 각도, 간격 치수	② 아크전압	③ 용접속도
④ 청소 상태	⑤ 균열, 언더컷 유무	⑥ 필렛의 크기
⑦ 부재의 밀착	⑧ 밑면 따내기	

(1) 용접 착수 전 검사 (   )
(2) 용접 작업 중 검사 (   )
(3) 용접 완료 후 검사 (   )

13 [5점]

시멘트 주요화합물 4가지를 기술하고, 그중 28일 이후 장기강도에 관여하는 화합물을 기술하시오.

(1) 주요화합물
   ①
   ②
   ③
   ④
(2) 콘크리트의 28일 이후의 장기강도에 관여하는 화합물

14 [3점]

다음은 슬러리월(Slurry Wall) 공법에 관한 설명이다. (   ) 안에 알맞은 용어를 기술하시오.

> 특수 굴착기와 공벽붕괴 방지용 (①)을(를) 이용, 지반을 굴착하고 여기에 (②)을(를) 삽입하여 세우고 (③)을(를) 타설하여 연속적으로 벽체를 형성하는 공법이다. 타 흙막이벽에 비하여 차수효과가 우수하며 도심지 공사에 적합한 저소음, 저진동 공법이다.

(1)
(2)
(3)

15 [10점]

다음 데이터를 이용하여 정상공기를 산출한 결과, 지정공기보다 3일이 지연되었음을 알게 되었다. 공기를 조정하여 3일의 공기를 단축한 네트워크 공정표를 작성하고 총공사금액을 계산하시오.

작업명	선행작업	Normal Time(일)	Normal Cost(천원)	Crash Time(일)	Crash Cost(천원)	비용구배 (Cost Slope) (천원/일)	비고
A	없음	3	7,000	3	7,000	—	단축된 공정표에서 CP는 굵은선으로 표기하고 각 결합점에서는 아래와 같이 표기한다. EST LST LET EFT i —작업명/공사일수→ j (단, 정상공기는 답지에 표기하지 않고 시험지 여백을 이용할 것)
B	A	5	5,000	3	7,000	1,000	
C	A	6	9,000	4	12,000	1,500	
D	A	7	6,000	4	15,000	3,000	
E	B	4	8,000	3	8,500	500	
F	B	10	15,000	6	19,000	1,000	
G	C,E	8	6,000	5	12,000	2,000	
H	D	9	10,000	7	18,000	4,000	
I	F,G,H	2	3,000	2	3,000	—	

(1) 단축한 네트워크 공정표를 작성하시오.
(2) 단축된 상태의 총공사비용을 구하시오.

16 [9점]

건축물 시공을 위해 터파기 시 다음 물음에 답하시오. (단, 굴착할 흙의 토량환산계수 L=1.3, C=0.9, 굴착 경사면의 기울기는 양측 45°)

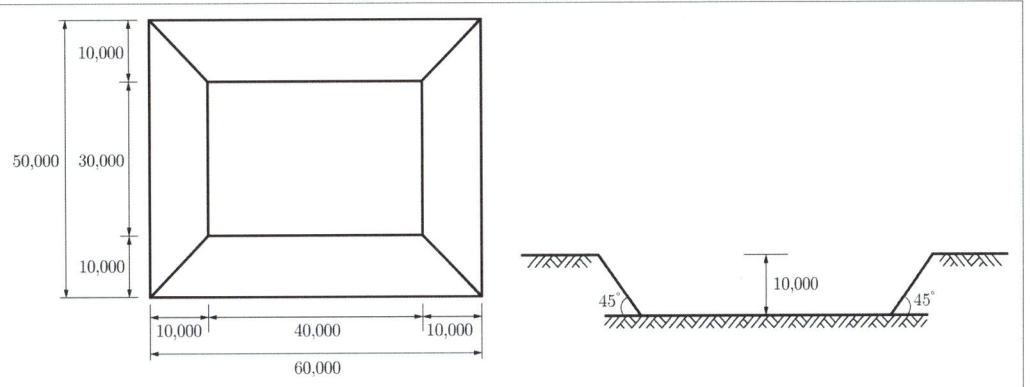

(1) 터파기량(m^3)을 계산하시오.
(2) 터파기한 흙을 트럭으로 운반하고자 할 때 트럭의 소요 대수를 구하시오. (단, 트럭 1대의 적재용량은 $12m^3$로 가정)
(3) 터파기한 흙을 $5,000m^2$의 면적에 다져서 성토할 때 높아진 표고는 몇 m인지 계산하시오. (단, 측면 비탈경사는 수직으로 가정)

17 [2점]

목재에서 섬유포화점과 관련하여 함수율 증감에 따른 강도 변화에 대해 기술하시오.

18 [4점]

목재에 가능한 방부제 처리법 4가지를 기술하시오.

(1)
(2)
(3)
(4)

19 [3점]

고력볼트의 마찰접합에서는 마찰력 확보를 위해 마찰면을 처리해야 한다. 이러한 고력볼트 접합부의 마찰면 처리 방법 3가지를 기술하시오.

(1)
(2)
(3)

20 [3점]

다음 설명에 알맞은 지반조사 시 실시하는 보링의 종류를 기입하시오.

| 가. (①) : 비교적 연약한 지반에 수압을 이용하여 탐사하는 방식
| 나. (②) : 경질층의 깊은 굴삭에 사용되는 방식
| 다. (③) : 지층의 변화를 연속적으로 비교적 정확히 알고자 할 때 사용하는 방식

가.
나.
다.

21 [3점]

제자리 콘크리트말뚝 공법 3가지를 기술하시오.

(1)
(2)
(3)

22 [4점]

다음과 같은 콘크리트 균열보수법의 정의를 기술하시오.

(1) 표면처리법 :
(2) 주입공법 :

23 [3점]

철근콘크리트 휨부재의 공칭강도에서 최외단 인장철근의 순인장변형률 ε_t가 0.004일 경우 강도감소계수 ϕ를 계산하시오. (단, $f_y = 400\text{MPa}$)

24 [4점]

그림과 같은 철근콘크리트 복근보의 단기처짐이 20mm일 경우 5년 후에 예상되는 장기처짐을 포함한 총 처짐량을 구하시오. (단, 지속하중에 대한 5년의 시간경과계수(ξ)=2.0)

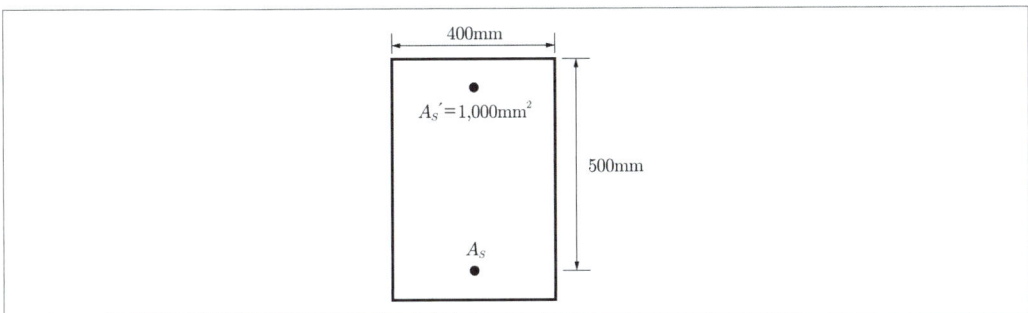

25 [3점]

그림과 같은 단순보의 단면에 생기는 최대 전단응력도(MPa)를 계산하시오. (단, 보의 단면은 300×500mm임)

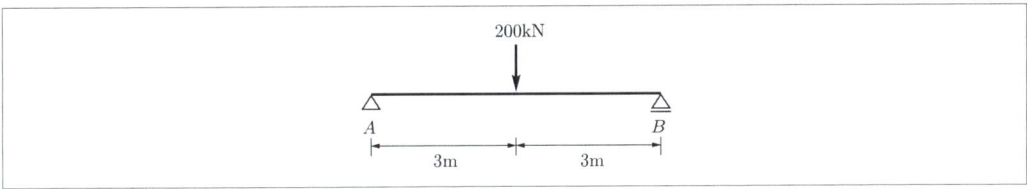

26 [3점]

다음 그림과 같은 3힌지 라멘에서 A지점의 반력을 계산하시오.

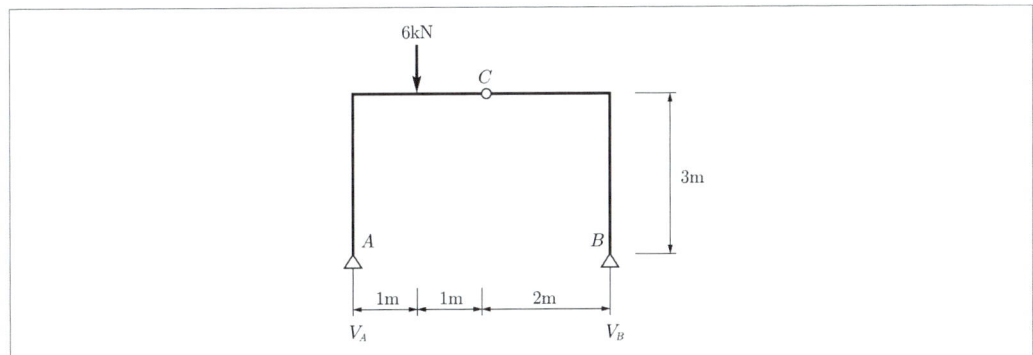

16년 4회 해설 및 정답

01 용어 – 목재 접합
(1) 이음 : 두 부재를 길이 방향으로 접합하는 것
(2) 맞춤 : 두 부재를 서로 직각 또는 경사지게 접합하는 것

02 타일의 탈락(박리, 박락)의 원인
(1) 붙임 모르타르 불량
(2) 바탕의 처리 불량
(3) 동해에 의한 팽창
(4) 줄눈시공 불량

03 모접기의 종류
(1) 둥근모접기
(2) 실모접기
(3) 쌍사모접기

04 방청 도료
(1) 징크로메이트
(2) 광명단
(3) 방청산화철

05 기준점
건축물 시공 시 기준위치를 정하는 원점으로 공사 중 높이의 기준을 정하고자 설치하는 것

06 세로규준틀 기입사항
(1) 개구부 치수
(2) 쌓기 단수 및 높이
(3) 앵커, 매입철물의 위치
(4) 테두리보, 인방보의 위치

07 용어 설명
(1) 데크 플레이트 : 아연도 철판을 절곡 제작하여 거푸집으로 사용하여 콘크리트 타설 후 사용철판을 바닥하부 마감재로 사용하는 공법
(2) 전단연결재 : 쉬어 커넥터라고도 하며 철골보와 콘크리트 바닥판을 일체화시켜 전단력을 전달하는 연결재
(3) 거싯 플레이트 : 철골구조의 접합부위에 사용하는 각 부재의 연결판철골구조의 접합부위에 사용하는 각 부재의 연결판

08 석고보드의 장단점
(1) 장점
① 방화성능, 단열성능 우수
② 시공이 용이함
③ 경량, 신축성이 거의 없음
(2) 단점
① 강도가 약함
② 습기에 취약, 지하공사에 사용금지
③ 접착제 시공 시 온도, 습도변화에 민감하여 동절기 사용이 어려움

09 용어 정리
(1) BOT(Build Operation Transfer) 방식
민간자본을 들여 시설물을 완공(Build)한 후 투자자가 일정 기간 동안 운영(Operation)한 뒤 시설물의 소유권을 발주자에게 이전(Transfer)하는 방식
(2) 파트너링(Partnering) 방식
발주자가 직접 설계와 시공에 참여하여 발주자, 설계자, 시공자와 프로젝트 관련자들이 하나의 팀으로 조직하여 파트너와 함께 공사를 완성하는 방식

10 플라이애시 시멘트의 특징
(1) 시공연도가 좋아지므로 단위수량을 감소시킬 수 있다.
(2) 단위수량이 감소시킬 수 있으므로 수화열이 적고 건조수축이 적다.
(3) 초기강도는 다소 떨어지나 장기강도는 증가한다.
(4) 수밀성이 좋다.
(5) 해수에 대한 내화학성이 크다.

11 콘크리트 가수 시 문제점
(1) 콘크리트의 강도저하
(2) 재료분리 현상 유발
(3) 건조수축으로 인한 균열 발생
(4) 내구성 및 수밀성의 저하

12 용접 작업 전, 중, 후 검사항목
(1) 용접 착수 전 : ①, ④, ⑦
(2) 용접 작업 중 : ②, ③, ⑧
(3) 용접 완료 후 : ⑤, ⑥

13 시멘트 성분
(1) 주요화합물
① $3CaO \cdot SiO_2$(규산 삼석회 : C_3S)
② $2CaO \cdot SiO_2$(규산 이석회 : C_2S)
③ $3CaO \cdot Al_2O_3$(알루민산 삼석회 : C_3A)
④ $4CaO \cdot Al_2O_3 \cdot Fe_2O_3$(알루민산철 사석회 : C_4AF)
(2) 장기강도에 관여하는 화합물 : $2CaO \cdot SiO_2$(규산 이석회 : C_2S)

14 슬러리월 공법
(1) 벤토나이트 안정액   (2) 철근망   (3) 콘크리트

15 공정–공기단축
(1) 표준공정표 작성

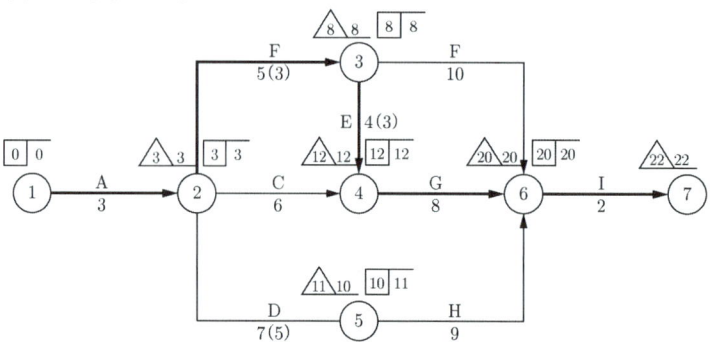

(2) 공기단축

작업	단축가능일수	비용구배(천원)
A	–	–
B	2	1,000
C	2	1,500
D	3	3,000
E	1	500
F	4	1,000
G	3	2,000
H	2	4,000
I	–	–

경로(소요일수)	1차	2차
A–B–F–I (20)	20	18
A–B–E–G–I (22)	21	19
A–C–G–I (19)	19	19
A–D–H–I (21)	21	19
단축작업–일수	E–1	B–2, D–2

(3) 공기단축된 공정표

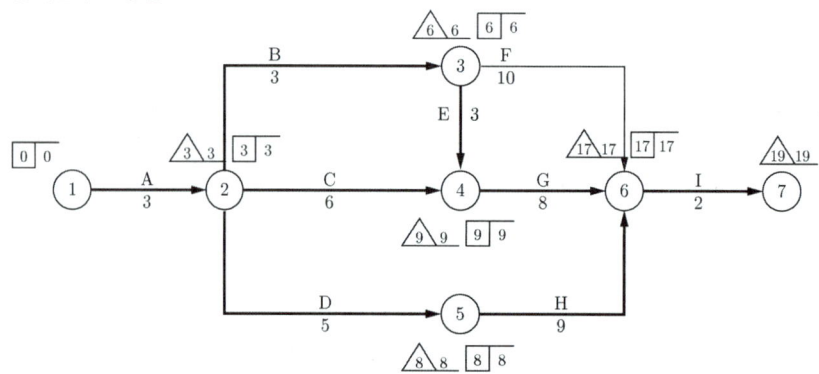

(4) 총공사비 계산
  ① 표준상태 총공사비 = 69,000천원
  ② 공기단축 시 증가 비용
    $2B + 2D + E = 2(1,000) + 2(3,000) + 500 = 8,500$천원
  ③ 공기단축 시 총공사비 = 69,000 + 8,500 = 77,500천원 = 77,500,000원

16 적산 – 터파기

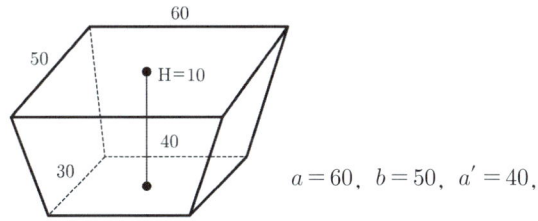

$a = 60$, $b = 50$, $a' = 40$, $b' = 30$, $H = 10$

(1) 터파기량 $= \dfrac{H}{6}\{(2a+a') \times b + (2a'+a) \times b'\}$

  $= \dfrac{10}{6}\{(2 \times 60 + 40) \times 50 + (2 \times 40 + 60) \times 30\}$

  $= 20,333.33 \mathrm{m}^3$

(2) 운반대수 $= \dfrac{\text{터파기량} \times L}{1\text{대 적재용량}} = \dfrac{20,333.33 \times 1.3}{12}$

  $= 2,202.78$대 → 2,203대

(3) 표고(다짐상태) $= \dfrac{\text{터파기량} \times C}{\text{성토면적}} = \dfrac{20,333.33 \times 0.9}{5,000} = 3.66\mathrm{m}$

17 함수율 증감에 따른 강도변화
(1) 섬유포화점 이상 : 강도가 일정함
(2) 섬유포화점 이하 : 함수율이 낮을수록 강도는 증가함

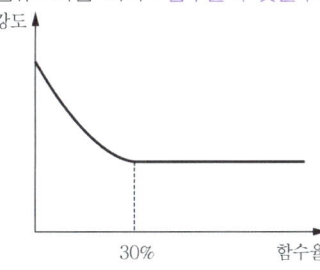

18 목재의 방부제 처리법
(1) 방부제 도포법
(2) 침지법
(3) 표면탄화법
(4) 주입법

19 고력볼트 접합부의 마찰면 처리 방법
(1) 기름, 오물 등은 청소하여 제거
(2) 들뜬 녹은 와이어 브러시로 제거
(3) 밀스케일 제거

20 보링의 종류
① 수세식 보링
② 충격식 보링
③ 회전식 보링

21 제자리 콘크리트말뚝
(1) 컴프레솔 파일(Compressol Pile)
(2) 심플렉스 파일(Simplex Pile)
(3) 레이몬드 파일(Raymond Pile)
(4) 페데스탈 파일(Pedestal Pile)
(5) 프랭키 파일(Franky Pile)
(6) 베노토 공법
(7) PIP 공법
(8) CIP 공법
(9) MIP 공법

22 콘크리트 균열보수법
(1) 표면처리법 : 보통 폭이 0.2mm 이하의 미세한 균열에 폴리머시멘트나 Mortar로 도막을 형성하여 보수하는 방법
(2) 주입공법 : 천공 후 주입 파이프를 적당한 간격으로 설치하여 낮은 점성의 에폭시 수지를 주입하는 공법

23 강도감소계수 계산
① $f_y = 400 MPa$일 때 압축지배변형률한계는 0.002, 인장지배변형률한계는 0.005이다.
② 최외단 인장철근의 변형률 : $0.002 < \epsilon_t (=0.004) < 0.005$이므로 변화구간 단면의 부재이다.
③ $\phi = 0.65 + (\epsilon_t - 0.002) \times \dfrac{200}{3}$
$= 0.65 + (0.004 - 0.002) \times \dfrac{200}{3}$
$= 0.783$

24 복근보 – 총 처짐량 계산

(1) 장기처짐 산정

  ① 압축철근비 $\rho' = \dfrac{A_s'}{bd} = \dfrac{1,000}{400 \times 500} = 0.005$

  ② 처짐계수 $\lambda = \dfrac{\xi}{1+50\rho'} = \dfrac{2.0}{1+50 \times 0.005} = 1.6$

  ③ 장기처짐=처짐계수×단기처짐=$1.6 \times 20 = 32\mathrm{mm}$

(2) 총 처짐량 산정

  총 처짐=단기처짐+장기처짐=$20 + 32 = 52\mathrm{mm}$

25 최대 전단응력 계산

(1) 단순보에서 최대 전단력은 항상 지점 반력과 같다.

  ∴ 최대 전단력 $V_{\max} = \dfrac{P}{2} = \dfrac{200}{2} = 100\mathrm{kN} = 100,000\mathrm{N}$

(2) 직사각형 단면의 형상계수 k=1.5이고, 최대 전단응력을 구하기 위해 단위를 N과 mm로 통일시킨다.

  $v_{\max} = k\dfrac{V_{\max}}{A} = 1.5 \times \dfrac{100,000}{300 \times 500} = 1\mathrm{N/mm^2} = 1\mathrm{MPa}$

26 반력 계산

(1) $\Sigma H = 0 \;\rightarrow\; H_A + H_B = 0$

(2) $\Sigma V = 0 \;\rightarrow\; V_A + V_B - 6 = 0 \;\rightarrow\; V_A + V_B = 6$

(3) $\Sigma M_B = 0 \;\rightarrow\; V_A \times (1+1+2) - 6 \times (1+2) = 0$

  ∴ $V_A = 4.5kN(\uparrow),\ V_B = 1.5kN(\uparrow)$

(4) C점을 기준으로 좌측 구조물의 자유물체도를 가정하면,

  $\Sigma M_C = 0 \;\rightarrow\; V_A \times (1+1) - H_A \times 3 - 6 \times 1 = 0$

  ∴ $H_A = 1\mathrm{kN}(\rightarrow),\ H_B = 1\mathrm{kN}(\leftarrow)$

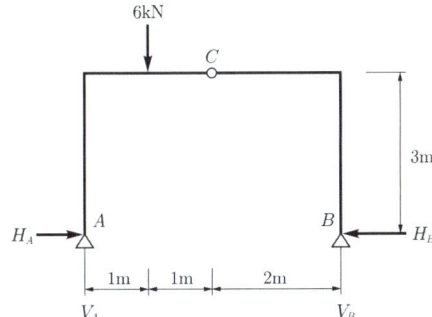

2017 제1회 건축기사

01 [3점]

기준점(Benchmark) 설치 시 주의사항 3가지를 기술하시오.

(1)
(2)
(3)

02 [3점]

흙막이 벽에 발생하는 히빙 파괴의 방지대책 3가지를 기술하시오.

(1)
(2)
(3)

03 [4점]

다음은 건축공사 표준시방서에 따른 거푸집널 존치기간 중의 평균기온이 10℃ 이상인 경우에 콘크리트의 압축강도시험을 하지 않고 거푸집을 떼어낼 수 있는 콘크리트의 재령(일)을 나타낸 표이다. 빈칸에 알맞은 숫자를 넣으시오.

기초, 보옆, 기둥, 벽의 거푸집널 존치기간을 정하기 위한 콘크리트의 재령(일)

시멘트의 종류 평균기온	조강포틀랜드 시멘트	보통 포틀랜드시멘트 고로슬래그시멘트 특급	고로슬래그시멘트 1급 포틀랜드포졸란시멘트 B종
20℃ 이상	①	③	5일
20℃ 미만 10℃ 이상	②	6일	④

①
②
③
④

04 [4점]

AE제에 의해 생성된 Entrained Air의 목적 4가지를 기술하시오.

(1)
(2)
(3)
(4)

05 [3점]

콘크리트 공사에서의 헛응결(False set)에 대하여 설명하시오.

06 [6점]

다음에서 설명하는 콘크리트의 종류를 쓰시오.

(1) 콘크리트 제작 시 골재는 전혀 사용하지 않고 물, 시멘트, 발포제만을 사용해 만든 일종의 경량콘크리트
(2) 콘크리트 타설 후 진공펌프 등을 이용하여 콘크리트 속에 있는 잉여수 및 기포 등을 제거하고 다짐하여 강도 및 내구성을 개선한 콘크리트
(3) 거푸집 안에 미리 굵은 골재를 채워 넣은 후 공극 속으로 특수한 모르타르를 주입하여 만든 콘크리트

07 [3점]

콘크리트 구조물의 균열발생 시 실시하는 보강공법 3가지를 기술하시오.

(1)
(2)
(3)

08 [4점]

강구조의 맞댐용접, 필릿용접을 개략적으로 그리고 간략히 설명하시오.

(1) 맞댐용접
(2) 필릿용접

09 [4점]

보기에 주어진 철골구조의 용접 공사에서의 용접 결함 종류 중 원인이 과대전류인 결함을 모두 골라 기호로 적으시오.

① 슬래그 감싸들기　② 언더컷
③ 오버랩　　　　　　④ 블로홀
⑤ 크랙　　　　　　　⑥ 피트
⑦ 용입 부족　　　　　⑧ 크레이터
⑨ 피시아이

10 [3점]

철근콘크리트 슬래브와 강재보의 전달력을 전달하도록 강재에 용접되고 콘크리트 속에 매입된 시어커넥터에 사용되는 볼트의 명칭을 기술하시오.

11 [3점]

벽돌쌓기 방식 중 영식 쌓기의 특성을 간략히 기술하시오.

12 [4점]

지하실 바깥방수 시공순서를 번호로 쓰시오.

① 밑창(버림) 모르타르　② 잡석다짐
③ 바닥콘크리트　　　　④ 보호누름 벽돌쌓기
⑤ 외벽콘크리트　　　　⑥ 외벽방수
⑦ 되메우기　　　　　　⑧ 바닥 방수층 시공

13 [3점]

커튼월 조립방식에 의한 분류에서 각 설명에 해당하는 방식을 기술하시오.

① Stick Wall 방식　　② Window Wall 방식　　③ Unit Wall 방식

(1) 구성 부재 모두가 공장에서 조립된 프리패브 형식이며, 창호와 유리, 패널의 일괄발주방식으로, 이 방식은 업체에 의존도가 높아서 현장 상황에 융통성을 발휘하기가 어려움
(2) 구성 부재를 현장에서 조립, 연결하여 창틀이 구성되는 형식으로 유리는 현장에서 주로 끼우며, 현장 적응력이 우수하여 공기조절이 가능
(3) 창호와 유리, 패널의 개별발주방식으로 창호 주변이 패널로 구성됨으로써 창호의 구조가 패널 트러스에 연결할 수 있어서 재료의 사용 효율이 높아 비교적 경제적인 시스템 구성이 가능한 방식

14 [3점]

BOT 방식에 대해 설명하시오.

15 [3점]

품질관리도구 중 특성요인도(Characteristic Diagram)에 대하여 설명하시오.

16 [10점]

다음 데이터를 네트워크 공정표로 작성하시오.

작업명	작업일수	선행작업	비고
A	5	–	단, 주공정선은 굵은 선으로 표시한다. 각 결합점 일정 계산은 PERT 기법에 의거 다음과 같이 계산한다. (단, 결합점 번호는 반드시 기입한다)
B	2	–	
C	4	–	
D	5	A, B, C	
E	3	A, B, C	
F	2	A, B, C	
G	3	D, E	
H	5	D, E, F	
I	2	D, F	

17 [8점]

다음 조건을 이용해 콘크리트 $1m^3$를 생성하는 데 필요한 시멘트, 모래, 자갈의 중량을 모두 계산하시오.

① 단위수량 : $160kg/m^3$
② 물시멘트비 : 50%
③ 잔골재율 : 40%
④ 시멘트 비중 : 3.15
⑤ 모래 및 자갈의 비중 : 2.6
⑥ 공기량 : 1%

계산과정 :

18 [4점]

PERT 기법에 의한 기대시간(Expected Time)을 계산하시오.

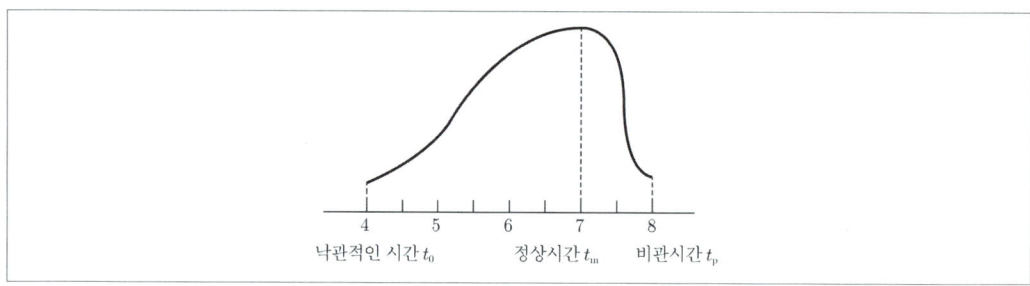

계산과정 :

19 [2점]

통합공정관리 용어 중 WBS(Work Breakdown Structure)의 정의를 기술하시오.

20 [4점]

다음 설명의 ( ) 안에 알맞은 숫자를 기입하시오.

흙 되메우기 시 일반 흙으로 되메우기할 경우 (①)cm마다 다짐밀도 (②)% 이상으로 다진다.

①
②

21 [3점]

비산먼지 발생 억제를 위한 방진시설을 설치할 때 야적(분체상 물질을 야적하는 경우에 한함) 시 조치사항 3가지를 기술하시오.

(1)
(2)
(3)

22 [3점]

철근콘크리트구조의 휨부재에서 압축철근의 역할과 특징 3가지를 기술하시오.

(1)
(2)
(3)

23 [4점]

다음과 같은 조건의 철근콘크리트 벽체의 설계축하중을 계산하시오.

- $\phi = 0.65$
- $f_{ck} = 24$MPa
- h(벽두께)=200
- $k = 0.8$
- L_c(벽높이)=3,200
- $b_e = 2,000$

계산과정 :

24 [4점]

콘크리트압축강도 $f_{ck} = 30$MPa, 주철근의 항복강도 $f_y = 400$MPa를 사용한 보 부재에서 인장을 받는 D22(공칭지름은 22.2mm)철근의 기본정착길이(l_{db})를 계산하시오. (단, 경량콘크리트 계수 $\lambda = 1$)

계산과정 :

25 [4점]

다음과 같은 단순 인장접합부에서 강도한계상태에 대한 볼트의 설계전단강도(kN)를 계산하시오. (단, 그림의 단위는 mm, 강재의 재질은 SS235, 고력볼트는 M22(F10T), 공칭전단강도 F_{nv} = 450N/mm², 나사부가 전단면에 포함되지 않은 경우, 표준구멍, 사용하중상태에서 볼트구멍의 변형이 설계에 고려된다고 가정한다.)

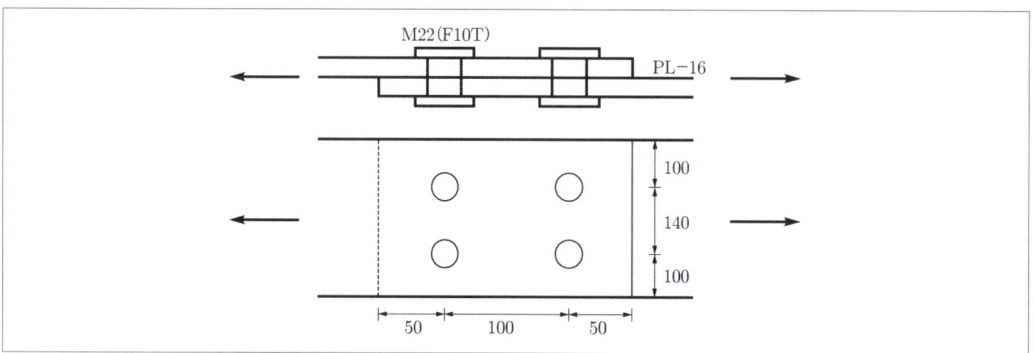

계산과정 :

26 [4점]

H-400×200×8×13(필릿반지름 r = 16mm)인 부재의 플랜지와 웨브의 판폭두께비를 각각 계산하시오.

(1) 플랜지의 판폭두께비
   계산과정 :
(2) 웨브의 판폭두께비
   계산과정 :

17년 1회 해설 및 정답

01 기준점 설치 시 주의사항
(1) 이동의 염려가 없는 곳에 설치한다.
(2) 2개소 이상 설치한다.
(3) 지면에서 0.5~1.0m 높이로 바라보기 좋고, 공사에 지장이 없는 곳에 설치한다.

02 히빙 파괴의 방지대책
(1) 흙막이 벽을 깊게 타입
(2) 이중 흙막이널 설치
(3) 흙막이 벽 상부의 과적하중 제거

03 거푸집널 존치기간

기초, 보옆, 기둥, 벽의 거푸집널 존치기간을 정하기 위한 콘크리트의 재령(일)			
시멘트의 종류 평균기온	조강포틀랜드 시멘트	보통 포틀랜드시멘트 고로슬래그시멘트 특급	고로슬래그시멘트 1급 포틀랜드포졸란시멘트 B종
20℃ 이상	2일	4일	5일
20℃ 미만 10℃ 이상	3일	6일	8일

04 Entrained Air의 목적
(1) 동결융해 저항성 증진
(2) 단위수량 감소
(3) 내구성 증진
(4) 시공연도 증진

05 헛응결(False Set)
시멘트에 물을 혼합한 후 10~20분 정도 지나면 응결이 되었다가 다시 묽어지는데 이후 순조롭게 경화되는 현상

06 콘크리트의 종류
(1) 서머콘
(2) 진공 콘크리트
(3) 프리플레이스트(프리팩트) 콘크리트

07 콘크리트 균열의 보강공법
(1) 강판 접착공법
(2) 단면 증가 공법
(3) 앵커 접합 공법

08 맞댐용접·필릿용접의 개략도

(1) 맞댐용접 : 접합하는 두 부재를 맞대어 홈(개선, Groove)을 만들고 사이에 용착금속으로 채워 용접하는 방법

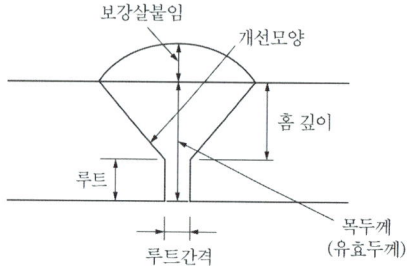

(2) 필릿용접 : 모재의 면과 45° 내외의 각도로 용접하는 방법

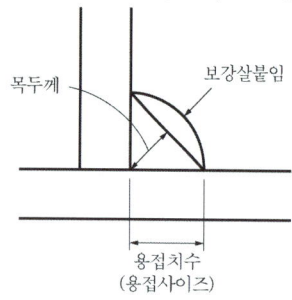

09 과대전류가 원인인 용접 결함
②, ⑤, ⑧

10 시어커넥터에 사용되는 볼트
스터드 볼트

11 영식 쌓기
한 켜는 길이쌓기, 다음 켜는 마구리쌓기를 반복하는 방식으로 모서리에 이오토막이나 반절을 사용하며 가장 튼튼한 쌓기법이다.

12 지하실 바깥방수의 시공순서
② → ① → ⑧ → ③ → ⑤ → ⑥ → ④ → ⑦

13 커튼월 분류
(1) ③ Unit wall 방식
(2) ① Stick wall 방식
(3) ② Window wall 방식

14 BOT 방식
민간이 시공 후 일정기간 동안 시설물을 운영하여 투자금을 회수한 후 시설물과 운영권을 발주자에게 양도하는 방식

15 특성요인도
결과와 원인이 어떻게 연관되어 있는지를 한눈에 알 수 있도록 작성한 그림

16 공정표 작성
PERT 네트워크 공정표

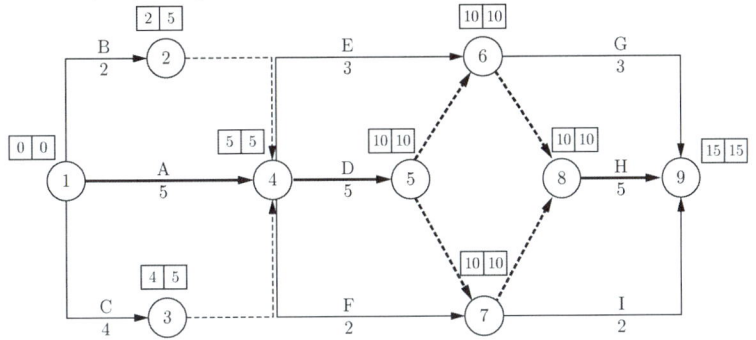

17 적산 – 배합비에 따른 각 재료의 중량 계산

(1) 시멘트 중량

$$W/C = \frac{W_w}{W_c} = 50\% = 0.5 \rightarrow W_c = \frac{W_w}{0.5} = \frac{160}{0.5} = 320\text{kg}$$

(2) 모래의 중량 : 골재의 중량을 계산하기 위해 다른 모든 재료들의 부피를 계산한 후 비중을 이용해 중량으로 환산해야 한다.

$$\text{비중} = \frac{W(\text{중량})}{V(\text{부피})} \rightarrow V(\text{부피}) = \frac{W(\text{중량})}{\text{비중}}, W(\text{중량}) = V(\text{부피}) \times \text{비중}$$

① 물의 부피 : $V = \dfrac{W(\text{중량})}{\text{비중}} = \dfrac{160kg}{1t/m^3} = \dfrac{0.16t}{1t/m^3} = 0.16\text{m}^3$

② 시멘트의 부피 : $V = \dfrac{W(\text{중량})}{\text{비중}} = \dfrac{320kg}{3.15t/m^3} = \dfrac{0.32t}{3.15t/m^3} = 0.102\text{m}^3$

③ 공기의 부피 : 1m^3의 $1\% = 0.01\text{m}^3$

④ 모래+자갈의 부피 : $1-(0.16+0.102+0.01) = 0.728\text{m}^3$

⑤ 잔골재율을 이용한 모래의 부피 :

$$\text{잔골재율} = \frac{\text{모래의 부피}}{\text{모래+자갈의 부피}} \rightarrow \text{모래의 부피} = \text{잔골재율} \times (\text{모래+자갈의 부피})$$
$$= 0.4 \times 0.728 = 0.291\text{m}^3$$

⑥ 모래의 중량 : $W(\text{중량}) = V(\text{부피}) \times \text{비중}$
$$= 0.291\text{m}^3 \times 2.6\text{t}/\text{m}^3 = 0.7566\text{t} = 756.6\text{kg}$$

(3) 자갈의 중량
　① 자갈의 부피 : 자갈의 부피 $= (1 - 잔골재율) \times (모래 + 자갈의 \ 부피)$
　　　　　　　　　　　　　　　$= (1 - 0.4) \times 0.728 = 0.436 m^3$
　② 자갈의 중량 : $W(중량) = V(부피) \times 비중$
　　　　　　　　　　　$= 0.436 m^3 \times 2.6 t/m^3 = 1.1336 t = 1,133.6 kg$

18 PERT 기법에 의한 평균 기대시간 계산
$$t_e = \frac{t_o + (4 \times t_m) + t_p}{6} = \frac{4 + (4 \times 7) + 8}{6} = 6.67$$

19 WBS의 정의
프로젝트의 모든 작업 내용을 공종별로 분류한 작업 분류체계

20 흙 되메우기 작업 시
(1) 30
(2) 95

21 비산먼지 방지대책
(1) 야적 물질을 1일 이상 보관 시 방진 덮개로 덮을 것
(2) 1.8m 이상의 높이로 방진벽을 설치할 것
(3) 비산먼지의 발생을 억제하기 위한 살수시설을 설치할 것

22 압축철근의 역할과 특징
(1) 연성의 증진
(2) 콘크리트의 크리프 변형을 억제하여 장기처짐 감소
(3) 전단보강근 조립의 편리

23 벽의 설계축하중 계산
$$\phi P_{nw} = 0.55 \phi f_{ck} A_g \left[1 - \left(\frac{kL_c}{32h} \right)^2 \right]$$
$$= 0.55(0.65)(24)(200 \times 2000)\left[1 - \left(\frac{0.8 \times 3{,}200}{32 \times 200}\right)^2\right]$$
$$= 2{,}882{,}880 N = 2{,}882.88 kN$$

24 인장이형철근의 기본정착길이 계산

$$l_{db} = \frac{0.6 d_b f_y}{\lambda \sqrt{f_{ck}}} = \frac{0.6 \times 22.2 \times 400}{(1)\sqrt{30}} = 972.76 \text{mm}$$

25 고력볼트의 설계전단강도 계산

$$\phi R_n = \phi F_{nv} A_b \times n_b = 0.75 \times 450 \times \frac{\pi \times (22)^2}{4} \times 4\text{개}$$

$$= 513{,}179.16 \text{N} = 513.18 \text{kN}$$

26 판폭두께비 계산

형강의 표기법에 의해 H−높이−폭−웨브두께−플랜지두께의 순으로 수치를 대입한다.

(1) 플랜지의 판폭두께비

$$\lambda_f = \frac{B/2}{t_f} = \frac{200/2}{13} = 7.69$$

(2) 웨브의 판폭두께비

$$\lambda_w = \frac{H - 2(t_f + r)}{t_w} = \frac{400 - 2(13 + 16)}{8} = 42.75$$

2017 제2회 건축기사

01 [4점]
특명입찰(수의계약)의 장단점을 각각 2가지씩 기술하시오.
가. 장점
 (1) (2)
나. 단점
 (1) (2)

02 [4점]
다음 용어의 정의를 기술하시오.
(1) 엔트랩트 에어(Entrapped Air) :
(2) 엔트레인드 에어(Entrained Air) :

03 [2점]
타일공사에서 타일의 탈락(박리, 박락)의 원인 2가지를 기술하시오.
(1)
(2)

04 [5점]
포틀랜드 시멘트의 종류 5가지를 기술하시오.
(1)
(2)
(3)
(4)
(5)

05 [3점]

다음 보기에서 열거한 항목을 이용하여 시트방수의 시공순서를 순서대로 나열하시오.

바탕처리 - (가) - 접착제 칠 - (나) - (다)

가.
나.
다.

06 [5점]

T/S 고력볼트의 부위별 명칭을 기술하시오.

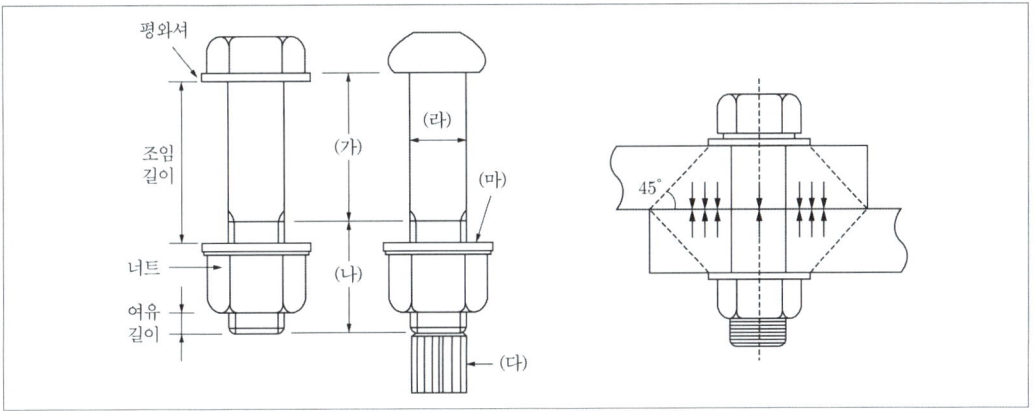

가.
나.
다.
라.
마.

07 [2점]

BTL에 대해 간략히 설명하시오.

08 [4점]

기초구조물의 부동침하 방지대책 4가지를 기술하시오.

(1)
(2)
(3)
(4)

09 [3점]

아일랜드 컷의 정의를 기술하시오.

10 [4점]

공개 경쟁입찰의 과정을 보기에서 기호로 골라 순서대로 나열하시오.

① 현장설명   ② 견적   ③ 입찰   ④ 계약
⑤ 낙찰   ⑥ 입찰등록   ⑦ 입찰공고

11 [3점]

철골공사에서 내화피복공법 종류에 따른 재료를 각각 2가지씩 기술하시오.

(1) 타설공법 :
(2) 조적공법 :
(3) 미장공법 :

12 [4점]

토공장비를 선정할 때 고려해야 할 유의사항 4가지를 기술하시오.

(1)
(2)
(3)
(4)

13 [4점]

프리스트레스트 콘크리트의 포스트텐션과 프리텐션을 간략히 설명하시오.

(1) 프리텐션 방식 :
(2) 포스트텐션 방식 :

14 [4점]

다음과 같은 유리의 정의를 기술하시오.

(1) 복층유리 :
(2) 배강도 유리 :

15 [4점]

흙막이 공사에 사용하는 어스앵커 공법의 특징 4가지를 기술하시오.

(1)
(2)
(3)
(4)

16 [4점]

커튼월의 방식 중 스팬드럴 방식에 대해 설명하시오.

17 [4점]

다음 측정기별 용도를 기술하시오.

(1) Washington Meter :
(2) Piezometer :
(3) Earth Pressure Meter :
(4) Dispenser :

18 [10점]

주어진 데이터를 보고 다음 물음에 답하시오.

작업	소요일	선행작업	비용구배(원)	비고

A	5	없음	10,000	① Network 작성은 Arrow Network로 할 것
				② Critical Path는 굵은 선으로 표시할 것
				② 각 결합점에서는 다음과 같이 표시한다.
				
				$\boxed{EST \mid LST}$ $\triangle LET \mid EFT$
				
				(i) —작업명/공사일수→ (j)
				
				• 공기단축의 가능일수는
				  Activity A에서 1일, Activity B에서 1일,
				  Activity C에서 5일, Activity H에서 3일,
				  Activity I에서 2일로 한다.
				• 표준공기의 총공사비는 1,000,000원이다.

B	8	없음	15,000	
C	15	없음	9,000	
D	3	A	공기단축 불가	
E	6	A	25,000	
F	7	B, D	30,000	
G	9	B, D	21,000	
H	10	C, E	8,500	
I	4	H, F	9,500	
J	3	G	공기단축 불가	
K	2	I, J	공기단축 불가	

(1) 표준(normal) Network를 작성하시오.
(2) 공기를 10일 단축한 Network를 작성하시오.
(3) 공기단축 후 총공사비를 계산하시오.

19 [3점]

자연시료의 강도가 8MPa, 이긴 시료의 강도가 5MPa일 때 예민비를 계산하시오.

계산과정 :

20 [3점]

철골공사 중 앵커볼트 매입공법의 종류 3가지를 기술하시오.

(1)
(2)
(3)

21 [3점]

톱다운 공법이 협소한 장소에서 사용 가능한 이유를 설명하시오.

22 [4점]

다음 자료를 이용하여 흡수율, 진 비중, 표건 비중, 겉보기 비중을 계산하시오.

- 물의 밀도 : 1g/cm³
- 골재의 수중중량 : 2.45kg
- 골재의 표면건조 내부포수 중량 : 3.95kg
- 골재의 절건 중량 : 3.60kg

(1) 흡수율
(2) 진 비중
(3) 표건 비중
(4) 겉보기 비중

23 [3점]

그림과 같은 독립기초에서 2방향 뚫림 전단(2-Way Punching Shear) 응력도를 계산할 때 검토하는 저항면적(cm²)을 계산하시오.

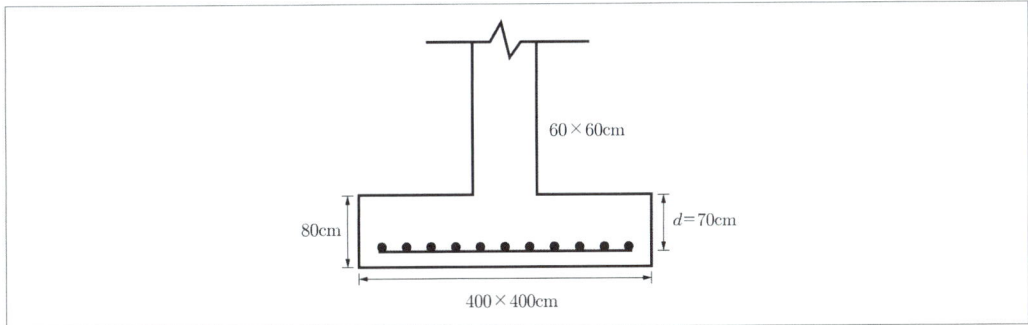

계산과정 :

24 [3점]

보통골재를 사용한 $f_{ck}=30\text{MPa}$인 콘크리트의 탄성계수를 계산하시오.

계산과정 :

25 [3점]

지름이 D인 원형의 단면계수를 Z_A, 한 변의 길이가 a인 정사각형의 단면계수를 Z_B라고 할 때 $Z_A : Z_B$를 계산하시오. (단, 두 재료의 단면적은 같고, Z_A를 1로 환산한 Z_B의 값으로 표현하시오.)

계산과정 :

26 [3점]

다음 조건을 이용해 용접 유효길이(L_e)를 계산하시오.

- SM355(F_u=490MPa)
- 고정하중 : 20kN
- 필릿치수 S=5mm
- 활하중 : 30kN

계산과정 :

17년 2회 해설 및 정답

01 **특명입찰(수의계약)의 장단점**
　가. 장점
　　　(1) 양질의 시공 기대
　　　(2) 간단한 입찰 수속
　나. 단점
　　　(1) 공사비 결정의 불투명성
　　　(2) 공사비 증대 우려

02 **용어 정의**
　(1) 엔트랩트 에어 : 콘크리트 시공 시 자연적으로 내부에 혼입되는 1~2% 정도의 공기
　(2) 엔트레인드 에어 : 콘크리트 시공 시 AE제 등 혼화제를 사용하여 인위적으로 혼입되는 공기

03 **타일의 탈락(박리, 박락)의 원인**
　(1) 붙임 모르타르 불량
　(2) 바탕의 처리 불량
　(3) 동해에 의한 팽창
　(4) 줄눈시공 불량

04 **포틀랜드 시멘트 종류**
　(1) 보통 포틀랜드 시멘트
　(2) 중용열 포틀랜드 시멘트
　(3) 조강 포틀랜드 시멘트
　(4) 저열 포틀랜드 시멘트
　(5) 내황산염 포틀랜드 시멘트

05 **시트 붙이기 순서**
　가. 프라이머 칠
　나. 시트 붙이기
　다. 마무리

06 **T/S 고력볼트의 부위별 명칭**
　가. 축부
　나. 나사부
　다. 핀테일
　라. 직경
　마. 평와셔

07 BTL의 정의
민간이 자금을 조달하여 시설을 준공한 후 소유권을 정부에 이전하되, 정부의 시설임대료를 통해 투자비를 회수하는 민간투자사업 계약방식

08 부동침하 방지대책
(1) 기초를 경질지반에 지지시킬 것
(2) 마찰말뚝을 사용할 것
(3) 복합기초를 사용할 것
(4) 지하실을 설치할 것

09 아일랜드 컷의 정의
중앙부의 흙을 먼저 파고, 그 부분에 기초 또는 지하구조체를 축조한 후, 이것을 지점으로 하여 흙막이 버팀대를 경사지게 또는 수평으로 가설하여 널말뚝 부근의 흙을 마저 파내는 공법

10 공개 입찰순서
⑦ → ① → ② → ⑥ → ③ → ⑤ → ④

11 철골공사 공법별 내화피복 재료
(1) 타설공법 : 콘크리트, 경량콘크리트
(2) 조적공법 : 벽돌, 콘크리트 블록
(3) 미장공법 : 철망 모르타르, 철망 펄라이트 모르타르

12 토공장비 선정 시 고려사항
(1) 지반종류와 상태
(2) 장비의 작업능력
(3) 전체 작업량
(4) 굴토의 처리 방안

13 포스트텐션, 프리텐션 용어 정의
(1) 프리텐션 방식 : 긴장재에 인장력을 먼저 작용시킨 후 콘크리트를 타설하고 경화 후 단부에서 인장력을 풀어주는 방식
　　PC 강재 긴장 → 콘크리트 타설 → 콘크리트 경화 후 인장력 풀어줌
(2) 포스트텐션 방식 : 쉬스(덕트)를 설치하고 콘크리트를 타설하고 경화시킨 뒤 쉬스 구멍에 긴장재를 삽입하여 긴장시키고 단부에 정착시키는 방식
　　쉬스 설치 → 콘크리트 타설 → PC 강재 삽입, 긴장, 고정 → 단부에 정착

14 복층유리, 배강도 유리의 용어 정의
(1) 복층유리 : 건조공기층을 사이에 두고 판유리를 이중으로 접합하여 테두리를 둘러서 밀봉한 유리로 단열, 결로방지에 유리함
(2) 배강도 유리 : 일반 판유리의 강도보다 2배 정도 크게 만든 유리로 고층건물에 적용함

15 어스앵커 공법의 특징
(1) 버팀대가 불필요하여 깊은 굴착 시 경제적이다.
(2) 넓은 작업장 확보가 가능하다.
(3) 부분굴착이 가능하여 공구분할이 용이하다.
(4) 공기단축이 가능하다.

16 스팬드럴 방식의 정의
수평선을 강조하는 창과 스팬드럴의 조합으로 제조하는 방식

17 측정기기의 용도
(1) Washington Meter : 콘크리트의 공기량 측정
(2) Piezometer : 지반 내의 간극수압 측정
(3) Earth Pressure Meter : 토압 측정
(4) Dispenser : AE제의 부피 측정

18 공기 단축
(1) 표준 네트워크 공정표

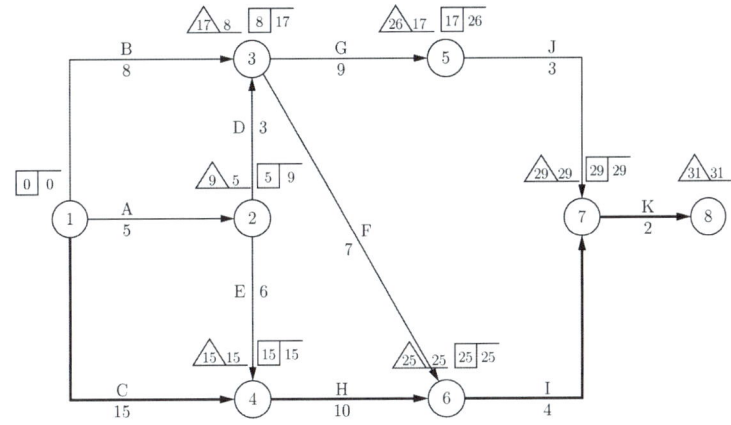

(2-1) 공기단축 과정

경로(소요일수)	1차	2차	3차	4차
B-G-J-K (22)	22	22	22	21
B-F-I-K (21)	21	21	19	18
A-D-G-J-K (22)	22	22	22	21
A-D-F-I-K (21)	21	21	19	18
A-E-H-I-K (27)	24	24	22	21
C-H-I-K (31)	28	24	22	21
단축작업-일수	H-3	C-4	I-2	A-1, B-1, C-1

- 1차 : C, H, I 중 H 선택
- 2차 : C, I 중 C 선택
- 3차 : I, AC, CE 중 I 선택
- 4차 : ABC, GEC 중 ABC 선택

(2-2) 10일 단축한 네트워크 공정표

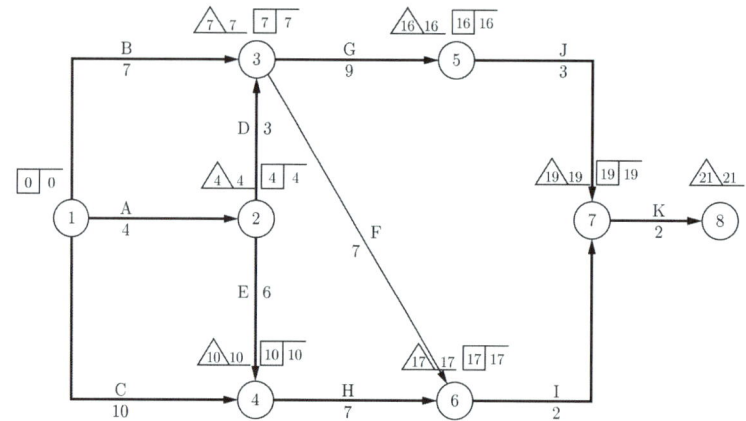

(3) 총공사비 계산
 ① 표준상태 총공사비 = 1,000,000원
 ② 공기단축 시 증가 비용
 $A + B + 5C + 3H + 2I$
 $= 10,000 + 15,000 + (5 \times 9,000) + (3 \times 8,500) + (2 \times 9,500) = 114,500$원
 ③ 공기단축 시 총공사비 = 1,000,000 + 114,500 = 1,114,500원

19 예민비 계산

$$\frac{\text{자연시료의 강도}}{\text{이긴 시료의 강도}} = \frac{8}{5} = 1.6$$

20 앵커볼트 매입(설치)공법의 종류

(1) 고정식
(2) 가동식
(3) 나중식

21 톱다운 공법의 협소한 장소 사용 이유

토공사 이전에 1층 바닥판을 선시공하여 작업장으로 활용이 가능하기 때문

22 품질관리 계산

(1) 흡수율 $= \dfrac{W_{내부포수} - W_{절건}}{W_{절건}} \times 100 = \dfrac{3,950 - 3,600}{3,600} \times 100 = 9.72\%$

(2) 진 비중 $= \dfrac{W_{절건}}{W_{절건} - W_{수중}} = \dfrac{3,600}{3,600 - 2,450} = 3.13$

(3) 표건 비중 $= \dfrac{W_{내부포수}}{W_{내부포수} - W_{수중}} = \dfrac{3,950}{3,950 - 2,450} = 2.63$

(4) 겉보기 비중 $= \dfrac{W_{절건}}{W_{내부포수} - W_{수중}} = \dfrac{3,600}{3,950 - 2,450} = 2.40$

23 기초의 뚫림 전단 저항면적

(1) 위험단면의 둘레길이 $b_0 = 2 \times [(c_1+d)+(c_2+d)]$
$= 2 \times [(60+70)+(60+70)] = 520\text{cm}$

(2) 위험단면의 면적 $A = b_0 \times d = 520 \times 70 = 36,400\text{cm}^2$

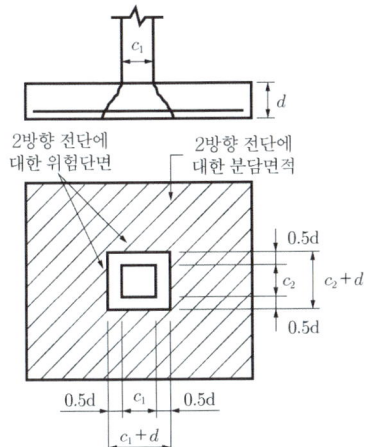

24 콘크리트 탄성계수 계산

(1) $E_c = 8,500\sqrt[3]{f_{cu}} = 8,500\sqrt[3]{f_{ck}+\triangle f}$
 여기서, $f_{ck} \leq 40\text{MPa} : \triangle f = 4$
 $f_{ck} \geq 60\text{MPa} : \triangle f = 6$
 $40 < f_{ck} < 60$: 직선보간법

(2) $f_{ck} = 30\text{MPa} \rightarrow \triangle f = 4$

(3) $E_c = 8,500\sqrt[3]{30+4} = 27,536.70\text{MPa}$

25 단면계수 계산

(1) $\dfrac{\pi D^2}{4} = a^2 \rightarrow D = \sqrt{\dfrac{4a^2}{\pi}} = 1.128a$

(2) $Z_A = \dfrac{\pi D^3}{32} = \dfrac{\pi \times (1.128a)^3}{32} = 0.141a^3$

$Z_B = \dfrac{a(a)^2}{6} = \dfrac{a^3}{6} = 0.167a^3$

(3) $Z_A : Z_B = 0.141a^3 : 0.167a^3 = 1 : 1.184$

26 용접 유효길이

(1) 계수하중 $P_u = 1.2P_D + 1.6P_L$
$= 1.2(20) + 1.6(30) = 72\text{kN}$

(2) 용접부 내력 $\phi P_w = \phi F_w A_w$

① $\phi = 0.75$, $F_u = 490\text{MPa}$
$F_w = 0.6F_u = 0.6 \times 490 = 294\text{MPa}$

② 용접면적 $A_w = 0.7s \times L_e = 0.7 \times 5 \times L_e = 3.5L_e \text{mm}^2$

③ $\phi P_w = \phi F_w A_w = 0.75 \times 294 \times 3.5L_e = 771.75L_e \text{N}$

(3) 용접 소요강도와 설계강도의 비교에서
$P_u \leq \phi P_w \rightarrow 72 \times 10^3 = 771.75L_e \text{N}$

$\therefore L_e = \dfrac{72 \times 10^3}{771.75} = 93.29\text{mm}$

2017 제4회 건축기사

01 [4점]
터파기 공법 중 하나인 톱다운 공법의 특징 4가지를 쓰시오.
(1)
(2)
(3)
(4)

02 [3점]
CFT(충전강관콘크리트)의 정의에 대해 설명하시오.

03 [6점]
다음 콘크리트 관련 용어를 간단히 설명하시오.
(1) 알칼리골재반응 :
(2) 엔트랩트 에어 :
(3) 배처 플랜트 :

04 [2점]
민간이 자금을 조달하여 시설을 준공한 후 소유권을 정부에 이전하되, 정부의 시설임대료를 통해 투자비를 회수하는 민간투자사업 계약방식의 명칭을 기술하시오.

05 [3점]
고강도 콘크리트의 폭렬현상에 대하여 기술하시오.

06 [3점]

철근콘크리트 공사에서 철근이음을 하는 방법으로 가스압접이 있는데, 가스압접으로 이음을 할 수 없는 경우 3가지를 기술하시오.
(1)
(2)
(3)

07 [3점]

네트워크 공정표에서 작업 상호간의 연관 관계만을 나타내는 명목상의 작업인 더미(Dummy)의 종류 3가지를 기술하시오.
(1)
(2)
(3)

08 [4점]

다음 용어의 정의를 기술하시오.
(1) 복층 유리 :
(2) 강화 유리 :

09 [4점]

다음 설명이 의미하는 거푸집 관련 용어를 쓰시오.
(1) 철근의 피복두께를 유지하기 위해 벽이나 바닥 철근에 대어주는 것
(2) 벽 거푸집 간격을 일정하게 유지하여 격리와 긴장재 역할을 하는 것
(3) 기둥 거푸집의 고정 및 측압 버팀용으로 주로 합판 거푸집에서 사용되는 것
(4) 거푸집의 탈형과 청소를 용이하게 만들기 위해 합판 거푸집 표면에 미리 바르는 것

10 [3점]

거푸집 측압의 증가 원인에 대해서 3가지를 쓰시오.
(1)
(2)
(3)

11 [2점]

아래 ( ) 안에 적당한 수치를 기재하시오.

강관 틀비계 설치 시 벽체와의 연결대는 수평방향으로 (①)m, 수직방향으로 (②)m마다 설치한다.

①
②

12 [4점]

다음에서 설명하는 용어를 기술하시오.

(1) 보링 구멍을 이용하여 +자형의 날개를 지반에 박고 회전력에 의하여 지반의 점착력을 판별하는 지반조사시험
(2) 블로운 아스팔트에 광물성, 동식물성 유지나 광물질 분말 등을 혼합하여 유동성을 부여한 것

13 [4점]

다음과 같은 콘크리트 공사와 관련된 용어를 간략히 설명하시오.

(1) 콜드 조인트 :
(2) 조절 줄눈 :

14 [3점]

콘크리트의 반죽질기 측정방법 3가지를 기술하시오.

(1)
(2)
(3)

15 [4점]

아래 〈보기〉에서 가치공학(Value Engineering)의 기본추진절차를 번호 순서대로 나열하시오.

─────────〈보기〉─────────
① 정보 수집   ② 기능 정리   ③ 아이디어 발상
④ 기능 정의   ⑤ 대상 선정   ⑥ 제안
⑦ 기능 평가   ⑧ 실시   ⑨ 평가

16 [4점]

알루미늄 창호를 철제 창호와 비교할 때 장점 2가지를 기술하시오.

(1)
(2)

17 [4점]

시멘트의 시험 중 분말도 시험의 종류 2가지를 기술하시오.

(1)
(2)

18 [2점]

지반 개량공법 중 샌드드레인 공법(Sand Drain)에 대하여 설명하시오.

19 [3점]

철골공사에서 용접부의 비파괴 시험방법의 종류 3가지를 기술하시오.

(1)
(2)
(3)

20 [10점]

다음에 제시된 화살표형 네트워크 공정표를 통해 일정계산 및 여유시간, 주공정선(CP)과 관련된 빈칸을 모두 채우시오. (단, CP에 해당하는 작업은 * 표시를 하시오.)

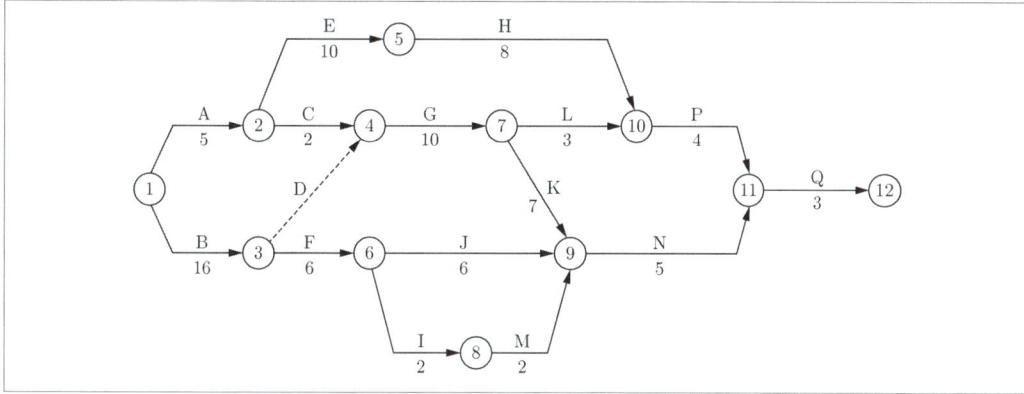

작업명	EST	EFT	LST	LFT	TF	FF	DF	CP
A	0	5	9	14	9	0	9	
B	0	16	0	16	0	0	0	*
C	5	7	14	16	9	9	0	
D	16	16	16	16	0	0	0	*
E	5	15	16	26	11	0	11	
F	16	22	21	27	5	0	5	
G	16	26	16	26	0	0	0	*
H	15	23	26	34	11	6	5	
I	22	24	29	31	7	0	7	
J	22	28	27	33	5	5	0	
K	26	33	26	33	0	0	0	*
L	26	29	31	34	5	0	5	
M	24	26	31	33	7	7	0	
N	33	38	33	38	0	0	0	*
P	29	33	34	38	5	5	0	
Q	38	41	38	41	0	0	0	*

21 [5점]

다음과 같은 평면에서 건물의 높이가 13.5m일 때 비계면적을 계산하시오. (단, 비계형태는 쌍줄비계로 한다.)

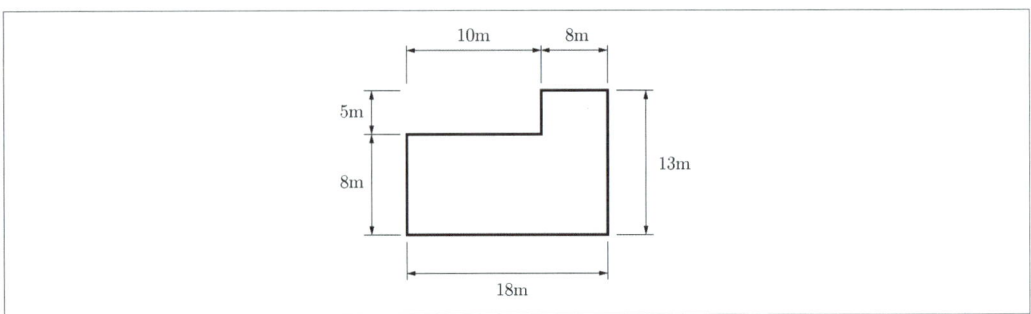

계산과정 :

22 [4점]

퍼트(PERT)에 의한 공정관리기법에서 낙관시간이 4일, 정상시간이 5일, 비관시간이 6일일 때 기대시간을 계산하시오.

계산과정 :

23 [3점]

다음 그림은 L=100×100×7을 사용한 철골 인장재이다. 사용볼트가 M20(F10T, 표준구멍)일 때 인장재의 순단면적(mm^2)을 계산하시오. (단, 그림의 단위는 mm임)

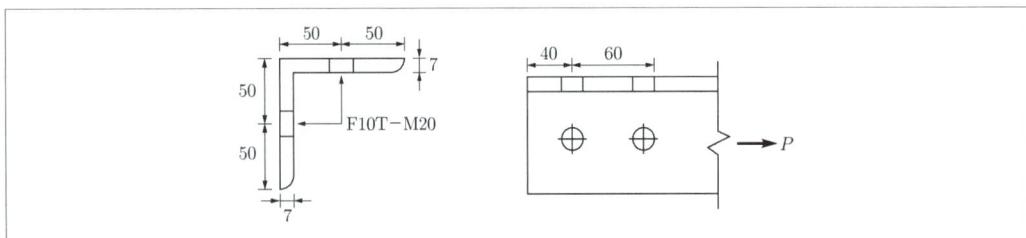

계산과정 :

24 [3점]

그림과 같은 캔틸레버보의 A점의 반력을 계산하시오.

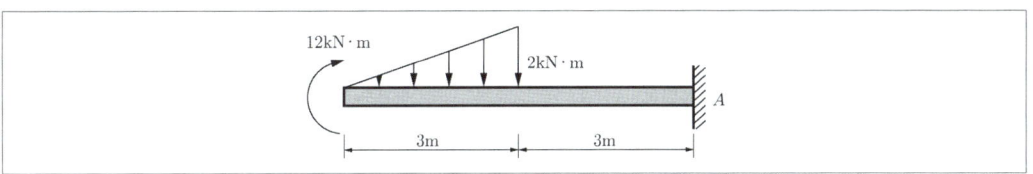

계산과정 :

25 [5점]

SS235($F_u = 330\text{N/mm}^2$)을 사용한 그림과 같은 필릿용접 부위의 설계강도(ϕP_w)를 계산하시오.
(단, $\phi P_w = 0.75 F_w A_w$, $F_w = 0.6 F_u$ 이다.)

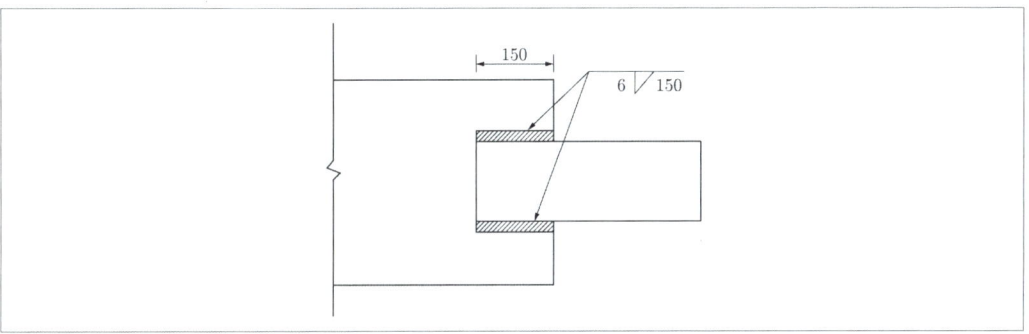

계산과정 :

26 [4점]

그림과 같은 단면의 단면2차모멘트 $I = 640,000\text{cm}^4$, 단면2차반경 $r = \dfrac{20}{\sqrt{3}}\text{cm}$ 일 때, 단면적 (b×h)을 계산하시오.

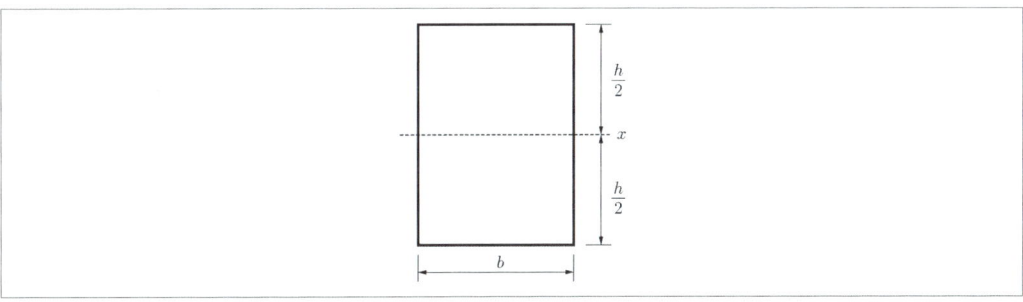

계산과정 :

17년 4회 해설 및 정답

01 **톱다운 공법의 특징**
(1) 지하와 지상의 동시 작업을 공기단축에 효과적
(2) 토공사 이전에 1층 바닥판을 선시공하여 작업장으로 활용이 가능하므로 협소한 대지에 적용
(3) 흙막이의 안전성이 높음
(4) 방축널로서 강성이 높게 되므로 주변 지반에 대한 악영향이 적음
(5) 지하공사 시 환기, 전기시설이 필수적
(6) 수직부재와 수평부재의 이음부가 취약함

02 **CFT의 정의**
원형 또는 사각형인 강관의 기둥 내부에 고강도 콘크리트를 충전하여 만든 구조로, 주로 초고층 건물의 기둥구조물에 사용한다.

03 **용어 설명**
(1) 알칼리골재반응 : 시멘트 내의 알칼리 성분과 골재의 실리카 성분이 화학반응을 일으켜 콘크리트가 팽창하여 균열을 발생시키는 현상
(2) 엔트랩트 에어 : 콘크리트 시공 시 자연적으로 내부에 혼입되는 1~2% 정도의 공기
(3) 배처 플랜트 : 콘크리트 배합 시 사용되는 물, 시멘트, 골재 등을 자동 중량 계량하여 배합하는 콘크리트 배합 기계설비

04 **용어 설명**
BTL

05 **고강도 콘크리트의 폭렬현상**
화재 시 고열로 인하여 콘크리트 내부에서 생성된 수증기의 압력이 증가하게 되고 이 압력이 콘크리트의 인장강도보다 크게 되면 폭음과 함께 콘크리트가 떨어져 나가는 현상

06 **가스압접이 불가능한 경우**
(1) 두 철근의 지름 차이가 6mm 이상인 경우
(2) 철근의 재질이 서로 다른 경우
(3) 항복강도가 서로 다른 경우

07 **더미의 종류**
(1) 넘버링(Numbering) 더미
(2) 로지컬(Logical) 더미
(3) 커넥션(Connection) 더미

08 용어 설명
(1) 복층 유리 : 이중으로 된 판유리 사이에 공기층이 있어 단열, 결로방지에 효과적인 유리
(2) 강화 유리 : 판유리를 열처리한 후 냉각공기로 급랭 강화시켜 판유리의 3~5배 정도 강도를 가지는 유리

09 거푸집 관련 용어
(1) 스페이서(Spacer, 간격재)
(2) 세퍼레이터(Separator, 격리재)
(3) 컬럼밴드(Column Band)
(4) 박리제(Form Oil)

10 거푸집 측압의 증가 원인
(1) 온도가 낮을수록 습도가 높을수록
(2) 슬럼프값이 클수록
(3) 타설속도가 빠를수록
(4) 부배합일수록
(5) 거푸집 강성이 클수록

11 강관틀비계 설치
① 8
② 6

12 용어 설명
(1) 베인테스트
(2) 아스팔트 컴파운드

13 용어 설명
(1) 콜드조인트 : 콘크리트 타설작업 중 휴식시간 등으로 경화가 완료된 콘크리트에 새로운 콘크리트를 이어서 타설할 때, 일체가 되지 않아 생기는 줄눈
(2) 조절 줄눈 : 벽과 슬래브가 외기에 접하는 부분 등 균열이 예상되는 위치에 약한 부분을 인위적으로 줄눈을 만들어 다른 부분의 균열을 억제하는 역할을 하는 줄눈

14 콘크리트의 시공연도(반죽질기) 측정방법
(1) 슬럼프시험
(2) 플로시험
(3) 비비시험
(4) 낙하시험

15 가치공학의 기본 추진절차
⑤ → ① → ④ → ② → ⑦ → ③ → ⑨ → ⑥ → ⑧

16 **알루미늄 창호의 장점**
(1) 비중이 철의 $\frac{1}{3}$로 가볍다.
(2) 공작이 자유롭고 기밀성이 있다.
(3) 여닫음이 경쾌하다.
(4) 녹슬지 않고 수명이 길다.

17 **시멘트의 분말도 시험**
(1) 표준체의 체가름 시험
(2) 브레인시험(비표면적 시험)

18 **샌드레인 공법**
점토지반에 적용하는 지반 개량공법으로 모래 말뚝을 형성하여 지반의 간극수를 모래를 통해 제거하는 일종의 탈수공법

19 **용접부 비파괴시험**
(1) 방사선 투과법
(2) 초음파 탐상법
(3) 자기분말 탐상법

20

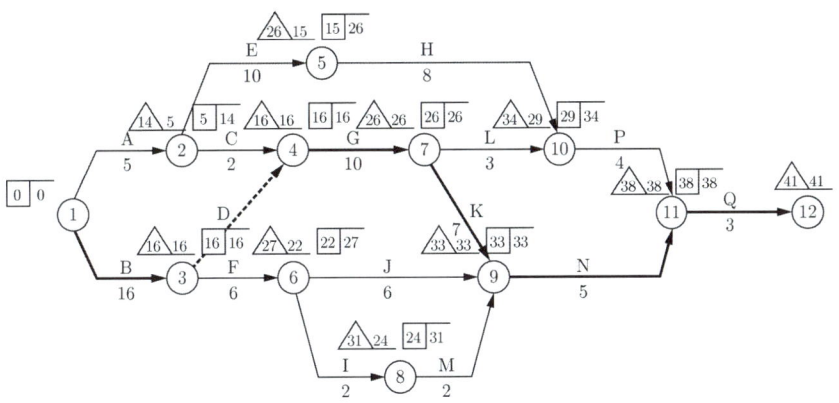

작업명	EST	EFT	LST	LFT	TF	FF	DF	CP
A	0	5	9	14	9	0	9	
B	0	16	0	16	0	0	0	※
C	5	7	14	16	9	9	0	
D	16	16	16	16	0	0	0	※
E	5	15	16	26	11	0	11	
F	16	22	21	27	5	0	5	
G	16	26	16	26	0	0	0	※
H	15	23	26	34	11	6	5	
I	22	24	29	31	7	0	7	
J	22	28	27	33	5	5	0	
K	26	33	26	33	0	0	0	※
L	26	29	31	34	5	0	5	
M	24	26	31	33	7	7	0	
N	33	38	33	38	0	0	0	※
P	29	33	34	38	5	5	0	
Q	38	41	38	41	0	0	0	※

21 적산-쌍줄비계면적 계산

쌍줄비계면적 $= [\Sigma L + (8 \times 0.9)] \times H$
$= [2 \times (18 + 13) + 8 \times 0.9] \times 13.5 = 934.2 \text{m}^2$

22 PERT 기법의 기대시간 계산

$t_e = \dfrac{t_o + (4 \times t_m) + t_p}{6} = \dfrac{4 + (4 \times 5) + 6}{6} = 5$일

23 인장재 순단면적
(1) 정렬배치이므로, $A_n = A_g - nd_0 t$ 식을 사용한다.
(2) 표준구멍이므로 $d_0 = d + 2.0 = 20 + 2 = 22\mathrm{mm}$
(3) $A_n = A_g - nd_0 t = (50 + 50 + 50 + 50 - 7) \times 7 - 2 \times 22 \times 7 = 1{,}043\mathrm{mm}^2$

24 캔틸레버 보의 반력계산
(1) $\Sigma H = 0 \rightarrow H_A = 0$ (∵ 외력 중 수평력이 없으므로)
(2) $\Sigma V = 0 \rightarrow -\left(\dfrac{1}{2} \times 2 \times 3\right) + V_A = 0 \rightarrow V_A = 3kN(\uparrow)$
(3) $\Sigma M_A = 0 \rightarrow 12 - \left(\dfrac{1}{2} \times 2 \times 3\right)\left(3 + 3 \times \dfrac{1}{3}\right) + M_A = 0 \rightarrow M_A = 0$

25 필릿용접부위 설계강도
(1) 용접면적 $A_w = 2 \times 0.7s(L - 2s) = 2 \times 0.7 \times 12 \times (200 - 2 \times 12) = 2{,}956.8\mathrm{mm}^2$
(2) 용접의 설계강도
$\phi P_w = 0.75 \times F_w \times A_w = 0.75 \times (0.6 F_u) \times A_w$
$= 0.75 \times (0.6 \times 330) \times 2{,}956.8$
$= 439{,}084.8\mathrm{N} = 439.08\mathrm{kN}$

26 단면적 계산
(1) $r = \sqrt{\dfrac{I}{A}} \rightarrow r^2 = \dfrac{I}{A} \rightarrow A = \dfrac{I}{r^2}$
(2) $A = \dfrac{640{,}000}{\left(\dfrac{20}{\sqrt{3}}\right)^2} = \dfrac{640{,}000}{\dfrac{400}{3}} = \dfrac{640{,}000 \times 3}{400} = 4{,}800\mathrm{cm}^2$

2018 제1회 건축기사

01 [3점]
다음은 아일랜드 터파기 공법의 순서이다. ( ) 안에 알맞게 공정을 기술하시오.

흙막이 설치 - (①) - (②) - (③) - 주변부 흙파기 - 지하구조물 완성

①
②
③

02 [4점]
다음 철근콘크리트 관련 용어의 정의를 기술하시오.

(1) 이형철근 :
(2) 배력근 :

03 [3점]
지반조사에서 보링의 목적 3가지를 기술하시오.

(1)
(2)
(3)

04 [3점]
고강도 콘크리트의 폭렬현상에 대하여 기술하시오.

05 [4점]

언더피닝을 해야 하는 경우 2가지를 쓰시오.

(1)
(2)

06 [4점]

합성수지 중에서 열가소성 수지와 열경화성 수지를 각각 2가지씩 기술하시오.

(1) 열가소성 수지 :
(2) 열경화성 수지 :

07 [4점]

금속공사에 사용하는 수장 철물의 정의를 기술하시오.

(1) 메탈라스 :
(2) 펀칭메탈 :

08 [3점]

목재에 가능한 방부제 처리법 3가지를 기술하시오.

(1)
(2)
(3)

09 [4점]

다음에 설명된 거푸집의 명칭을 기술하시오.

(1) 무량판 구조에서 2방향 장선 바닥판 구조가 가능하도록 된 특수상자 모양의 기성재 거푸집
(2) 시스템 거푸집으로 한 구간 콘크리트 타설 후 다음 구간으로 수평 이동이 가능한 거푸집 공법
(3) 유닛 거푸집을 설치하여 요크(York)로 거푸집을 끌어 올리면서 연속해서 콘크리트를 타설 가능한 수직활동 거푸집
(4) 아연도금 철판을 절곡 제작하여 거푸집으로 사용하여 콘크리트 타설 후 사용 철판을 바닥하부 마감재로 사용하는 것으로 원가절감이 가능함

(1)   (2)
(3)   (4)

10 [4점]

다음 그림을 보고 줄눈의 명칭을 기술하시오.

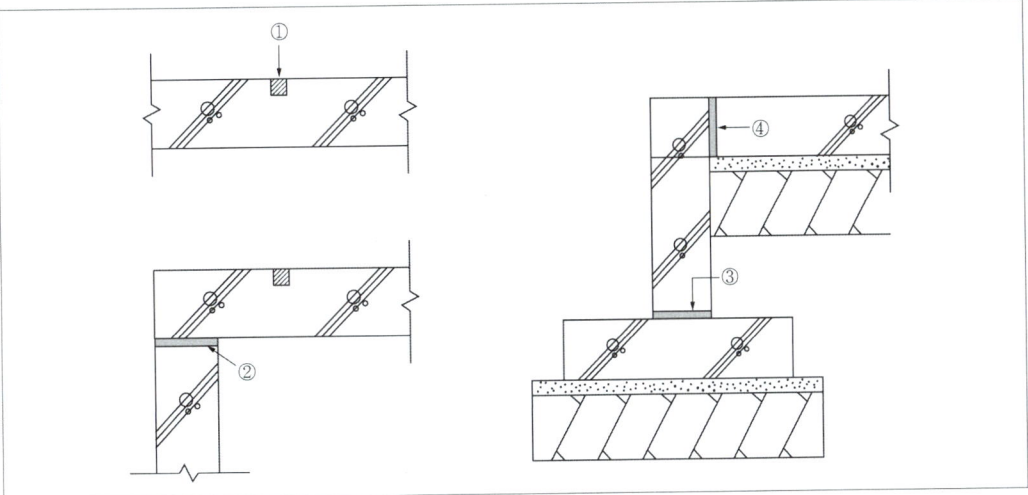

①
②
③
④

11 [4점]

다음은 건축공사표준시방서에 따른 거푸집널 존치기간 중의 평균기온이 10℃ 이상인 경우에 콘크리트의 압축강도시험을 하지 않고 거푸집을 떼어낼 수 있는 콘크리트의 재령(일)을 나타낸 표이다. 빈칸에 알맞은 숫자를 넣으시오.

기초, 보옆, 기둥, 벽의 거푸집널 존치기간을 정하기 위한 콘크리트의 재령(일)			
시멘트의 종류 평균기온	조강포틀랜드 시멘트	보통 포틀랜드시멘트 고로슬래그시멘트 특급	고로슬래그시멘트 1급 포틀랜드포졸란시멘트 B종
20℃ 이상	2일	②	④
20℃ 미만 10℃ 이상	①	③	8일

①
②
③
④

12 [4점]

기준점(Benchmark)의 정의 및 설치 시 주의사항 2가지를 쓰시오.

(1) 정의 :
(2) 설치 시 주의사항
   ①
   ②

13 [3점]

다음에서 설명하는 특수 못의 용어를 쓰시오.

> 드라이비트 건이라는 일종의 못 박기 총을 사용하여 콘크리트나 강재 등에 박는 특수 못이다. 머리가 달린 것을 H형, 나사로 된 것을 T형이라고 한다.

14 [3점]

공동도급의 종류 3가지를 기술하시오.

(1)
(2)
(3)

15 [10점]

다음 작업리스트를 바탕으로 네트워크 공정표를 작성하고 각 작업의 여유시간을 구하시오.

작업명	작업일수	선행작업	비고
A	4	없음	① CP는 굵은 선으로 표시한다.
B	6	A	② 각 결합점에서는 다음과 같이 표시한다.
C	5	A	
D	4	A	EST │ LST △ LET \ EFT
E	3	B	
F	7	B, C, D	③ 각 작업은 다음과 같이 표시한다.
G	8	D	
H	7	E	(i) ─작업명/공사일수─ (j)
I	5	E, F	
J	8	E, F, G	
K	6	H, I, J	

(1) 공정표   (2) 여유시간

16 [2점]

바닥미장 면적이 1000m²일 때, 1일 10인의 작업 시 작업소요일을 계산하시오. (단, 아래와 같은 품셈을 사용하며 계산과정을 쓰시오.)

바닥미장 품셈
(m²당)

구분	단위	수량
미장공	인	0.05

계산과정 :

17 [4점]

붉은 벽돌을 1.5B로 쌓을 때, 100m²에 사용되는 벽돌량을 할증을 고려하여 계산하시오.

계산과정 :

18 [3점]

흐트러진 상태의 흙 10m³를 이용하여 10m²의 면적에 다짐상태로 50cm 두께를 터 돋우기할 때 시공 완료된 후 흐트러진 상태로 남은 흙의 양을 산출하시오. (단, 이 흙의 L=1.2이고, C=0.9이다.)

19 [4점]

콘크리트 블록의 압축강도는 8MPa 이상으로 규정되어 있다. 사용된 블록의 규격이 390×190×190일 때, 압축강도 시험 결과 550kN, 500kN, 600kN에서 파괴되었다면 평균 압축강도를 구하고 이 블록의 합격 및 불합격을 검토하시오.

20 [6점]

철골공사의 주각부 공법은 고정 주각 공법, 핀 주각 공법, 매립형 주각 공법 3가지로 구분된다. 아래 그림에 알맞은 공법을 기술하시오.

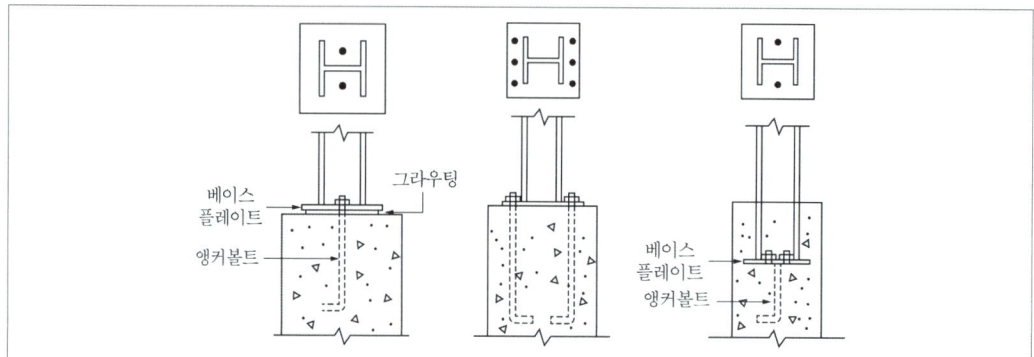

가.
나.
다.

21 [4점]

그루브용접에 대해 주어진 [조건]에 따라 용접기호를 표시하시오.

〈조건〉
① 개선각 : 45°
② 화살표 방향 용접
③ 현장용접
④ 간격 3mm

22 [3점]

토공사에 사용하는 흙막이 계측기기 3가지를 기술하시오.

(1)
(2)
(3)

23 [4점]

H-400×300×9×14 형강의 플랜지의 판폭두께비를 계산하시오.

계산과정 :

24 [3점]

그림과 같은 독립기초의 2방향 전단(Punching Shear) 응력 산정을 위한 저항면적을 계산하시오.

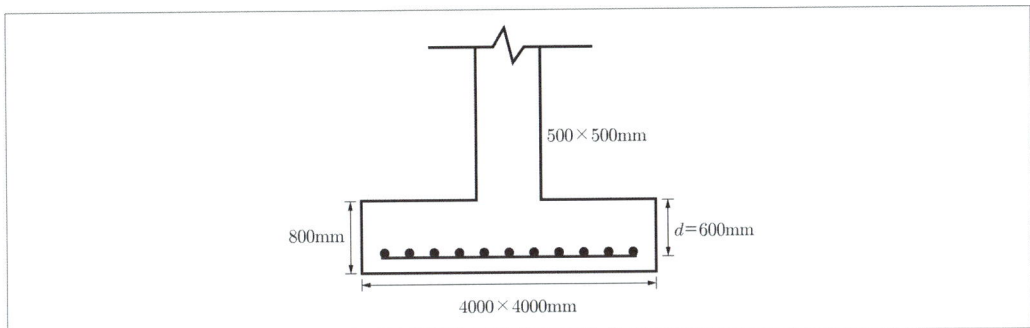

25 [3점]

다음 그림과 같은 구조물의 T부재에 발생하는 부재력을 계산하시오.

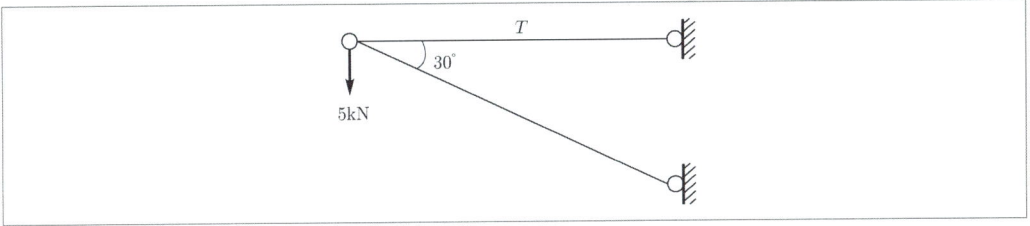

26 [3점]

다음 그림과 같은 캔틸레버보에서 A지점의 수직반력과 C점의 전단력과 모멘트를 계산하시오.

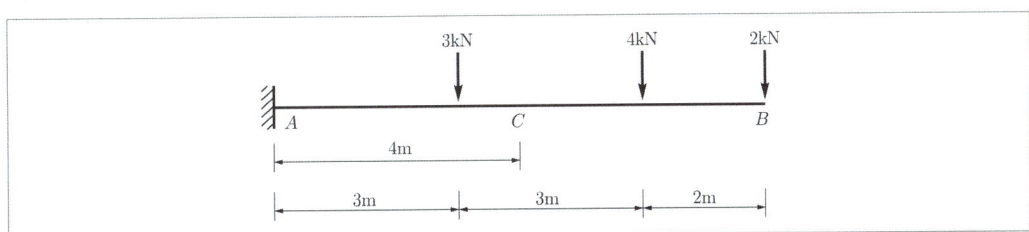

18년 1회 해설 및 정답

01 아일랜드 터파기 공법
① 중앙부 굴착
② 중앙부 기초 또는 지하구조물 축조
③ 버팀대 설치

02 용어 정의
(1) 이형철근 : 콘크리트와의 부착력 증대를 위해 표면에 리브와 마디를 설치해서 만든 철근
(2) 배력근 : 슬래브에서 응력분포나 균열방지를 위해 주근과 직각방향으로 배근되는 철근

03 보링의 목적
(1) 지반의 샘플링 추출
(2) 지층의 토질 분석
(3) 지하수위 파악
(4) 각 토질의 깊이 파악

04 고강도 콘크리트의 폭렬현상
화재 시 고열로 인하여 콘크리트 내부에서 생성된 수증기의 압력이 증가하게 되고 이 압력이 콘크리트의 인장강도보다 크게 되면 폭음과 함께 콘크리트가 떨어져 나가는 현상

05 언더피닝의 적용
(1) 터파기 시 인접 건물의 침하를 방지하고자 할 때
(2) 기존 건축물의 기초를 보강하고자 할 때
(3) 경사진 건물을 바로잡고자 할 때

06 합성수지 분류
(1) 열가소성 수지 : 염화비닐 수지, 초산비닐 수지, 아크릴 수지, 폴리스틸렌 수지, 폴리에틸렌 수지, 폴리아미드 수지 등
(2) 열경화성 수지 : 페놀 수지, 요소 수지, 멜라민 수지, 폴리에스테르 수지, 에폭시 수지, 실리콘 수지, 우레탄 수지

07 용어-메탈라스, 펀칭메탈
(1) 메탈라스 : 얇은 철판에 금을 내어서 당겨 늘인 것
(2) 펀칭메탈 : 얇은 철판에 각종 모양을 도려낸 것

08 목재의 방부제 처리법
(1) 방부제 도포법   (2) 침지법
(3) 표면탄화법   (4) 주입법

09 거푸집 종류
(1) 워플 폼
(2) 트래블링 폼
(3) 슬라이딩 폼
(4) 데크 플레이트

10 줄눈 명칭
① 조절줄눈
② 슬라이딩 줄눈
③ 시공줄눈
④ 신축줄눈

11 거푸집널 존치기간

시멘트의 종류 평균기온	조강포틀랜드 시멘트	보통 포틀랜드시멘트 고로슬래그시멘트 특급	고로슬래그시멘트 1급 포틀랜드포졸란시멘트 B종
기초, 보옆, 기둥, 벽의 거푸집널 존치기간을 정하기 위한 콘크리트의 재령(일)			
20℃ 이상	2일	4일	5일
20℃ 미만 10℃ 이상	3일	6일	8일

12 기준점
(1) 정의 : 건축물 시공 시 기준위치를 정하는 원점으로 공사 중 높이의 기준을 정하고자 설치하는 것
(2) 설치 시 주의사항
　① 이동의 염려가 없는 곳에 설치한다.
　② 2개소 이상 설치한다.
　③ 지면에서 0.5~1.0m 높이로 바라보기 좋고, 공사에 지장이 없는 곳에 설치한다.

13 용어-드라이브 핀
드라이브 핀(Drive Pin)

14 공동도급의 종류
(1) 페이퍼 조인트
(2) 주계약자 관리형
(3) 파트너십 방식

15 공정표 작성 및 여유시간

(1) 공정표 작성

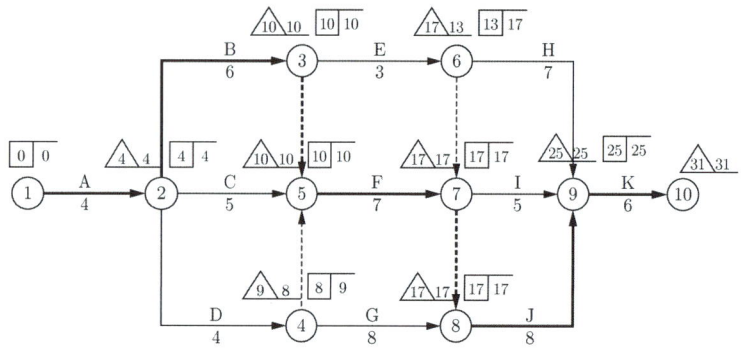

(2) 여유시간 계산

작업명	TF	FF	DF	CP
A	0	0	0	*
B	0	0	0	*
C	1	1	0	
D	1	0	1	
E	4	0	4	
F	0	0	0	*
G	1	1	0	
H	5	5	0	
I	3	3	0	
J	0	0	0	*
K	0	0	0	*

16 미장 작업일수 계산

(1) $1,000\text{m}^2 \times 0.05\text{인}/\text{m}^2 = 50\text{인}$

(2) 소요일수 $= \dfrac{50\text{인}}{10\text{인}/\text{일}} = 5\text{일}$

17 적산 - 붉은 벽돌량 산출

$100\text{m}^2 \times 224\text{매}/\text{m}^2 \times 1.03 = 23{,}072\text{매}$

18 적산 - 토량환산

(1) 시공 시 건축물의 부피에 해당하는 돋우기된 토량을 흐트러진 상태로 환산

$10\text{m}^2 \times 0.5\text{m} \times \dfrac{1.2}{0.9} = 6.67\text{m}^3$

(2) 남는 토량 $= 10\text{m}^3 - 6.67\text{m}^3 = 3.33\text{m}^3$

19 블록의 압축강도 규정 검토
블록의 표기방법은 긴 변×높이×짧은 변의 순이므로, 압축강도 계산 시 사용하는 블록의 단면적은 긴 변×짧은 변으로 계산한다.

(1) $f_1 = \dfrac{550 \times 10^3}{390 \times 190} = 7.42\text{MPa}, \quad f_2 = \dfrac{500 \times 10^3}{390 \times 190} = 6.75\text{MPa}, \quad f_3 = \dfrac{600 \times 10^3}{390 \times 190} = 8.10\text{MPa}$

(2) 평균 압축강도 $= \dfrac{7.42 + 6.75 + 8.1}{3} = 7.42\text{MPa} < 8\text{MPa}$이므로 불합격

20 주각부 설치공법
가. 핀 주각 공법
나. 고정 주각 공법
다. 매립형 주각 공법

21 용접기호

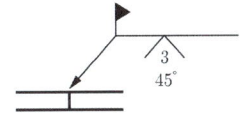

22 토공사 계측기기
(1) Piezometer : 간극수압의 변화 측정
(2) Inclino Meter : 지중 수평 변위 측정
(3) Load Cell : 하중 측정
(4) Extension Meter : 지중 수직 변위 측정
(5) Strain Gauge : Strut 변형 측정
(6) Tilt Meter : 인접건물의 기울기도 측정

23 판폭두께비 계산
(1) 형강의 표기법에 의해 H−높이−폭−웨브두께−플랜지두께의 순으로 수치를 대입한다.
(2) 플랜지의 판폭두께비
$$\lambda_f = \dfrac{B/2}{t_f} = \dfrac{300/2}{14} = 10.71$$

24 기초의 뚫림 전단 저항면적

(1) 위험단면의 둘레길이 $b_0 = 2 \times [(c_1+d)+(c_2+d)]$
$= 2 \times [(50+60)+(50+60)] = 440\text{cm}$

(2) 위험단면의 면적 $A = b_0 \times d = 440 \times 60 = 26,400\text{cm}^2$

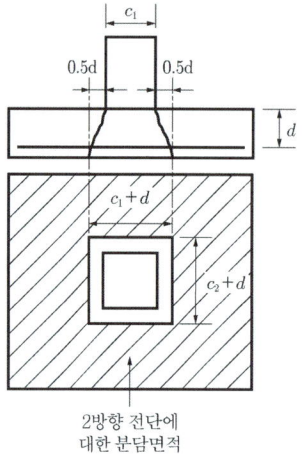

2방향 전단에 대한 분담면적

25 T부재력 : sine 법칙 이용

$$\frac{N_T}{\sin 60°} = \frac{5\text{kN}}{\sin 30°} \rightarrow N_T = \sin 60° \times \frac{5\text{kN}}{\sin 30°} = 8.66\text{kN}(인장력)$$

26 캔틸레버보의 해석

(1) $\Sigma V = 0 \rightarrow V_A - 3 - 4 - 2 = 0 \rightarrow V_A = 9\text{kN}(\uparrow)$

(2) $\Sigma V = 0 \rightarrow V_C - 4 - 2 = 0 \rightarrow V_C = 6\text{kN}$

(3) $\Sigma M_C = 0 \rightarrow M_C + 4 \times 2 + 2 \times (2+2) = 0 \rightarrow M_C = -16\text{kNm}$

2018 제2회 건축기사

01 [3점]

건축주와 시공자가 공사실비를 확인 정산하고 정해진 보수율에 따라 시공자에게 보수를 지급하는 도급방식의 명칭을 기술하시오.

02 [6점]

다음 콘크리트 줄눈에 관한 용어의 정의를 기술하시오.

(1) 콜드 조인트 :
(2) 조절줄눈 :
(3) 신축줄눈 :

03 [6점]

다음 입찰에 관한 용어의 정의를 기술하시오.

(1) 지명입찰 :
(2) 특명입찰 :
(3) 공개입찰 :

04 [4점]

철골 공사에서 내화피복 공법 중 습식공법의 정의를 기술하고, 습식공법의 종류 2가지와 공법에 사용되는 재료를 한가지씩 기술하시오.

(1) 정의 :
(2) 공법의 종류와 재료
   ①
   ②

05 [3점]

목재의 건조방법 중 인공건조법의 종류 3가지를 기술하시오.
(1)
(2)
(3)

06 [4점]

콘크리트 배합의 슬럼프 손실이 발생하는 원인 2가지를 기술하시오.
(1)
(2)

07 [4점]

흙의 성질 중 예민비의 식을 기술하고 간략히 설명하시오.
(1) 식 :
(2) 예민비 :

08 [3점]

섬유보강 콘크리트에 사용되는 섬유의 종류 3가지를 기술하시오.
(1)
(2)
(3)

09 [3점]

석공사의 진행 중 석재가 깨진 경우 석재를 붙이는데 사용되는 접착제를 기술하시오.

10 [4점]

조적조에서 블록 벽체의 습기 침투의 원인 4가지를 기술하시오.

(1)
(2)
(3)
(4)

11 [3점]

일반적인 철근콘크리트 건물의 철근 조립순서를 〈보기〉에서 골라 순서대로 기술하시오.

① 기둥철근   ② 기초철근   ③ 보철근   ④ 바닥철근   ⑤ 벽철근

12 [2점]

수장 공사 시 바닥 하부에서 1~1.5m의 높이까지 널을 댄 벽의 명칭을 기술하시오.

13 [3점]

매스콘크리트의 온도균열의 방지대책을 〈보기〉에서 골라 기호로 쓰시오.

〈보기〉
① 응결촉진제 사용   ② 중용열 시멘트 사용   ③ Pre-cooling
④ 단위시멘트량 감소   ⑤ 잔골재율 증가   ⑥ 물시멘트비 증가

14 [4점]

다음 (   ) 안에 알맞은 수치를 기술하시오.

보강콘크리트 블록조에서 공동 안에 들어가는 세로철근의 정착길이는 철근지름의 (①)배 이상이어야 하며, 철근의 피복두께는 (②)mm 이상이어야 한다.

①
②

15 [3점]

시스템 거푸집의 종류 중 터널폼에 대한 정의를 기술하시오.

16 [8점]

다음 데이터를 이용해 네트워크 공정표를 작성하시오.

작업명	작업일수	선행작업	비고
A	2	없음	① CP는 굵은 선으로 표시한다. ② 각 결합점에서는 다음과 같이 표시한다. EST · LST · LFT · EFT i → 작업명/공사일수 → j
B	3	없음	
C	5	A	
D	5	A, B	
E	2	A, B	
F	3	C, D, E	
G	4	E	

17 [4점]

다음 그림과 같이 줄기초를 터파기할 때 주어진 조건에 따라 터파기된 흙을 6톤 트럭으로 운반할 때 트럭의 운반 대수를 계산하시오. (단, 흙의 할증은 25%이며 흙의 흐트러진 상태의 단위 중량은 $1,600\text{kg/m}^3$이다.)

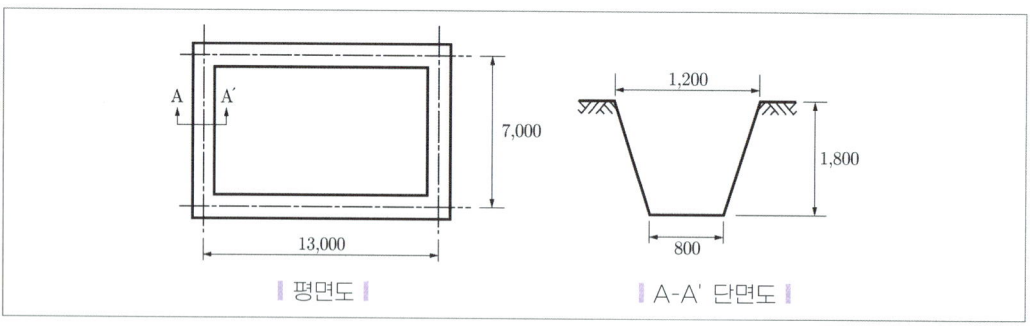

(1) 터파기량 :
(2) 6톤 트럭 운반대수 :

18 [4점]

다음은 토공사에 사용되는 장비의 설명이다. 각 설명에 해당하는 장비명을 기술하시오.
(1) 장비가 서 있는 곳보다 높은 곳의 굴착에 사용되는 굴착 장비
(2) 지하연속벽, 케이슨 기초와 같은 연약지반의 좁은 곳의 수직 굴착(수중굴착)에 사용되는 장비

19 [3점]

대리석 분말 또는 세라믹 분말제에 특수 혼화제를 첨가한 레디믹스트 모르타르에 물을 혼합하여 뿜칠로 1~3mm 두께로 얇게 바르는 미장공법의 명칭을 기술하시오.

20 [2점]

다음과 같이 설명하는 용어를 기술하시오.

> 압축연단 콘크리트가 가정된 극한변형률 0.003에 도달할 때 최외단 인장철근의 순인장 변형률 ε_t가 0.005 이상인 단면

21 [5점]

특기 시방서에 철근의 인장강도가 240MPa 이상으로 규정되어 있다. 건설공사 현장에서 반입된 철근을 KS 규격에 따라 중앙부 지름 14mm, 표점거리 50mm로 가공하여 인장강도를 시험하였더니 37,300N, 40,570N, 38,150N에서 파괴되었다. 평균 인장강도를 구하고 합격 여부를 판정하시오.

계산과정 :

22 [4점]

그림과 같은 단면의 단면2차모멘트의 비 I_X/I_Y를 계산하시오.

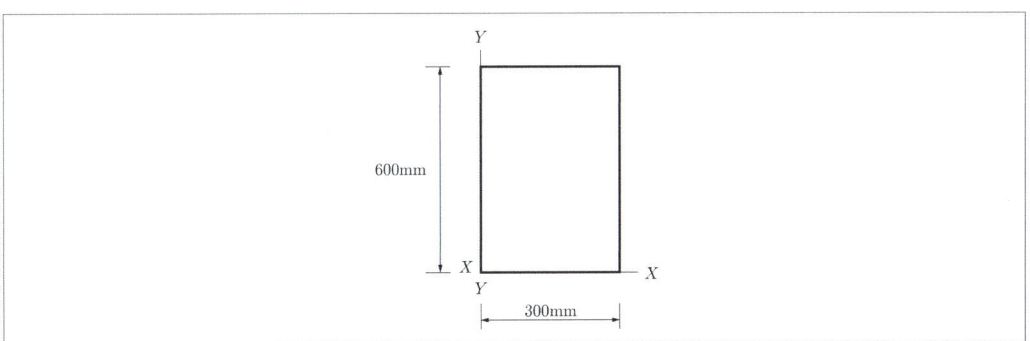

계산과정 :

23 [4점]

인장이형철근의 정착길이를 다음과 같은 정밀식으로 계산할 때 α, β, γ, λ가 의미하는 것을 기술하시오.

$$l_d = \frac{0.9\,d_b f_y}{\lambda\sqrt{f_{ck}}} \times \frac{\alpha\,\beta\,\gamma}{\left(\dfrac{c+K_{tr}}{d_b}\right)}$$

24 [3점]

재질과 단면적 및 길이가 같은 다음 4개의 장주를 유효좌굴길이가 큰 순서대로 나열하시오.

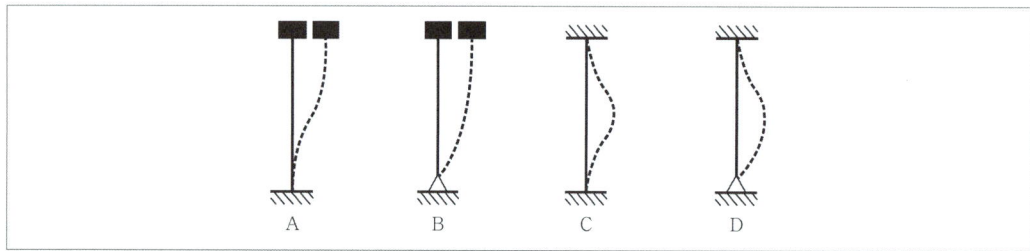

25 [4점]

그림과 같은 인장부재의 순단면적을 계산하시오. (단, 판재의 두께는 10mm이며, 구멍 크기는 22mm이다.)

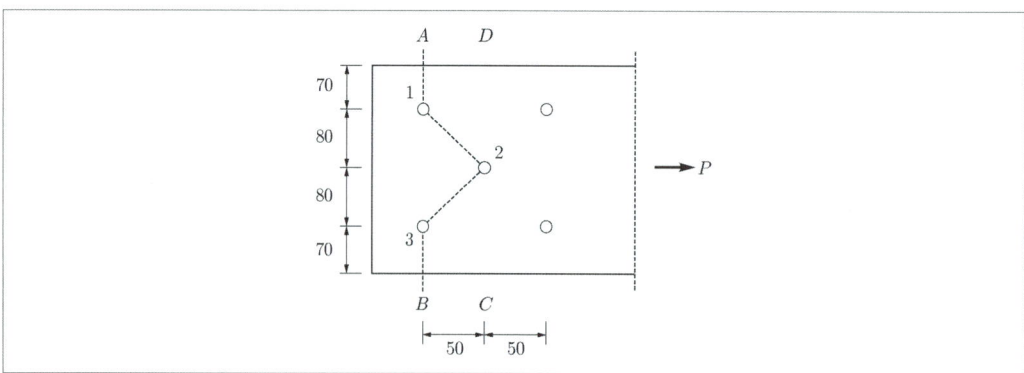

계산과정 :

26 [4점]

다음과 같은 독립기초에서 발생하는 최대압축응력을 계산하시오.

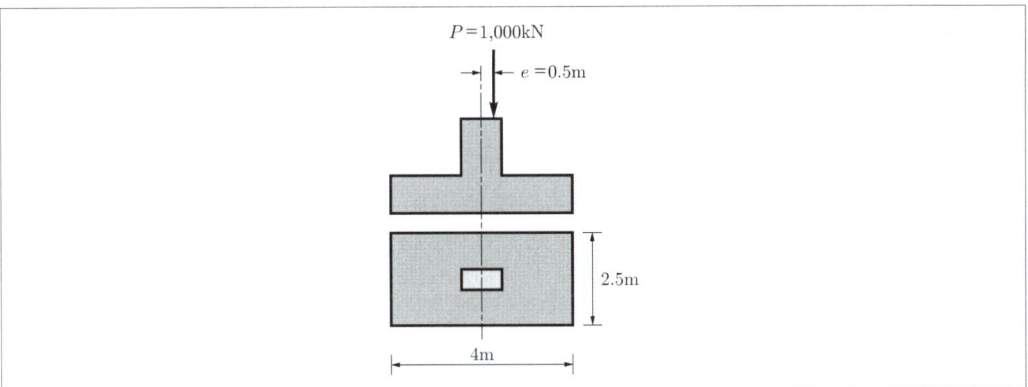

계산과정 :

01 용어 – 실비정산 비율보수 가산식
실비정산 비율보수 가산식

02 용어 – 콜드 조인트, 조절줄눈, 신축줄눈
(1) 콜드조인트 : 콘크리트 타설작업 중 휴식시간 등으로 경화가 완료된 콘크리트에 새로운 콘크리트를 이어서 타설할 때, 일체가 되지 않아 생기는 줄눈
(2) 조절 줄눈 : 벽과 슬래브가 외기에 접하는 부분 등 균열이 예상되는 위치에 약한 부분을 인위적으로 줄눈을 만들어 다른 부분의 균열을 억제하는 역할을 하는 줄눈
(3) 신축줄눈 : 온도변화에 따른 팽창, 수축 혹은 부동침하, 진동 등에 의해 균열이 예상되는 곳에 설치하는 줄눈

03 입찰의 종류
(1) 지명입찰 : 해당 공사에 적합하다고 인정되는 다수의 도급업자를 선정하여 입찰시키는 방식
(2) 특명입찰 : 해당 공사에 가장 적합한 1개의 도급업자와 단독으로 입찰하는 방식(수의계약)
(3) 공개입찰 : 일정한 자격을 가진 모든 업체가 입찰하는 방식

04 철골 내화피복의 습식공법
(1) 정의 : 화재 발생 시 내화성능을 높이기 위하여 강재 주위에 물과 함께 사용되는 재료로 피복하는 공법
(2) 공법의 종류와 재료
　　① 타설공법 : 콘크리트, 경량 콘크리트
　　② 조적공법 : 벽돌, 콘크리트 블록
　　③ 미장공법 : 철망 모르타르, 철망 펄라이트 모르타르
　　④ 뿜칠공법 : 뿜칠 모르타르, 뿜칠 플라스터

05 목재의 인공건조법
(1) 진공법
(2) 증기법
(3) 열기법
(4) 훈연법

06 슬럼프 손실 원인
(1) 잉여수의 증발
(2) 배합의 운반시간이 긴 경우
(3) 타설 시간이 긴 경우

07 예민비

(1) 식 : $\dfrac{\text{자연시료의 강도}}{\text{이긴시료의 강도}}$

(2) 예민비 : 함수율의 변화가 없는 상태에서 이긴 시료의 강도에 대한 자연시료의 강도의 비로 값이 클수록 공학적 성질이 약함

08 섬유의 종류
(1) 합성섬유
(2) 강섬유
(3) 유리섬유

09 석재의 접착제
에폭시 접착제

10 블록 벽체의 습기 침투의 원인
(1) 재료 자체의 방수성 불량
(2) 줄눈의 불완전 시공 및 균열
(3) 물흘림, 빗물막이의 불완전 시공
(4) 개구부, 창호재 접합부의 시공 불량

11 철근 조립순서
② → ① → ⑤ → ③ → ④

12 용어 – 징두리 판벽
징두리 판벽

13 매스콘크리트의 온도균열의 방지대책(수화열 저감 대책과 유사)
②, ③, ④

14 보강 블록조의 세로철근 정착길이와 피복두께
① 40
② 20

15 용어 – 터널폼
벽식 철근콘크리트구조를 시공할 때 한 구획 전체의 벽판과 바닥판을 ㄱ자형 또는 ㄷ자형의 일체로 제작하여 한 번에 설치·해체할 수 있도록 한 거푸집

16 공정표

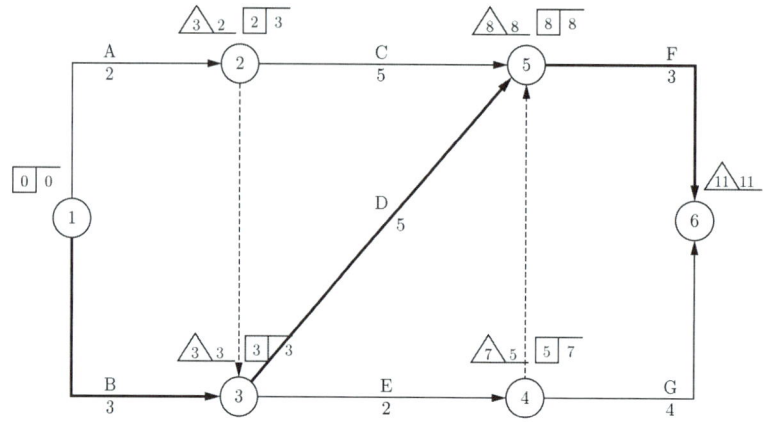

17 적산 – 토공사
(1) 터파기량=기초의 단면적×중심길이
$$= \frac{1.2+0.8}{2} \times 1.8 \times (13+7) \times 2 = 72\mathrm{m}^3 (자연\ 상태)$$

(2) 6톤 트럭 운반대수= $\dfrac{터파기량 \times 단위중량 \times L}{1대의\ 적재중량} = \dfrac{72\mathrm{m}^3 \times 1.6\mathrm{t/m}^3 \times 1.25}{6\mathrm{t}} = 24$

18 터파기 장비
(1) 파워셔블(Power Shovel)
(2) 클램 쉘(Clam Shell)

19 용어 정의
수지 미장

20 용어 정의
인장지배단면

21 철근의 인장강도 판정
(1) 철근의 단면적= $\dfrac{\pi \times (14)^2}{4} = 153.94 mm^2$

(2) 철근의 인장강도= $\dfrac{P}{A}$

① $\dfrac{37,300}{153.94} = 242.30\mathrm{MPa}$ ② $\dfrac{40,570}{153.94} = 263.54\mathrm{MPa}$ ③ $\dfrac{38,150}{153.94} = 247.82\mathrm{MPa}$

(3) 평균 인장강도= $\dfrac{242.30 + 263.54 + 247.82}{3} = 251.22\mathrm{MPa}$

(4) 판정 - 철근의 평균 인장강도(251.22MPa) > 기준강도(240MPa) → 합격

22 단면2차모멘트 비 계산

(1) 도심축이 아닌 임의의 축에 대한 단면2차모멘트 산정식 : $I_X = I_x + Ay_0^2$, $I_Y = I_y + Ax_0^2$

(2) $I_X = I_x + Ay_0^2 = \dfrac{300(600)^3}{12} + (300)(600)\left(\dfrac{600}{2}\right)^2 = 2.16 \times 10^{10} \text{mm}^4$

(3) $I_Y = I_y + Ax_0^2 = \dfrac{600(300)^3}{12} + (600)(300)\left(\dfrac{300}{2}\right)^2 = 5.4 \times 10^9 \text{mm}^4$

(4) $\dfrac{I_X}{I_Y} = \dfrac{2.16 \times 10^{10}}{5.4 \times 10^9} = 4$

23 인장이형철근

인장철근의 정착길이 정밀식 $l_d = \dfrac{0.9\, d_b f_y}{\lambda \sqrt{f_{ck}}} \times \dfrac{\alpha\beta\gamma}{\left(\dfrac{c + K_{tr}}{d_b}\right)}$

여기서, α : 철근배치 위치계수
  β : 철근 도막계수
  γ : 철근 또는 철선의 크기 계수(D19 이하 : 0.8, D22 이상 : 1.0)
  λ : 경량콘크리트 계수

24 지지조건에 따른 유효좌굴길이

B(2L) → A(L) → D(0.7L) → C(0.5L)

25 인장재의 순단면적 계산

(1) 파단선 A-1-3-B인 경우 : 정렬배치
  $A_n = A_g - nd_0 t = (70 + 80 + 80 + 70) \times 10 - 2 \times 22 \times 10 = 2{,}560 \text{mm}^2$

(2) 파단선 A-1-2-3-B인 경우(엇모배치)
  $A_n = A_g - nd_0 t + \Sigma \dfrac{s^2 t}{4g}$
  $= (300 \times 10) - 3 \times 22 \times 10 + \dfrac{(50)^2 \times 10}{4 \times 80} + \dfrac{(50)^2 \times 10}{4 \times 80} = 2{,}496.25 \text{mm}^2$

∴ 두 값 중 최소값 $A_n = 2{,}496.25 \text{mm}^2$

26 독립기초의 최대 압축응력 계산

(1) 응력을 구하므로 모든 단위를 N과 mm로 통일

(2) 최대 압축응력(σ) $= -\dfrac{P}{A} - \dfrac{M}{Z} = -\dfrac{P}{A} - \dfrac{Pe}{Z}$
  $= -\dfrac{1{,}000 \times 10^3}{2{,}500 \times 4{,}000} - \dfrac{1{,}000 \times 10^3 \times 500}{\dfrac{2{,}500 \times 4{,}000^2}{6}} = -0.175 \text{MPa}$

2018 제4회 건축기사

01 [4점]
시공계획서의 내용 중 친환경관리계획과 관련된 내용 4가지를 기술하시오.
(1)
(2)
(3)
(4)

02 [4점]
도급계약 중 공동도급(Joint Venture) 방식의 장점 4가지를 기술하시오.
(1)
(2)
(3)
(4)

03 [4점]
프리스트레스트 콘크리트(Pre-stressed Concrete)의 프리텐션(Pre-tension) 방식과 포스트텐션(Post-tension) 방식에 대하여 설명하시오.
(1) 프리텐션 공법 :
(2) 포스트텐션 공법 :

04 [4점]
다음 거푸집의 정의를 간단히 설명하시오.
(1) 슬립폼 :
(2) 트래블링폼 :

05 [3점]

종합건설제도(Genecon)에 관하여 간략히 설명하시오.

06 [3점]

철골 공사 시 사용되는 철골 세우기 장비 3가지를 기술하시오.
(1)
(2)
(3)

07 [4점]

기초를 보강하는 언더피닝의 정의를 설명하고 공법 2가지를 기술하시오.
(1) 정의 :
(2) 종류
　　①
　　②

08 [4점]

다음 설명이 의미하는 거푸집 관련 용어를 쓰시오.
(1) 슬래브에 배근되는 철근이 거푸집에 밀착되는 것을 방지하기 위한 간격재
(2) 벽 거푸집이 오므라드는 것을 방지하고 간격을 유지하기 위한 격리재
(3) 콘크리트에 달대와 같은 설치물을 고정하기 위하여 매입하는 철물
(4) 거푸집 간격을 일정하게 유지하며 벌어지는 것을 막는 긴장재

09 [2점]

현장에서 절단이 불가능해 사용 치수로 주문 제작해야 하는 유리의 종류를 2가지를 기술하시오.
(1)
(2)

10 [3점]

시멘트의 응결시간에 영향을 주는 요소 3가지를 기술하시오.

(1)
(2)
(3)

11 [4점]

철근콘크리트 건축물에서 철근의 부식은 내구성에 큰 영향을 미친다. 철근의 부식 방지책 4가지를 기술하시오.

(1)
(2)
(3)
(4)

12 [3점]

철골공사에서 녹막이 칠을 하지 않는 부분 3개를 기술하시오.

(1)
(2)
(3)

13 [2점]

조적구조의 구조기준에 대한 다음 문장 중 (　) 안에 적당한 숫자를 기술하시오.

> 조적조 대린벽으로 구획된 내력벽의 길이는 (①)m 이하이어야 하며, 내력벽으로 둘러싸인 부분의 바닥면적은 (②)m² 이하이어야 한다.

①
②

14 [3점]

조적조를 바탕으로 하는 지상부 건축물의 외부 벽체에 대한 직접 방수처리방법 3가지를 기술하시오.

(1)
(2)
(3)

15 [4점]

커튼월의 성능시험 관련 실물모형시험(Mock-up Test)에서 성능시험의 시험종목 4가지를 기술하시오.

(1)
(2)
(3)
(4)

16 [10점]

다음 데이터를 네트워크 공정표로 작성하고, 각 작업의 여유시간을 구하시오.

작업명	소요일수	선행작업	비고
A	2	없음	① CP는 굵은 선으로 표시한다.
B	3	없음	② 각 결합점에서는 다음과 같이 표시한다.
C	5	없음	EST LST LET EFT
D	4	없음	③ 각 작업은 다음과 같이 표시한다.
E	7	A, B, C	i ─작업명/공사일수→ j
F	5	B, C, D	

(1) 네트워크 공정표
(2) 각 작업의 여유시간

17 [4점]

다음과 같은 조건의 철근콘크리트 부재의 부피와 중량을 계산하시오.

(1) 기둥 : 450 × 600, 길이 4m, 수량 50개
(2) 보 : 300 × 400, 길이 1m, 수량 150개

(1) 부피 :
(2) 중량 :

18

두께 0.15m, 너비 6m, 길이 100m 도로를 $6m^3$ 레미콘을 이용하여 하루 8시간 작업 시 레미콘 트럭의 배차 간격(분)을 계산하시오.

계산과정 :

19 [4점]

다음과 같은 콘크리트 공사와 관련된 용어를 간략히 설명하시오.

(1) 콜드 조인트(Cold Joint) :
(2) 블리딩(Bleeding) :

20 [3점]

목재의 방부처리방법 3가지를 쓰고 간략히 설명하시오.

(1)
(2)
(3)

21 [4점]

다음 용어의 정의를 기술하시오.

(1) 적산 :
(2) 견적 :

22 [6점]

다음과 같은 트러스 구조물에서 F_1, F_2, F_3의 부재력을 계산하시오.

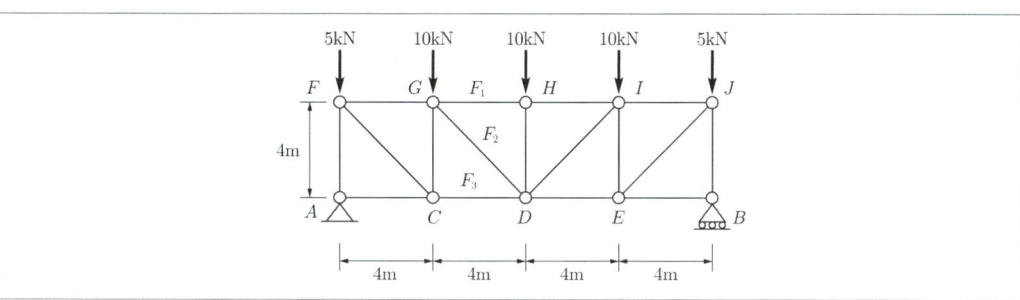

23 [3점]

그림과 같은 단면의 콘크리트 기둥의 양단이 핀으로 지지되었을 때, 약축에 대한 세장비가 150이 되기 위한 기둥의 길이(m)를 계산하시오.

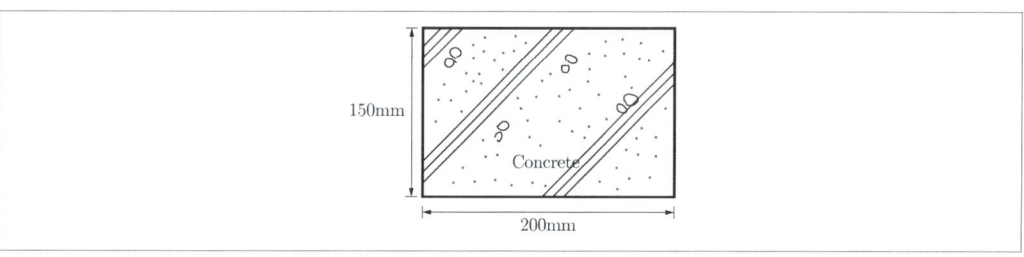

계산과정 :

24 [4점]

다음과 같은 전단력도를 이용해 최대 휨모멘트를 계산하시오.

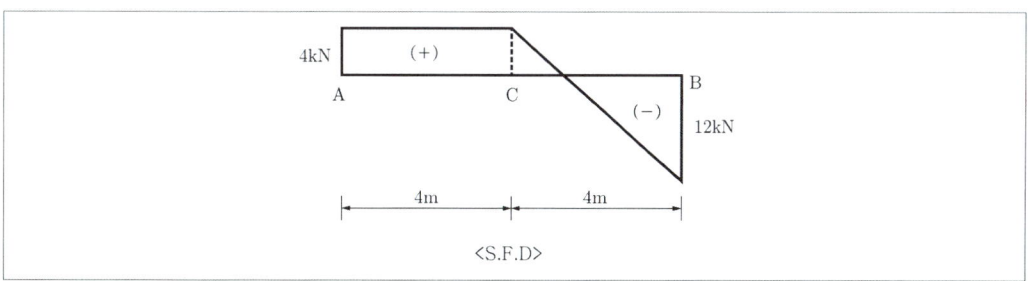

계산과정 :

25 [3점]

인장철근만 배근된 철근콘크리트 직사각형 단근보에 순간처짐이 5mm 발생했으며, 5년 이상 지속하중이 작용할 경우 총 처짐량을 계산하시오. (단, 지속하중에 대한 5년의 시간경과계수(ξ) = 2.0)

계산과정 :

26 [4점]

그림과 같은 철근콘크리트 보에서 최외단 인장철근의 순인장변형률(ε_t)을 산정하고, 이 보의 지배단면(인장지배단면, 압축지배단면, 변화구간단면)을 구분하시오. (단, $A_s = 1,927\,\mathrm{mm}^2$, $f_{ck} = 24\,\mathrm{MPa}$, $f_y = 400\,\mathrm{MPa}$, $E_s = 200,000\,\mathrm{MPa}$)

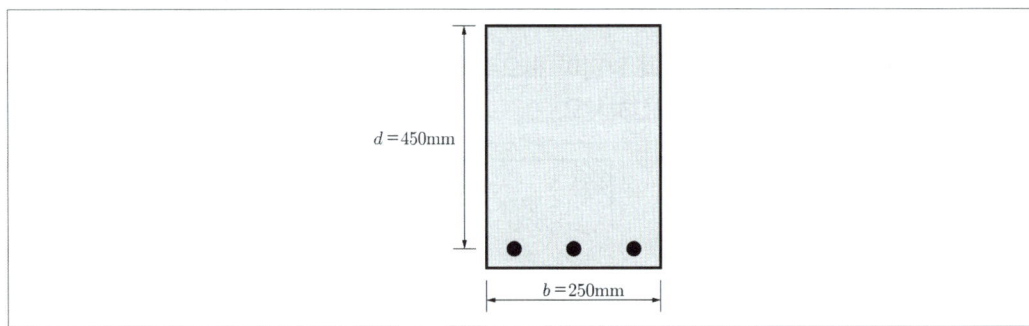

계산과정 :

18년 4회 해설 및 정답

01 시공계획서 중 친환경관리계획
(1) 작업장 및 작업장 주변의 환경관리계획
(2) 산업부산물 재활용계획
(3) 건설폐기물 저감 및 재활용계획
(4) 온실가스 배출 저감 계획
(5) 천연자원 사용 저감 계획

02 공동도급의 장점
(1) 위험의 분산
(2) 융자력 증대
(3) 공사이행의 확실성 보장
(4) 공사 도급 경쟁의 완화수단

03 프리스트레스트 콘크리트
(1) 프리텐션 방식 : 긴장재에 인장력을 먼저 작용시킨 후 콘크리트를 타설하고 경화 후 단부에서 인장력을 풀어주는 방식
(2) 포스트텐션 방식 : 쉬스(덕트)를 설치하고 콘크리트를 타설하고 경화시킨 뒤 쉬스 구멍에 긴장재를 삽입하여 긴장시키고 단부에 정착시키는 방식

04 거푸집의 용어 정의
(1) 슬립폼 : 연속으로 콘크리트를 타설하기 위한 수직 거푸집 공법으로 급수탑, 전망탑 등 단면의 형상이 변화하는 구조물의 시공에 사용
(2) 트래블링폼 : 수평 이동이 가능한 system 거푸집 공법

05 종합건설제도(Genecon)
General Construction의 약자로 프로젝트 발굴에서 기획, 설계, 시공 및 유지관리에 이르는 전 과정을 일괄 추진할 수 있는 능력을 갖춘 종합건설업체를 말한다. 종합적인 건설관리만 맡고 일반 시공 업무는 하청업자에게 넘겨주어 공사를 진행한다.

06 철골 세우기 장비
(1) 가이데릭
(2) 스티프레그데릭
(3) 진폴
(4) 타워크레인

07 언더피닝
(1) 정의 : 기존 건축물 가까이에서 신축공사를 할 때 기존 건축물의 침하를 방지하기 위해 지반과 기초를 보강하는 공법
(2) 언더피닝 공법의 종류
    ① 2중 널말뚝 공법
    ② 현장타설 콘크리트말뚝 공법
    ③ 모르타르 및 약액주입 공법
    ④ 강재말뚝 공법

08 거푸집 부속재
(1) 스페이서(Spacer)
(2) 세퍼레이터(Separator)
(3) 인서트(Insert)
(4) 폼타이(form tie, 긴장재)

09 현장에서 절단이 불가능한 유리
(1) 강화유리
(2) 복층유리

10 시멘트의 응결시간에 영향을 주는 요소
(1) 알루민산 삼석회(C_3A)의 성분이 많을수록 응결이 빠르다.
(2) 온도가 높을수록 습도가 낮을수록 응결이 빠르다.
(3) 시멘트의 분말도가 클수록 응결이 빠르다.
(4) 경화 촉진제를 사용하면 응결이 빠르다.

11 철근의 부식 방지책
(1) 철근에 아연도금, 에폭시 코팅
(2) 콘크리트에 방청제 혼입
(3) 물시멘트가 작은 콘크리트를 사용
(4) 충분한 피복두께
(5) 염분 허용량 준수

12 녹막이 칠을 하지 않는 부분
(1) 고력볼트 접합부의 마찰면
(2) 콘크리트에 매입되는 부분
(3) 조립에 의해 맞닿는 면
(4) 현장 용접하는 부분

13 조적조의 구조기준
    ① 10
    ② 80

14 조적조의 직접 방수처리방법
(1) 도막 방수(에폭시 수지)
(2) 시멘트 액체 방수
(3) 수밀성 재료의 부착

15 커튼월 성능시험의 시험종목
(1) 기밀시험
(2) 정압/동압수밀시험
(3) 내풍압시험
(4) 층간변위시험

16 공정표 작성 및 여유시간
(1) 네트워크 공정표 작성

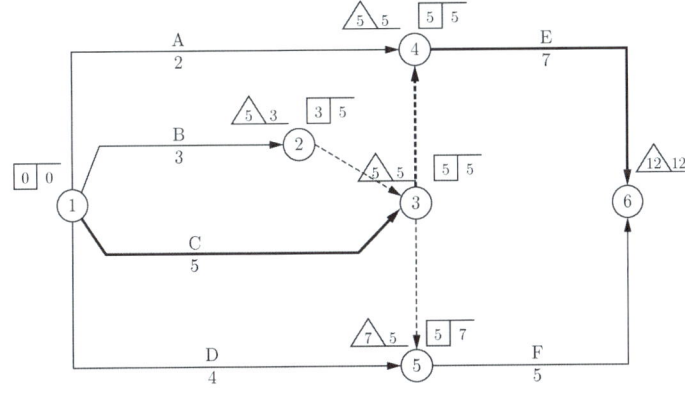

(2) 각 작업의 여유시간

작업명	TF	FF	DF	CP
A	3	3	0	
B	2	2	0	
C	0	0	0	*
D	3	1	2	
E	0	0	0	*
F	2	2	0	

17 적산 – 콘크리트 부재의 부피와 중량 계산
(1) 부피
　① 기둥의 부피 $= 0.45 \times 0.6 \times 4 \times 50 = 54 \mathrm{m}^3$
　② 보의 부피 $= 0.3 \times 0.4 \times 1 \times 150 = 18 \mathrm{m}^3$
　③ 전체 부피 $= 54 + 18 = 72 \mathrm{m}^3$
(2) 중량
　① 기둥의 중량 $= 54 \mathrm{m}^3 \times 2.4 \mathrm{t/m}^3 = 129.6 \mathrm{t}$
　② 보의 중량 $= 18 \mathrm{m}^3 \times 2.4 \mathrm{t/m}^3 = 43.2 \mathrm{t}$
　③ 전체 중량 $= 129.6 + 43.2 = 172.8 \mathrm{t}$

18 적산 – 레미콘 배차 간격 계산
(1) 도로의 콘크리트량 = 0.15 × 6 × 100 = 90m³
(2) 레미콘 트럭의 대수 = $\frac{90}{6}$ = 15대
(3) 배차 간격은 트럭 대수에서 1을 뺀 14번 발생함

$\therefore$ 레미콘 트럭의 배차시간 계산 = $\frac{8 \times 60}{14}$ = 34.29 → 34분

19 용어 – 콜드 조인트, 블리딩
(1) 콜드조인트 : 콘크리트 타설작업 중 휴식시간 등으로 경화가 완료된 콘크리트에 새로운 콘크리트를 이어서 타설할 때, 일체가 되지 않아 생기는 줄눈
(2) 블리딩 : 아직 굳지 않은 시멘트 풀, 모르타르 및 콘크리트에서 물이 윗면에 스며 오르는 일종의 물의 재료분리 현상

20 목재의 방부법
(1) 표면 탄화법 : 목재표면을 태워 수분을 제거하는 방법
(2) 방부제법 : 방부제를 칠하거나 뿌리는 방법
(3) 일광직사법 : 목재를 30시간 이상 햇빛에 쪼이는 방법

21 용어 – 적산, 견적
(1) 적산(積算) : 공사에 필요한 재료나 품의 수량 즉, 전체 공사량을 산출하는 것
(2) 견적(見積) : 산출된 전체 공사량에 단가를 곱하여 총공사비를 산출하는 것

22 트러스 부재력 계산

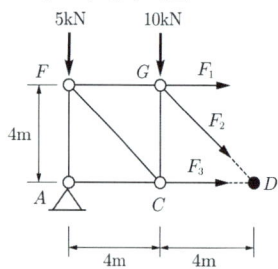

(1) 작용하는 하중과 구조물이 좌우 대칭이므로 $V_A = \frac{5+10+10+10+5}{2} = 20\text{kN}(\uparrow)$
(2) 절단법을 이용해서 부재력을 구하면,
$\Sigma M_D = 0 \rightarrow (20-5)(4+4) - 10(4) + F_1(4) = 0$
$\therefore F_1 = -20\text{kN}(압축)$
$\Sigma M_G = 0 \rightarrow (20-5)(4) - F_3(4) = 0$
$\therefore F_3 = 15\text{kN}(인장)$

(3) 경사재(F_2)는 힘의 평형법칙을 이용해 상향을 (+)로 놓으면,

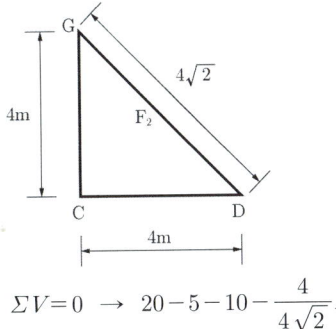

$$\Sigma V = 0 \rightarrow 20 - 5 - 10 - \frac{4}{4\sqrt{2}} F_2 = 0$$
$$\therefore F_2 = 5\sqrt{2} = 7.07 \text{kN}(\text{인장})$$

23 기둥의 길이 계산

(1) 약축의 세장비 $\lambda = \dfrac{kL}{r_{min}} = \dfrac{kL}{\sqrt{\dfrac{I_{min}}{A}}}$

(2) 양단힌지이므로 $k = 1$

$$r_{min} = \sqrt{\dfrac{I_{min}}{A}} = \sqrt{\dfrac{\dfrac{hb^3}{12}}{bh}} = \sqrt{\dfrac{b^2}{12}} = \dfrac{b}{2\sqrt{3}}$$

(3) 약축의 세장비 $\lambda = \dfrac{kL}{r_{min}} = \dfrac{(1)L}{\dfrac{b}{2\sqrt{3}}} = \dfrac{2\sqrt{3}\,L}{b} = \dfrac{2\sqrt{3}\,L}{200} = 150$

$$\therefore L = 8,660.25 \text{mm} = 8.66 \text{m}$$

24 최대 휨모멘트

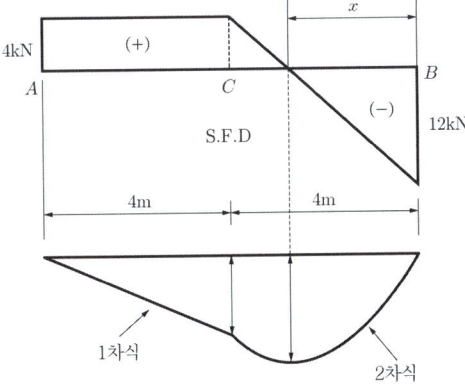

최대 휨모멘트는 전단력의 부호가 바뀌는 점이나 전단력이 0이 되는 점에서 일어난다. 또한, 전단력과 휨모멘트는 적분의 관계가 성립하므로 전단력도의 면적은 그 점의 휨모멘트와 같다.

(1) 삼각형의 비례식을 이용해서,
$$12:x=(4+12):4 \rightarrow 16x=48 \rightarrow x=\frac{48}{16}=3\text{m}$$
(2) 최대 휨모멘트는 우측 전단력도의 면적이므로,
$$M_{\max}=\frac{1}{2}\times 3 \times 12 = 18\text{kNm}$$

25 단근보 – 총 처짐량 계산

(1) 장기처짐 산정
  ① 처짐계수 $\lambda = \dfrac{\xi}{1+50\rho'} = \dfrac{2.0}{1+50\times 0} = 2.0$
  (∵ 인장철근만 배근되어 있으므로 압축철근비는 0)
  ② 장기처짐 = 처짐계수 × 단기처짐 = $2.0 \times 5 = 10\text{mm}$
(2) 총 처짐량 산정
  총 처짐 = 단기처짐+장기처짐 = $5+10 = 15\text{mm}$

26 순인장변형률/단면구간 판정

$f_y = 400 MPa$일 때 압축지배변형률한계는 0.002, 인장지배변형률한계는 0.005이다. 최외단 인장철근의 순인장변형률(ε_t)이 두 개의 값과 비교해 지배단면을 결정하게 된다.

(1) 최외단 인장철근의 순인장변형률(ε_t) 계산
  ① $a = \dfrac{A_s f_y}{0.85 f_{ck} b} = \dfrac{(1,927)(400)}{0.85(24)(250)} = 151.14\text{mm}$
  ② $f_{ck} = 24MPa \leq 40MPa \rightarrow \beta_1 = 0.80$
  ③ $a = \beta_1 c \rightarrow c = \dfrac{a}{\beta_1} = \dfrac{151.14}{0.80} = 188.93\text{mm}$
  ④ 최외단 인장철근의 순인장변형률(ε_t)
  $$\varepsilon_t = \dfrac{(d_t - c)}{c} \times \varepsilon_c = \dfrac{(450-188.93)}{188.93} \times 0.0033 = 0.0046$$
(2) 지배단면 판정
  $0.002 < \varepsilon_t = 0.0046 < 0.005$이므로 이 보는 변화구간 단면이다.

2019 제1회 건축기사

01 [4점]

아래 용어의 정의를 간략히 설명하시오.
(1) 기초 :
(2) 지정 :

02 [3점]

콘크리트 구조물의 화재 시 급격한 고열 현상에 의하여 발생하는 폭렬현상 방지대책 2가지를 기술하시오.
(1)
(2)

03 [4점]

커튼월의 성능시험 관련 실물모형시험(Mock-up Test)에서 성능시험의 시험종목 4가지를 기술하시오.
(1)
(2)
(3)
(4)

04 [4점]

목재의 건조방법 중 천연 건조(자연건조) 시 장점 2가지를 기술하시오.
(1)
(2)

05 [6점]

숏크리트(Shotcrete) 공법의 정의를 기술하고, 그에 대한 장·단점 2가지씩을 기술하시오.

(1) 정의 :
(2) 장점
　①
　②
(3) 단점
　①
　②

06 [3점]

콘크리트 응결 경화 시 콘크리트의 온도가 상승 후 냉각하면서 발생하는 온도균열의 방지대책 3가지를 기술하시오.

(1)
(2)
(3)

07 [4점]

방수공사에 사용되는 시트방수의 장단점을 각각 2가지씩 기술하시오.

(1) 장점
　①
　②
(2) 단점
　①
　②

08 [4점]

토공사의 지반조사에서 사운딩 시험의 정의를 설명하고 종류 2가지를 기술하시오.

(1) 정의 :
(2) 종류
　①
　②

09 [3점]

굳지 않은 콘크리트의 시공연도(워커빌리티)를 측정하는 시험 3가지를 기술하시오.

(1)
(2)
(3)

10 [3점]

토공사에서 터파기 공법의 하나인 어스앵커(Earth Anchor) 공법에 대하여 설명하시오.

11 [4점]

다음 철골 공사에서 사용되는 용어의 정의를 기술하시오.

(1) 밀시트 :
(2) 뒷댐재 :

12 [10점]

데이터를 네트워크 공정표로 작성하고, 각 작업의 여유시간을 구하시오.

작업명	작업일수	선행작업	비고
A	2	–	① CP는 굵은 선으로 표시한다.
B	2	–	② 각 결합점에서는 다음과 같이 표시한다.
C	4	–	EST | LST LET \ EFT
D	5	C	
E	2	B	③ 각 작업은 다음과 같이 표시한다.
F	3	A	(i) —작업명/공사일수→ (j)
G	3	A, C, E	
H	4	D, F, G	

(1) 공정표
(2) 각 작업의 여유시간

13 [4점]

다음 조건을 기준으로 파워셔블(Power Shovel)의 1시간당 추정 굴착작업량을 계산하시오.

〈조건〉
- 버킷 용량(q) : $0.8m^3$
- 버킷 효율(E) : 0.83
- 토량환산계수(k) : 0.8,
- 작업 효율(f) : 0.7
- 1회 사이클 시간(C_m) : 40초

14 [3점]

다음 설명에 맞는 볼트를 기술하시오.

철골부재의 접합에 사용되는 고장력볼트 중 볼트의 장력 관리를 손쉽게 하기 위해 개발된 것으로 본조임 시 전용 조임기를 사용하여 볼트의 핀테일이 파단될 때까지 조임시공하는 볼트

15 [4점]

다음 용어를 간략히 설명하시오.

(1) 접합유리 :
(2) 로이유리 :

16 [3점]

철골구조물 주위에 철근 배근을 하고 이 철골과 철근을 감싸는 콘크리트가 타설되어 일체가 되도록 한 구조물로 초고층 구조물 하층부의 복합구조로 많이 채택되는 구조를 기술하시오.

17 [4점]

다음의 설명에 해당되는 용접 결함의 용어를 기술하시오.

(1) 용접금속과 모재가 융합되지 않고 단순히 겹쳐지는 것
(2) 용접 상부에 모재가 녹아 용착금속이 채워지지 않고 홈으로 남게 된 부분
(3) 용접봉의 피복재 용해물인 회분이 용착금속 내에 혼입된 것
(4) 용융금속이 응고할 때 방출되었어야 할 가스가 남아서 생기는 용접부의 빈자리

18 [4점]

다음은 건축공사표준시방서에 따른 거푸집널 존치기간 중의 평균기온이 10℃ 이상인 경우에 콘크리트의 압축강도시험을 하지 않고 거푸집을 떼어낼 수 있는 콘크리트의 재령(일)을 나타낸 표이다. 빈칸에 알맞은 숫자를 넣으시오.

기초, 보옆, 기둥, 벽의 거푸집널 존치기간을 정하기 위한 콘크리트의 재령(일)			
시멘트의 종류 평균기온	조강포틀랜드 시멘트	보통 포틀랜드시멘트 고로슬래그시멘트 특급	고로슬래그시멘트 1급 포틀랜드포졸란시멘트 B종
20℃ 이상	①	③	5일
20℃ 미만 10℃ 이상	②	6일	④

①
②
③
④

19 [4점]

커튼월 알루미늄 바 설치 시 누수방지에 대한 시공적 측면의 대책 4가지를 기술하시오.
(1)
(2)
(3)
(4)

20 [2점]

다음에 설명하는 콘크리트의 줄눈의 용어를 기술하시오.

> 콘크리트 경화 시 수축에 의한 균열을 방지하고 슬래브에서 발생하는 수평 움직임을 조절하기 위하여 설치한다.
> 벽과 슬래브가 외기에 접하는 부분 등 균열이 예상되는 위치에 약한 부분을 인위적으로 줄눈을 만들어 다른 부분의 균열을 억제하는 역할을 한다.

21 [2점]

다음에 설명하는 구조의 용어를 기술하시오.

> 건축물의 기초부분 등에 적층고무 또는 미끄럼받이 등을 넣어서 지진에 대한 건축물의 흔들림을 감소시키는 구조

22 [3점]

다음과 같은 조건의 철근콘크리트 띠철근기둥의 설계축하중 ϕP_n(kN)을 계산하시오.

〈조건〉
f_{ck}=24MPa, f_y=400MPa, 8-HD22, HD22 한 개의 단면적은 387mm², 강도감소계수 ϕ=0.65

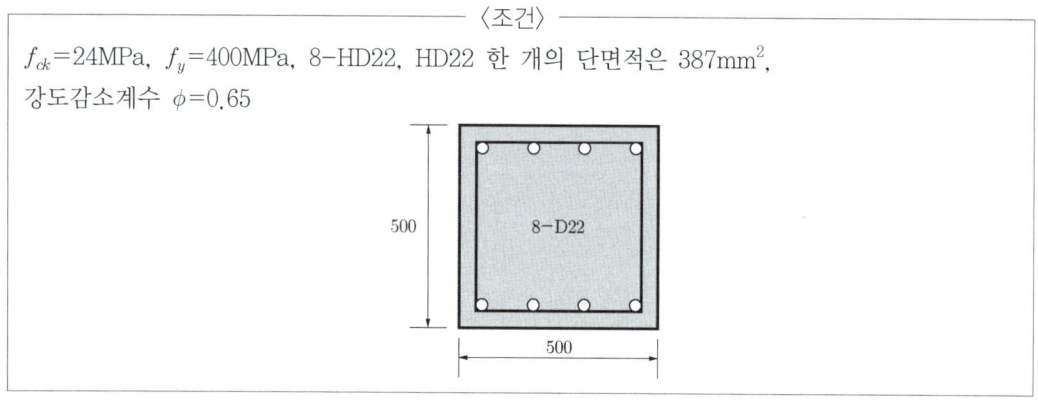

23 [3점]

그림과 같은 3-Hinge 라멘에서 A지점의 수평반력을 구하시오.

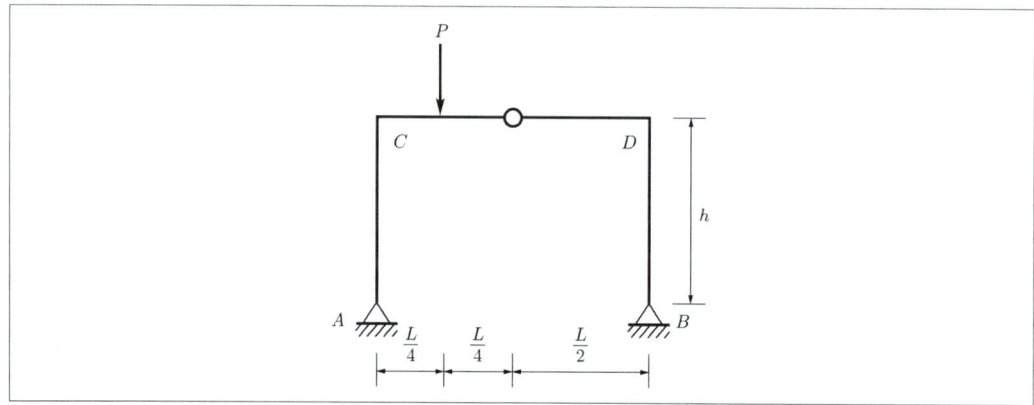

24 [3점]

철근콘크리트 보의 춤이 700mm이고, 부모멘트를 받는 단면의 상부에 HD25 철근이 배근되어 있을 때, 철근의 인장정착길이(l_d)를 구하시오. (단, $f_{ck}=25$MPa, $f_y=400$MPa, 철근의 순간격과 피복두께는 철근 직경 이상이고, 상부철근 보정계수는 1.3을 적용하며, 도막되지 않은 철근, 보통중량콘크리트를 사용한다.)

25 [3점]

큰 처짐에 의하여 손상되기 쉬운 칸막이벽이나 기타 구조물을 지지 또는 부착하지 않은 부재의 경우, 다음 표에서 정한 최소두께를 적용하여야 한다. 표의 (   ) 안에 알맞은 숫자를 쓰시오. (단, 표의 값은 보통중량콘크리트와 설계기준항복강도 400MPa의 철근을 사용한 부재에 대한 값임)

[처짐을 계산하지 않은 경우의 보 또는 1방향 슬래브의 최소두께 기준]

단순지지된 1방향 슬래브	L/( )
1단 연속된 보	L/( )
양단 연속된 리브가 있는 1방향 슬래브	L/( )

26 [5점]

강구조 부재에서 비틀림이 생기지 않고 휨변형만 발생시키는 위치를 전단중심(Shear Center)이라 한다. 다음 형강들에 대하여 전단중심의 위치를 각 단면에 표기하시오.

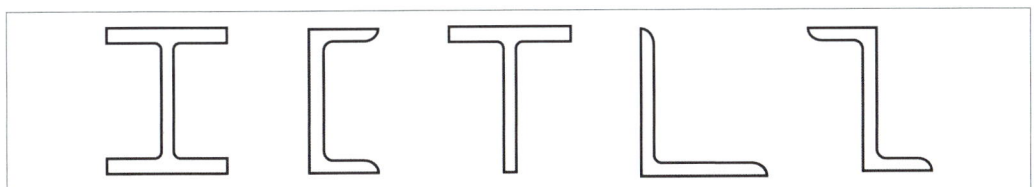

19년 1회 해설 및 정답

01 용어 정의
(1) 기초 : 상부구조의 하중을 지반에 안전하게 전달시키는 건축물의 최하부 구조 부분
(2) 지정 : 기초의 밑면을 보강하거나 지반의 지지력을 보강하기 위한 부분

02 폭렬현상 방지대책
(1) 내화 도료 또는 내화 모르타르 시공
(2) 표층부 메탈라스 시공
(3) 흡수율이 낮고 내화성이 있는 골재 사용

03 커튼월 성능시험의 시험종목
(1) 기밀시험
(2) 정압/동압수밀시험
(3) 내풍압시험
(4) 층간변위시험

04 목재의 천연 건조(자연건조)의 장점
(1) 시설비 및 작업비용이 저렴함
(2) 대량으로 건조 가능
(3) 인공건조에 비해 균일한 건조 가능

05 숏크리트의 정의 및 장단점
(1) 숏크리트 : 압축공기를 이용해 모르타르를 분사하여 시공하는 것으로 뿜칠 콘크리트라고도 한다.
(2) 장점
  ① 거푸집이 불필요하고 곡면 시공이 가능하다.
  ② 얇은 벽 바름에 유리하다.
(3) 단점
  ① 외관이 거칠고 리바운딩이 되기 쉽다.
  ② 균열이 발생한다.

06 콘크리트 온도균열 방지대책
(1) 수화열이 적은 중용열 시멘트 사용
(2) 단위시멘트량 저감
(3) Pre-cooling, Pipe-cooling 적용
(4) 응결지연제 사용

07 시트 방수의 장단점
(1) 장점
  ① 공기단축이 가능하며 내약품성이 우수함
  ② 방수층의 두께가 균일함
(2) 단점
  ① 온도에 따른 영향이 커서 균열, 박리의 우려가 있음
  ② 내구성 있는 보호층이 필요함

08 사운딩 시험의 정의 및 종류
(1) 사운딩 시험 : Rod의 끝에 설치한 저항체를 지반에 관입, 회전, 인발 등의 저항으로 지반의 경연(강하고 약함)을 파악하는 지반조사법
(2) 종류
  ① 베인테스트
  ② 표준관입시험
  ③ 콘 관입시험
  ④ 스웨덴식 사운딩

09 콘크리트의 시공연도(반죽질기) 측정방법
(1) 슬럼프시험
(2) 플로시험
(3) 비비시험
(4) 낙하시험

10 어스앵커공법
흙막이 배면을 천공하여 긴장재와 모르타르를 주입하여 경화시킨 후 긴장재에 인장력을 작용시켜 흙막이 배면의 토압을 지지하게 하는 방식

11 용어 정의
(1) 밀시트 : 철강제품의 품질보증을 위해 공인시험기관에서 발급하는 제조업체의 품질보증서
(2) 뒷댐재 : 한 면 그루브용접 시 용융금속의 녹아 떨어지는 것을 방지하기 위해 루트 하부에 받치는 금속판

12 공정표
(1) 공정표

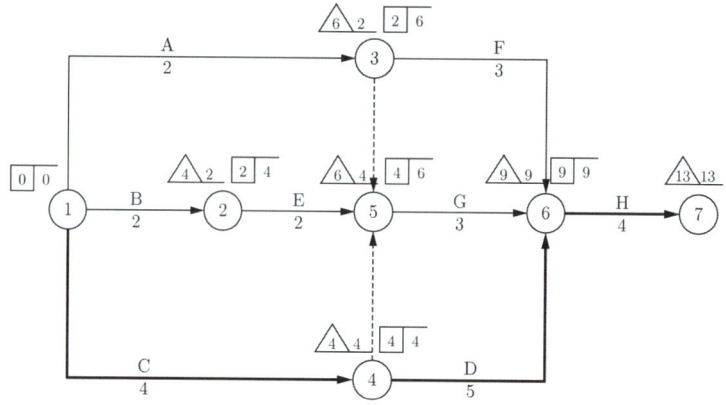

(2) 각 작업의 여유시간

작업명	TF	FF	DF	CP
A	4	0	4	
B	2	0	2	
C	0	0	0	*
D	0	0	0	*
E	2	0	2	
F	4	4	0	
G	2	2	0	
H	0	0	0	*

13 파워셔블의 1시간당 굴착작업량 계산

$$Q = \frac{3{,}600 \times q \times k \times f \times E}{C_m} = \frac{3{,}600 \times 0.8 \times 0.8 \times 0.7 \times 0.83}{40} = 33.47 \mathrm{m}^3/\mathrm{hr}$$

14 용어 정의
볼트축 전단형(Torque Shear) 고력볼트

15 용어 정의
(1) 접합유리 : 2장 이상의 판유리 사이에 합성수지(필름)를 넣은 것
(2) 로이유리 : 금속이나 금속산화물이 얇게 코팅된 유리로서 가시광선의 투과율이 높고 열의 이동이 최소화된 에너지 절약형 유리로 저방사 유리라고도 함

16 용어 정의
매입형 합성기둥(Composite Column)

17 용접 결함
(1) 오버랩
(2) 언더컷
(3) 슬래그 감싸들기
(4) 블로홀

18 거푸집널 존치기간

기초, 보옆, 기둥, 벽의 거푸집널 존치기간을 정하기 위한 콘크리트의 재령(일)			
시멘트의 종류 평균기온	조강포틀랜드 시멘트	보통 포틀랜드시멘트 고로슬래그시멘트 특급	고로슬래그시멘트 1급 포틀랜드포졸란시멘트 B종
20℃ 이상	2일	4일	5일
20℃ 미만 10℃ 이상	3일	6일	8일

19 커튼월의 알루미늄 바 – 누수방지 대책
(1) 스크류 고정부위/알루미늄 바 접합부위의 실런트 시공
(2) 오픈 조인트 설치 시 물의 이동으로 인한 누수 차단 철저히 시공
(3) 클로즈드 조인트 설치 시 이음새 없이 시공
(4) 멀리온과 패널의 이음매 처리 철저

20 용어 정의
조절 줄눈

21 용어 정의
면진 구조

22 기둥의 설계축하중

$\phi P_n = \phi(0.80)[0.85 f_{ck}(A_g - A_{st}) + f_y A_{st}]$

$= 0.65(0.80)[0.85(24)(500 \times 500 - 8 \times 387) + 400(8 \times 387)]$

$= 3,263,125.63 \text{N} = 3,263.13 \text{kN}$

23 반력 계산

(1) $\Sigma M_B = 0 \rightarrow V_A \times L - P \times \left(\dfrac{L}{4} + \dfrac{L}{2}\right) = 0$

$\therefore V_A = \dfrac{3P}{4}(\uparrow)$

(2) 중앙의 힌지를 기준으로 좌측의 자유물체도만 생각하면,
$$\Sigma M_h = \frac{3P}{4} \times \left(\frac{L}{4} + \frac{L}{4}\right) - P \times \left(\frac{L}{4}\right) - H_A \times h = 0$$
$$\therefore H_A = \frac{PL}{8h}(\rightarrow)$$

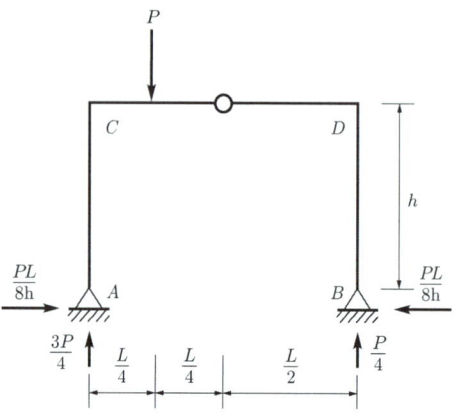

24 철근 인장정착길이 계산

(1) 정밀식 $l_d = \frac{0.9 d_b f_y}{\lambda \sqrt{f_{ck}}} \times \frac{\alpha \beta \gamma}{\left(\frac{c + K_{tr}}{d_b}\right)}$ 을 이용한다.

여기서, α : 철근배치 위치계수
β : 철근 도막계수
γ : 철근 또는 철선의 크기 계수(D19 이하 : 0.8, D22 이상 : 1.0)
λ : 경량콘크리트 계수
c : 피복두께나 철근 순간격 중 최소값의 1/2
K_{tr} : 횡방향철근지수(보통 0으로 계산)

$\alpha = 1.3$, $\beta = 1.0$, $\gamma = 1.0$, $\lambda = 1.0$, $c = 12.5$, $K_{tr} = 0$

(2) 인장정착길이 $l_d = \frac{0.9(25)(400)}{(1.0)\sqrt{(25)}} \times \frac{1.3(1.0)(1.0)}{\left(\frac{12.5+0}{25}\right)} = 4,680\text{mm}$

25 보 또는 1방향 슬래브의 최소두께

(1) 단순지지된 1방향 슬래브 : L/(20)
(2) 1단 연속된 보 : L/(18.5)
(3) 양단 연속된 리브가 있는 1방향 슬래브 : L/(21)

26 전단중심

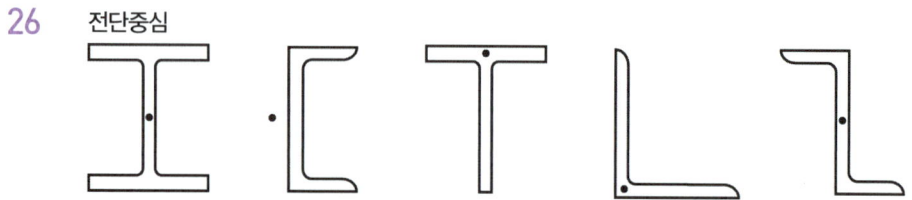

2019 제2회 건축기사

01 [3점]

철골구조의 내화피복공사 시 활용되는 습식공법 3가지를 기술하시오.
(1)
(2)
(3)

02 [4점]

다음 보기를 이용하여 TS(Torque Shear)형 고력볼트의 시공순서를 번호대로 나열하시오.

① 팁 레버를 잡아당겨 내측 소켓에 들어있는 핀테일을 제거
② 렌치의 스위치를 켜 외측 소켓이 회전하며 볼트를 체결
③ 핀테일이 절단되었을 때 외측 소켓이 너트로부터 분리되도록 렌치를 잡아당김
④ 핀테일에 내측 소켓을 끼우고 렌치를 살짝 걸어 너트에 외측 소켓이 맞춰지도록 함

03 [3점]

알칼리 골재 반응의 방지책 3가지를 기술하시오.
(1)
(2)
(3)

04 [4점]

금속판 지붕공사에서 금속기와의 설치 순서를 번호대로 나열하시오.

① 서까래 설치(방부처리를 할 것)
② 금속기와 Size에 맞는 간격으로 기와걸이 미송각재 설치
③ 경량철골 설치
④ Purlin 설치(지붕레벨 고려)
⑤ 부식방지를 위한 철골용접 부위의 방청도장 실시
⑥ 금속기와 설치

05 [4점]

거푸집의 종류 중 갱폼의 장점과 단점을 각각 2개씩 기술하시오.

(1) 장점
   ①
   ②
(2) 단점
   ①
   ②

06 [4점]

커튼월 공사 시 누수방지대책과 관련된 다음 용어의 정의를 기술하시오.

(1) Closed Joint :
(2) Open Joint :

07 [4점]

방수공사에 사용되는 시트 방수의 장단점을 각각 2가지씩 기술하시오.

(1) 장점
   ①
   ②
(2) 단점
   ①
   ②

08 [5점]

기둥축소(Column Shortening) 현상의 원인과 그에 따른 영향 3가지를 기술하시오.

(1) 원인 :
(2) 기둥축소에 따른 영향 3가지
   ①
   ②
   ③

09 [10점]

다음 데이터를 네트워크 공정표로 작성하고 각 작업의 여유시간을 계산하시오.

작업명	소요일수	선행작업	비고
A	5	없음	① CP는 굵은 선으로 표시한다.
B	6	없음	② 각 결합점에서는 다음과 같이 표시한다.
C	5	A	
D	2	A, B	EST | LST LET △ EFT
E	3	A	③ 각 작업은 다음과 같이 표시한다.
F	4	C, E	
G	3	D	i —작업명/공사일수→ j
H	3	G, F	

(1) 네트워크 공정표
(2) 각 작업의 여유시간

10 [3점]

벽면적 20m² 벽체에 벽두께 1.5B로 시멘트 벽돌을 쌓을 경우 소요되는 벽돌의 수량을 계산하시오.

11 [6점]

다음 그림과 같은 철근콘크리트조 건물에서 벽체와 기둥의 거푸집량을 계산하시오. (단, 높이는 3m로 하고, 기둥과 벽을 별도의 거푸집으로 타설한다.)

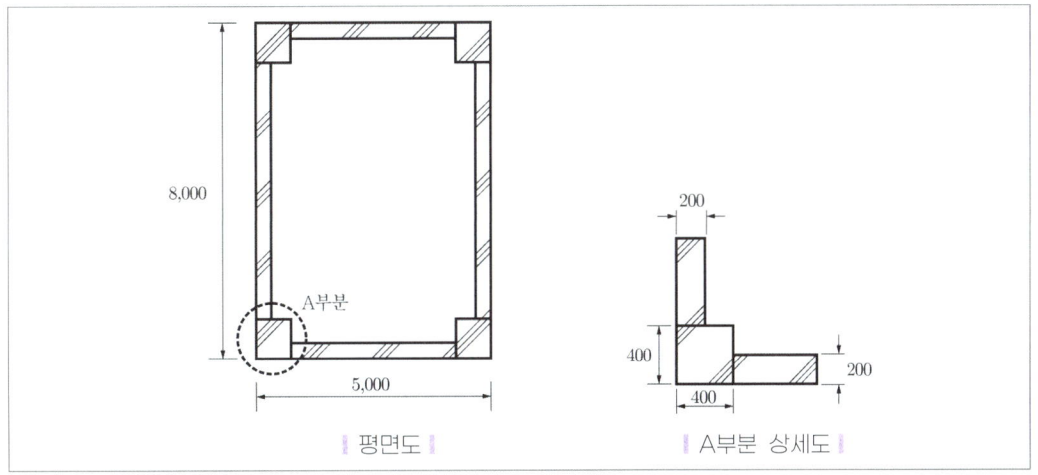

| 평면도 | | A부분 상세도 |

12 [4점]

한중 콘크리트 동결 저하 방지대책 2가지를 기술하시오.
(1)
(2)

13 [4점]

다음 설명이 의미하는 계약방식의 명칭을 기술하시오.
(1) 사회간접시설의 확충을 위해 민간이 자금조달과 공사를 완성하여 투자액의 회수를 위해 일정기간 운영하고 시설물과 운영권을 발주 측에 이전하는 방식
(2) 사회간접시설의 확충을 위해 민간이 자금조달과 공사를 완성하여 소유권을 공공부분에 먼저 이양하고, 약정기간 동안 그 시설물을 운영하여 투자금액을 회수하는 방식
(3) 사회간접시설의 확충을 위해 민간이 자금조달과 공사를 위하여 시설물의 운영과 함께 소유권도 민간에 이전되는 방식
(4) 발주자는 설계에서 시공까지 건물의 요구성능만을 제시하고 시공자가 재료나 시공방법을 선택하여 요구성능을 실현하는 방식

14 [4점]

콘크리트 온도균열을 방지하는 방법으로 사용되는 Pre-cooling 공법과 Pipe-cooling 공법에 대해 기술하시오.
(1) Pre-cooling :
(2) Pipe-cooling :

15 [2점]

다음 형강을 단면 형상의 표시방법으로 표시하시오.

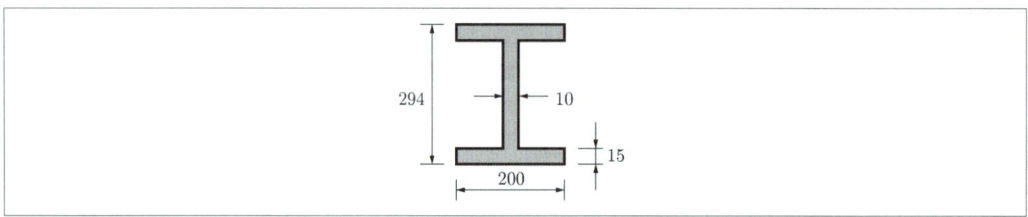

16

[3점]

다음은 슬러리월(Slurry Wall) 공법에 관한 설명이다. ( ) 안에 알맞은 용어를 기술하시오.

> 특수 굴착기와 공벽붕괴 방지용 (①)을(를) 이용, 지반을 굴착하고 여기에 (②)을(를) 삽입하여 세우고 (③)을(를) 타설하여 연속적으로 벽체를 형성하는 공법이다. 타 흙막이벽에 비하여 차수효과가 우수하며 도심지 공사에 적합한 저소음, 저진동 공법이다.

(1)
(2)
(3)

17

[3점]

아래의 그림과 같이 터파기를 했을 경우, 인접 건물의 주위 지반이 침하할 수 있는 원인 3가지를 기술하시오. (단, 일반적으로 인접하는 건물보다 깊게 파는 경우)

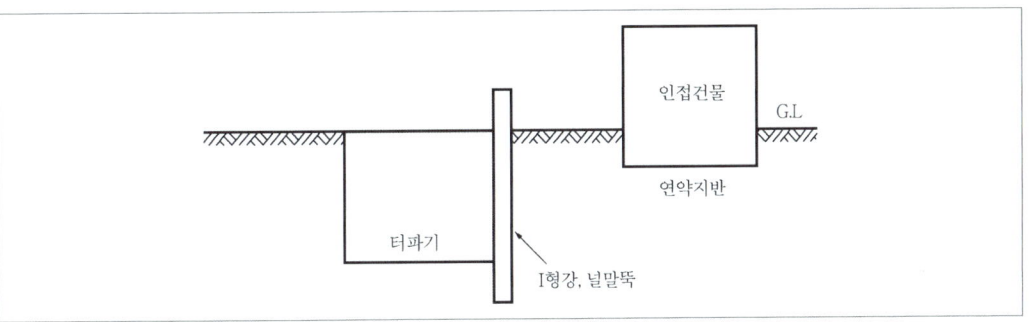

(1)
(2)
(3)

18

[4점]

흙막이 공사에서 역타설공법(Top-Down Method)의 장점 4가지를 기술하시오.

(1)
(2)
(3)
(4)

19
[2점]

강재의 항복비(Yield Strength Ratio)에 대한 정의를 기술하시오.

20
[4점]

표면건조 포화상태의 중량이 2,000g, 완전건조중량 1,992g, 수중중량이 1,300g일 때 흡수율을 계산하시오.

21
[4점]

다음 그림과 같이 기둥의 재질과 단면 크기가 모두 같은 4개의 장주의 좌굴길이를 기술하시오.

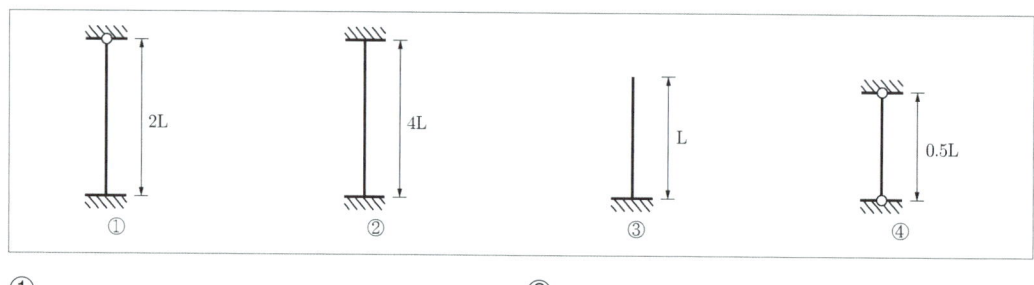

① ②
③ ④

22
[4점]

철근콘크리트구조에서 균열모멘트를 구하기 위한 콘크리트의 파괴계수 f_r을 계산하시오. (단, 모래경량콘크리트 사용, $f_{ck}=21\text{MPa}$)

23
[3점]

다음 그림과 같은 단순보의 최대 휨응력을 구하시오. (단, 보의 자중은 무시한다.)

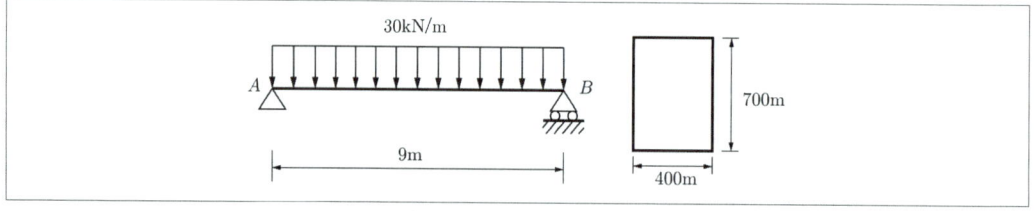

24 [4점]

그림과 같은 연속보의 지점 반력 V_A, V_B, V_C를 계산하시오.

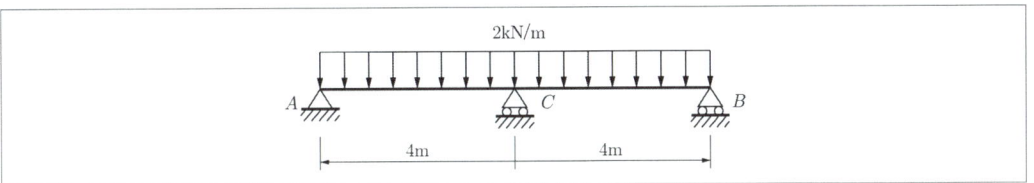

25 [4점]

다음과 같은 조건을 이용하여 철근콘크리트 벽체의 설계축하중(ϕP_{nw})을 계산하시오.

- 유효벽길이 $b_e = 2,000$mm
- 벽두께 $h = 200$mm
- 벽높이 $L_c = 3,200$mm
- $0.55\phi f_{ck} A_g \left[1 - \left(\dfrac{kL_c}{32h}\right)^2\right]$ 식을 적용하고, $\phi = 0.65$, $k = 0.8$, $f_{ck} = 24$MPa, $f_y = 400$MPa을 적용한다.

26 [4점]

철근콘크리트구조에서 탄성계수비 $n = \dfrac{E_s}{E_c} = \dfrac{200,000}{8,500\sqrt[3]{f_{cu}}} = \dfrac{200,000}{8,500\sqrt[3]{f_{ck} + \triangle f}}$ 식으로 표현할 수 있다. 다음 빈칸에 들어갈 알맞은 숫자를 기술하시오.

$f_{ck} \leq 40$MPa	40MPa $< f_{ck} < 60$MPa	$f_{ck} \geq 60$MPa
$\triangle f = ($ ① $)$	$\triangle f = $ 직선 보간	$\triangle f = ($ ② $)$

①
②

19년 2회 해설 및 정답

01 철골 내화피복의 습식공법의 종류와 재료
  (1) 타설공법 : 콘크리트, 경량콘크리트
  (2) 조적공법 : 벽돌, 콘크리트 블록
  (3) 미장공법 : 철망 모르타르, 철망 펄라이트 모르타르
  (4) 뿜칠공법 : 뿜칠 모르타르, 뿜칠 플라스터

02 TS형 고력볼트의 시공순서
  ④ → ② → ③ → ①

03 알칼리 골재 반응의 방지책
  (1) 저알칼리 시멘트(고로 시멘트, Fly Ash 등) 사용
  (2) 비반응성 골재의 사용
  (3) 알칼리 골재 반응을 촉진하는 수분의 흡수 방지

04 금속기와 설치 순서
  ③ → ④ → ⑤ → ① → ② → ⑥

05 갱폼의 특징
  (1) 장점
    ① 조립과 해체가 불필요하여 비용 절감
    ② 이음새가 발생하지 않아 마감에 유리
    ③ 합판의 재사용 가능
  (2) 단점
    ① 대형 양중장비 필요
    ② 초기 투자비 과다
    ③ 기능공의 교육 및 작업 숙달기간 필요

06 커튼월 공사의 누수방지대책
  (1) Closed Joint : 커튼월과 접하는 부분을 Seal재로 완전히 밀폐시켜 틈이 없도록 비처리하는 방식
  (2) Open Joint : 벽의 외측면과 내측면 사이에 공간을 두어 옥외의 기압과 같은 기압을 유지하여 배수함으로써 비처리하는 방식

07 시트 방수의 장단점
  (1) 장점
    ① 공기단축이 가능하며 내약품성이 우수함
    ② 방수층의 두께가 균일함
  (2) 단점
    ① 온도에 따른 영향이 커서 균열, 박리의 우려가 있음
    ② 내구성 있는 보호층이 필요함

08 기둥축소(컬럼 쇼트닝)의 원인과 영향
(1) 원인 : 철골조 건축의 축조 시 내부와 외부의 기둥구조가 다르거나 사용한 재료의 재질 및 응력의 차이로 인한 신축량이 발생한다.
(2) 기둥축소에 따른 영향
   ① 기둥의 축소변위 발생
   ② 구조재의 변형에 따른 조립 불량
   ③ 창호재의 변형에 따른 조립 불량

09 공정표 작성
(1) 네트워크 공정표

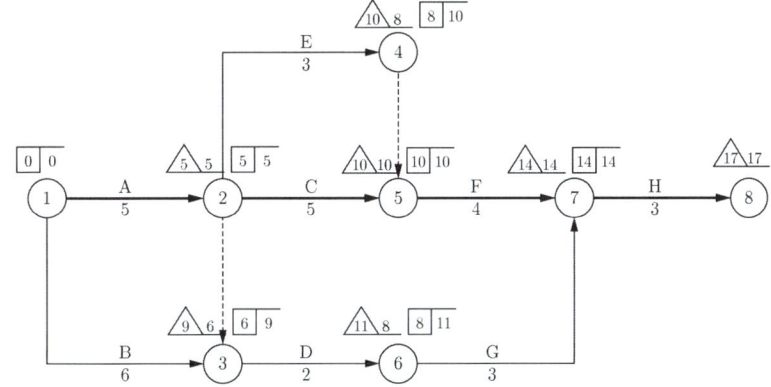

(2) 각 작업의 여유시간

작업명	TF	FF	DF	CP
A	0	0	0	*
B	3	0	3	
C	0	0	0	*
D	3	0	3	
E	2	2	0	
F	0	0	0	*
G	3	3	0	
H	0	0	0	*

10 적산-벽돌량 계산
시멘트 벽돌의 할증률 5%를 적용하며, 1.5B이므로 224매/m^2을 적용한다.
$20 \times 224 \times 1.05 = 4,704$매

11 적산 – 거푸집량 계산
(1) 기둥 = $(0.4+0.4) \times 2 \times 3 \times 4 = 19.2 \mathrm{m}^2$
(2) 벽
   ① 수평방향 벽 = $(5-0.4 \times 2) \times 3 \times 2(양면) \times 2(상하) = 50.4 \mathrm{m}^2$
   ② 수직방향 벽 = $(8-0.4 \times 2) \times 3 \times 2(양면) \times 2(좌우) = 86.4 \mathrm{m}^2$
   벽 거푸집량 = $50.4 + 86.4 = 136.8 \mathrm{m}^2$
∴ 전체 거푸집량 = $19.2 + 136.8 = 156.0 \mathrm{m}^2$

12 한중콘크리트 동결방지
(1) AE제 사용
(2) 압축강도 5MPa 발현 시까지 보온 양생
(3) W/C 60% 이하로 유지
(4) 조강 포틀랜드 시멘트 사용

13 계약방식의 용어
(1) BOT(Build-Operate-Transfer) 방식
(2) BTO(Build-Transfer-Operate) 방식
(3) BOO(Build-Operate-Own) 방식
(4) 성능발주방식

14 용어 – 매스콘크리트의 온도균열 방지법
(1) Pre-cooling : 콘크리트 재료의 일부 또는 전부를 미리 냉각하여 콘크리트의 온도를 낮추는 방법
(2) Pipe-cooling : 콘크리트 타설 전 파이프를 설치하여 파이프 내에 찬 공기 또는 냉각수를 순환시켜 콘크리트의 온도를 낮추는 방법

15 형강의 표기법
높이-폭-웨브두께-플랜지두께의 순으로 나타낸다.
H-294 × 200 × 10 × 15

16 슬러리월 공법
(1) 벤토나이트 안정액
(2) 철근망
(3) 콘크리트

17 흙막이 붕괴 원인
(1) 히빙(Heaving)
(2) 보일링(Boiling)
(3) 파이핑(Piping)
(4) 뒤채움 불량에 의한 침하

18 역타설공법의 장점
(1) 지상과 지하의 동시작업으로 공기가 단축된다.
(2) 1층 바닥판이 먼저 시공되어 우기 시에도 공사가 가능하다.
(3) 소음 및 진동이 적어 도심지 공사에 적합하다.
(4) 부정형인 평면 형상이라도 굴착이 가능하다.

19 용어 정의 – 항복비
강재가 항복에서 파단에 이르기까지를 나타내는 기계적 성질의 지표로서, 인장강도에 대한 항복강도의 비

20 품질관리 – 흡수율 계산
$$흡수율 = \frac{W_{내부포수} - W_{절건}}{W_{절건}} \times 100 = \frac{2{,}000 - 1{,}992}{1{,}992} \times 100 = 0.402\%$$

21 지지조건에 따른 좌굴길이
① 고정단-핀 : $0.7 \times 2L = 1.4L$
② 양단고정 : $0.5 \times 4L = 2L$
③ 캔틸레버 : $2 \times L = 2L$
④ 양단핀 : $1 \times 0.5L = 0.5L$

22 콘크리트의 파괴계수 계산
$f_r = 0.63\lambda\sqrt{f_{ck}} = 0.63(0.85)\sqrt{21} = 2.45\text{MPa}$
※ 경량콘크리트계수
- 모래경량콘크리트 : 0.85
- 전경량콘크리트 : 0.75
- 보통콘크리트 : 1.0

23 단순보 최대휨응력 계산
응력의 단위인 MPa을 구하는 것이므로 모든 단위를 N과 mm로 통일시킨다.

(1) $M_{\max} = \dfrac{wL^2}{8} = \dfrac{30 \times (9)^2}{8} = 303.75\text{kNm}$
$\qquad\quad = 303.75 \times (10)^6 \text{Nmm}$

(2) $Z = \dfrac{bh^2}{6} = \dfrac{400 \times (700)^2}{6} = 32.67 \times (10)^6 \text{mm}^3$

(3) $\sigma_{\max} = \dfrac{M_{\max}}{Z} = \dfrac{303.75 \times (10)^6}{32.67 \times (10)^6} = 9.298\text{N/mm}^2 = 9.30\text{MPa}$

24 지점 반력 계산

(1) C지점의 이동단이 없다고 가정했을 때, 등분포하중에 의한 C지점의 처짐과 실제로 존재하는 V_C 에 의한 상향 처짐은 크기가 같고 방향이 반대라는 성질을 이용한다.

(2) 등분포하중에 의한 C지점의 처짐 $= \dfrac{5wL^4}{384EI}$

(3) V_C에 의한 상향 처짐 $= \dfrac{V_c L^3}{48EI}$

(4) 두 처짐은 크기가 같고 방향이 반대이므로,
$$\dfrac{5wL^4}{384EI} - \dfrac{V_c L^3}{48EI} = 0 \;\rightarrow\; \dfrac{5wL^4}{384EI} = \dfrac{V_c L^3}{48EI} \text{으로부터}$$
$$\therefore V_c = \dfrac{5wL}{8} = \dfrac{5(2)(4+4)}{8} = 10 \text{kN}(\uparrow)$$

(5) 구조물이 좌우대칭이므로 V_A와 V_B의 크기는 같다.
$$\Sigma V = 0 \;\rightarrow\; V_A + 10 + V_B - 2(4+4) = 0$$
$$\therefore V_A = V_B = \dfrac{6}{2} = 3 \text{kN}(\uparrow)$$

25 벽체의 설계축하중 계산

$$\phi P_{nw} = 0.55\phi f_{ck} A_g \left[1 - \left(\dfrac{kL_c}{32h}\right)^2\right]$$
$$= 0.55(0.65)(24)(200 \times 2000)\left[1 - \left(\dfrac{0.8 \times 3{,}200}{32 \times 200}\right)^2\right]$$
$$= 2{,}882{,}880 \text{N} = 2{,}882.88 \text{kN}$$

26 콘크리트의 탄성계수 계산식

① 4MPa
② 6MPa

2019 제4회 건축기사

01 [2점]
LCC(Life Cycle Cost)에 대해 간략히 설명하시오.

02 [4점]
언더피닝(Underpinning)을 실시하는 이유(목적)를 기술하고, 언더피닝 공법의 종류 2가지를 기술하시오.
(1) 이유 :
(2) 종류
  ①
  ②

03 [4점]
다음 시방서 규정에서 (　) 안에 알맞은 숫자를 기입하시오.

> 콘크리트 시공 시 이어 붓기를 하는 경우, 콘크리트의 비빔에서 타설 후 이어 붓기까지의 제한 시간은 외기온도가 25℃ 미만에서는 (①)분 이내, 25℃ 이상에서는 (②)분 이내로 타설을 완료하여야 한다.

①
②

04 [2점]
인텔리전트 빌딩에 사용되는 엑세스 플로어(Access Floor)를 간략히 설명하시오.

05 [3점]

연약지반 개량공법 3가지를 기술하시오.

(1)
(2)
(3)

06 [4점]

다음의 공사관리 계약방식에 대하여 기술하시오.

(1) CM for Fee :
(2) CM at Risk :

07 [4점]

토질과 관련된 다음 용어를 설명하시오.

(1) 예민비 :
(2) 지내력 시험 :

08 [5점]

히빙 현상에 대한 정의를 기술하고 간단히 그림으로 설명하시오.

(1) 정의 :
(2) 그림 :

09 [4점]

지하실 외벽에 사용하는 안방수와 바깥방수의 특징을 다음의 보기에서 골라 번호를 기입하시오.

구분	안방수	바깥방수	보기	
(1) 사용환경			① 수압이 작고 얕은 지하실	② 수압이 크고 깊은 지하실
(2) 바탕처리			① 따로 만들 필요 없음	② 따로 만들어야 함
(3) 공사시기			① 자유롭다.	② 본 공사에 선행
(4) 시공용이			① 간단하다.	② 어렵다.
(5) 경제성			① 저렴	② 고가
(6) 보호누름			① 필요하다.	② 없어도 무방

10 [10점]

다음 데이터를 이용하여 네트워크 공정표를 작성하고, 각 작업의 여유시간을 구하시오.

작업명	작업일수	선행작업	비고
A	5	없음	① CP는 굵은 선으로 표시한다. ② 각 결합점에서는 다음과 같이 표시한다. EST | LST LET \ EFT ③ 각 작업은 다음과 같이 표시한다. (i) —작업명/공사일수→ (j) 또한, 여유시간 계산 시 각 작업의 실제적인 의미의 여유시간으로 계산한다. (더미의 여유시간은 고려하지 않을 것)
B	3	없음	
C	2	없음	
D	2	A, B	
E	5	A, B, C	
F	3	A, C	

(1) 공정표 작성
(2) 작업의 여유시간

11 [8점]

아래 그림에서 한 층분의 콘크리트량과 거푸집 면적을 계산하시오.

(1) 부재 치수(단위 : mm)
(2) 전 기둥(C_1) : 500×500, 슬래브 두께(t) : 120
(3) 보 G_1, G_2 : 400×600(B×H), 보 G_3 : 400×700(B×H), 보 B_1 : 300×600(B×H)
(4) 층고 : 3,600

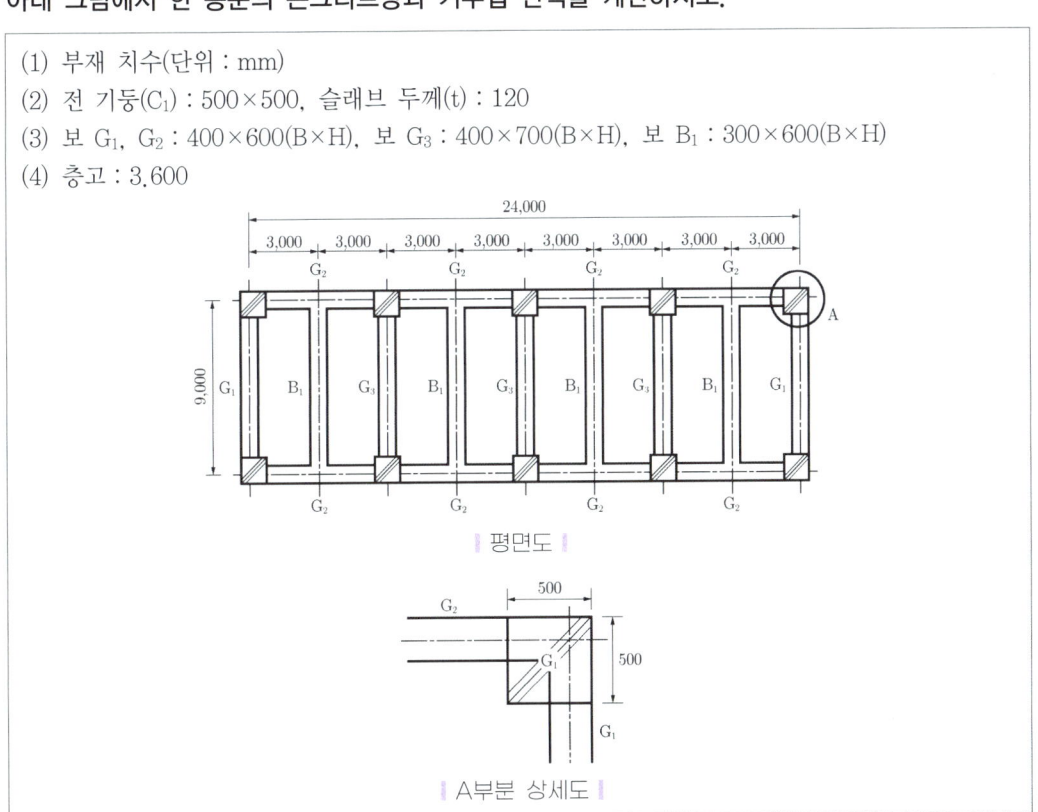

|| 평면도 ||

|| A부분 상세도 ||

12 [4점]

다음 용어의 정의를 기술하시오.

(1) 코너비드 :
(2) 차폐용 콘크리트 :

13 [3점]

밀시트(강재 시험성적서)로 확인할 수 있는 사항을 1가지를 기술하시오.

14 [4점]

콘크리트에 사용되는 골재의 함수상태에는 절대건조상태, 기건상태, 표면건조 내부포수상태, 습윤상태가 있는데, 이 함수상태와 관련된 다음의 용어를 간략히 설명하시오.

(1) 흡수량 :
(2) 함수량 :

15 [3점]

철골공사에서 녹막이 칠을 하지 않는 부분 3개를 기술하시오.

(1)
(2)
(3)

16 [4점]

다음 용어를 간단히 설명하시오.

(1) 스캘럽 :
(2) 엔드탭 :

17 [3점]

목재의 방부처리법 3가지를 쓰고 간단히 설명하시오.

(1)
(2)
(3)

18 [3점]

레디믹스트 콘크리트 규격(25-30-160)에 대하여 3가지 수치가 무엇을 의미하는지 기술하시오.
(단, 단위까지 명확히 기재)

(1) 25 :
(2) 30 :
(3) 160 :

19 [4점]

다음 시험에 관계되는 시험을 〈보기〉에서 골라 그 번호를 기술하시오.

〈보기〉
① 신월 샘플링(Thin Wall Sampling)　② 베인시험
③ 표준관입시험　　　　　　　　　　　④ 정량분석시험

(1) 진흙의 점착력　　　　　　(2) 지내력
(3) 연한 점토　　　　　　　　(4) 염분

20 [2점]

바닥에 콘크리트를 타설하기 위한 슬래브용 대형거푸집으로서 거푸집판, 장선, 멍에, 서포트 등을 일체로 제작하여 수평/수직 이동이 가능한 거푸집의 용어를 기술하시오.

21 [2점]

벽체에 침투된 물이 모르타르 중의 석회분과 결합한 후 물과 함께 벽체 밖으로 나와 물이 증발되고 벽체에 하얗게 남는 현상을 뜻하는 용어를 기술하시오.

22   [3점]

철근의 응력-변형도 곡선과 관련하여 각각이 의미하는 용어를 보기에서 골라 번호로 쓰시오.

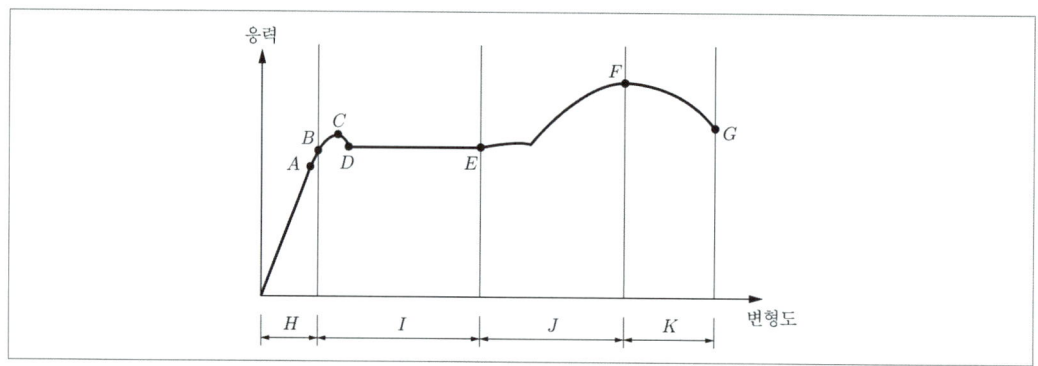

〈보기〉
① 네킹영역   ② 하위항복점   ③ 극한강도점
④ 변형도경화점 ⑤ 소성영역   ⑥ 비례한계점
⑦ 상위항복점   ⑧ 탄성한계점   ⑨ 파괴점
⑩ 탄성영역   ⑪ 변형도경화영역

A :   B :   C :   D :
E :   F :   G :   H :
I :   J :   K :

23   [3점]

철근콘크리트구조의 1방향슬래브와 2방향슬래브를 구분하는 기준에 대해 기술하시오.

(1) 1방향 슬래브(1-Way Slab) :
(2) 2방향 슬래브(2-Way Slab) :

24   [3점]

사용성 한계상태(Serviceability Limit State)에 대해 간략히 설명하시오.

25 [4점]

다음 그림과 같은 내민보의 전단력도(SFD)와 휨모멘트도(BMD)를 그리시오.

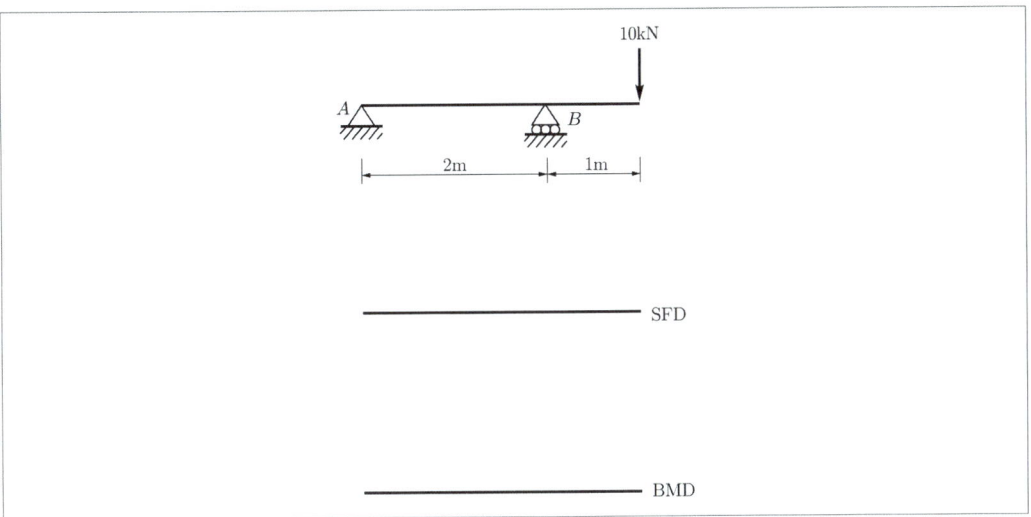

26 [4점]

전단철근의 전단강도 V_s 값의 산정결과, $V_s > \frac{1}{3}\lambda\sqrt{f_{ck}}\,b_w d$ 로 검토되었다. 전단 보강철근을 배근해야 하는 구간 내에서 수직 스터럽(Stirrup)의 최대간격 s를 계산하시오. (단, 보의 유효깊이 $d=550\text{mm}$ 이다.)

19년 4회 해설 및 정답

01 LCC
건축물의 초기 기획단계에서 설계, 시공, 유지관리, 해체에 이르는 건축물의 전 생애에 소요되는 비용

02 언더피닝 공법
(1) 이유 : 기존 건축물 가까이에서 신축공사를 할 때 기존 건축물의 침하를 방지하기 위해 지반과 기초를 보강하는 공법
(2) 언더피닝 공법의 종류
    ① 2중 널말뚝 공법
    ② 현장타설 콘크리트말뚝 공법
    ③ 모르타르 및 약액주입 공법

03 콘크리트의 이어 붓기 제한시간
① 150
② 120

04 용어 – 엑세스 플로어
전기/통신설비 등을 설치하기 위해 플로어 패널을 받침대로 지지시켜 구성하는 2층 뜬 바닥구조

05 연약지반 개량공법
(1) 진동 다짐 공법(사질토)
(2) 선행 재하 공법(점성토)
(3) 굴착 치환 공법(점성토)
(4) 샌드드레인 공법(점성토)

06 용어 – CM
(1) CM for Fee : 관리자가 발주자의 대행인으로서 관리업무만 수행하고 약정된 보수를 받는 방식
(2) CM at Risk : 관리자가 직접 계약에 참여하여 이익을 추구하며 시공에 대한 책임을 지는 방식

07 용어 정의
(1) 예민비 : 이긴 시료에 대한 자연시료의 강도의 비
(2) 지내력 시험 : 지반에 직접 하중을 가하여 지반의 지지력을 파악하는 토질시험

08 히빙

(1) 히빙(Heaving) 현상 : 점토 지반에서 흙막이벽 양쪽의 토압차로 인해 흙막이 뒷부분의 흙이 터파기하는 공사장으로 밀려 올라와 볼록하게 솟아오르는 현상

(2)
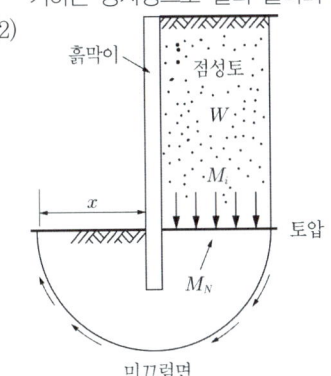

09 안방수, 바깥방수 비교

(1) ①, ②
(2) ①, ②
(3) ①, ②
(4) ①, ②
(5) ①, ②
(6) ①, ②

10 공정표/여유시간

(1) 공정표 작성

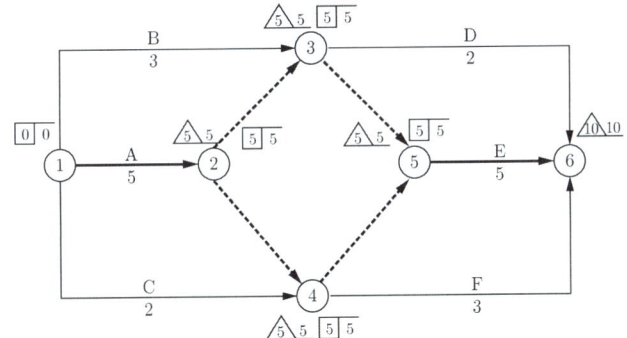

(2) 작업의 여유시간

작업명	TF	FF	DF	CP
A	0	0	0	*
B	2	2	0	
C	3	3	0	
D	3	3	0	
E	0	0	0	*
F	2	2	0	

11 적산–콘크리트량 계산

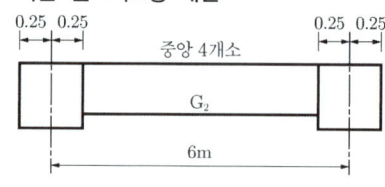
안목길이=6−0.25×2=5.5m

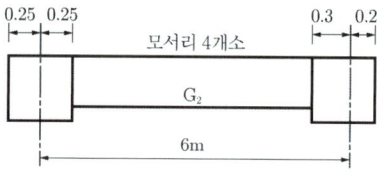
안목길이=6−0.3−0.25=5.45m

(1) 콘크리트량
1) 기둥–C_1 : $0.5 \times 0.5 \times (3.6-0.12) \times 10$개 $= 8.7\text{m}^3$
2) 보–G_1 : $0.4 \times (0.6-0.12) \times [9-(0.5-0.2) \times 2] \times 2$개 $= 3.226\text{m}^3$
3) 보–G_2
   ① 단부(5.45m) : $0.4 \times (0.6-0.12) \times (6-0.3-0.25) \times 4$개 $= 4.186\text{m}^3$
   ② 중앙부(5.5m) : $0.4 \times (0.6-0.12) \times (6-0.25 \times 2) \times 4$개 $= 4.224\text{m}^3$
4) 보–G_3 : $0.4 \times (0.7-0.12) \times (9-0.3 \times 2) \times 3$개 $= 5.846\text{m}^3$
5) 보–B_1 : $0.3 \times (0.6-0.12) \times (9-0.2 \times 2) \times 4$개 $= 4.954\text{m}^3$
6) 슬래브–S_1 : $(9+0.2 \times 2) \times (24+0.2 \times 2) \times 0.12 = 27.523\text{m}^3$
7) 전체 콘크리트량=기둥+보+슬래브
   $= 8.7+3.226+4.186+4.224+5.846+4.954+27.523 = 58.66\text{m}^3$

(2) 거푸집 면적 : 보의 밑면 거푸집은 계산하지 않고 슬래브의 밑면 거푸집으로 계산한다.
1) 기둥–C_1 : $(0.5+0.5) \times 2 \times (3.6-0.12) \times 10$개 $= 69.6\text{m}^2$
2) 보–G_1 : $(0.6-0.12) \times 2 \times (9-0.3 \times 2) \times 2$개 $= 16.128\text{m}^2$
3) 보–G_2
   ① 단부(5.45m) : $(0.6-0.12) \times 2 \times (6-0.3-0.25) \times 4$개 $= 20.928\text{m}^2$
   ② 중앙부(5.5m) : $(0.6-0.12) \times 2 \times (6-0.25 \times 2) \times 4$개 $= 21.12\text{m}^2$
4) 보–G_3 : $(0.7-0.12) \times 2 \times (9-0.3 \times 2) \times 3$개 $= 29.232\text{m}^2$
5) 보–B_1 : $(0.6-0.12) \times 2 \times (9-0.2 \times 2) \times 4$개 $= 33.024\text{m}^2$
6) 슬래브–S_1 :
   ① 밑면 : $(9+0.2 \times 2) \times (24+0.2 \times 2) = 229.36\text{m}^2$
   ② 측면 : $[(9+0.2 \times 2)+(24+0.2 \times 2)] \times 2 \times 0.12 = 8.112\text{m}^2$
7) 전체 거푸집 면적=기둥+보+슬래브
   $= 69.6+16.128+20.928+21.12+29.232+33.024+229.36+8.112 = 427.50\text{m}^2$

12 용어 정의
(1) 코너비드 : 벽, 기둥의 모서리에 대어 미장바름을 보호하는 철물
(2) 차폐용 콘크리트 : 방사선 차폐를 목적으로 하는 중량콘크리트

13 밀시트(강재 시험성적서)의 내역
(1) 규격
(2) 시험기준
(3) 화학 성분
(4) 역학적 시험 내용

14 골재의 함수상태
(1) 흡수량 : 골재의 표면건조 내부포수상태의 중량과 절건상태의 중량의 차, 또는 표면건조 내부 포화상태의 골재 중에 포함되는 물의 양
(2) 함수량 : 골재의 습윤상태의 중량과 절건상태의 중량의 차, 또는 골재의 표면 및 내부에 있는 물의 전 중량

15 녹막이 칠을 하지 않는 부분
(1) 고력볼트 접합부의 마찰면
(2) 콘크리트에 매입되는 부분
(3) 조립에 의해 맞닿는 면
(4) 현장 용접하는 부분

16 용어 정의
(1) 스캘럽(Scallop) : 철골부재 용접 시 이음 및 접합부위의 용접선이 교차되어 재용접된 부위가 열영향을 받아 약해지는 것을 방지하기 위해 모재를 부채꼴 모양으로 제거한 것
(2) 엔드탭 : 용접 결함이 생기기 쉬운 용접 비드의 시작 부분이나 끝부분에 설치하는 보조 강판

17 목재의 방부제 처리법
(1) 방부제 도포법 : 방부제를 도포, 뿜칠 등으로 바르거나 주입하는 방법
(2) 침지법 : 목재를 방부제 용액 속에 담가 균이 생기지 못하게 하는 방법
(3) 주입법 : 압력용기 속에 목재를 넣어 고압에서 방부제를 주입하는 방법

18 레미콘 규격표시
(1) 25 : 굵은 골재 최대치수(mm)
(2) 30 : 호칭강도(MPa)
(3) 160 : 슬럼프(mm)

19 토공사 시험의 용어
(1) ②   (2) ③
(3) ①   (4) ④

20 용어 정의
테이블 폼(Table Form) 또는 플라잉 폼(Flying Form)

21 용어 정의
백화현상

22 응력-변형도 곡선
A : ⑥ B : ⑧ C : ⑦ D : ② E : ④ F : ③ G : ⑨ H : ⑩
I : ⑤ J : ⑪ K : ①

23 슬래브의 구분 기준

변장비 $\lambda = \dfrac{\text{장변의 길이}}{\text{단변의 길이}}$

(1) 1방향 슬래브 : 변장비 $\lambda > 2$
(2) 2방향 슬래브 : 변장비 $\lambda \leq 2$

24 사용성 한계상태

구조체가 붕괴되지는 않으나 구조기능이 저하되어 외관, 유지관리, 내구성 및 사용에 매우 부적합하게 되는 상태 <small>예</small> 진동, 균열, 처짐, 피로의 영향

25 내민보의 전단력도 및 휨모멘트도

(1) A지점과 B지점의 반력 방향을 모두 위쪽으로 가정하면,
$\Sigma M_A = 0 \rightarrow -R_B \times 2 + 10 \times (2+1) = 0$
$\therefore R_B = 15\text{kN}(\uparrow)$

(2) $\Sigma V = 0 \rightarrow R_A + 15 - 10 = 0$
$\therefore R_A = -5\text{kN}(\downarrow)$

(3) B지점을 기준으로 우측의 자유물체도를 가정하면,
$\Sigma M_B = 0 \rightarrow M_B + 10 \times 1 = 0$
$\therefore M_B = -10\text{kNm}$

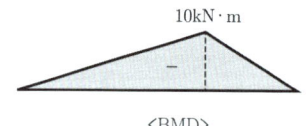

<SFD>

<BMD>

26 전단철근의 간격

① $\dfrac{d}{4} = \dfrac{550}{4} = 137.5\text{mm}$ 이하
② 300mm 이하
①, ② 중 작은값이므로 137.5mm
〈참고〉
$V_s \leq \dfrac{1}{3}\lambda\sqrt{f_{ck}}\,b_w d$의 전단철근 간격

① $\dfrac{d}{2}$ 이하
② 600mm 이하

2020 제1회 건축기사

01 [2점]
여러 가지 입찰방식 중 적격낙찰제도에 대하여 간략히 설명하시오.

02 [2점]
기둥이나 벽의 모서리에 설치하여 미장 바름의 모서리가 손상되지 않도록 보호하는 철물의 명칭을 기술하시오.

03 [4점]
지하구조물은 지하수위에서 구조물 밑면까지의 깊이만큼 부력을 받아 건물이 부상하게 되는데, 이러한 부상에 대한 방지대책 4가지를 기술하시오.
(1)   (2)
(3)   (4)

04 [4점]
BOT(Build-Operate-Transfer Contract) 방식에 대해 설명하고 이와 유사한 방식 2가지를 기술하시오.
(1) BOT 방식 :
(2) 유사한 방식 :

05 [4점]
ALC(Autoclaved Lightweight Concrete, 경량 기포콘크리트) 제조 시 필요한 재료 2가지를 기술하시오.

06　　　　　　　　　　　　　　　　　　　　　　　　　　　　　　　　　　　[8점]

다음 데이터를 이용하여 네트워크 공정표를 작성하고, 각 작업의 여유시간을 구하시오.

작업명	작업일수	선행작업	비고
A	5	없음	① CP는 굵은 선으로 표시한다.
B	2	없음	② 각 결합점에서는 다음과 같이 표시한다.
C	4	없음	[EST│LST] △LET│EFT
D	4	A, B, C	③ 각 작업은 다음과 같이 표시한다.
E	3	A, B, C	(i) ─작업명/공사일수─ (j)
F	3	A, B, C	또한, 여유시간 계산 시 각 작업의 실제적인 의미의 여유시간으로 계산한다. (더미의 여유시간은 고려하지 않을 것)

(1) 공정표 :
(2) 여유시간 :

07　　　　　　　　　　　　　　　　　　　　　　　　　　　　　　　　　　　[10점]

다음의 그림은 철근콘크리트조 경비실 건물이다. 주어진 평면도와 단면도를 보고 C_1, G_1, G_2, S_1에 해당되는 부분의 1층과 2층의 콘크리트량과 거푸집 면적을 계산하시오.

단, 1) 기둥 단면(C_1) : 30cm×30cm,　2) 보 단면(G_1, G_2) : 30cm×60cm
　　3) 슬래브 두께(S_1) : 13cm　　　　4) 층고 : 단면도 참조
단, 단면도에 표기된 1층 바닥선 이하는 계산하지 않는다.

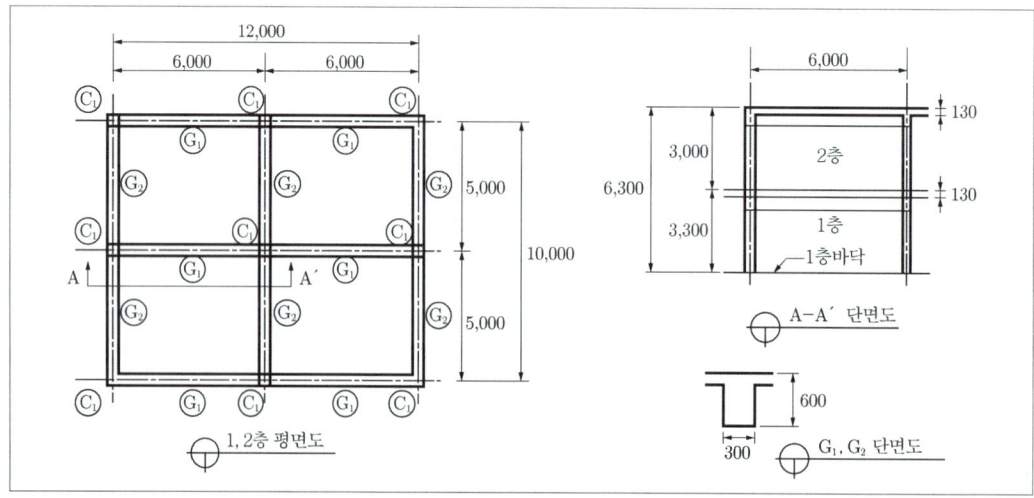

계산과정 :

08 [6점]

다음 조건을 이용해 콘크리트 1m³를 생성하는 데 필요한 시멘트, 모래, 자갈의 중량을 모두 계산하시오.

① 단위수량 : 160kg/m³ ② 물시멘트비 : 50%
③ 잔골재율 : 40% ④ 시멘트 비중 : 3.15
⑤ 모래 및 자갈의 비중 : 2.6 ⑥ 공기량 : 1%

계산과정 :

09 [3점]

다음의 콘크리트에 사용되는 굵은 골재의 최대치수를 기술하시오.

(1) 일반콘크리트
(2) 무근콘크리트
(3) 단면이 큰 콘크리트

10 [3점]

품질관리도구 중 특성요인도(Characteristic Diagram)에 대하여 설명하시오.

11 [4점]

콘크리트 공사와 관련된 다음 용어를 간략히 설명하시오.

(1) 레이턴스 :
(2) 크리프 :

12 [3점]

토공사의 공법 중 압밀과 다짐을 비교하여 설명하시오.

13 [4점]

토공사에서 영구버팀대 공법(SPS)의 특징 4가지를 기술하시오.

(1)
(2)
(3)
(4)

14 [3점]

목구조에서 횡력에 저항하도록 설계하는 부재 3가지를 기술하시오.

(1)
(2)
(3)

15 [4점]

다음 콘크리트 줄눈에 관한 용어의 정의를 기술하시오.

(1) 시공줄눈 :
(2) 신축줄눈 :

16 [3점]

매스콘크리트의 수화열 저감 대책 3가지를 기술하시오.

(1)
(2)
(3)

17 [3점]

커튼월 조립방식에 의한 분류에서 각 설명에 해당하는 방식을 기술하시오.

| ① Stick Wall 방식　　② Window Wall 방식　　③ Unit Wall 방식 |

(1) 구성 부재 모두가 공장에서 조립된 프리패브 형식이며, 창호와 유리, 패널의 일괄발주방식으로, 이 방식은 업체에 의존도가 높아서 현장 상황에 융통성을 발휘하기가 어려움
(2) 구성 부재를 현장에서 조립, 연결하여 창틀이 구성되는 형식으로 유리는 현장에서 주로 끼우며, 현장 적응력이 우수하여 공기조절이 가능
(3) 창호와 유리, 패널의 개별발주방식으로 창호 주변이 패널로 구성됨으로써 창호의 구조가 패널 트러스에 연결할 수 있어서 재료의 사용 효율이 높아 비교적 경제적인 시스템 구성이 가능한 방식

18 [4점]

기초구조물의 부동침하 방지대책 2가지를 기술하시오.

(1)
(2)

19 [3점]

철골공사에서 용접부의 비파괴 시험방법의 종류 3가지를 기술하시오.

(1)
(2)
(3)

20 [3점]

철골공사에서 사용하는 메탈터치의 정의를 간단히 설명하시오.

21 [4점]

철골공사에서 사용하는 다음 강재의 구조적 특성을 간단히 설명하시오.

(1) SN 강 :
(2) TMCP 강 :

22 [3점]

인장력을 받는 이형철근 및 이형철선의 겹침이음길이는 A급과 B급으로 분류된다. A급과 B급 이음의 최소 겹침이음길이 규정을 기술하시오. (단, l_d는 인장이형철근의 정착길이)

(1) A급 이음 :
(2) B급 이음 :

23 [3점]

재령 28일의 콘크리트 표준 공시체($\phi 150\text{mm} \times 300\text{mm}$)에 대한 압축강도시험 결과 450kN의 하중에서 파괴되었다. 이 콘크리트 공시체의 압축강도 f_{ck}(MPa)를 계산하시오.

24 [4점]

다음 그림과 같은 단순보의 최대모멘트를 구하고, 균열모멘트와의 비교를 통해 균열발생 여부를 검토하시오. (단, $w = 50\text{kN/m}$, $L = 12\text{m}$, $f_{ck} = 24\text{MPa}$이고 보통중량콘크리트를 사용한다.)

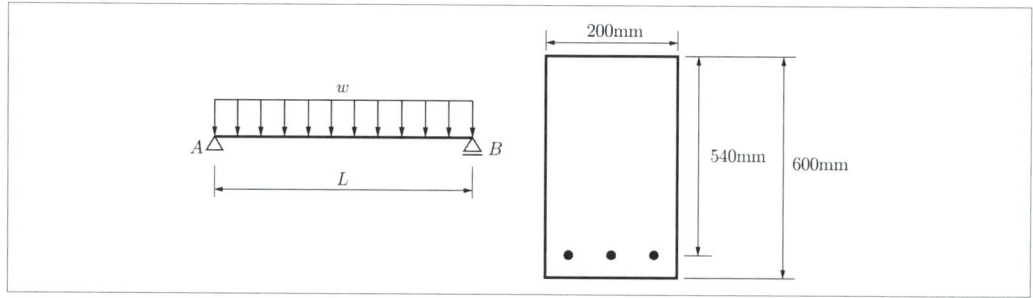

(1) 최대모멘트($M_{\max}$)
(2) 균열 발생여부 검토

25 [3점]

그림과 같은 캔틸레버 보의 A점의 반력을 계산하시오.

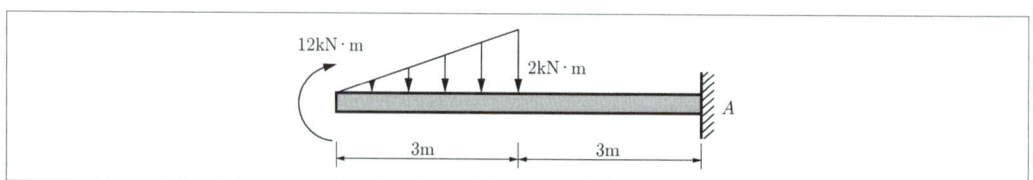

26 [3점]

다음과 같은 철골보에 고정하중 $w_D=10\text{kN/m}$, 활하중 $w_L=18\text{kN/m}$가 작용하고 있을 때 철골보의 최대 처짐을 계산하시오. (단, 철골보의 자중은 무시) (단, 탄성계수 : $E=205{,}000\text{MPa}$, 단면2차모멘트 : $I=47{,}800\text{cm}^4$)

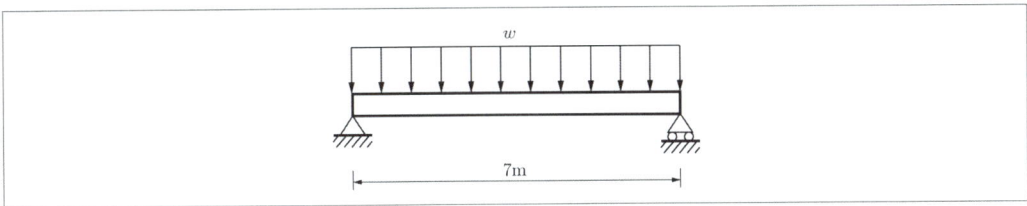

20년 1회 해설 및 정답

01 적격낙찰제도
비용 이외에 기술능력, 공사경험, 품질관리 능력, 재무상태 등 계약 수행능력을 종합심사하여 낙찰자를 결정하는 제도

02 코너 비드

03 건물의 부상 방지대책
(1) 건물의 자중 증가
(2) 락-앵커(Rock Anchor)를 사용하여 정착
(3) 배수공법을 이용한 지하수위 저하
(4) 지하수를 채운 이중 지하실의 설치

04 BOT 방식
(1) BOT 방식 : 민간자본을 들여 시설물을 완공(Build)한 후 투자자가 일정기간 동안 운영(Operation)한 뒤 시설물의 소유권을 발주자에게 이전(Transfer)하는 방식
(2) 유사한 방식 : BTO, BTL, BOO

05 ALC(경량 기포콘크리트) 제조 시 필요한 재료
(1) 발포제
(2) 석회질
(3) 규산질

06 공정표 작성 및 여유시간
(1) 공정표 작성

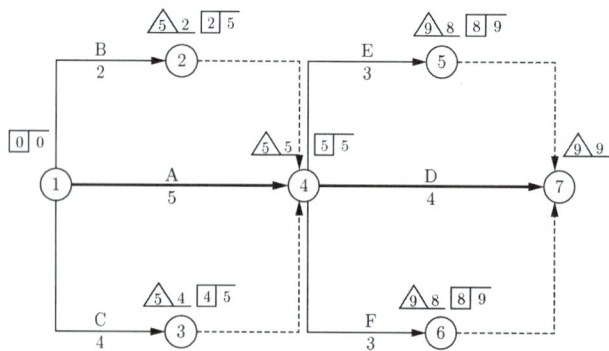

(2) 작업의 여유시간

작업명	TF	FF	DF	CP
A	0	0	0	*
B	3	3	0	
C	1	1	0	
D	0	0	0	*
E	1	1	0	
F	1	1	0	

07 콘크리트량과 거푸집 면적 계산

(1) 콘크리트량

  1) 기둥-C_1
     ① 1층 = $0.3 \times 0.3 \times (3.3 - 0.13) \times 9$개 $= 2.568 \text{m}^3$
     ② 2층 = $0.3 \times 0.3 \times (3.0 - 0.13) \times 9$개 $= 2.325 \text{m}^3$

  2) 보-G_1
     ① 1층 = $0.3 \times (0.6 - 0.13) \times (6 - \frac{0.3}{2} \times 2) \times 6$개 $= 4.822 m^3$
     ② 2층 = $0.3 \times (0.6 - 0.13) \times (6 - \frac{0.3}{2} \times 2) \times 6$개 $= 4.822 m^3$

  3) 보-G_2
     ① 1층 = $0.3 \times (0.6 - 0.13) \times (5 - \frac{0.3}{2} \times 2) \times 6$개 $= 3.976 m^3$
     ② 2층 = $0.3 \times (0.6 - 0.13) \times (5 - \frac{0.3}{2} \times 2) \times 6$개 $= 3.976 m^3$

  4) 슬래브-S_1
     ① 1층 = $(12 + \frac{0.3}{2} \times 2) \times (10 + \frac{0.3}{2} \times 2) \times 0.13 = 16.470 m^3$
     ② 2층 = $(12 + \frac{0.3}{2} \times 2) \times (10 + \frac{0.3}{2} \times 2) \times 0.13 = 16.470 m^3$

  5) 전체 콘크리트량 = 기둥+보+슬래브
     $= 2.568 + 2.325 + (4.822 \times 2) + (3.976 \times 2) + (16.470 \times 2) = 55.43 m^3$

(2) 거푸집 면적 : 보의 밑면 거푸집은 계산하지 않고 슬래브의 밑면 거푸집으로 계산한다.

  1) 기둥-C_1
     ① 1층 = $(0.3 + 0.3) \times 2 \times (3.3 - 0.13) \times 9$개 $= 34.236 \text{m}^2$
     ② 2층 = $(0.3 + 0.3) \times 2 \times (3.0 - 0.13) \times 9$개 $= 30.996 \text{m}^2$

  2) 보-G_1
     ① 1층 = $(0.6 - 0.13) \times 2 \times (6 - \frac{0.3}{2} \times 2) \times 6$개 $= 32.148 \text{m}^2$
     ② 2층 = $(0.6 - 0.13) \times 2 \times (6 - \frac{0.3}{2} \times 2) \times 6$개 $= 32.148 \text{m}^2$

3) 보-G_2

① 1층 = $(0.6-0.13) \times 2 \times (5-\dfrac{0.3}{2} \times 2) \times 6$개 = 26.508m^2

② 2층 = $(0.6-0.13) \times 2 \times (5-\dfrac{0.3}{2} \times 2) \times 6$개 = 26.508m^2

4) 슬래브-S_1

① 측면 = $[(12+\dfrac{0.3}{2} \times 2)+(10+\dfrac{0.3}{2} \times 2)] \times 2 \times 0.13 \times 2$개층 = 11.745m^2

② 밑면 = $[(12+\dfrac{0.3}{2} \times 2) \times (10+\dfrac{0.3}{2} \times 2)] \times 2$개층 = 253.38m^2

5) 전체 거푸집 면적 = 기둥+보+슬래브
   $= 34.236+30.996+(32.148 \times 2)+(26.508 \times 2)+11.745+253.38 = 447.67 m^2$

08 적산–배합비에 따른 각 재료의 중량 계산

(1) 시멘트 중량

$$W/C = \dfrac{W_w}{W_c} = 50\% = 0.5 \ \rightarrow \ W_c = \dfrac{W_w}{0.5} = \dfrac{160}{0.5} = 320\text{kg}$$

(2) 모래의 중량 : 골재의 중량을 계산하기 위해 다른 모든 재료들의 부피를 계산한 후 비중을 이용해 중량으로 환산해야 한다.

$$\text{비중} = \dfrac{W(\text{중량})}{V(\text{부피})} \ \rightarrow \ V(\text{부피}) = \dfrac{W(\text{중량})}{\text{비중}}, \ W(\text{중량}) = V(\text{부피}) \times \text{비중}$$

① 물의 부피 : $V = \dfrac{W(\text{중량})}{\text{비중}} = \dfrac{160kg}{1t/m^3} = \dfrac{0.16t}{1t/m^3} = 0.16\text{m}^3$

② 시멘트의 부피 : $V = \dfrac{W(\text{중량})}{\text{비중}} = \dfrac{320\text{kg}}{3.15\text{t}/m^3} = \dfrac{0.32\text{t}}{3.15\text{t}/m^3} = 0.102\text{m}^3$

③ 공기의 부피 : $1m^3$의 $1\% = 0.01m^3$

④ 모래+자갈의 부피 : $1-(0.16+0.102+0.01) = 0.728\text{m}^3$

⑤ 잔골재율을 이용한 모래의 부피 :

$$\text{잔골재율} = \dfrac{\text{모래의 부피}}{\text{모래+자갈의 부피}} \ \rightarrow \ \text{모래의 부피} = \text{잔골재율} \times (\text{모래+자갈의 부피})$$
$$= 0.4 \times 0.728 = 0.291\text{m}^3$$

⑥ 모래의 중량 : $W(\text{중량}) = V(\text{부피}) \times \text{비중}$
$$= 0.291\text{m}^3 \times 2.6\text{t}/m^3 = 0.7566\text{t} = 756.6\text{kg}$$

(3) 자갈의 중량

① 자갈의 부피 : 자갈의 부피 $= (1-\text{잔골재율}) \times (\text{모래+자갈의 부피})$
$$= (1-0.4) \times 0.728 = 0.436\text{m}^3$$

② 자갈의 중량 : $W(\text{중량}) = V(\text{부피}) \times \text{비중}$
$$= 0.436\text{m}^3 \times 2.6\text{t}/m^3 = 1.1336\text{t} = 1,133.6\text{kg}$$

09 콘크리트에 사용되는 굵은 골재의 최대치수

(1) 20 또는 25mm

(2) 40mm

(3) 40mm

10 특성요인도
결과와 원인이 어떻게 연관되어 있는지를 한눈에 알 수 있도록 작성한 그림

11 레이턴스와 크리프의 정의
(1) 레이턴스 : 콘크리트를 타설한 후 블리딩에 의한 물이 증발함에 따라 그 표면에 발생하는 백색의 미세한 물질
(2) 크리프 : 어떤 하중을 지속적으로 작용시킬 때 시간이 지남에 따라 하중의 증가가 없어도 변형이 증가하는 콘크리트 소성변형 현상

12 압밀과 다짐의 정의
(1) 압밀 : 점토지반에서 외력에 의해 흙의 간극수가 빠져나가면서 흙이 수축되는 현상
(2) 다짐 : 사질지반에서 외력에 의해 공극이 제거되어 흙이 압축되는 현상

13 영구버팀대 공법(SPS)의 특징
(1) 다른 공법에 비해 지하의 조명과 환기 시설이 필요 없다.
(2) 구조적 안정성이 확보된다.
(3) 기초공사 후 지상과 지하 동시 시공이 가능하여 공기가 단축된다.
(4) 시공성이 향상되어 원가가 절감된다.
(5) 해체 작업에 대한 비용이 절약되고, 안정성이 확보된다.

14 목구조의 횡력 보강 부재
(1) 가새
(2) 버팀대
(3) 귀잡이

15 시공줄눈과 신축줄눈의 정의
(1) 시공줄눈 : 콘크리트를 한 번에 타설하지 못하고 이어붓기로 인해 발생하는 줄눈
(2) 신축줄눈 : 온도변화에 따른 팽창, 수축 혹은 부동침하, 진동 등에 의해 균열이 예상되는 곳에 설치하는 줄눈

16 매스콘크리트의 수화열 저감 대책
(1) 단위시멘트량 저감
(2) Pre-cooling, Pipe-cooling의 적용
(3) 수화열이 낮은 시멘트 사용

17 커튼월 분류
(1) ③ Unit wall 방식
(2) ① Stick wall 방식
(3) ② Window wall 방식

18 부동침하 방지대책
(1) 기초를 경질지반에 지지시킬 것
(2) 마찰말뚝을 사용할 것
(3) 복합기초를 사용할 것
(4) 지하실을 설치할 것

19 용접부 비파괴시험
(1) 방사선 투과법
(2) 초음파 탐상법
(3) 자기분말 탐상법

20 메탈터치의 정의
메탈터치 : 철골 기둥의 이음부를 가공하여 상하부 기둥 밀착을 좋게 하여 축력의 50%까지 하부기둥의 밀착면에 직접 전달하기 위한 이음 방법

21 SN 강과 TMCP 강의 특성
(1) SN 강 : 건축물 내진성능을 높이기 위해 만든 건축구조용 압연강
(2) TMCP 강 : 압연 가공 중 열처리를 하여 높은 강도와 인성을 갖는 저탄소량의 강재로 용접성이 우수하고 내진성능이 뛰어나므로 강구조의 고층건물 및 장대 교량에 사용함

22 인장이형철근의 최소 겹침이음길이
(1) A급 이음 : $1.0 l_d$ 또한 300mm 이상
(2) B급 이음 : $1.3 l_d$ 또한 300mm 이상

23 콘크리트 압축강도 계산
(1) MPa의 단위로 계산해야 하므로 모든 단위를 N과 mm로 통일시킨다.
(2) 압축강도 $f_{ck} = \dfrac{P}{A} = \dfrac{P}{\dfrac{\pi D^2}{4}} = \dfrac{450 \times 10^3}{\dfrac{\pi (150)^2}{4}} = 25.46 N/mm^2 = 25.46 MPa$

24 최대모멘트/균열모멘트

(1) 보의 최대모멘트(M_{max})

$$M_{max} = \frac{wL^2}{8} = \frac{50 \times (12)^2}{8} = 900 kNm$$

(2) 균열 발생여부 검토

① 균열모멘트

$\lambda = 1 (\because 보통중량콘크리트)$

$f_r = 0.63 \lambda \sqrt{f_{ck}} = 0.63 \times 1 \times \sqrt{24} = 3.086 MPa$

$Z = \frac{bh^2}{6} = \frac{200 \times (600)^2}{6} = 12 \times 10^6 mm^3$

$f_r = \frac{M_{cr}}{Z} \to M_{cr} = f_r \times Z = 3.086 \times (12 \times 10^6)$
$= 37,032,000 Nmm = 37.03 kNm$

② 균열여부 검토

$M_{max}(=900 kNm) > M_{cr}(=37.03 kNm) \to$ 균열 발생

25 캔틸레버 보의 반력계산

(1) $\Sigma H = 0 \to H_A = 0$ ($\because$ 외력 중 수평력이 없으므로)

(2) $\Sigma V = 0 \to -\left(\frac{1}{2} \times 2 \times 3\right) + V_A = 0 \to V_A = 3 kN(\uparrow)$

(3) $\Sigma M_A = 0 \to 12 - \left(\frac{1}{2} \times 2 \times 3\right)\left(3 + 3 \times \frac{1}{3}\right) + M_A = 0 \to M_A = 0$

26 철골보의 최대 처짐 계산

(1) $w = w_D + w_L = 10 + 18 = 28 kN/m = 28 N/mm$

처짐은 사용성 검토이므로 사용하중을 적용한다($w_u = 1.2w_D + 1.6w_L$을 적용하지 않음).

(2) 최대 처짐 계산(모든 단위를 N, mm로 통일)

$$\delta_{max} = \frac{5wL^4}{384EI} = \frac{5 \times 28 \times (7000)^4}{384 \times (205,000) \times (47,800 \times 10^4)} = 8.93 mm$$

2020 제2회 건축기사

01 [4점]
토공사의 지반 개량공법 중 샌드드레인 공법에 대해 간단히 설명하시오.

02 [3점]
강재 말뚝의 장점을 3가지 쓰시오.
(1)
(2)
(3)

03 [4점]
지하연속벽(슬러리월 공법)의 장점, 단점을 각각 2가지씩 기술하시오.
(1) 장점
(2) 단점

04 [3점]
시스템 비계의 일체형 작업 발판의 장점 3가지를 기술하시오.
(1)
(2)
(3)

05 [4점]
프리스트레스트 콘크리트의 포스트텐션과 프리텐션을 간략히 설명하시오.
(1) 프리텐션 방식 :
(2) 포스트텐션 방식 :

06 [4점]

다음 용어를 간략히 설명하시오.

(1) 부대입찰제도 :
(2) 대안입찰제도 :

07 [4점]

합성수지 중에서 열가소성 수지와 열경화성 수지를 각각 2가지씩 기술하시오.

(1) 열가소성 수지 :
(2) 열경화성 수지 :

08 [3점]

화재 시 발생하는 고강도 콘크리트의 폭렬현상에 대하여 기술하시오.

09 [4점]

콘크리트 타설 시 거푸집 측압의 증가 원인에 대해서 4가지를 기술하시오.

(1)
(2)
(3)
(4)

10 [3점]

한국산업규격(KS)에 명시된 속빈 블록치수 3가지를 기술하시오.

(1)
(2)
(3)

11 [3점]

목재에서 섬유포화점과 관련하여 함수율 증감에 따른 강도 변화에 대해 기술하시오.

12 [3점]

다음 철골의 용접기호에 대해 간단히 설명하시오.

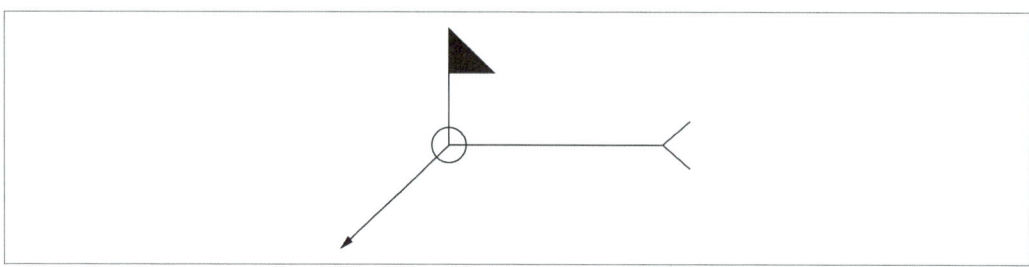

13 [4점]

다음은 건축공사표준시방서에 따른 거푸집널 존치기간 중의 평균기온이 10℃ 이상인 경우에 콘크리트의 압축강도시험을 하지 않고 거푸집을 떼어낼 수 있는 콘크리트의 재령(일)을 나타낸 표이다. 빈칸에 알맞은 숫자를 넣으시오.

기초, 보옆, 기둥, 벽의 거푸집널 존치기간을 정하기 위한 콘크리트의 재령(일)			
시멘트의 종류 평균기온	조강포틀랜드 시멘트	보통 포틀랜드시멘트 고로슬래그시멘트 특급	고로슬래그시멘트 1급 포틀랜드포졸란시멘트 B종
20℃ 이상	①	③	5일
20℃ 미만 10℃ 이상	②	6일	④

①
②
③
④

14 [8점]

다음 데이터를 이용하여 네트워크 공정표를 작성하고, 각 작업의 여유시간을 구하시오.

작업명	작업일수	선행작업	비고
A	5	없음	① CP는 굵은 선으로 표시한다.
B	2	없음	② 각 결합점에서는 다음과 같이 표시한다.
C	4	없음	$\boxed{EST \mid LST} \triangle{LET \mid EFT}$
D	4	A, B, C	③ 각 작업은 다음과 같이 표시한다.
E	3	A, B, C	$i \xrightarrow{작업명 \atop 공사일수} j$
F	3	A, B, C	또한, 여유시간 계산 시 각 작업의 실제적인 의미의 여유시간으로 계산한다. (더미의 여유시간은 고려하지 않을 것)

(1) 공정표 :
(2) 여유시간 :

15 [9점]

토공사에서 그림과 같은 도면을 검토하여 터파기량, 되메우기량, 잔토처리량을 계산하시오. (단, 토량환산계수 L=1.2로 한다.)

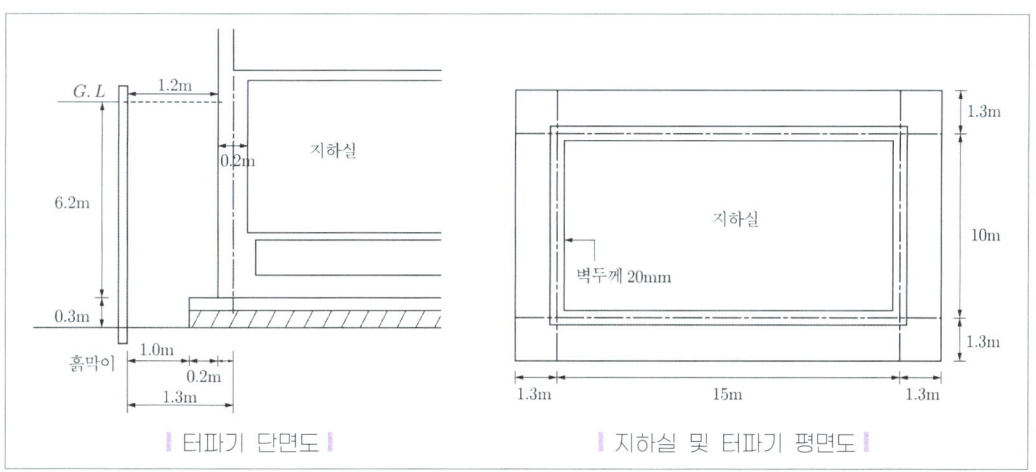

| 터파기 단면도 | 지하실 및 터파기 평면도 |

(1) 터파기량
  계산과정 :
(2) 되메우기량
  계산과정 :
(3) 잔토처리량
  계산과정 :

16 [2점]

다음에서 설명하는 특수 못의 용어를 쓰시오.

> 드라이비트 건이라는 일종의 못 박기 총을 사용하여 콘크리트나 강재 등에 박는 특수 못이다. 머리가 달린 것을 H형, 나사로 된 것을 T형이라고 한다.

17 [5점]

피복두께의 정의를 주철근(인장철근)과 늑근(스터럽)을 포함하여 보의 단면으로 그리고, 피복두께의 목적 2가지를 기술하시오.

(1) 피복두께 그림
(2) 목적

18 [3점]

철골공사에서 내화피복 공법의 종류에 따른 재료를 각각 2가지씩 기술하시오.

공법	재료	
타설공법	①	②
조적공법	③	④
미장공법	⑤	⑥

19 [4점]

공기단축 기법 중 MCX 기법의 순서를 보기에서 골라 순서대로 나열하시오.

> (1) 주공정선상의 작업 선택
> (2) 비용구배가 최소인 작업의 단축
> (3) 보조 주공정선의 확인
> (4) 단축한계까지 단축
> (5) 보조 주공정선의 동시 단축경로의 고려

20 [3점]

다음 〈보기〉의 용접부 검사항목을 용접 착수 전, 작업 중, 완료 후의 검사작업으로 구분하여 번호로 기술하시오.

① 홈의 각도, 간격 치수	② 아크전압	③ 용접속도
④ 청소 상태	⑤ 균열, 언더컷 유무	⑥ 필렛의 크기
⑦ 부재의 밀착	⑧ 밑면 따내기	

(1) 용접 착수 전 검사 (   )
(2) 용접 작업 중 검사 (   )
(3) 용접 완료 후 검사 (   )

21 [3점]

철근콘크리트구조에서 2방향슬래브의 위험단면에서의 최대 철근간격을 기술하시오.

22 [2점]

철근콘크리트 휨부재에서 철근의 최소 허용변형률($\epsilon_{a,\min}$)을 항복강도 f_y를 기준으로 규정할 때, 다음의 표에 알맞은 숫자나 항복변형률 ϵ_y의 형태로 나타내시오.

$f_y \leq 400\mathrm{MPa}$	$f_y > 400\mathrm{MPa}$

23 [3점]

그림과 같은 3-Hinge 라멘에서 A지점의 수평반력을 구하시오. (P=6kN, L=4m, h=3m)

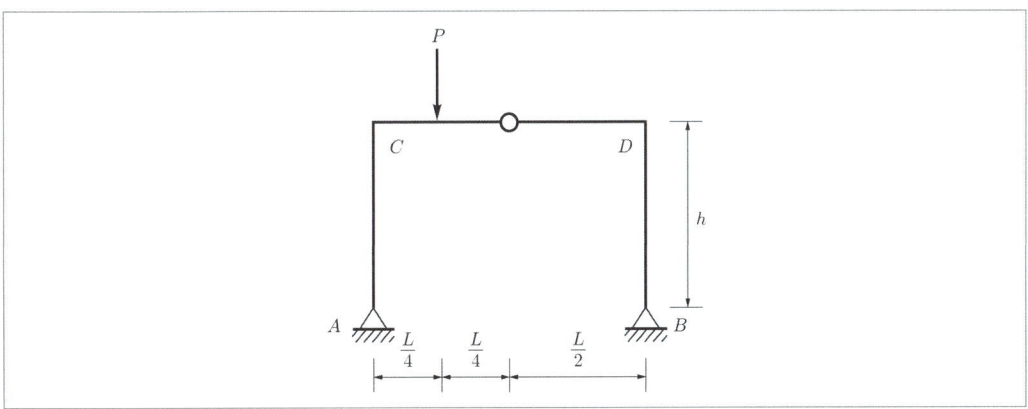

24 [3점]

다음 그림은 L=100×100×7을 사용한 철골 인장재이다. 사용볼트가 M20(F10T, 표준구멍)일 때 인장재의 순단면적(mm^2)을 계산하시오. (단, 그림의 단위는 mm임)

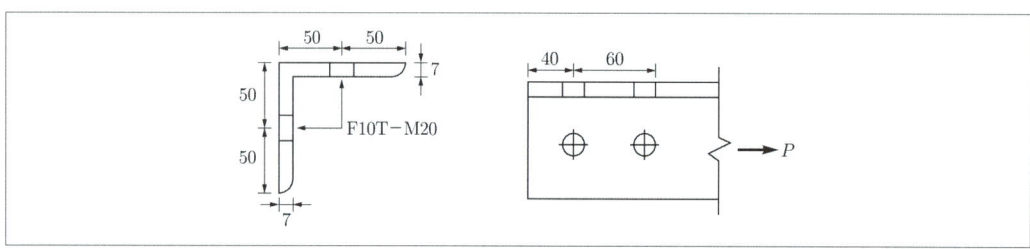

25 [4점]

다음 그림과 같이 단순보에서 A지점의 처짐각, 보의 중앙 C점의 최대 처짐량을 구하시오. (단, $E = 206\,GPa$, $I = 1.6 \times 10^8\,mm^4$)

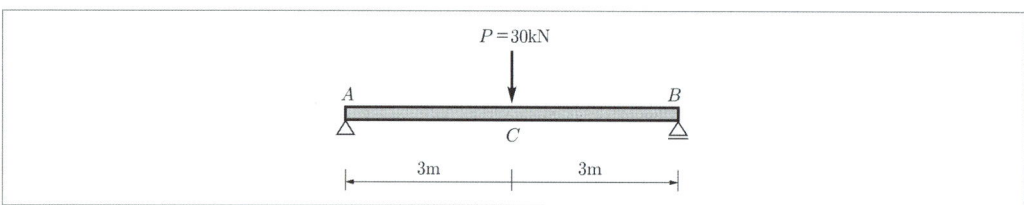

26 [4점]

그림과 같은 150mm×150mm 단면을 가진 무근콘크리트 보가 경간길이 450mm로 단순지지되어 있다. 3등분점에서 2점 재하하였을 때, 하중 P=12kN에서 균열이 발생함과 동시에 파괴되었다. 이때 무근콘크리트의 휨 균열강도(휨 파괴계수)를 계산하시오.

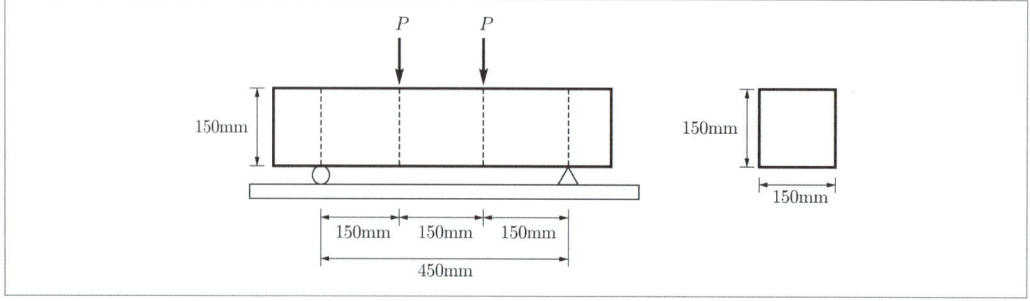

계산과정 :

20년 2회 해설 및 정답

01 샌드드레인 공법의 정의
점토지반에 모래를 삽입하여 지반 내의 간극수를 모래를 통해 제거하는 탈수공법

02 강재 말뚝의 장점
(1) 경량이고 길이 조정이 용이하다.
(2) 지지력이 크고 이음이 강하다.
(3) 상부구조와 결합이 용이하다.
(4) 운반 및 시공이 용이하다.

03 지하연속벽(슬러리월 공법)의 특성
[장점]
(1) 소음과 진동이 작아 도심지 공사에 유리하다.
(2) 벽체의 강성이 높아 주변 지반에 대한 영향이 적다.
(3) 차수성이 우수하다.
(4) 임의의 치수와 형상이 가능하다.
[단점]
(1) 공사비가 비싸다.
(2) 수평방향의 연속성이 떨어진다.
(3) 고도의 기술과 경험이 필요하다.
(4) 공기가 길다.

04 시스템 비계의 일체형 작업 발판의 장점
(1) 부재의 공장 생산으로 균일한 품질의 확보
(2) 부재의 일체화 조립으로 작업자의 안전성 보장
(3) 넓은 작업공간의 확보로 작업성 향상

05 포스트텐션, 프리텐션 용어 정의
(1) 프리텐션 방식 : 긴장재에 인장력을 먼저 작용시킨 후 콘크리트를 타설하고 경화 후 단부에서 인장력을 풀어주는 방식
PC 강재 긴장 → 콘크리트 타설 → 콘크리트 경화 후 인장력 풀어줌
(2) 포스트텐션 방식 : 쉬스(덕트)를 설치하고 콘크리트를 타설하고 경화시킨 뒤 쉬스 구멍에 긴장재를 삽입하여 긴장시키고 단부에 정착시키는 방식
쉬스 설치 → 콘크리트 타설 → PC 강재 삽입, 긴장, 고정 → 단부에 정착

06 부대입찰제도와 대안입찰제도의 정의
(1) 부대입찰제도 : 하도급업체의 보호/육성 차원에서 입찰자에게 하도급자의 계약서를 입찰서에 첨부하도록 하는 입찰방식
(2) 대안입찰제도 : 처음 설계된 내용보다 기본방침의 변경없이 공사비를 낮추면서 동등 이상의 기능과 효과를 갖는 방안을 시공자가 제시할 경우 이를 검토하여 채택하는 입찰방식

07 합성수지 분류
(1) 열가소성 수지 : 염화비닐수지, 초산비닐수지, 아크릴수지, 폴리스틸렌수지
(2) 열경화성 수지 : 페놀수지, 요소수지, 멜라민수지, 폴리에스테르수지, 에폭시수지

08 고강도 콘크리트 폭렬현상
화재 시 고열로 인하여 콘크리트 내부에서 생성된 수증기의 압력이 증가하게 되고 이 압력이 콘크리트의 인장강도보다 크게 되면 폭음과 함께 콘크리트가 떨어져 나가는 현상

09 거푸집 측압의 증가 원인
(1) 온도가 낮을수록 습도가 높을수록
(2) 슬럼프값이 클수록
(3) 타설속도가 빠를수록
(4) 부배합일수록
(5) 거푸집 강성이 클수록

10 속빈 블록치수
(1) 390(길이) × 190(높이) × 100(두께)
(2) 390(길이) × 190(높이) × 150(두께)
(3) 390(길이) × 190(높이) × 190(두께)

11 함수율 증감에 따른 강도변화
(1) 섬유포화점 이상에서는 강도가 일정함
(2) 섬유포화점 이하에서는 함수율이 낮을수록 강도는 증가함

12 전체 둘레 현장용접

13 거푸집널 존치기간

기초, 보옆, 기둥, 벽의 거푸집널 존치기간을 정하기 위한 콘크리트의 재령(일)			
시멘트의 종류 평균기온	조강포틀랜드 시멘트	보통 포틀랜드시멘트 고로슬래그시멘트 특급	고로슬래그시멘트 1급 포틀랜드포졸란시멘트 B종
20℃ 이상	2일	4일	5일
20℃ 미만 10℃ 이상	3일	6일	8일

14 공정표 작성 및 여유시간
(1) 공정표 작성

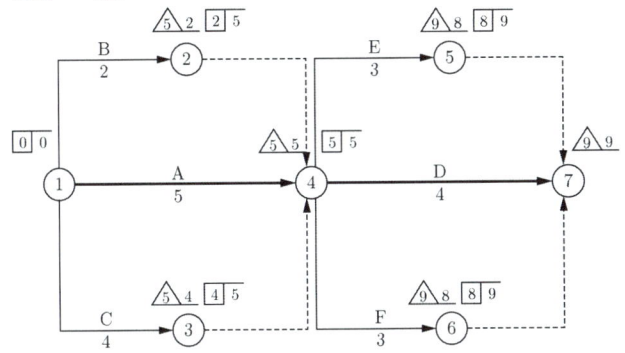

(2) 작업의 여유시간

작업명	TF	FF	DF	CP
A	0	0	0	*
B	3	3	0	
C	1	1	0	
D	0	0	0	*
E	1	1	0	
F	1	1	0	

15 적산 온통기초 토공사 수량
(1) 터파기량 $V = (1.3+15+1.3) \times (1.3+10+1.3) \times (6.2+0.3) = 1{,}441.44 m^3$
(2) 되메우기량 = 터파기량 − 기초구조부 체적
  〈기초구조부 체적〉
  ① 잡석+버림 콘크리트 $B_1 = (0.3+15+0.3) \times (0.3+10+0.3) \times 0.3 = 49.608 m^3$
  ② 지하실 체적 $B_2 = (0.1+15+0.1) \times (0.1+10+0.1) \times 6.2 = 961.248 m^3$
    ∴ 기초구조부 체적 $B = B_1 + B_2 = 49.608 + 961.248 = 1{,}010.856 m^3$
    ∴ 되메우기량 = $V - B = 1{,}441.44 - 1{,}010.856 = 430.58 m^3$
(3) 잔토처리량 $B' = B \times L = 1{,}010.856 \times 1.2 = 1{,}213.03 m^3$

16 용어 – 드라이브 핀
드라이브 핀(Drive Pin)

17 (1) 피복두께 : 콘크리트 표면에서 가장 가까운 철근 표면까지의 거리

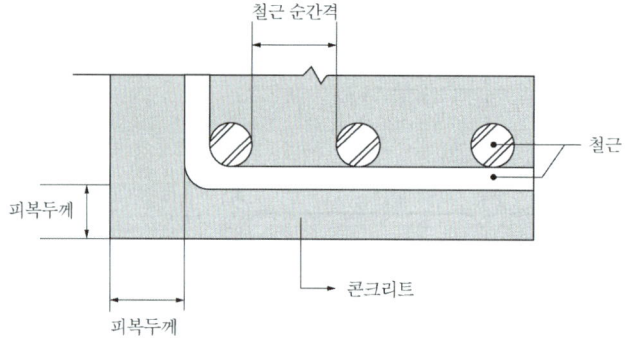

(2) 목적
① 철근의 부식 방지(내구성 확보)
② 철근의 내화성 확보
③ 철근과 콘크리트와의 부착력 확보
④ 콘크리트의 소요강도 확보

18 철골 내화피복의 습식공법의 종류와 재료
(1) 타설공법 : 콘크리트, 경량콘크리트
(2) 조적공법 : 벽돌, 콘크리트 블록
(3) 미장공법 : 철망 모르타르, 철망 펄라이트 모르타르
(4) 뿜칠공법 : 뿜칠 모르타르, 뿜칠 플라스터

19 MCX 기법의 순서
(1) - (2) - (4) - (3) - (5)

20 용접검사
가. 용접 착수 전 검사 (①, ④, ⑦)
나. 용접 작업 중 검사 (②, ③, ⑧)
다. 용접 완료 후 검사 (⑤, ⑥)

21 2방향슬래브의 위험단면에서의 최대 철근간격
슬래브 두께의 2배 이하 또한, 300mm 이하
[참고] 위험단면이 아닌 단면의 인장철근의 간격 : 슬래브 두께의 3배 이하 또한, 450mm 이하

22 철근콘크리트 휨부재에서 철근의 최소 허용변형률

$f_y \leq 400\text{MPa}$	$f_y > 400\text{MPa}$
0.004	$2\epsilon_y$

23 반력 계산

(1) $\Sigma M_B = 0 \rightarrow V_A \times L - P \times \left(\dfrac{L}{4} + \dfrac{L}{2}\right) = 0$

$\therefore V_A = \dfrac{3P}{4} = \dfrac{3 \times 6}{4} = 4.5kN(\uparrow)$

(2) 중앙의 힌지를 기준으로 좌측의 자유물체도만 생각하면,

$\Sigma M_h = \dfrac{3P}{4} \times \left(\dfrac{L}{4} + \dfrac{L}{4}\right) - P \times \left(\dfrac{L}{4}\right) - H_A \times h = 0$

$\therefore H_A = \dfrac{PL}{8h} = \dfrac{6 \times 4}{8 \times 3} = 1kN(\rightarrow)$

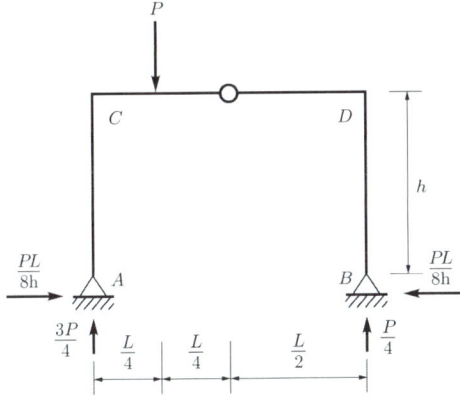

24 인장재 순단면적

(1) 정렬배치이므로, $A_n = A_g - nd_0 t$ 식을 사용한다.
(2) 표준구멍이므로 $d_0 = d + 2.0 = 20 + 2 = 22mm$
(3) $A_n = A_g - nd_0 t = (50+50+50+50-7) \times 7 - 2 \times 22 \times 7 = 1{,}043mm^2$

25 처짐각과 처짐량 계산

모든 단위는 MPa, N과 mm로 통일한다.

(1) A지점 처짐각

$\theta_A = \dfrac{PL^2}{16EI} = \dfrac{(30 \times 10^3)(6 \times 10^3)^2}{16 \times (206 \times 10^3)(1.6 \times 10^8)} = 0.002 rad$

(2) 중앙 C점의 최대 처짐

$\delta_C = \dfrac{PL^3}{48EI} = \dfrac{(30 \times 10^3)(6 \times 10^3)^3}{48 \times (206 \times 10^3)(1.6 \times 10^8)} = 4.096 mm$

26 휨 균열강도 계산

(1) $MPa = N/mm^2$ 이므로 모든 단위를 N과 mm로 통일시킨다.
(2) 최대모멘트 $M_{cr} = 12{,}000 \times 150 = 1{,}800{,}000 Nmm$
(3) 휨 파괴계수 $f_r = \dfrac{M_{cr}}{Z} = \dfrac{1{,}800{,}000}{\dfrac{150 \times (150)^2}{6}} = 3.2 N/mm^2 = 3.2 MPa$

2020 제3회 건축기사

01 [4점]
VE(가치공학)의 사고방식 4가지를 기술하시오.
(1)
(2)
(3)
(4)

02 [4점]
토공사에서 지반개량공법에 관련된 다음 용어 정의를 간단히 기술하시오.
(1) 페이퍼 드레인 :
(2) 생석회 말뚝 :

03 [4점]
조적 벽체에서 발생하는 백화현상의 발생방지 대책 3가지를 기술하시오.
(1)
(2)
(3)

04 [2점]
석재공사 중 석재가 깨지는 경우 이를 접착할 수 있는 접착제 1가지를 기술하시오.

05 [3점]

건축물 가설공사에 사용하는 기준점(Bench Mark)의 정의를 간략히 설명하시오.

06 [3점]

합성부재에서 철근콘크리트 슬래브와 강재 보의 전단력을 전달하도록 강재에 용접되고 콘크리트 속에 매입된 전단 연결재(Shear Connector)에 사용되는 볼트를 무엇이라고 하는가?

07 [4점]

다음 용어의 정의를 간략히 기술하시오.

(1) VE :
(2) LCC :

08 [3점]

콘크리트 구조물의 균열발생 시 보강방법 3가지를 기술하시오.

(1)
(2)
(3)

09 [4점]

ALC(Autoclaved Lightweight Concrete, 경량 기포콘크리트) 제조 시 주재료와 기포 제조방법을 기술하시오.

(1) 주재료 :
(2) 기포 제조방법 :

10 [4점]

다음 용어의 정의를 간략히 기술하시오.

(1) 메탈라스 :
(2) 펀칭메탈 :

11 [4점]

철골 공사에서 내화피복 공법 중 습식공법의 정의를 기술하고, 습식공법의 종류 2가지를 기술하고 공법에 사용되는 재료를 쓰시오.
(1) 습식공법
(2) 공법과 재료

12 [6점]

다음 데이터를 보고 네트워크 공정표를 작성하시오.

작업명	소요일수	선행작업	비고
A	5	없음	① CP는 굵은 선으로 표시한다.
B	4	A	② 각 결합점에서는 다음과 같이 표시한다.
C	2	없음	EST LST / LET EFT
D	4	없음	③ 각 작업은 다음과 같이 표시한다.
E	4	C, D	(i) —작업명→ (j) / 공사일수

13 [4점]

표준형 벽돌 1,000장을 사용해서 1.5B 두께로 쌓을 수 있는 벽면적을 구하시오. (단, 할증률은 고려하지 않는다.)

14 [6점]

다음 그림의 헌치 보에 대하여 콘크리트량과 거푸집 면적을 계산하시오.

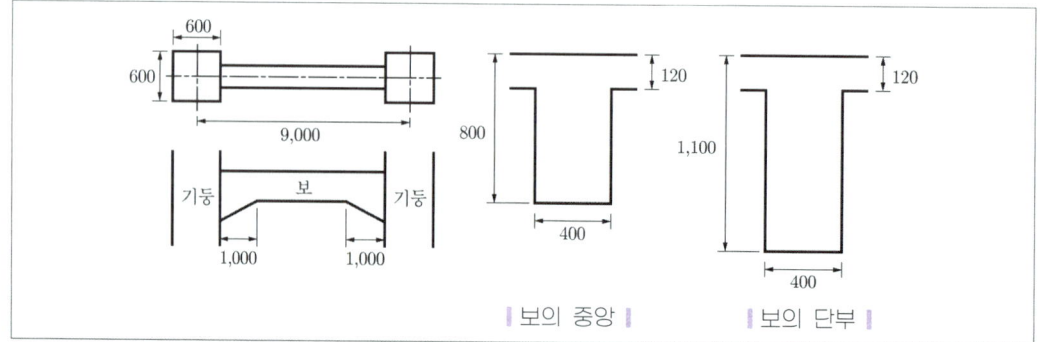

(1) 콘크리트량 :
(2) 거푸집 면적 :

15 [6점]

철골공사에서 다음과 같은 그림에서 공장용접과 현장용접의 기호를 표기하시오.

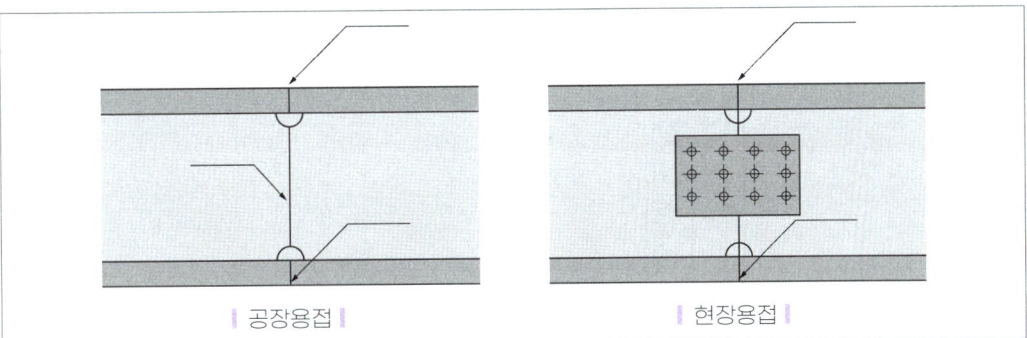

16 [4점]

흙막이 벽에 발생하는 히빙 현상과 보일링 현상의 방지대책을 2가지씩 기술하시오.

(1) 히빙의 방지대책
(2) 보일링의 방지대책

17 [2점]

도장공사에서 유성 바니쉬(Varnish, 니스)에 사용되는 재료 2가지를 기술하시오.

(1)
(2)

18 [3점]

건설현장에서 레미콘 공장의 선정 시 고려사항 3가지를 기술하시오.

(1)
(2)
(3)

19 [4점]

콘크리트로 마감된 옥상에 시트방수 공사를 진행할 예정이다. 다음의 그림에서 하단부터 상단까지의 시공순서를 〈보기〉에서 골라 순서대로 나열하시오.

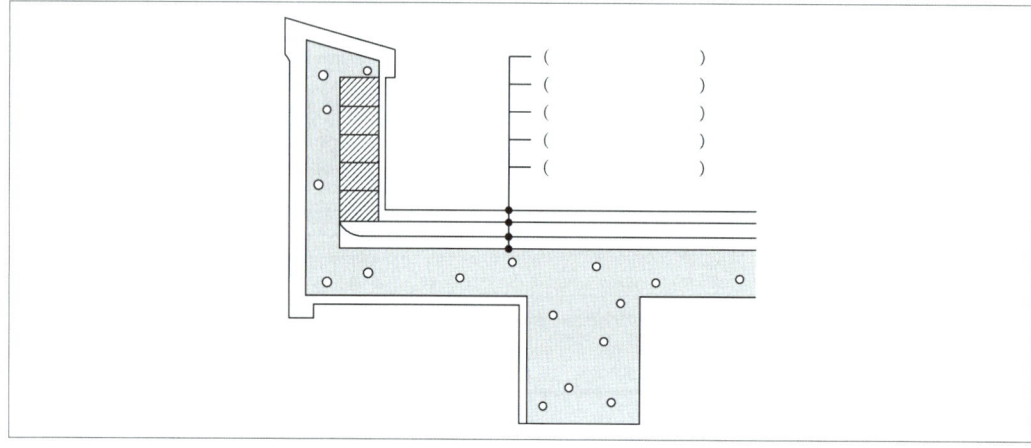

① 무근콘크리트 ② 고름콘크리트 ③ 목재 데크 ④ 보호 모르타르 ⑤ 시트방수

20 [4점]

콘크리트 공사에 사용된 골재의 비중이 2.65이고 단위용적중량이 1,600kg/m³일 때 이 골재의 공극률(%)을 구하시오.

21 [5점]

특기 시방서에 철근의 인장강도가 240MPa 이상으로 규정되어 있다. 건설공사 현장에서 반입된 철근을 KS 규격에 따라 중앙부 지름 14mm, 표점거리 50mm로 가공하여 인장강도를 시험하였더니 37,300N, 40,570N, 38,150N에서 파괴되었다. 평균 인장강도를 구하고 합격 여부를 판정하시오.

22 [4점]

H-400×200×8×13(필릿반지름 $r=16$mm)인 부재의 플랜지와 웨브의 판폭두께비를 각각 계산하시오.

(1) 플랜지의 판폭두께비
   계산과정 :
(2) 웨브의 판폭두께비
   계산과정 :

23 [4점]

다음 그림과 같은 철근콘크리트 보에서 중립축 거리(C)가 250mm일 때 강도감소계수(ϕ)를 계산하시오.

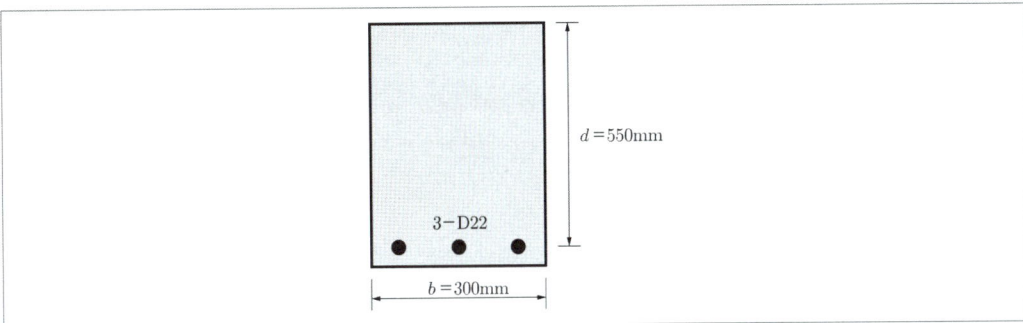

계산과정 :

24 [3점]

그림과 같은 구조물에서 T부재에 발생하는 부재력을 구하시오.

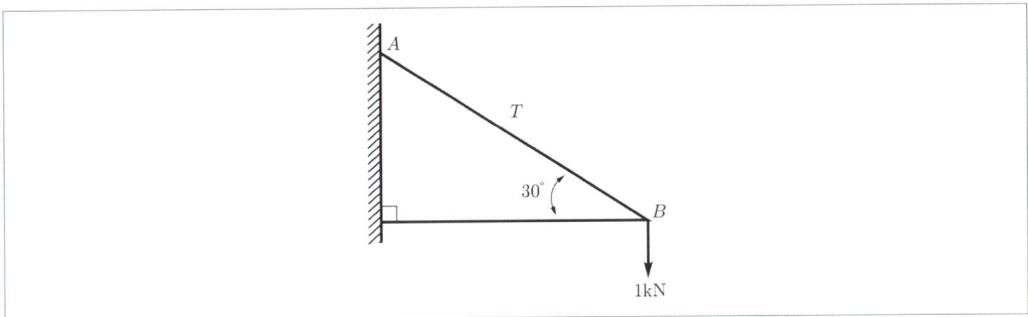

25 [4점]

그림과 같은 단면의 X-X축에 대한 단면2차모멘트를 계산하시오.

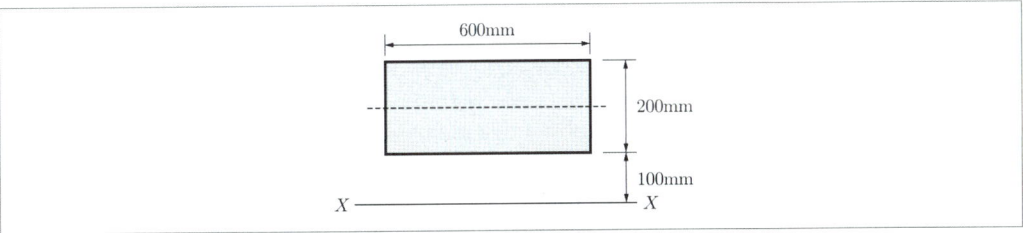

계산과정 :

26 [4점]

철근콘크리트구조의 1방향 슬래브에서 슬래브 두께가 250mm일 때, 단위 폭 1m에 대한 건조수축 및 온도에 대한 철근량과 D13(A_s=127mm^2) 철근을 배근할 때 철근의 배근 개수를 구하시오. (단, $f_y = 400$MPa)

20년 3회 해설 및 정답

01 **VE의 사고방식**
(1) 고정관념의 제거
(2) 기능 중심의 접근
(3) 조직적 노력
(4) 사용자 중심의 사고

02 **페이퍼 드레인, 생석회 말뚝의 정의**
(1) 페이퍼 드레인 : 점토지반에 모래 대신 합성수지로 된 카드보드를 삽입하여 지반 내의 간극수를 제거하는 탈수공법
(2) 생석회 말뚝 : 점토 지반에 생석회 말뚝을 넣어 생석회가 물을 흡수하는 원리로 탈수하는 지반개량공법

03 **백화현상의 발생방지 대책**
(1) 줄눈을 밀실하게 사춤
(2) 벽면에 파라핀 도료 등을 발라 방수 처리
(3) 파라펫과 같은 비막이 설치
(4) 흡수율이 낮은 벽돌 사용
   백화현상 : 모르타르 중의 석회성분이 벽체에 침투된 빗물에 용해되어 건물의 표면에 올라와 공기 중 CO_2 가스와 결합하여 탄산석회를 생성하여 조적 벽면에 백색 물질이 돋는 현상

04 **석재의 접착제**
에폭시 수지

05 **기준점의 정의**
건축물 시공 시 기준위치를 정하는 원점으로 공사 중 높이의 기준을 정하고자 설치하는 것

06 **전단연결재에 사용하는 볼트**
스터드 볼트

07 **용어 정의**
(1) VE : 원가를 줄이면서 공사에 요구되는 품질, 공기, 안전성 등의 기능을 충족시키는 공사비 절감 방안
(2) LCC : 건축물의 초기 기획단계에서 설계, 시공, 유지관리, 해체에 이르는 건축물의 전 생애에 소요되는 비용

08 콘크리트 구조물의 균열 보강방법
(1) 앵커접합공법 (2) 강판접착공법
(3) 탄소섬유판 부착공법 (4) 단면증가공법

09 ALC(경량 기포콘크리트) 제조
(1) 주재료 : 발포제, 석회질, 규산질
(2) 기포 제조방법 : 발포제(알루미늄분말)를 넣고 고온, 고압에서 양생함

10 용어 정의
(1) 메탈라스 : 금속판에 자름금을 내어 당겨 늘린 수장 철물
(2) 펀칭메탈 : 금속판에 각종 모양의 구멍을 뚫어 도려낸 수장 철물

11 철골의 내화피복 공법 중 습식공법
(1) 습식공법 : 화재 발생 시 내화성능을 높이기 위하여 강재 주위에 물과 함께 사용되는 재료로 피복하는 공법
(2) 공법의 종류와 재료
  ① 타설공법 : 콘크리트, 경량콘크리트
  ② 조적공법 : 벽돌, 콘크리트 블록
  ③ 미장공법 : 철망 모르타르, 철망 펄라이트 모르타르
  ④ 뿜칠공법 : 뿜칠 모르타르, 뿜칠 플라스터

12 공정표 작성

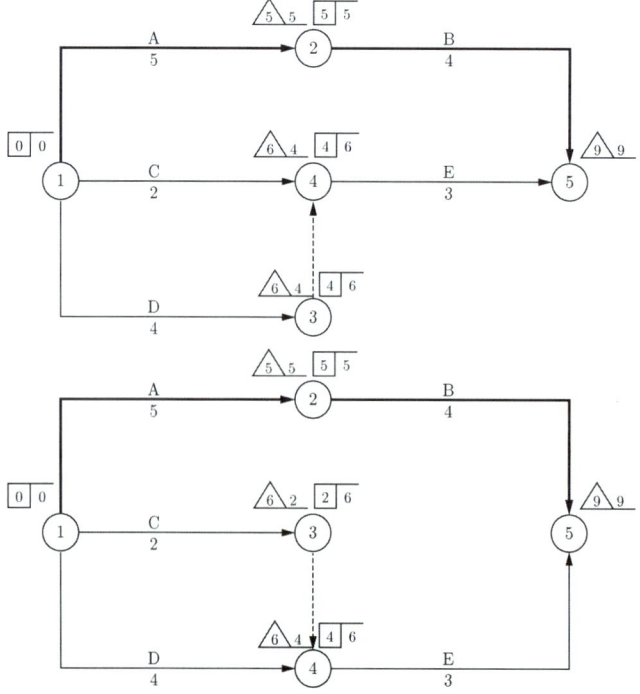

13 1.5B 두께의 벽면적 산출

(1) 1.5B의 정미량 : 224매/m^2

(2) 벽면적 = $\dfrac{1,000}{224} = 4.46 m^2$

14 적산-헌치 보의 콘크리트량 거푸집 면적

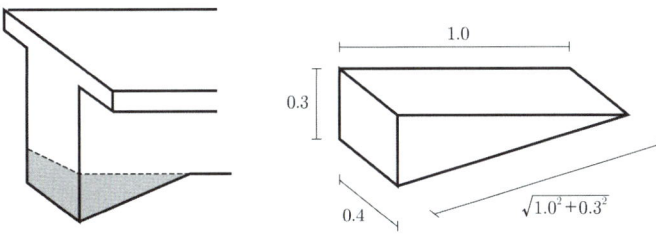

보의 헌치   헌치의 치수

보의 콘크리트량 산출 문제에서는 보의 두께 계산 시 슬래브 두께까지 포함해서 계산한다.

(1) 콘크리트량

① 보 부분 = $0.4 \times 0.8 \times (9 - \dfrac{0.6}{2} \times 2) = 2.688 m^3$

② 헌치 부분 = $\dfrac{1}{2} \times 0.3 \times 1.0 \times 0.4 \times 2 = 0.12 m^3$

∴ 콘크리트량 = $2.688 + 0.12 = 2.808 m^3$

(2) 거푸집 면적

① 헌치 부분을 제외한 보 옆 = $(0.8 - 0.12) \times (9 - \dfrac{0.6}{2} \times 2) \times 2 = 11.424 m^2$

② 헌치 = $\dfrac{1}{2} \times 0.3 \times 1.0 \times 2 \times 2 = 0.6 m^2$

③ 보 밑 = $[0.4 \times (9 - 1 - 1 - \dfrac{0.6}{2} \times 2)] + [0.4 \times \sqrt{(0.3)^2 + 1^2} \times 2] = 3.395 m^2$

∴ 거푸집 면적 = $11.424 + 0.6 + 3.395 = 15.415 m^2$

15 용접기호 표기

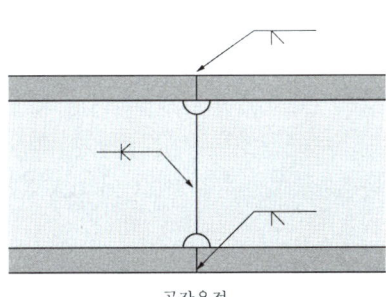

공장용접

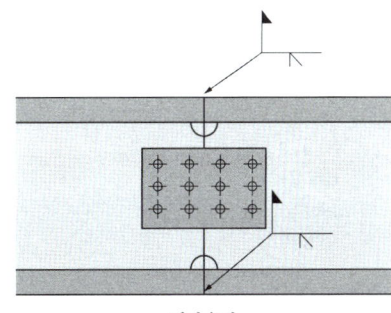

현장용접

16 히빙/보일링 방지대책
(1) 히빙의 방지대책
　　① 흙막이 벽을 깊게 타입
　　② 이중 흙막이널 설치
　　③ 흙막이 벽 상부의 과적하중 제거
(2) 보일링의 방지대책
　　① 흙막이 벽을 깊게 타입
　　② 배수공법으로 지하수위를 낮춤

17 유성 바니쉬(Varnish, 니스)의 재료
(1) 건성유　　(2) 유용성 수지　　(3) 희석제

18 레미콘 공장의 선정 시 고려사항
(1) 현장과의 거리와 운반 시간　　(2) 콘크리트 제조 능력
(3) 레미콘 트럭의 대수　　(4) 공장의 제조 설비
(5) 품질관리 상태

19 시트방수 공사순서
② → ⑤ → ④ → ① → ③

20 골재의 공극률 계산
$$공극률 = \frac{G \times 0.999 - w}{G \times 0.999} \times 100 = \frac{2.65 \times 0.999 - 1.6}{2.65 \times 0.999} \times 100 = 39.56\%$$
여기서, G : 비중
　　　　w : 단위용적중량(t/m^3)

21 철근의 인장강도 판정
(1) 철근의 단면적 $= \dfrac{\pi \times (14)^2}{4} = 153.94 mm^2$

(2) 철근의 인장강도 $= \dfrac{P}{A}$
　　① $\dfrac{37,300}{153.94} = 242.30 MPa$
　　② $\dfrac{40,570}{153.94} = 263.54 MPa$
　　③ $\dfrac{38,150}{153.94} = 247.82 MPa$

(3) 평균 인장강도 $= \dfrac{242.30 + 263.54 + 247.82}{3} = 251.22 MPa$

(4) 판정 - 철근의 평균 인장강도(251.22MPa) > 기준강도(240MPa) → 합격

22 판폭두께비 계산

형강의 표기법에 의해 H-높이-폭-웨브두께-플랜지두께의 순으로 수치를 대입한다.

(1) 플랜지의 판폭두께비

$$\lambda_f = \frac{B/2}{t_f} = \frac{200/2}{13} = 7.69$$

(2) 웨브의 판폭두께비

$$\lambda_w = \frac{H - 2(t_f + r)}{t_w} = \frac{400 - 2(13 + 16)}{8} = 42.75$$

23 순인장변형률에 따른 강도감소계수 계산

(1) 최외단 인장철근의 순인장변형률(ε_t)

$$\varepsilon_t = \frac{(d_t - c)}{c} \times \varepsilon_c = \frac{(550 - 250)}{250} \times 0.0033 = 0.00396$$

(2) 지배단면 판정

$0.002 < \varepsilon_t = 0.00396 < 0.005$이므로 이 보는 변화구간 단면이다.

(3) 변화구간의 강도감소계수

$$\phi = 0.65 + \frac{200}{3}(\varepsilon_t - 0.002)$$

$$= 0.65 + \frac{200}{3}(0.00396 - 0.002) = 0.781$$

24 T부재력 : sine 법칙 이용

$$\frac{T_1}{\sin 90°} = \frac{1\text{kN}}{\sin 30°} \rightarrow T_1 = \frac{1\text{kN}}{\sin 30°} = 2\text{kN}(\text{인장력})$$

25 단면2차모멘트 계산

$$I_X = I_x + A y_0^2 = \frac{600 \times (200)^3}{12} + (600 \times 200) \times (100 + 100)^2 = 5.2 \times 10^9 \text{mm}^4$$

26 온도철근량과 철근의 배근 개수 계산

(1) 건조수축 및 온도에 대한 철근비

$f_y \leq 400 MPa$	$f_y > 400 MPa$
$\rho = 0.002$	$\rho = 0.002 \times \dfrac{400}{f_y} \geq 0.0014$

① $f_y = 400\text{MPa} \rightarrow \rho = 0.002$

② 단위 폭 1m에 대한 철근량 $A_{s,temp} = 1,000 \times 250 \times 0.002 = 500 \text{mm}^2$

③ 단위 폭 1m에 대한 철근의 배근 개수

$$n = \frac{A_{s,temp}}{A_s} = \frac{500}{127} = 3.94 \rightarrow 4개$$

2020 제4회 건축기사

01 [3점]
민간이 자금을 조달하여 시설을 준공한 후 소유권을 정부에 이전하되, 정부의 시설 임대료를 통해 투자비를 회수하는 민간투자사업 계약방식의 용어를 기술하시오.

02 [3점]
커튼월 공사의 유리 공사에서 발생할 수 있는 열 파손에 관해 설명하시오.

03 [3점]
합성 데크 플레이트 구조에서 사용하는 시어커넥터(Shear Connector)의 역할에 관해 기술하시오.

04 [4점]
다음의 공사관리 계약방식에 관하여 기술하시오.
(1) CM for Fee :
(2) CM at Risk :

05 [6점]

철골공사의 주각부 공법은 고정 주각 공법, 핀 주각 공법, 매립형 주각 공법 3가지로 구분된다. 아래 그림에 알맞은 공법을 기술하시오.

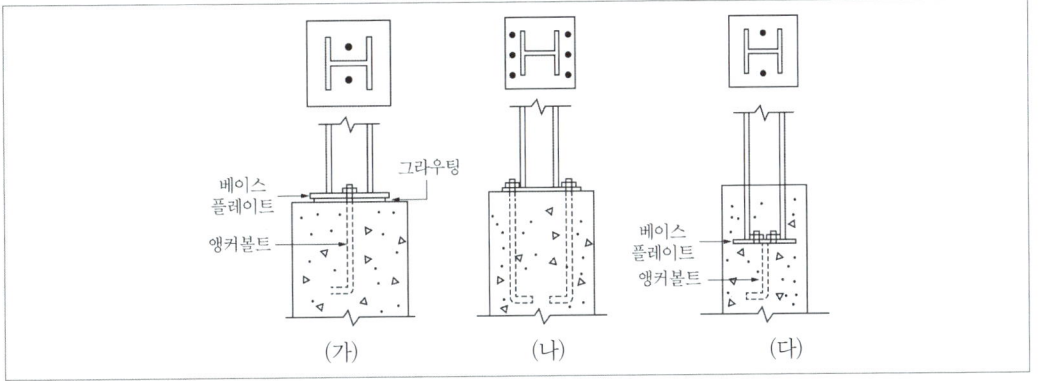

가.
나.
다.

06 [4점]

지하연속벽(슬러리월) 공법에서 안정액의 역할 2가지를 기술하시오.

(1)
(2)

07 [3점]

지반조사 시 실시하는 보링(Boring)의 종류 3가지만 기술하시오.

(1)
(2)
(3)

08 [3점]

철근콘크리트 공사에서 철근의 이음 방법 3가지를 기술하시오.

(1)
(2)
(3)

09 [3점]
섬유보강 콘크리트에 사용되는 섬유의 종류 3가지를 기술하시오.
(1)
(2)
(3)

10 [4점]
조적조에서 블록 벽체의 습기 침투의 원인 4가지를 기술하시오.
(1)
(2)
(3)
(4)

11 [5점]
철골부재의 용접접합부에서 인접 부재가 열영향을 받아 취약해지는 것을 방지하기 위해 원호 형태의 모따기하는 것을 무엇이라 하는지 용어를 기술하며, 그것을 간단히 그림으로 나타내시오.
(1) 용어 :
(2) 그림

12 [4점]
철골공사에서 다음에 설명하는 용접방법의 용어를 기술하시오.
(1) 한쪽 또는 양쪽 부재의 끝을 용접이 양호하게 될 수 있도록 끝단면을 비스듬히 절단(개선)하여 용접하는 공법
(2) 두 부재를 일정한 각도로 접합한 후, 2개 이상의 판재를 겹치거나 T자형, +자형의 교차부를 삼각형 모양으로 용접하는 공법

13 [10점]

다음 데이터를 이용하여 정상공기를 산출한 결과, 지정공기보다 3일이 지연되었음을 알게 되었다. 공기를 조정하여 3일의 공기를 단축한 네트워크 공정표를 작성하고 총공사금액을 계산하시오.

작업명	선행작업	Normal		Crash		비용구배 (Cost Slope) (천원/일)	비고
		Time (일)	Cost (천원)	Time (일)	Cost (천원)		
A	없음	3	7,000	3	7,000	–	단축된 공정표에서 CP는 굵은선으로 표기하고 각 결합점에서는 아래와 같이 표기한다.
B	A	5	5,000	3	7,000	1,000	
C	A	6	9,000	4	12,000	1,500	
D	A	7	6,000	4	15,000	3,000	
E	B	4	8,000	3	8,500	500	
F	B	10	15,000	6	19,000	1,000	(단, 정상공기는 답지에 표기하지 않고 시험지 여백을 이용할 것)
G	C, E	8	6,000	5	12,000	2,000	
H	D	9	10,000	7	18,000	4,000	
I	F, G, H	2	3,000	2	3,000	–	

(1) 단축한 네트워크 공정표를 작성하시오.
(2) 단축된 상태의 총공사비용을 구하시오.

14 [4점]

흐트러진 상태의 흙 10m³를 이용하여 10m²의 면적에 다짐상태로 50cm 두께로 터 돋우기할 때 시공 완료된 후 흐트러진 상태로 남은 흙의 양을 산출하시오. (단, 이 흙의 L=1.2이고, C=0.9 이다.)

15 [4점]

다음 그림과 같은 철근콘크리트조 건물의 신축 시 필요한 귀규준틀과 평규준틀의 수량을 구하시오.

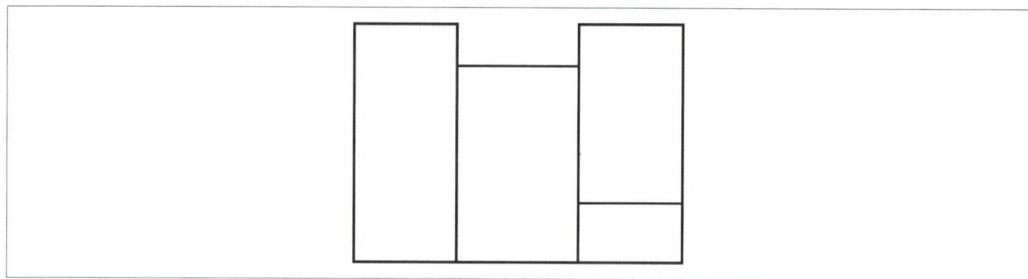

(1) 귀규준틀 :   개소
(2) 평규준틀 :   개소

16 [3점]

기둥축소(Column Shortening) 현상에 관하여 기술하시오.

17 [3점]

염분을 포함한 바닷모래를 골재로 사용하는 경우 철근 부식에 대한 방청의 유효한 조치 3가지를 기술하시오.

(1)
(2)
(3)

18 [4점]

아래 용어의 정의를 간략히 설명하시오.

(1) 기초 :
(2) 지정 :

19 [3점]

다음 보기를 이용하여 히스토그램 작성과정을 순서대로 나열하시오.

① 히스토그램과 규격값을 대조하여 안정상태인지 검토한다.
② 히스토그램을 작성한다.
③ 도수분포도를 만든다.
④ 데이터에서 최소값과 최대값을 구하며 전 범위를 구한다.
⑤ 구간폭을 정한다.
⑥ 데이터를 수집한다.

20 [3점]

토공사에 사용하는 흙막이 계측기기 3가지를 기술하시오.
(1)
(2)
(3)

21 [3점]

매스콘크리트에서 콘크리트 재료의 일부 또는 전부를 미리 냉각하여 콘크리트 온도를 낮추는 방법을 기술하시오.

22 [3점]

방수공법 중 멤브레인 계통의 방수를 하지 않고, 콘크리트에 방수제를 직접 넣어 방수하는 공법을 무엇이라고 하는가?

23 [3점]

지름 150mm, 높이 300mm의 콘크리트 공시체로 쪼갬인장강도를 시험한 결과 80kN에서 파괴되었을 때, 인장강도를 계산하시오.

24 [4점]

다음 그림과 같은 캔틸레버 보에서 A지점의 수직반력과 C점의 전단력과 모멘트를 계산하시오.

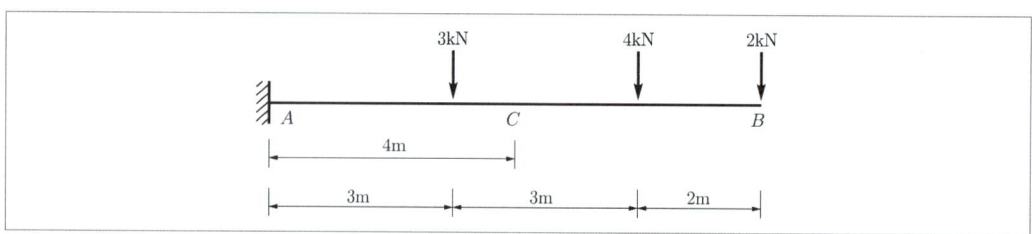

25 [3점]

철근콘크리트로 설계된 보에서 압축을 받는 D22 철근의 기본정착길이를 계산하시오.
(단, $f_y = 400\,\text{MPa}$, 보통중량콘크리트이고 $f_{ck} = 24\,\text{MPa}$이다.)

계산과정 :

26 [3점]

2m×4m 독립기초 설계 시 단변방향의 소정 폭에 배근되는 유효철근량을 계산하시오. (단, 단변방향의 소요 전체철근량 $A_s = 4,800\,\text{mm}^2$)

계산과정 :

20년 4회 해설 및 정답

01 용어 정의
BTL

02 유리 공사의 열 파손
유리가 두꺼운 경우 열 축적이 크게 되는데, 유리 공사 시 발생한 국부적 결함이 있는 곳으로 온도 응력이 집중하여 유리가 파손되는 현상

03 시어커넥터의 역할
철골보와 콘크리트 바닥판을 일체화시켜 전단력을 전달하는 역할

04 용어 – CM
(1) CM for Fee : 관리자가 발주자의 대행인으로서 관리업무만 수행하고 약정된 보수를 받는 방식
(2) CM at Risk : 관리자가 직접 계약에 참여하여 이익을 추구하며 시공에 대한 책임을 지는 방식

05 주각부 설치공법
가. 핀 주각 공법
나. 고정 주각 공법
다. 매립형 주각 공법

06 지하연속벽(슬러리월) 공법에서 안정액의 역할
(1) 굴착 벽면의 붕괴방지
(2) 지하수 유입 차단(차수 역할)
(3) 굴착부의 마찰 저항 감소

07 보링(Boring)의 종류
(1) 회전식 보링
(2) 충격식 보링
(3) 수세식 보링
(4) 오거 보링

08 철근의 이음 방법
(1) 겹침이음
(2) 용접이음
(3) 가스압접이음
(4) 기계적이음

09 섬유의 종류
(1) 유리섬유
(2) 합성섬유
(3) 강섬유

10 블록 벽체의 습기 침투의 원인
(1) 재료 자체의 방수성 불량
(2) 줄눈의 불완전 시공 및 균열
(3) 물흘림, 빗물막이의 불완전 시공
(4) 개구부, 창호재 접합부의 시공 불량

11 스캘럽의 정의
(1) 용어 : 스캘럽
(2) 그림 :

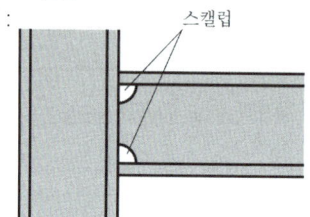

12 용어 정의
(1) 한쪽 또는 양쪽 부재의 끝을 용접이 양호하게 될 수 있도록 끝단면을 비스듬히 절단(개선)하여 용접하는 공법 : 맞댐용접(그루브용접)
(2) 두 부재를 일정한 각도로 접합한 후, 2개 이상의 판재를 겹치거나 T자형, +자형의 교차부를 삼각형 모양으로 용접하는 공법 : 필릿용접(모살용접)

13 공정 – 공기단축
(1) 표준공정표 작성

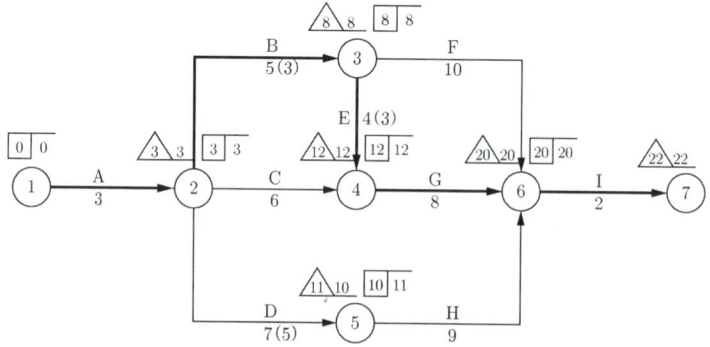

(2) 공기단축

작업	단축가능일수	비용구배(천원)
A	–	–
B	2	1,000
C	2	1,500
D	3	3,000
E	1	500
F	4	1,000
G	3	2,000
H	2	4,000
I	–	–

경로(소요일수)	1차	2차
A-B-F-I (20)	20	18
A-B-E-G-I (22)	21	19
A-C-G-I (19)	19	19
A-D-H-I (21)	21	19
단축작업-일수	E-1	B-2, D-2

(3) 공기 단축된 공정표

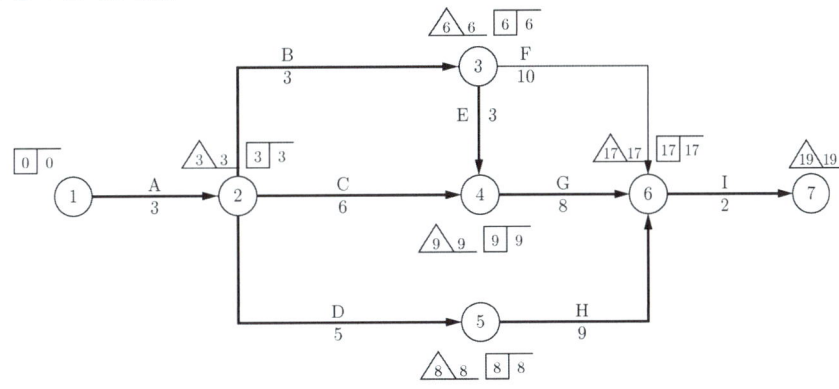

(4) 총공사비 계산
 ① 표준상태 총공사비 = 69,000천원
 ② 공기단축 시 증가 비용
  $2B+2D+E = 2(1,000)+2(3,000)+500 = 8,500$천원
 ③ 공기단축 시 총공사비 = 69,000 + 8,500 = 77,500천원 = 77,500,000원

14 적산 – 토량환산

(1) 시공 시 건축물의 부피에 해당하는 돋우기된 토량을 흐트러진 상태로 환산
$$10m^2 \times 0.5m \times \frac{1.2}{0.9} = 6.67m^3$$

(2) 남는 토량 = $10m^3 - 6.67m^3 = 3.33m^3$

15 적산 – 규준틀 개소 산출

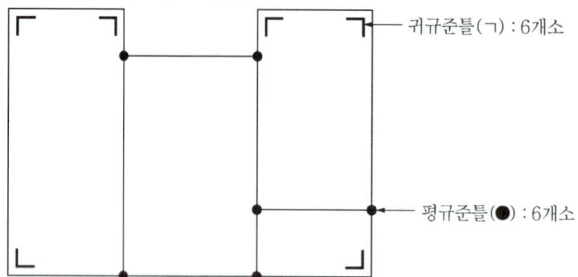

(1) 귀규준틀 : 6개소
(2) 평규준틀 : 6개소

16 기둥축소(Column Shortening) 현상
철골조 건축의 축조 시 내부와 외부의 기둥구조가 다르거나 사용한 재료의 재질 및 응력의 차이로 인한 신축량이 발생하는데, 이렇게 기둥의 축소변위가 달라지는 현상을 말한다.

17 염분에 대한 철근의 방청법
(1) 철근에 아연도금, 에폭시 코팅
(2) 콘크리트에 방청제 혼입
(3) 물시멘트가 작은 콘크리트를 사용
(4) 충분한 피복두께

18 용어 정의
(1) 기초 : 상부구조의 하중을 지반에 안전하게 전달시키는 건축물의 최하부 구조 부분
(2) 지정 : 기초의 밑면을 보강하거나 지반의 지지력을 보강하기 위한 부분

19 히스토그램 작성순서
⑥ → ④ → ⑤ → ③ → ② → ①

20 토공사 계측기기
(1) Piezometer : 간극수압의 변화 측정
(2) Inclino Meter : 지중 수평 변위 측정
(3) Load Cell : 하중 측정
(4) Extension Meter : 지중 수직 변위 측정
(5) Strain Gauge : Strut 변형 측정
(6) Tilt Meter : 인접건물의 기울기도 측정

21 매스콘크리트의 저온화 방법
프리 쿨링(Pre-cooling)

22 방수제 혼입의 방수공법
구체 방수공법

23 쪼갬인장강도 계산
쪼갬인장강도 $= \dfrac{2P}{\pi dL} = \dfrac{2 \times 80 \times 1,000}{\pi \times 150 \times 300} = 1.13 MPa$

24 캔틸레버 보의 해석
(1) $\Sigma V = 0 \;\rightarrow\; V_A - 3 - 4 - 2 = 0 \;\rightarrow\; V_A = 9kN(\uparrow)$

```
        4kN        2kN
         ↓          ↓
    ┌────────────────────
    C                    B
    |←── 2m ──|── 2m ──|
```

(2) $\Sigma V = 0 \;\rightarrow\; V_C - 4 - 2 = 0 \;\rightarrow\; V_C = 6kN$
(3) $\Sigma M_C = 0 \;\rightarrow\; M_C + 4 \times 2 + 2 \times (2+2) = 0 \;\rightarrow\; M_C = -16 kNm$

25 압축을 받는 이형철근의 기본정착길이
① $l_{db} = \dfrac{0.25 d_b f_y}{\lambda \sqrt{f_{ck}}} = \dfrac{0.25(22)(400)}{(1)\sqrt{24}} = 449.07 mm$

② $l_{db} = 0.043 d_b f_y = 0.043(22)(400) = 378.40 mm$

∴ ①, ② 중 큰 값인 449.07mm

26 독립기초 단변방향의 유효철근량 계산
(1) 유효철근량 $A_{s,eff} = \left(\dfrac{2}{\beta+1}\right) \times$ 단변방향 전체철근량 A_s

(2) 장변비$(\beta) = \dfrac{\text{장변의 길이 } L_2}{\text{단변의 길이 } L_1} = \dfrac{4}{2} = 2$

(3) 유효철근량 $A_{s,eff} = \left(\dfrac{2}{2+1}\right) \times 4,800 = 3,200 mm^2$

2020 제5회 건축기사

01 [4점]
토공사에 사용하는 마이크로 말뚝의 정의와 장점 2가지를 기술하시오.
(1) 정의
(2) 장점

02 [2점]
철골공사에서 용접 접합의 단점 2가지를 기술하시오.
(1)
(2)

03 [3점]
톱다운 공법은 지상이 협소한 대지 등 작업공간이 부족함에도 공간을 활용하여 작업이 가능한 이유를 기술하시오.

04 [4점]
미장공사와 관련된 다음 용어의 정의를 간략히 기술하시오.
(1) 손질바름 :
(2) 실러바름 :

05 [4점]
다음의 콘크리트공사용 거푸집에 대하여 설명하시오.
(1) 슬라이딩 폼(Sliding Form) :
(2) 터널 폼(Tunnel Form) :

06 [4점]

다음은 토공사에 사용되는 장비의 설명이다. 각 설명에 해당하는 장비명을 기술하시오.

(1) 장비가 서 있는 곳보다 높은 곳의 굴착에 사용되는 굴착 장비
(2) 장비가 서 있는 곳보다 낮은 곳의 흙을 좁고 깊게 굴착하는 장비

07 [4점]

다음 그림의 트러스 명칭을 쓰시오.

(1) 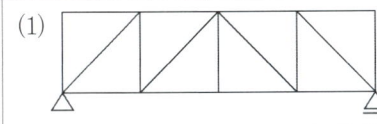   (2)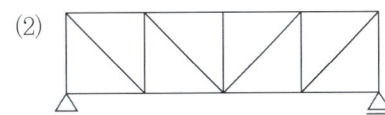

08 [4점]

벽돌벽의 표면에 생기는 백화의 정의에 관하여 기술하시오.

09 [3점]

고강도 콘크리트의 폭렬현상에 관하여 기술하시오.

10 [4점]

시공계획서의 내용 중 친환경관리계획과 관련된 내용 4가지를 기술하시오.

(1)
(2)
(3)
(4)

11 [3점]

목재의 건조방법 중 인공 건조법의 종류 3가지를 기술하시오.

(1)
(2)
(3)

12 [4점]

대리석 분말 또는 세라믹 분말에 특수 혼화제를 첨가한 레디믹스트 모르타르를 현장에서 물과 함께 혼합하여 뿜칠로 전체 표면을 1~3mm 두께로 얇게 바르는 미장공법의 명칭을 기술하시오.

13 [3점]

민간이 자금을 조달하여 시설을 준공한 후 소유권을 정부에 이전하되, 정부의 시설임대료를 통해 투자비를 회수하는 민간투자사업 계약방식의 명칭을 기술하시오.

14 [4점]

수직 거푸집을 설치하고 콘크리트를 타설할 때 거푸집에 작용하는 측압을 그리시오.
(1) 1차 타설
(2) 2차 타설

15 [4점]

다음 〈보기〉의 미장 재료 중 기경성과 수경성 미장 재료를 구분하여 기술하시오.

진흙	시멘트 모르타르	순석고 플라스터
회반죽	돌로마이트 플라스터	경석고 플라스터

(1) 기경성
(2) 수경성

16 [4점]

다음 용어를 간략히 설명하시오.
(1) 로이유리 :
(2) 단열간봉 :

17 [3점]

철골공사의 절단가공에서 절단방법의 종류 3가지를 기술하시오.
(1)
(2)
(3)

18
[8점]

다음 데이터를 네트워크 공정표로 작성하시오.

작업명	작업일수	선행작업	비고
A	5	-	단, 주공정선은 굵은 선으로 표시한다. 각 결합점 일정계산은 PERT 기법에 의거 다음과 같이 계산한다. (단, 결합점 번호는 반드시 기입한다).
B	2	-	
C	4	-	
D	5	A, B, C	
E	3	A, B, C	
F	2	A, B, C	
G	3	D, E	
H	5	D, E, F	
I	2	D, F	

19
[10점]

다음 그림과 같은 창고를 시멘트 벽돌로 신축하고자 한다. 소요 벽돌량과 내·외벽을 시멘트 모르타르로 미장할 때 미장면적(m^2)을 구하시오. (단, 벽돌량은 정수로 표기한다.)

가. 벽두께는 외벽 1.5B, 내벽은 1.0B 쌓기로 한다.
나. 벽높이는 내·외벽 모두 3.6m로 한다.
다. 벽돌은 표준형이며, 할증률은 5%로 한다.
라. 창문틀 규격은 ①/D : 2.2×2.4m, ②/D : 0.9m×2.4m
③/D : 0.9m×2.1m, ①/W : 1.8m×1.2m, ②/W : 1.2m×1.2m이다.

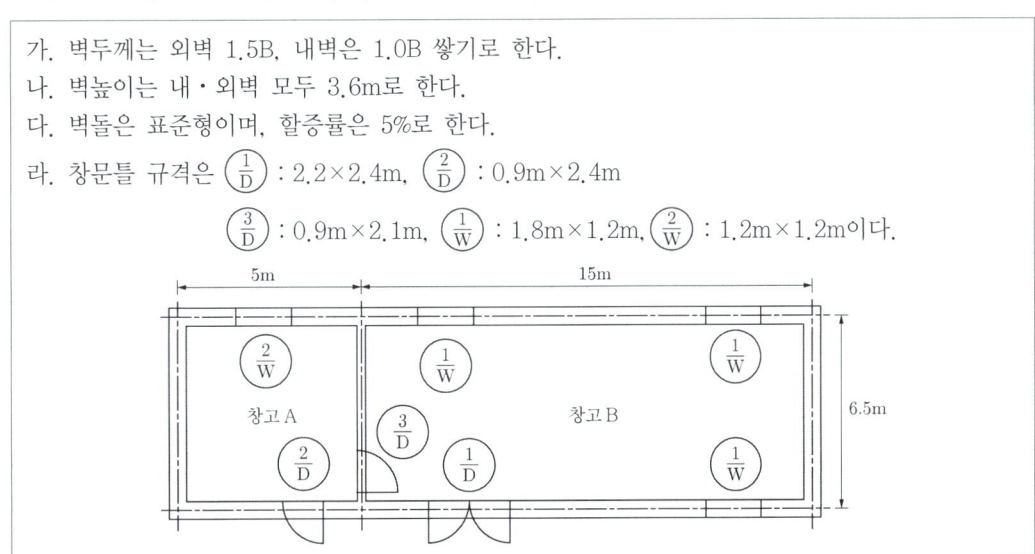

(1) 벽돌량
(2) 미장면적

20 [2점]
수중 콘크리트 타설 시 외측 가설벽, 차수벽의 경우 철근의 피복두께를 얼마로 하여야 하는가?

21 [2점]
온도조절 철근의 배근 목적을 기술하시오.

22 [2점]
철골구조의 보에서 비틀림이 발생하지 않고 휨변형만 발생시키는 위치의 명칭을 기술하시오.

23 [3점]
어떤 골재의 비중이 2.65이고, 단위용적중량이 1,800kg/m³이라면 이 골재의 실적률을 계산하시오.
계산과정 :

24 [4점]
강도설계법에서 보통골재를 사용한 콘크리트의 압축강도(f_{ck})가 24MPa이고 철근의 탄성계수(E_s)가 200,000MPa, 항복강도(f_y)가 400MPa일 때 콘크리트의 탄성계수(E_c)와 탄성계수비를 구하시오. (단, 재령 28일에서 콘크리트의 평균 압축강도 $f_{cu} = f_{ck} + 4$ 이다.)

25 [4점]
300mm × 600mm의 단면을 가지는 보에서 외력에 의해 휨 균열을 일으키는 균열모멘트 (M_{cr})를 계산하시오. (단, 보통중량콘크리트, f_{ck} = 30MPa, f_y = 400MPa, A_s = 2,000mm²)
계산과정 :

26 [4점]
철근콘크리트구조에서 양단 연속인 T형보의 유효폭(b_e)를 계산하시오. (단, 보 경간 6,000mm, 슬래브 길이 3,000mm, 슬래브의 두께(h_f) 200mm, 보의 복부 폭(b_w) 300mm이다.)
계산과정 :

20년 5회 해설 및 정답

01 마이크로 말뚝
 (1) 마이크로 말뚝 : 지반을 천공하여 강재를 삽입하고 그라우팅하여 형성된 직경 300mm 이하의 소구경 말뚝
 (2) 장점
   ① 진동 및 소음의 최소 발생으로 주변 지반의 최소 교란
   ② 지반 및 굴착조건이 양호하지 않아도 시공 가능
   ③ 협소한 작업공간에서 사용 가능

02 용접 접합의 단점
 (1) 숙련공이 필요함
 (2) 용접 결함 검사의 어려움
 (3) 용접열에 의한 변형 발생
 (4) 결함 발견 시 재시공 곤란

03 톱다운 공법
 1층 바닥판을 선시공하여 흙막이 벽을 지지하고 이 바닥판을 작업장으로 활용하므로 협소한 대지에서도 효율적인 공간 활용이 가능하다.

04 미장공사의 용어
 (1) 손질 바름 : 콘크리트 또는 콘크리트 블록 바탕에서 초벌바름 전에 마감두께를 균등하게 하기 위해 모르타르 등으로 미리 요철을 조정하는 것
 (2) 실러 바름 : 바름재와 바탕과의 접착력 증진 등을 위하여 합성수지 에멀션 플라스터 등을 바탕에 바르는 것

05 거푸집의 종류
 (1) 슬라이딩 폼 : 유닛 거푸집을 설치하여 요크(York)로 거푸집을 끌어올리면서 연속해서 콘크리트를 타설 가능한 수직활동 거푸집, Silo, 굴뚝 등 단면형상의 변화가 없는 구조물에 사용
 (2) 터널 폼 : 대형 형틀로 벽과 바닥의 콘크리트 타설을 일체화하기 위한 ㄱ자 또는 ㄷ자 형의 기성재 거푸집으로 한 번에 설치·해체할 수 있도록 한 거푸집

06 터파기 장비
 (1) 파워셔블(Power Shovel)
 (2) 클램 쉘(Clam Shell)

07 트러스의 종류
 (1) 하우 트러스
 (2) 프랫 트러스

08 백화현상의 정의
모르타르 중의 석회성분이 빗물에 용해되어 건물의 표면에 올라와 공기 중 CO_2 가스와 결합하여 탄산석회를 생성하여 조적 벽면에 백색 물질이 돋는 현상

09 고강도 콘크리트의 폭렬현상
화재 시 고열로 인하여 콘크리트 내부에서 생성된 수증기의 압력이 증가하게 되고 이 압력이 콘크리트의 인장강도보다 크게 되면 폭음과 함께 콘크리트가 떨어져 나가는 현상

10 시공계획서 중 친환경관리계획
(1) 작업장 및 작업장 주변의 환경관리계획
(2) 산업부산물 재활용계획
(3) 건설폐기물 저감 및 재활용계획
(4) 온실가스 배출 저감 계획
(5) 천연자원 사용 저감 계획

11 목재의 인공 건조법
(1) 진공법
(2) 증기법
(3) 열기법
(4) 훈연법

12 미장 공사의 용어
수지 미장

13 용어
BTL

14 거푸집에 작용하는 측압
(1) 1차 타설

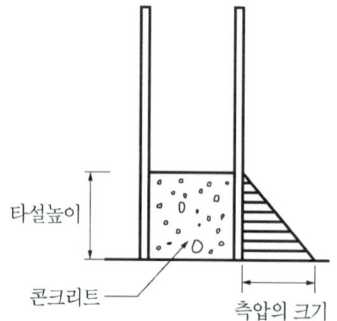

(2) 2차 타설

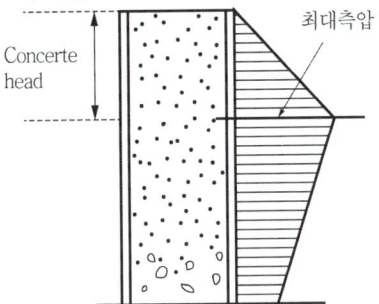

15 **미장 재료의 구분**
(1) 기경성 : 진흙, 회반죽, 돌로마이트 플라스터
(2) 수경성 : 시멘트 모르타르, 순석고 플라스터, 경석고 플라스터

16 **용어 정의**
(1) 로이유리 : 금속이나 금속산화물이 얇게 코팅된 유리로서 가시광선의 투과율이 높고 열의 이동이 최소화된 에너지 절약형 유리로 저방사 유리라고도 함
(2) 단열간봉 : 이중유리 또는 삼중유리 사이의 간격을 유지하는 플라스틱 스페이서로 내부에 기체나 공기 등의 열전도율이 낮은 소재를 넣어 단열성능을 향상시킨 재료

17 **철골 절단방법**
(1) 전단 절단
(2) 가스 절단
(3) 톱 절단

18 **공정표 작성**
PERT 네트워크 공정표

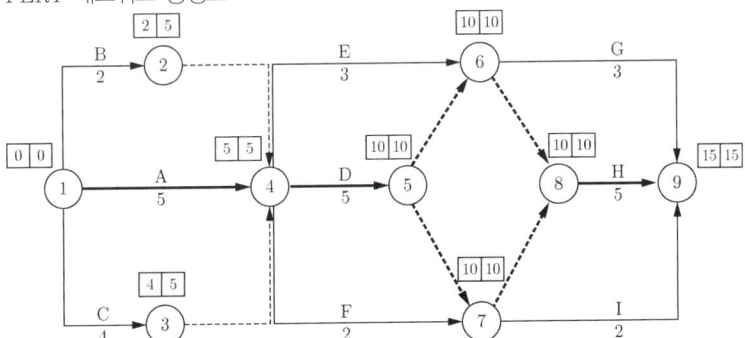

19 적산 - 벽돌량 & 미장면적

(1) 벽돌량
① 표준형이므로 크기는 190x90x57이다.
② 외벽(1.5B) :
$2 \times (5+15+6.5) \times 3.6 - [(2.2 \times 2.4) + (0.9 \times 2.4) + 3 \times (1.8 \times 1.2) + (1.2 \times 1.2)]$
$= 175.44m^2 \times 224장/m^2 \times 1.05 = 41,263.49 = 41,264장$
③ 내벽(1.0B) :
$[6.5 - 2 \times \dfrac{(0.19 + 0.09 + 0.01)}{2}] \times 3.6 - (0.9 \times 2.1)]$
$= 20.47m^2 \times 149장/m^2 \times 1.05 = 3,202.53 = 3,203장$
∴ ②+③ = 41,264 + 3,203 = 44,467장

(2) 미장면적
① 외벽 : $2 \times [(5+15+0.29) + (6.5+0.29)] \times 3.6$
$- [(2.2 \times 2.4) + (0.9 \times 2.4) + 3 \times (1.8 \times 1.2) + (1.2 \times 1.2)] = 179.616 m^2$
② 내벽
㉠ 창고 A : $2 \times [5 - (\dfrac{0.29}{2} + \dfrac{0.19}{2}) + 6.5 - 2 \times (\dfrac{0.29}{2})]$
$\times 3.6 - [(0.9 \times 2.4) + (0.9 \times 2.1) + (1.2 \times 1.2)] = 73.494 m^2$
㉡ 창고 B : $2 \times [15 - (\dfrac{0.19}{2} + \dfrac{0.29}{2}) + 6.5 - 2 \times (\dfrac{0.29}{2})] \times 3.6$
$- [(2.2 \times 2.4) + (0.9 \times 2.1) + 3 \times (1.8 \times 1.2)] = 137.334 m^2$
∴ ①+② = 179.616 + 73.494 + 137.334 = $390.44 m^2$

20 수중 콘크리트의 피복두께
100mm 이상

21 온도조절 철근
콘크리트의 건조수축, 온도변화 등에 의해 발생하는 콘크리트 수축균열을 줄이기 위해 사용되는 철근

22 용어 정의
전단중심(Shear Center)

23 실적률 계산
실적률 = $\dfrac{w}{G} \times 100(\%) = \dfrac{1.8}{2.65} \times 100 = 67.92\%$

24 콘크리트 탄성계수, 탄성계수비 계산

(1) $E_c = 8,500 \sqrt[3]{f_{cu}} = 8,500 \sqrt[3]{f_{ck} + \triangle f}$

여기서, $f_{ck} \leq 40 MPa : \triangle f = 4$
$f_{ck} \geq 60 MPa : \triangle f = 6$
$40 < f_{ck} < 60$: 직선보간법

(2) $E_c = 8,500 \sqrt[3]{24 + 4} = 25,811 MPa$

(3) 탄성계수비

$n = \dfrac{E_s}{E_c} = \dfrac{200,000}{25,811} = 7.75$

25 균열모멘트 계산

(1) $\sigma = \dfrac{M}{Z} \rightarrow f_r = \dfrac{M_{cr}}{Z} \rightarrow M_{cr} = f_r \times Z$

(2) $M_{cr} = 0.63 \lambda \sqrt{f_{ck}} \times \dfrac{bh^2}{6} = 0.63(1)\sqrt{30} \times \dfrac{300(600)^2}{6}$

$= 62,111,738.02 Nmm = 62.11 kNm$

26 T형보의 유효폭 계산

T형보의 유효폭은 다음 값 중 최소값을 사용한다.

(1) $16t_f + b_w$ (t_f : 슬래브 두께, b_w : 보의 폭) $= 16 \times 200 + 300 = 3,500 mm$

(2) 양쪽 슬래브의 중심 간 거리 $= \dfrac{3,000 + 3,000}{2} = 3,000 mm$

(3) 보 경간의 1/4 $= \dfrac{6,000}{4} = 1,500 mm$

이 중 최소값이므로 유효폭은 1,500mm

2021 제1회 건축기사

01 [3점]
BOT(Build-Operate-Transfer contract) 방식을 설명하시오.

02 [4점]
다음에서 설명에 해당하는 토공사의 공법의 명칭을 기술하시오.
(1) 점토지반에 모래 말뚝을 형성하여 지반의 간극수를 모래를 통해 제거하는 지반개량공법
(2) 약 20cm의 특수파이프를 상호 2m 내외 간격으로 관입하여 모래를 투입한 후 진동다짐하여 탈수통로를 형성시켜서 탈수하는 공법

03 [4점]
다음 용어를 간단히 설명하시오.
(1) 방호 선반 :
(2) 기준점 :

04 [3점]
콘크리트 구조물의 압축강도를 추정하고 내구성 진단, 균열의 위치, 철근의 위치 등을 파악하는데 있어서 구조체를 파괴하지 않고 비파괴적인 방법으로 측정하는 검사 방법 3가지를 기술하시오.
(1)
(2)
(3)

05 [2점]

다음 괄호 안에 적당한 용어를 기입하시오.

> 흙이 소성상태에서 반고체 상태로 옮겨지는 경계의 함수비를 (①)라 하고, 액성상태에서 소성상태로 옮겨지는 함수비를 (②)라고 한다.

①
②

06 [2점]

벽돌 쌓기에 대한 아래의 설명에 맞는 쌓기법을 기술하시오.

(1) 담 또는 처마 부분에 내쌓기를 할 때 45° 각도로 모서리가 면에 나오도록 쌓는 방법
(2) 난간벽과 같이 상부 하중을 지지하지 않은 벽에 있어서 장식적인 효과를 기대하기 위해 벽체에 구멍을 내어 쌓는 것

07 [4점]

다음 터파기 공법에 대해 간단히 설명하시오.

(1) 아일랜드 컷
(2) 트렌치 컷

08 [2점]

알루미늄 거푸집을 합판 거푸집과 비교하여 골조 품질과 거푸집 해체 시 소음 발생에 대해 비교하여 설명하시오.

(1) 골조 품질:
(2) 해체:

09 [3점]

경량철골 칸막이 공사에서 시공순서에 맞게 작업의 용어를 보기에서 골라 순서대로 나열하시오.

> 〈보기〉
> 벽체틀 설치, 단열재 설치, 바탕 처리, 석고보드 설치, 마감

10 [3점]
커튼월 공사의 유리 공사에서 발생할 수 있는 열 파손에 관해 설명하시오.

11 [3점]
안방수와 바깥방수의 차이점 3가지를 기술하시오.
(1)
(2)
(3)

12 [2점]
철근콘크리트공사에 사용되는 스페이서(Spacer)의 용도에 대하여 기술하시오.

13 [4점]
목공사에서 방충 및 방부 처리된 목재를 써야 하는 경우 2가지를 기술하시오.
(1)
(2)

14 [3점]
다음 설명하는 품질관리 수법(TQC 도구)을 기술하시오.
(1) 불량, 고장, 결점 등의 발생건수를 분류 항목별로 나누어 크기 순서대로 나열해 놓는 것
(2) 결과에 원인이 어떻게 작용하고 있는가를 한 눈에 나타낸 그림
(3) 계량치의 데이터가 어떠한 분포를 하고 있는지를 알아보기 위하여 작성하는 것

15 [3점]
한중콘크리트 초기 양생 시 주의사항 3가지를 기술하시오.
(1)
(2)
(3)

16 [4점]

철골 공사와 관련된 다음 용어를 간단히 설명하시오.

(1) 데크 플레이트(Deck Plate) :
(2) 시어커넥터(Shear Connector) :

17 [4점]

커튼월의 성능시험 관련 실물모형시험(Mock-up Test)에서 성능시험의 시험종목 4가지를 기술하시오.

(1)
(2)
(3)
(4)

18 [2점]

종합 심사낙찰제도에 대해 간단히 설명하시오.

19 [4점]

콘크리트의 굳지 않은 성질을 설명한 것이다. 다음 설명에 알맞은 용어를 기술하시오.

(1) 수량의 다소에 따르는 반죽이 되고 진 정도
(2) 작업의 난이 정도 및 재료의 분리에 저항하는 정도

20 [3점]

콘크리트 압축 강도시험을 한 결과 500kN에서 파괴되었다. 콘크리트의 압축강도를 구하시오. (단, 공시체는 지름이 150mm, 높이가 300mm이다.)

21 [6점]

다음 자료를 이용하여 흡수율, 표건상태의 밀도, 절건상태의 밀도를 구하시오.

- 물의 밀도 : $1g/cm^3$
- 골재의 수중 중량 : 2.45kg
- 골재의 절건 중량 : 3.6kg
- 골재의 표면건조 내부 포수 중량 : 3.95kg

(1) 흡수율 :
(2) 진밀도(진비중) :
(3) 표건 상태의 밀도(표건비중) :

22 [10점]

다음 데이터를 네트워크 공정표로 작성하고, 각 작업의 여유시간을 구하시오.

작업명	작업일수	선행작업	비고
A	3	없음	
B	4	없음	① CP는 굵은 선으로 표시한다.
C	5	없음	② 각 결합점에서는 다음과 같이 표시한다.
D	6	A, B	
E	7	B	
F	4	D	③ 각 작업은 다음과 같이 표시한다.
G	5	D, E	
H	5	C, F, G	
I	7	F, G	

(1) 공정표
(2) 여유시간

23 [9점]

건축물 시공을 위해 터파기 시 다음 물음에 답하시오. (단, 굴착할 흙의 토량환산계수 L=1.3, C=0.9, 굴착 경사면의 기울기는 양측 45°)

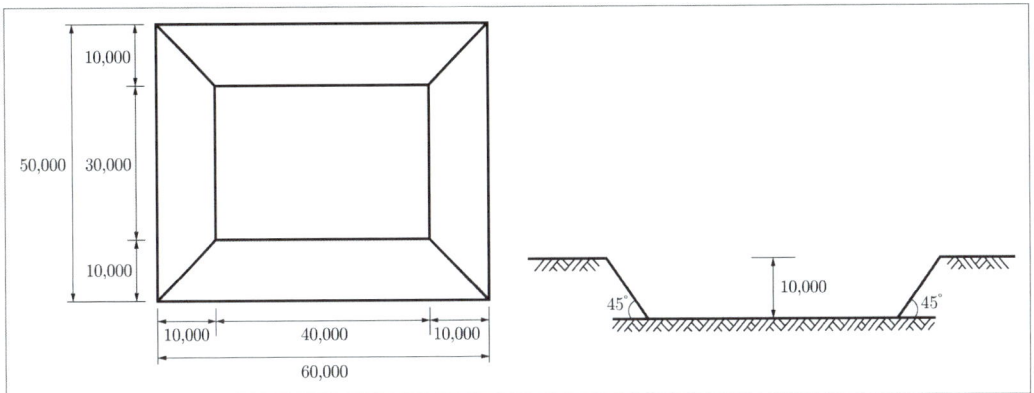

(1) 터파기량(m^3)을 계산하시오.

(2) 터파기한 흙을 트럭으로 운반하고자 할 때 트럭의 소요 대수를 구하시오. (단, 트럭 1대의 적재용량은 $12m^3$로 가정)

(3) 터파기한 흙을 $5,000m^2$의 면적에 다져서 성토할 때 높아진 표고는 몇 m인지 계산하시오. (단, 측면 비탈경사는 수직으로 가정)

24 [3점]

그림과 같은 라멘 구조물에 휨모멘트도를 도시하시오. (방향을 부호로 표기하시오.)

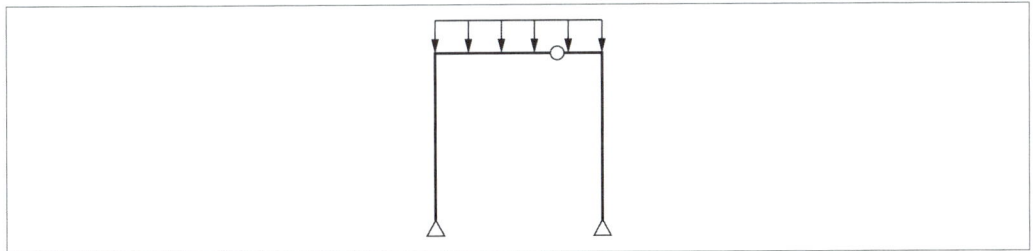

25 [4점]

그림과 같은 플랫슬래브 지판(드롭 패널)의 최소 크기와 두께를 산정하시오. (단, 슬래브두께(t_s)는 200mm이다.)

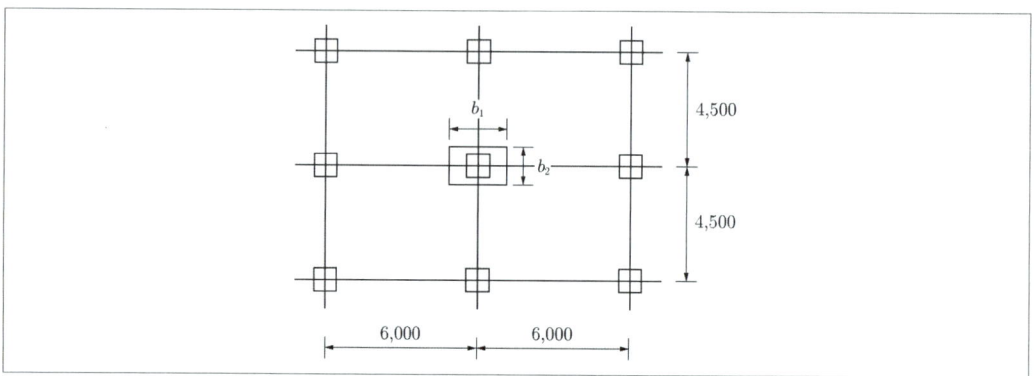

(1) 지판의 최소크기($b_1 \times b_2$)
(2) 지판의 최소두께

26 [6점]

철골구조의 보-기둥 접합부에서 강접합 및 전단접합을 도시하고 설명하시오.

21년 1회 해설 및 정답

01 민간이 시공 후 일정기간 동안 시설물을 운영하여 투자금을 회수한 후 시설물과 운영권을 발주자에게 양도하는 방식

02 (1) 샌드 드레인 공법
(2) 웰 포인트 공법

03 (1) 방호선반 : 비계의 내외측, 주 출입구 및 리프트 출입구 상부 등에 설치하는 낙하방지 안전시설
(2) 기준점 : 건축물 시공 시 기준위치를 정하는 원점으로 공사 중 높이의 기준을 정하고자 설치하는 것

04 (1) 인발법
(2) 슈미트 해머법(반발 경도법)
(3) 초음파법
(4) 공진법

05 ① 소성한계
② 액성한계

06 (1) 엇모쌓기
(2) 영롱쌓기

07 (1) 아일랜드 컷 : 중앙부의 흙을 먼저 파고, 그 부분에 기초 또는 지하구조체를 축조한 후, 이것을 지점으로 하여 흙막이 버팀대를 경사지게 또는 수평으로 가설하여 널말뚝 부근의 흙을 마저 파내는 공법
(2) 트렌치 컷 : 널말뚝을 설치 후 가장자리를 먼저 굴착하고 가장자리 기초구조물을 만든 다음 중앙부를 굴착하고 기초구조물을 완성하는 공법

08 (1) 골조 품질 : 골조의 수직, 수평의 정밀도가 우수하며 면처리(견출) 작업이 감소함
(2) 해체 : 거푸집 해체 시 소음이 크게 발생하는 단점이 있지만, 해체작업의 안정성이 향상됨

09 바탕처리 → 벽체틀 설치 → 단열재 설치 → 석고보드 설치 → 마감

10 **유리 공사의 열 파손**
유리가 두꺼운 경우 열 축적이 크게 되는데, 유리 공사 시 발생한 국부적 결함이 있는 곳으로 온도 응력이 집중하여 유리가 파손되는 현상

11　(1) 안방수는 수압이 적은 얕은 지하에 적용, 바깥방수는 수압이 큰 깊은 지하에 적용
　　(2) 안방수는 시공이 간단, 바깥방수는 시공이 복잡함
　　(3) 안방수는 비교적 저렴함, 바깥방수는 비교적 고가임
　　(4) 안방수는 보호누름 필요, 바깥방수는 없어도 상관없음

12　(1) 철근의 피복두께 유지
　　(2) 철근의 간격 유지

13　(1) 구조 내력상 주요부분인 토대, 외부기둥, 외부 벽 등에 사용하는 목재로서 포수성의 재질에 접하는 부분
　　(2) 급수 및 배수시설에 근접된 목부로서 부식의 우려가 있는 부분
　　(3) 목조의 외부 버팀 기둥을 구성하는 부재의 모든 면
　　(4) 직접 우수를 맞거나 습기가 차기 쉬운 부분의 모르타르 바름 등의 바탕에 해당하는 부분

14　(1) 파레토도
　　(2) 특성요인도
　　(3) 히스토그램

15　(1) 압축강도가 5MPa이 될 때까지 보온양생
　　(2) 양생 종료 12시간 전부터 살수 금지
　　(3) 초기 보호양생 종료 시 급속한 온도 저하 방지
　　(4) 방풍막이용 천막은 적설하중을 고려하여 견고하게 설치

16　(1) 데크 플레이트 : 바닥(Slab) 콘크리트 타설을 위한 슬래브 하부 거푸집판으로 아연도금 철판을 절곡하여 제작하며 별도의 해체작업이 필요 없음
　　(2) 시어커넥터(전단연결재) : 철골보와 콘크리트 바닥판을 일체화시켜 전단력을 전달하는 연결재

17　(1) 기밀시험
　　(2) 수밀시험
　　(3) 풍압시험
　　(4) 구조시험
　　(5) 층간변위시험

18　입찰제 개선과 시공품질의 제고, 적정 공사비 확보를 정착시키기 위하여 가격과 공사수행능력 및 사회책임의 점수를 합산하여 높은 점수의 입찰자가 계약을 낙찰하는 제도

19　(1) 컨시스턴시(반죽질기)
　　(2) 워커빌리티(시공연도)

20 압축강도 $= \dfrac{P}{A} = \dfrac{P}{\dfrac{\pi \times d^2}{4}} = \dfrac{500 \times 1000}{\dfrac{\pi \times (150)^2}{4}} = 28.29 MPa$

21 (1) 흡수율 : $\dfrac{3.95 - 3.6}{3.6} \times 100\% = 9.72\%$

(2) 진밀도(진비중) : $\dfrac{3.6}{3.6 - 2.45} = 3.13$

(3) 표건 상태의 밀도(표건비중) : $\dfrac{3.95}{3.95 - 2.45} = 2.63$

22 (1) 공정표

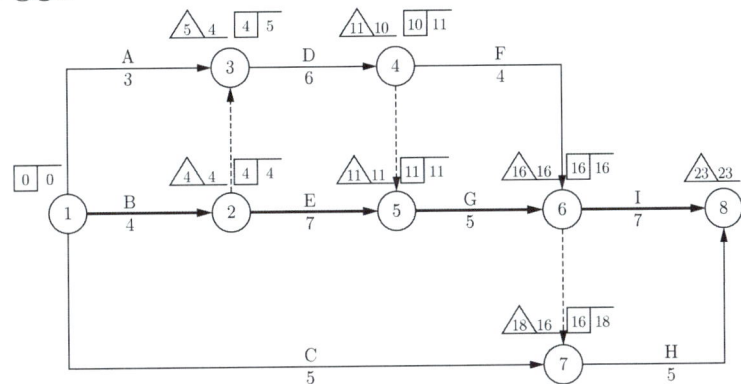

(2) 여유시간

작업명	TF	FF	DF	CP
A	2	1	1	
B	0	0	0	*
C	13	11	2	
D	1	0	1	
E	0	0	0	*
F	2	2	0	
G	0	0	0	*
H	2	2	0	
I	0	0	0	*

23 적산-터파기

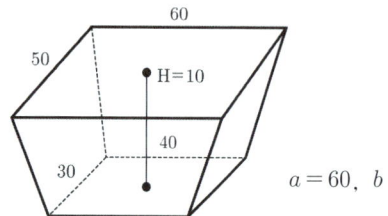

$a=60,\ b=50,\ a'=40,\ b'=30,\ H=10$

(1) 터파기량 $= \dfrac{H}{6}\{(2a+a')\times b + (2a'+a)\times b'\}$
$= \dfrac{10}{6}\{(2\times 60+40)\times 50 + (2\times 40+60)\times 30\}$
$= 20,333.33\text{m}^3$

(2) 운반대수 $= \dfrac{\text{터파기량}\times L}{1\text{대 적재용량}} = \dfrac{20,333.33\times 1.3}{12}$
$= 2,202.78\text{대} \rightarrow 2,203\text{대}$

(3) 표고(다짐상태) $= \dfrac{\text{터파기량}\times C}{\text{성토면적}} = \dfrac{20,333.33\times 0.9}{5,000} = 3.66\text{m}$

24

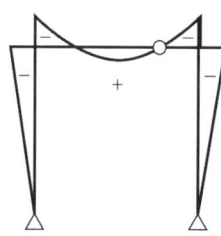

25

(1) 지판의 최소 크기($b_1 \times b_2$) : 기둥이나 벽체 등 받침부의 중심선에서 각 방향의 받침부 중심까지의 길이(경간)의 1/6 이상

① $b_1 = \dfrac{6,000}{6} + \dfrac{6,000}{6} = 2,000\text{mm}$

② $b_2 = \dfrac{4,500}{6} + \dfrac{4,500}{6} = 1,500\text{mm}$

∴ $b_1 \times b_2 = 2,000\text{mm} \times 1,500\text{mm}$

(2) 지판의 최소두께(t_d) : 슬래브두께의 1/4 이상

∴ $t_d \geq \dfrac{t_s}{4} = \dfrac{200}{4} = 50\text{mm}$

26

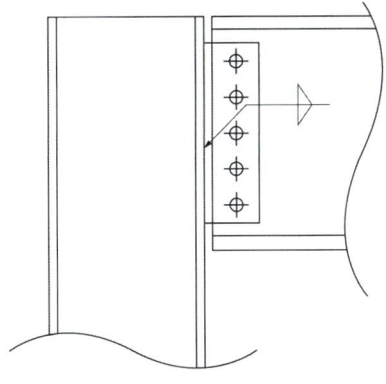

| 강접합 | | 전단접합 |

(1) 강접합 : 보의 플랜지와 웨브를 기둥에 일체화되도록 용접하여 접합부에서 전단력과 휨모멘트를 전달할 수 있도록 한 접합형식
(2) 전단접합 : 보의 웨브만을 기둥과 볼트 접합하여 접합부에서 전단력만을 전달할 수 있도록 한 접합형식

2021 제2회 건축기사

01 [3점]
지반 개량공법 중 샌드드레인 공법(Sand Drain)에 대하여 설명하시오.

02 [4점]
콘크리트 구조물의 화재 시 급격한 고열 현상에 의하여 발생하는 폭렬현상 방지대책 2가지를 기술하시오.

03 [3점]
콘크리트 응결 경화 시 콘크리트의 온도가 상승 후 냉각하면서 발생하는 온도균열의 방지대책 3가지를 기술하시오.

04 [4점]
강구조에서 사용하는 메탈터치(Metal Touch)에 대한 개념을 간략하게 그림을 그려서 정의를 설명하시오.

05 [3점]
톱다운 공법의 장점을 3가지 쓰시오.

06 [4점]

흙막이 구조물의 계측기 종류에 적합한 설치 위치를 한 가지씩 기술하시오.

(1) 토압계 :
(2) 하중계 :
(3) 변형률계 :
(4) 경사계 :

07 [2점]

목공사에서 수장 공사 시 바닥 하부에서 1~1.5m의 높이까지 널을 댄 벽의 명칭을 기술하시오.

08 [3점]

철골 공사에서 주각부에 설치되는 앵커볼트 설치공법 3가지를 쓰시오.

09 [4점]

아래 용접기호에 따라 시공된 상태의 상세도를 그리고 용접기호에 맞는 치수와 단위를 기입하시오.

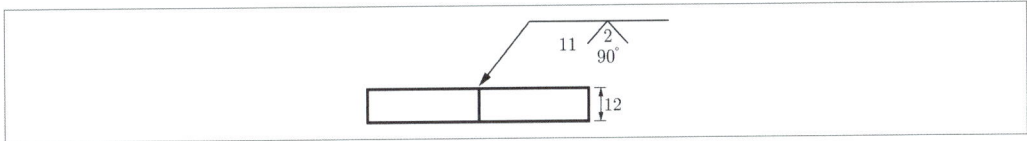

10 [3점]

1층 마루널 설치에 관한 순서를 보기를 보고 나열하시오.

― 〈보기〉 ―
마루널, 멍에, 장선, 동바리돌, 동바리

11 [5점]

다음 (   ) 안에 적당한 단어나 수치를 기재하시오.

> 벽돌 쌓기 시 줄눈은 (가)mm로 하고, 도면 또는 공사시방서에서 정한 바가 없을 때는 영식이나 (나)쌓기법으로 하며, 1일 벽돌량 쌓기 높이는 (다)가 표준이며, 최대 쌓기 높이는 (라)이고, 벽돌벽이 블록벽과 서로 직각으로 만날 때에는 연결철물을 만들어 블록 (마)단마다 보강철물로 보강을 한다.

가.   나.   다.
라.   마.

12 [3점]

목재의 방부처리방법 3가지를 쓰고 간략히 설명하시오.

13 [4점]

다음 콘크리트 공사에서 사용되는 다음 용어의 정의를 간략히 설명하시오.

(1) 슬럼프 플로 :
(2) 조립률 :

14 [4점]

조적 공사에서 발생하는 백화현상의 방지대책 4가지를 기술하시오.

15 [4점]

다음 (   ) 안에 적당한 용어와 수치를 기재하시오.

> 높은 외부기온으로 인하여 콘크리트의 슬럼프 또는 슬럼프 플로 저하나 수분의 급격한 증발 등의 우려가 있을 경우에 시공되며 하루평균기온이 25℃를 초과하는 경우를 (가)콘크리트로 시공하며, 콘크리트는 비빈 후 즉시 타설하여야 하며, 지연형 감수제를 사용하는 등의 일반적인 대책을 강구한 경우라도 (나)시간 이내에 타설하여야 한다. 이때 콘크리트를 타설할 때의 콘크리트의 온도는 (나)℃ 이하이어야 한다.

가.
나.
다.

16 [4점]

용접 시 발생하는 결함들 중 아래 결함을 그림으로 그리시오.

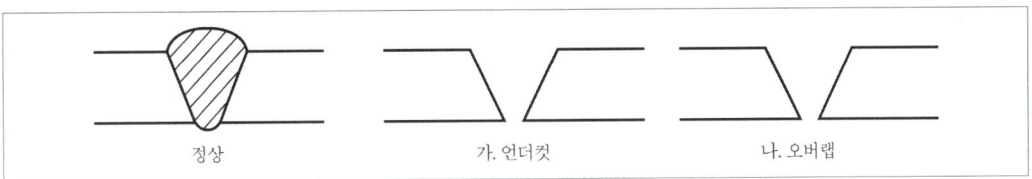

17 [4점]

RC조의 천정에서 달대 설치에 따른 고정용 인서트의 간격은 공사시방서에서 정하는 바가 없을 경우 경량천정은 세로 (가)m, 가로 (나)m로 한다.

가.
나.

18 [10점]

다음 작업리스트를 바탕으로 네트워크 공정표를 작성하고 각 작업의 여유시간을 구하시오.

작업명	작업일수	선행작업	비고
A	4	없음	
B	6	A	
C	5	A	① CP는 굵은 선으로 표시한다.
D	4	A	② 각 결합점에서는 다음과 같이 표시한다.
E	3	B	
F	7	B, C, D	
G	8	D	③ 각 작업은 다음과 같이 표시한다.
H	7	E	
I	5	E, F	
J	8	E, F, G	
K	6	H, I, J	

(1) 공정표 작성
(2) 여유시간 계산

19 [3점]

다음 데이터를 보고 각 작업의 비용구배를 구하고 큰 순서대로 기재하시오.

작업	표준상태		특급상태	
	공기	공비	공기	공비
A	2	2,000	1	3,000
B	4	3,000	2	6,000
C	8	5,000	3	8,000

20 [3점]

시멘트 저장량이 500포이고 쌓기 단수가 12단일 때 시멘트 창고면적을 구하시오.

21 [6점]

아래 도면은 건물 옥상의 평면도와 단면도이다. 다음을 산출하시오. (단, 벽돌은 표준형을 사용하며 벽돌의 할증률은 5%로 한다.)

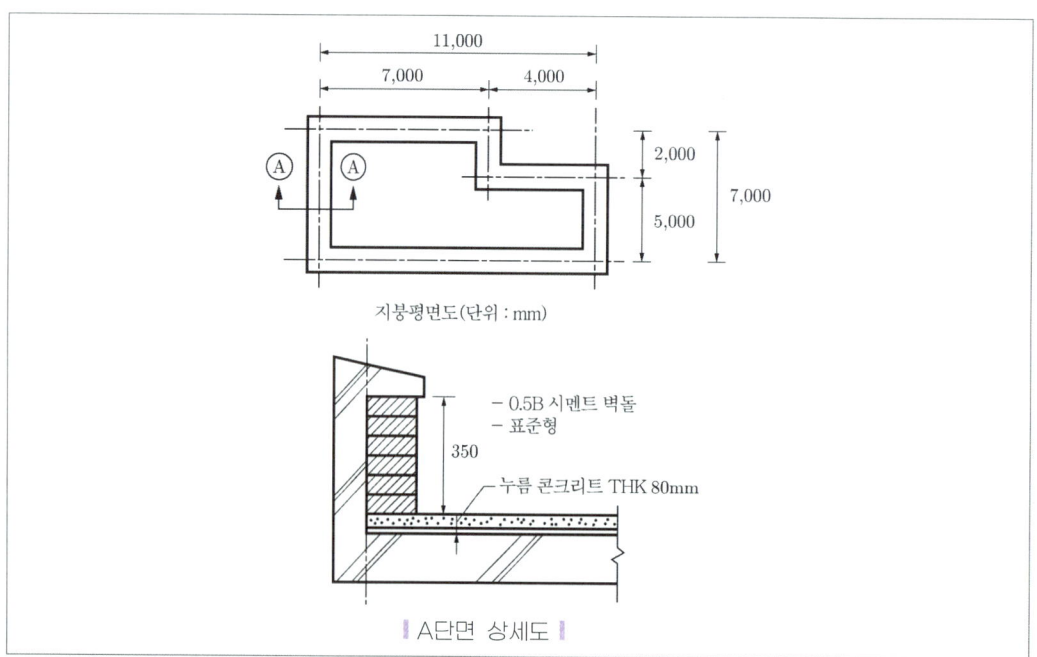

(1) 옥상 방수면적(m^2) :
(2) 누름 콘크리트량(m^3) :
(3) 보호 벽돌량(매) :

22 [3점]

품질관리(TQC)의 수법으로 사용되는 도구 중 3가지를 기술하시오.

23 [4점]

그림과 같은 철근콘크리트 복근보의 단기처짐이 20mm일 경우 5년 후에 예상되는 장기처짐을 포함한 총 처짐량을 구하시오. (단, 지속하중에 대한 5년의 시간경과계수 $\xi = 2.0$)

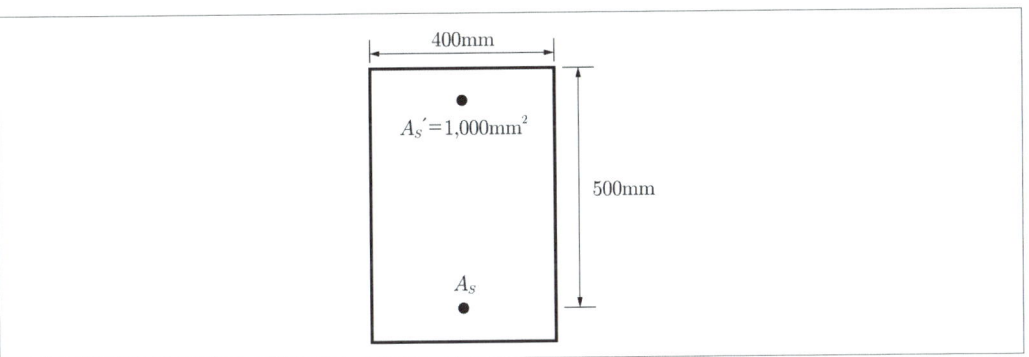

24 [4점]

1단 자유, 타단 고정인 길이 2.5m인 압축력을 받는 철골조 기둥의 탄성좌굴하중을 계산하시오. (단, $I_x = 3.83 \times 10^6 \text{mm}^4$, $I_y = 1.34 \times 10^6 \text{mm}^4$, $E = 205,000 \text{MPa}$)

25 [3점]

그림과 같이 8-D22로 배근된 철근콘크리트 기둥에서 띠철근의 최대 수직간격을 계산하시오.

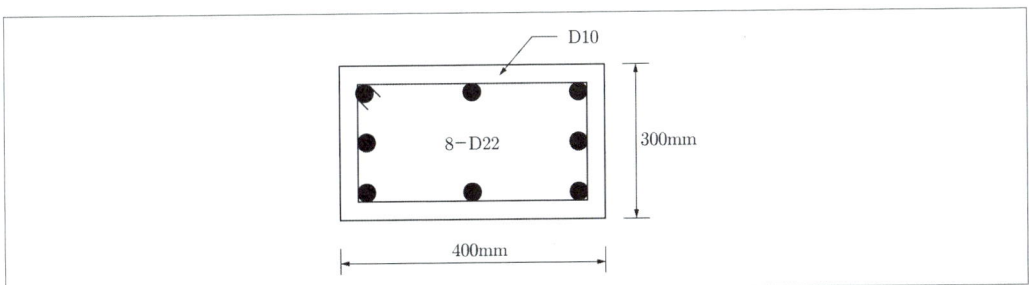

26 [3점]

단위 하중을 받는 용수철 시스템의 용수철계수 k값을 구하시오. (하중 P, 길이 L, 단면적 A, 탄성계수 E)

21년 2회 해설 및 정답

01 샌드드레인 공법
점토지반에 적용하는 지반 개량공법으로 모래 말뚝을 형성하여 지반의 간극수를 모래를 통해 제거하는 일종의 탈수공법

02 폭렬현상 방지대책
(1) 내화 도료 또는 내화 모르타르 시공
(2) 표층부 메탈라스 시공
(3) 흡수율이 낮고 내화성이 있는 골재 사용

03 콘크리트 온도균열 방지대책
(1) 수화열이 적은 중용열 시멘트 사용
(2) 단위시멘트량 저감
(3) Pre-cooling, Pipe-cooling 적용
(4) 응결지연제 사용

04 메탈터치
(1) 정의 : 철골 기둥의 이음부를 가공하여 상하부 기둥 밀착을 좋게 하여 축력의 50%까지 하부기둥의 밀착면에 직접 전달하기 위한 이음 방법
(2) 도해

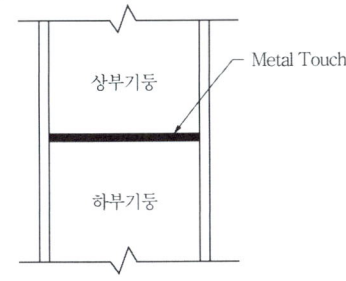

05 톱다운 공법의 장점
(1) 지하와 지상의 동시 작업을 공기단축에 효과적
(2) 토공사 이전에 1층 바닥판을 선시공하여 작업장으로 활용이 가능하므로 협소한 대지에 적용
(3) 흙막이의 안전성이 높음
(4) 방축널로서 강성이 높게 되므로 주변 지반에 대한 악영향이 적음
(5) 기후와 무관한 전천후 작업이 가능

06
(1) 토압계 - 흙막이 배면
(2) 하중계 - 띠장, 어스앵커
(3) 변형률계 - 띠장, 스트럿
(4) 경사계 - 흙막이벽 중앙

07 　징두리 판벽

08 　**앵커볼트 매입(설치)공법의 종류**
　　(1) 고정식
　　(2) 가동식
　　(3) 나중식

09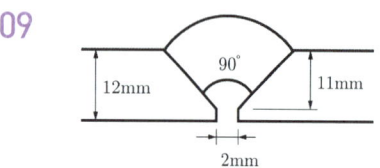

10 　동바리돌 → 동바리 → 멍에 → 장선 → 마루널

11 　가. 10
　　나. 화란식
　　다. 1.2m
　　라. 1.5m
　　마. 3단

12 　**목재의 방부법**
　　(1) 표면 탄화법 : 목재표면을 태워 수분을 제거하는 방법
　　(2) 방부제법 : 방부제를 칠하거나 뿌리는 방법
　　(3) 일광직사법 : 목재를 30시간 이상 햇빛에 쪼이는 방법

13 　(1) 슬럼프 플로 : 슬럼프시험을 하여 콘크리트 반죽이 옆으로 퍼진 정도를 지름으로 측정한 것으로 워커빌리티가 좋은 유동화콘크리트의 시험방법의 일종
　　(2) 조립률 : 골재의 입도를 체가름 시험을 통해 수치로 표현한 것으로 골재의 대략적인 크기를 알 수 있음

14 　(1) 소성이 잘된 벽돌의 사용
　　(2) 벽면에 비막이 설치
　　(3) 벽면에 파라핀 도료 등의 방수제 도포
　　(4) 줄눈 모르타르에 방수제를 혼합하고 밀실하게 사춤

15 　가. 서중
　　나. 1.5
　　다. 35

16 (1) 언더컷

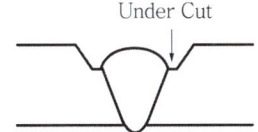

(2) 오버랩

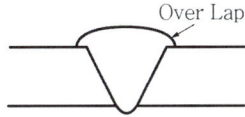

17 가. 1
　　나. 2

18 (1) 공정표 작성

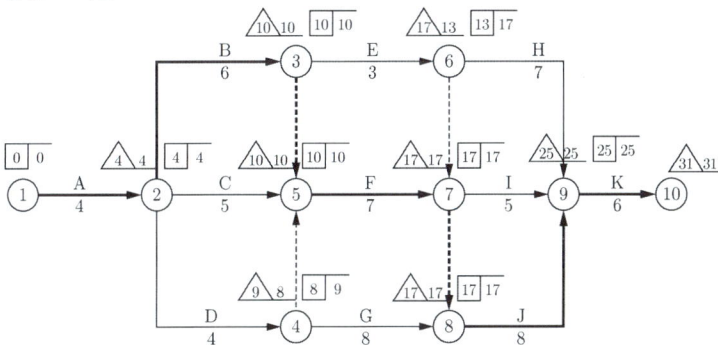

(2) 여유시간 계산

작업명	TF	FF	DF	CP
A	0	0	0	*
B	0	0	0	*
C	1	1	0	
D	1	0	1	
E	4	0	4	
F	0	0	0	*
G	1	1	0	
H	5	5	0	
I	3	3	0	
J	0	0	0	*
K	0	0	0	*

19 A작업 : $\dfrac{3,000-2,000}{2-1}=1,000$원/일

B작업 : $\dfrac{6,000-3,000}{4-2}=1,500$원/일

C작업 : $\dfrac{8,000-5,000}{8-3}=600$원/일

∴ B작업 > A작업 > C작업

20 창고면적 $=0.4\times\dfrac{500}{12}=16.67m^2$

21 옥상 방수 적산
(1) 옥상 방수면적 : $(7\times7)+(4\times5)+[(11+7)\times2\times(0.35+0.08)]=84.48m^2$
(2) 누름 콘크리트량 : $[(7\times7)+(4\times5)]\times0.08=5.52m^3$
(3) 보호 벽돌량 : $[(11-0.09)+(7-0.09)]\times2\times0.35\times75$매$/m^2\times1.05=982.3$ → 983매

22 TQC 도구
(1) 히스토그램
(2) 특성요인표
(3) 파레토도
(4) 그래프
(5) 체크시트
(6) 산점도
(7) 층별

23 복근보-총 처짐량 계산
(1) 장기처짐 산정
① 압축철근비 $\rho'=\dfrac{A_s'}{bd}=\dfrac{1,000}{400\times500}=0.005$
② 처짐계수 $\lambda=\dfrac{\xi}{1+50\rho'}=\dfrac{2.0}{1+50\times0.005}=1.6$
③ 장기처짐=처짐계수×단기처짐=$1.6\times20=32mm$
(2) 총 처짐량 산정
총 처짐=단기처짐+장기처짐=$20+32=52mm$

24 탄성좌굴하중
(1) 1단 자유-타단 고정은 캔틸레버이므로 $k=2$이며, 모든 단위를 N, mm로 통일한다.
(2) 탄성좌굴하중은 x축과 y축에 의한 값 중 작은 값을 선택하므로
$P_{cr}=\dfrac{\pi^2EI_y}{(kL)^2}=\dfrac{\pi^2(205,000)(1.34\times10^6)}{(2\times2,500)^2}=108,447.21N=108.45kN$

25 **띠철근의 최대 수직간격**
다음 세 가지 값 중 가장 작은 값을 사용한다.
① 주철근 지름의 16배 : $16 \times 22 = 352mm$
② 띠철근 직경의 48배 : $48 \times 10 = 480mm$
③ 기둥의 최소치수 : 300mm
∴ ①, ②, ③ 중 최소값인 300mm 이하

26 후크의 법칙에 의해 단위하중을 받는 용수철의 힘의 방정식은 다음과 같다.
$P = k \times \triangle L \rightarrow k = \dfrac{P}{\triangle L}$
여기서 P는 작용하는 힘, k는 용수철계수, $\triangle L$은 변형량을 뜻한다.
위 식을 변형량식과 연립해서 구하면
$\triangle L = \dfrac{PL}{EA}$ 이므로, $k = \dfrac{P}{\triangle L} = \dfrac{P}{\frac{PL}{EA}} = \dfrac{EA}{L}$

2021 제4회 건축기사

01 [4점]
보링의 공법 중 수세식 보링과 로터리 보링의 공법에 대해 설명하시오.

02 [4점]
사운딩 공법의 정의와 공법 2가지를 기술하시오.

03 [2점]
목재의 이음과 맞춤에 대하여 정의를 설명하시오.

04 [3점]
흙막이가 붕괴되는 원인의 하나인 히빙 현상을 간단히 설명하시오.

05 [3점]
Concrete Filled Tube 구조에 대해 간단히 설명하시오.

06 [4점]
벤치마크 설치 시 주의사항 2가지를 기술하시오.

07 [3점]
목공사 방부 방충법 중에서 방부제 처리법에 관하여 3가지를 기술하시오.

08 [4점]

방수 공법 중 시트 방수 공법의 단점 2가지를 기술하시오.

09 [4점]

콘크리트의 알칼리골재반응에 대한 대책을 2가지를 기술하시오.

10 [4점]

조적 공사에서 흔히 발생하는 백화현상의 정의 및 방지법 2가지를 기술하시오.

11 [3점]

입찰의 종류 중에서 제한 경쟁 입찰의 종류로서 지정된 지역 내에 있는 업체만 참여시키는 입찰 방법을 무엇이라고 하는지 용어를 기술하시오.

12 [3점]

BOT에 대하여 간단히 설명하시오.

13 [4점]

다음 ( ) 안에 적당한 용어나 수치를 기재하시오.

> 조적조의 기초는 (가)기초로 한다. 내력벽의 최소 두께는 (나)mm 이상이어야 하고 내력벽의 길이는 (다)이하로 하며, 건축물의 한 층에서 조적식 내력벽으로 둘러싸인 한 개 실의 바닥면적은 (라)이하로 하여야 한다.

14 [4점]

철골 공사 내화피복 공법 중 습식 공법 4가지를 기술하시오.

15 [3점]

방수공법 중 멤브레인 계통의 방수를 하지 않고, 콘크리트에 방수제를 직접 넣어 방수하는 공법을 무엇이라고 하는가?

16 [2점]

비산먼지 방지 시설의 종류 2가지를 기술하시오. (예시 : 방진막, 예시는 제외)

17 [3점]

철골 공사에서 용접 결함이 생기기 쉬운 용접 비드의 시작과 끝 지점에 용접을 정확히 하기 위하여 모재의 양단에 부착하는 보조 강판을 무엇이라고 하는가?

18 [10점]

다음 데이터를 보고 다음 물음에 답하시오.

작업명	소요일수	선행작업	공기 1일 단축 시 비용(원)	비고
A	5	없음	10,000	① Network 작성은 Arrow Network로 할 것
B	8	없음	15,000	② Critical Path는 굵은 선으로 표시할 것
C	15	없음	9,000	③ 각 결합점에서는 다음과 같이 표시한다.
D	3	A	공기단축 불가	
E	6	A	25,000	
F	7	B, D	30,000	
G	9	B, D	21,000	
H	10	C, E	8,500	
I	4	H, F	9,500	
J	3	G	공기단축 불가	
K	2	I, J	공기단축 불가	

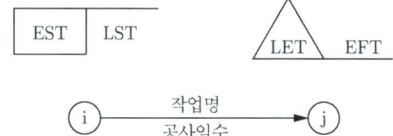

- 공기단축의 가능일수는
  Activity A에서 1일, Activity B에서 1일,
  Activity C에서 5일, Activity H에서 3일,
  Activity I 에서 2일로 한다.
- 표준공기의 총공사비는 1,000,000원이다.

(1) 표준(normal) Network를 작성하시오.
(2) 공기를 10일 단축한 Network를 작성하시오.
(3) 공기단축 후 총공사비를 계산하시오.

19 [5점]

두께 0.15m, 너비 6m, 길이 100m 도로를 6m³ 레미콘을 이용하여 하루 8시간 작업 시 레미콘 트럭의 배차 간격(분)을 계산하시오.

20 [4점]

KS 규격상 시멘트의 오토클레이브 팽창도는 0.80% 이하로 규정되어 있다. 반입된 시멘트의 안정성 시험결과가 다음과 같다고 할 때 합격 여부를 판정하시오. (단, 시험 전 시험체의 유효 표점 길이는 254mm, 오토클레이브 시험 후 시험체의 길이는 255.78mm이었다.)

21 [3점]

인장지배단면에 대한 설명 중 다음 괄호에 알맞은 숫자나 용어를 기입하시오.

인장지배단면이란 최외단 인장철근의 순인장변형률이 (　　　) 이상 또는 인장철근의 항복변형률의 (　　) 배 이상인 단면을 말하고, 최외단 인장철근의 순인장변형률이 압축지배 변형률 한계와 인장지배 변형률 한계 사이에 있을 때 이 구간을 (　　　　) 단면이라고 한다.

22 [3점]

다음에서 설명하는 구조시스템의 용어를 기술하시오.

건축물에 장치나 기계 따위를 설치하여 지진이나 진동에 의한 흔들림이 건축물에 직접적으로 전달되지 않도록 하는 구조시스템

23 [6점]

큰보 및 작은보의 정의를 기술하고, 오른쪽 그림에서 알맞은 용어를 괄호 안에 기입하고 빗금친 슬래브의 변장비를 구하고 1방향 및 2방향슬래브인지 판정하시오. (단, 기둥은 500×500, 보는 500×600을 사용하고, 변장비를 구할 때 기둥의 중심치수를 적용한다.)

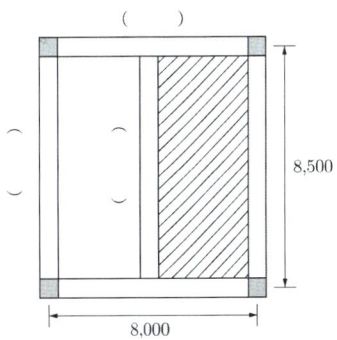

24 [4점]

다음 그림과 같은 원형 단면에서 폭 b, 높이 $h = 2b$의 직사각형 단면을 얻기 위한 단면계수 Z를 직경 D의 함수로 나타내시오. (단, 지름이 D인 원에 내접하는 밑변이 b이고 $h = 2b$)

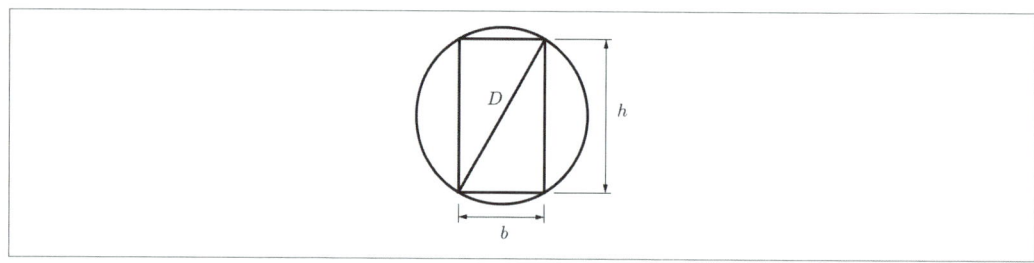

25 [4점]

SM355(SM490)에서 SM과 355 및 490이 의미하는 바를 쓰고 355와 490의 단위를 기입하시오.

26 [4점]

인장철근만 배근된 철근콘크리트 직사각형 단근보에 순간처짐이 5mm 발생했으며, 5년 이상 지속하중이 작용할 경우 총 처짐량을 계산하시오. (단, 지속하중에 대한 5년의 시간경과계수(ξ) = 2.0)

21년 4회 해설 및 정답

01
(1) 수세식 보링 : 물을 주입하여 흙과 물을 같이 배출시켜 침전된 상태로 지층의 토질을 판별하는 방법으로 연약한 토사에 적당하다.
(2) 로터리 보링 : 회전식 보링이라고도 하며, 비트(Bit)를 회전시켜 굴진하는 방법으로 토사를 분쇄하지 않고 지층의 변화를 연속적으로 비교적 정확히 알고자 할 때 사용하는 방식

02
(1) 사운딩 시험 : Rod의 끝에 설치한 저항체를 지반에 관입, 회전, 인발 등의 저항으로 지반의 경연(강하고 약함)을 파악하는 지반조사법
(2) 종류
 ① 베인테스트
 ② 표준관입시험
 ③ 콘 관입시험
 ④ 스웨덴식 사운딩

03
(1) 이음 : 두 부재를 길이 방향으로 접합하는 것
(2) 맞춤 : 두 부재를 서로 직각 또는 경사지게 접합하는 것

04 점토 지반에서 흙막이벽 양쪽의 토압차로 때문에 흙막이 뒷부분의 흙이 터파기하는 공사장으로 밀려 올라와 볼록하게 솟아오르는 현상

05 원형 또는 사각형인 강관의 기둥 내부에 고강도 콘크리트를 충전하여 만든 구조

06
(1) 이동의 염려가 없는 곳에 설치한다.
(2) 2개소 이상 설치한다.
(3) 지면에서 0.5~1.0m 높이로 바라보기 좋고, 공사에 지장이 없는 곳에 설치한다.
(4) 착공과 동시에 설치하고 완공 시까지 존치시킨다.

07
(1) 방부제 도포법
(2) 침지법
(3) 주입법

08
(1) 온도에 따른 영향이 커서 균열, 박리의 우려가 있음
(2) 내구성 있는 보호층이 필요함
(3) 보호층 형상시공이 어려움

09
(1) 저알칼리 시멘트(고로 시멘트, Fly Ash 등) 사용
(2) 비반응성 골재의 사용
(3) 알칼리 골재 반응을 촉진하는 수분의 흡수 방지

10　(1) 정의 : 벽체에 침투된 물이 모르타르 중의 석회분과 결합한 후 물과 함께 벽체 밖으로 나와 물이 증발되고 벽체에 하얗게 남는 현상
　　(2) 방지법
　　　　① 줄눈을 밀실하게 사춤
　　　　② 벽면에 파라핀 도료 등을 발라 방수 처리
　　　　③ 파라펫과 같은 비막이 설치

11　**지역제한 경쟁 입찰**

12　민간자본을 들여 시설물을 완공(Build)한 후 투자자가 일정기간 동안 운영(Operation)한 뒤 시설물의 소유권을 발주자에게 이전(Transfer)하는 방식

13　가. 연속
　　나. 190
　　다. 10m
　　라. 80m^2

14　(1) 타설공법
　　(2) 조적공법
　　(3) 미장공법
　　(4) 뿜칠공법

15　**구체 방수**

16　(1) 방진 덮개
　　(2) 방진벽
　　(3) 방진망

17　**엔드탭**

18 (1) 표준 네트워크 공정표

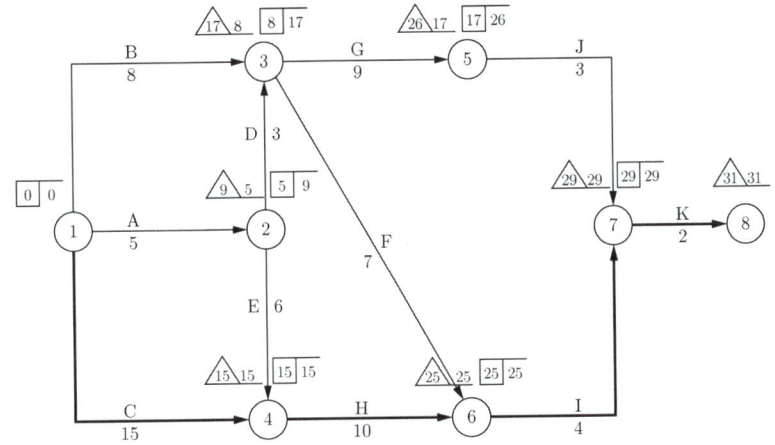

(2-1) 공기 단축 과정

경로(소요일수)	1차	2차	3차	4차
B-G-J-K (22)	22	22	22	21
B-F-I-K (21)	21	21	19	18
A-D-G-J-K (22)	22	22	22	21
A-D-F-I-K (21)	21	21	19	18
A-E-H-I-K (27)	24	24	22	21
C-H-I-K (31)	28	24	22	21
단축작업-일수	H-3	C-4	I-2	A-1, B-1, C-1

- 1차 : C, H, I 중 H 선택
- 2차 : C, I 중 C 선택
- 3차 : I, AC, CE 중 I 선택
- 4차 : ABC, GEC 중 ABC 선택

(2-2) 10일 단축한 네트워크 공정표

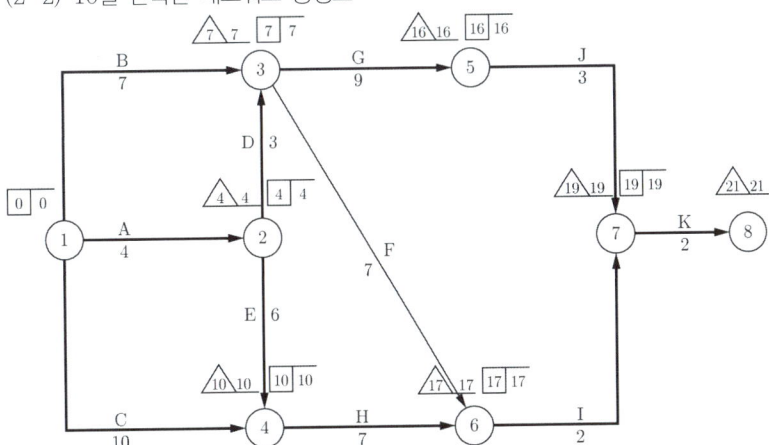

(3) 총공사비 계산
  ① 표준상태 총공사비=1,000,000원
  ② 공기단축 시 증가 비용

$$A+B+5C+3H+2I$$
$$=10{,}000+15{,}000+(5\times 9{,}000)+(3\times 8{,}500)+(2\times 9{,}500)=114{,}500원$$
③ 공기단축 시 총공사비 $=1{,}000{,}000+114{,}500=1{,}114{,}500$원

19 적산-레미콘 배차 간격 계산
(1) 도로의 콘크리트량 $=0.15\times 6\times 100=90m^3$
(2) 레미콘 트럭의 대수 $=\dfrac{90}{6}=15$대
(3) 배차 간격은 트럭 대수에서 1을 뺀 14번 발생함
∴ 레미콘 트럭의 배차시간 계산 $=\dfrac{8\times 60}{14}=34.29\;\rightarrow\;34$분

20 ① 오토 클레이브 팽창도(%) $=\dfrac{255.78-254}{254}\times 100=0.70\%$
② 판정 = 합격 (∵ 0.70 < 0.80)

21 인장지배단면이란 최외단 인장철근의 순인장변형률이 (0.005) 이상 또는 인장철근의 항복변형률의 (2.5) 배 이상인 단면을 말하고, 최외단 인장철근의 순인장변형률이 압축지배 변형률 한계와 인장지배 변형률 한계 사이에 있을 때 이 구간을 (변화구간) 단면이라고 한다.

22 제진구조

23 (1) 큰 보(Girder) : 기둥과 기둥을 연결하는 보
작은 보(Beam) : 보와 보를 연결하는 보
(2) 그림의 괄호 넣기

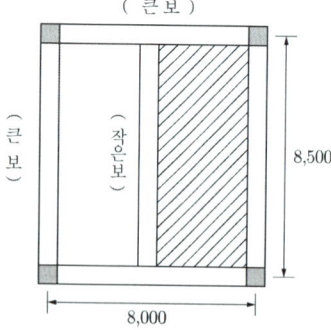

(3) 빗금친 슬래브의 변장비 : $\lambda=\dfrac{8{,}500}{(8{,}000/2)}=2.125$
장변과 단변의 비인 변장비가 2.0 초과이므로 1방향슬래브이다.

24 단면계수 계산

(1) D와 b의 관계

$$D = \sqrt{b^2+h^2} = \sqrt{b^2+(2b)^2} = \sqrt{5b^2} = \sqrt{5}\,b \quad \rightarrow \quad b = \frac{D}{\sqrt{5}}$$

(2) 단면계수 계산

$$Z = \frac{bh^2}{6} = \frac{b(2b)^2}{6} = \frac{4b^3}{6} = \frac{2b^3}{3}$$

(3) 단면계수 Z를 D의 함수로 표현

$$Z = \frac{2b^3}{3} = \frac{2\left(\dfrac{D}{\sqrt{5}}\right)^3}{3} = \frac{2D^3}{15\sqrt{5}} = \frac{2\sqrt{5}\,D^3}{75} = 0.06D^3$$

25
SM : 용접 구조용 압연강재
490 : 강재의 인장강도(MPa) − 2018년 이전의 기준
355 : 강재의 항복강도(MPa) − 2019년 이후의 기준

26 단근보-총 처짐량 계산

(1) 장기처짐 산정

① 처짐계수 $\lambda = \dfrac{\xi}{1+50\rho'} = \dfrac{2.0}{1+50\times 0} = 2.0$

　　(∵ 인장철근만 배근되어 있으므로 압축철근비는 0)

② 장기처짐 = 처짐계수 × 단기처짐 = $2.0 \times 5 = 10mm$

(2) 총 처짐량 산정

총 처짐 = 단기처짐 + 장기처짐 = $5+10 = 15mm$

2022 제1회 건축기사

01 [3점]
다음의 설명에 해당하는 입찰 방법을 기술하시오.
(1) 최소한의 자격을 가진 모든 업체가 참여할 수 있는 입찰 방식
(2) 3~7개의 업체를 지명하여 입찰하는 방식
(3) 1개의 업체와 협의하여 계약하는 방식

02 [3점]
통합공정관리 용어 중 WBS(Work Breakdown Structure)의 정의를 기술하시오.

03 [3점]
LCC(Life Cycle Cost)에 대해 간략히 설명하시오.

04 [3점]
콘크리트의 크리프(Creep) 현상에 대하여 설명하시오.

05 [4점]
철골공사에서 녹막이 칠을 하지 않는 부분 4개를 기술하시오.

06 [3점]
Value Engineering 개념에서 $V = \dfrac{F}{C}$ 식의 각 기호의 의미를 설명하시오.

07 [3점]

거푸집 공사에서 작업발판 일체형 거푸집 종류 3가지를 쓰시오.

08 [3점]

수평버팀대식 흙막이에 작용하는 응력이 그림과 같을 때 각 번호에 해당되는 용어를 보기에서 골라 기호로 쓰시오.

〈보기〉
① 수동토압   ② 정지토압   ③ 주동토압
④ 버팀대의 하중   ⑤ 버팀대의 반력   ⑥ 지하수압

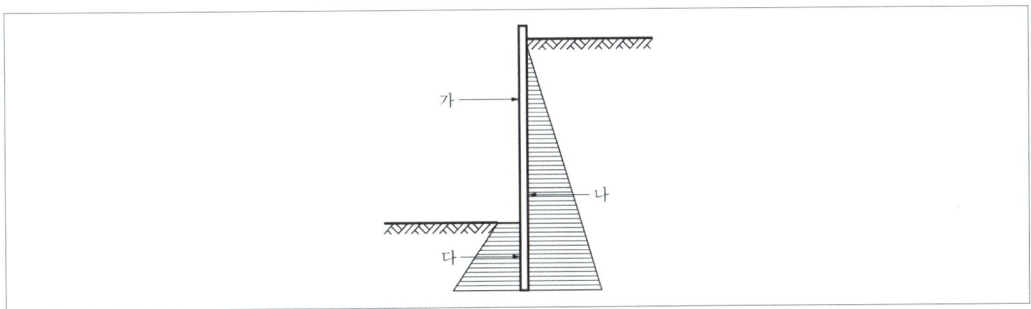

가.
나.
다.

09 [4점]

다음 설명하는 내용을 기재하시오.

(1) 보, 슬래브 및 트러스 등에서 그의 정상적 위치 또는 형상으로부터 처짐을 고려하여 상향으로 들어 올리는 것
(2) 거푸집 및 콘크리트의 무게와 시공하중을 지지하기 위하여 설치하는 부재 또는 작업 장소가 높은 경우 발판, 재료 운반이나 위험물 낙하 방지를 위해 설치하는 임시 지지대

10 [4점]

다음은 기성콘크리트 인방보에 대한 설명이다. ( )에 알맞은 수치나 단어를 기재하시오.

인방보의 양 끝을 벽체의 블록에 (①)이상 걸치고, 또한 위에서 오는 하중을 전달할 충분한 길이로 한다. 인방보 상부의 벽은 균열이 생기지 않도록 부변의 겹과 강하게 연결되도록 (②)이나 (③)로 보강연결하거나 인방보 좌우단 상향으로 (④)를 둔다.

11 [6점]

다음 좌측의 표에 제시된 창호틀 재료의 종류 및 창호별 기호를 참고하여, 우측의 창호기호표를 완성하시오.

기호	창호틀 재료의 종류
A	알루미늄
G	유리
P	플라스틱
S	강철
SS	스테인리스
W	목재

영문기호	창호구별
D	문
W	창
S	셔터

구분	창	문
목재	①	②
철재	③	④
알루미늄재	⑤	⑥

12 [5점]

다음은 철골 보-기둥 접합부의 개략적인 그림이다. 각 번호에 해당하는 구성재의 명칭을 기술하고, 3번 부재의 접합에 사용하는 용접이음의 종류 2가지를 기술하시오.

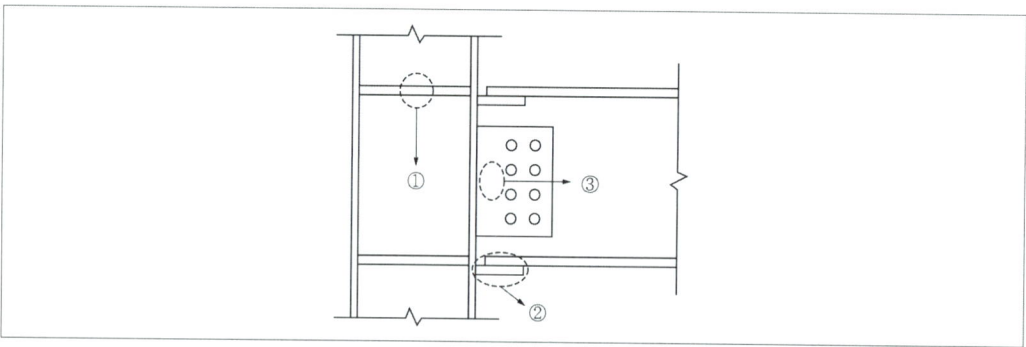

13 [3점]

레디믹스트 콘크리트가 현장에 도착하여 타설될 때 현장에서 일반적으로 행하는 품질관리 항목을 보기에서 선택하여 나열하시오.

① 슬럼프 시험
② 물의 염소이온량 측정
③ 골재반응성 시험
④ 공기량 시험
⑤ 압축강도 측정용 공시체 제작
⑥ 시멘트 알칼리양 측정

14 [4점]

다음은 조적구조의 보강 블록조에 대한 설명이다. (   ) 안에 알맞은 수치를 기술하시오.

공동 안에 들어가는 세로철근의 정착길이는 철근지름의 (①)배 이상이어야 하며, 철근의 피복두께는 (②) 이상이어야 한다.

15 [4점]

표면건조 포화상태의 중량이 2,000g, 완전건조중량 1,992g, 수중중량이 1,300g일 때 흡수율을 계산하시오.

16 [3점]

지름 300mm, 높이 500mm의 콘크리트 공시체로 할렬인장강도를 시험한 결과 100kN에서 파괴되었을 때, 할렬인장강도를 계산하시오.

17 [10점]

아래 데이터를 참고로 네트워크 공정표로 작성하고, 각 작업의 여유시간을 구하시오.

작업명	작업일수	선행작업	비고
A	2	–	① CP는 굵은 선으로 표시한다.
B	2	–	② 각 결합점에서는 다음과 같이 표시한다.
C	4	–	EST │ LST LET │ EFT
D	5	C	
E	2	B	③ 각 작업은 다음과 같이 표시한다.
F	3	A	i ─ 작업명/공사일수 → j
G	3	A, C, E	
H	4	D, F, G	

18 [3점]

벽면적 20m² 벽체에 벽두께 1.5B로 칸막이벽 시공에 필요한 붉은 벽돌의 소요량을 계산하시오.

19 [6점]

다음 그림과 같은 철근콘크리트조 건물에서 벽체와 기둥의 거푸집량을 계산하시오. (단, 높이는 3m로 하고, 기둥과 벽을 별도의 거푸집으로 타설한다.)

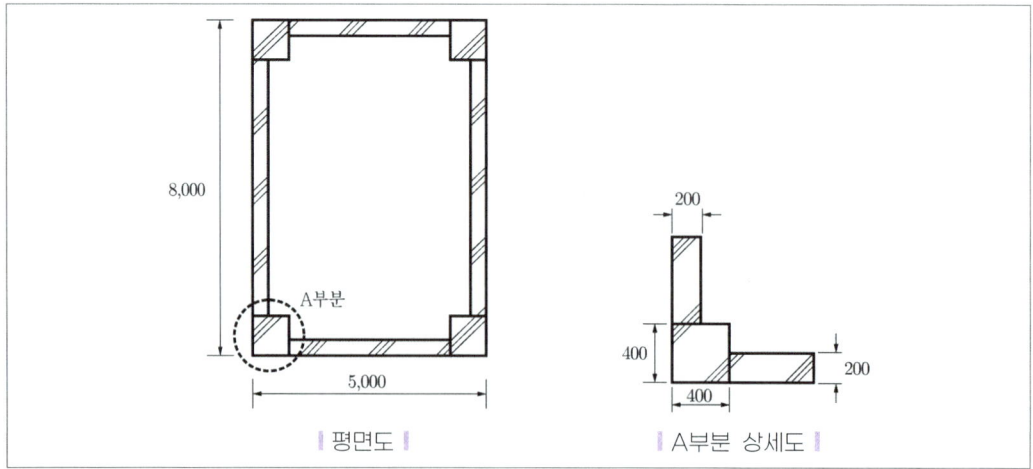

│ 평면도 │   │ A부분 상세도 │

20 [3점]

강재의 항복비(Yield Strength Ratio)에 대한 정의를 기술하시오.

21 [3점]

한계상태설계법에서 사용성 한계상태(Serviceability Limit State)에 대해 간략히 설명하시오.

22 [5점]

철근의 응력-변형률 곡선에서 해당하는 4개의 주요 영역과 6개의 주요 포인트에 관련된 용어를 쓰시오.

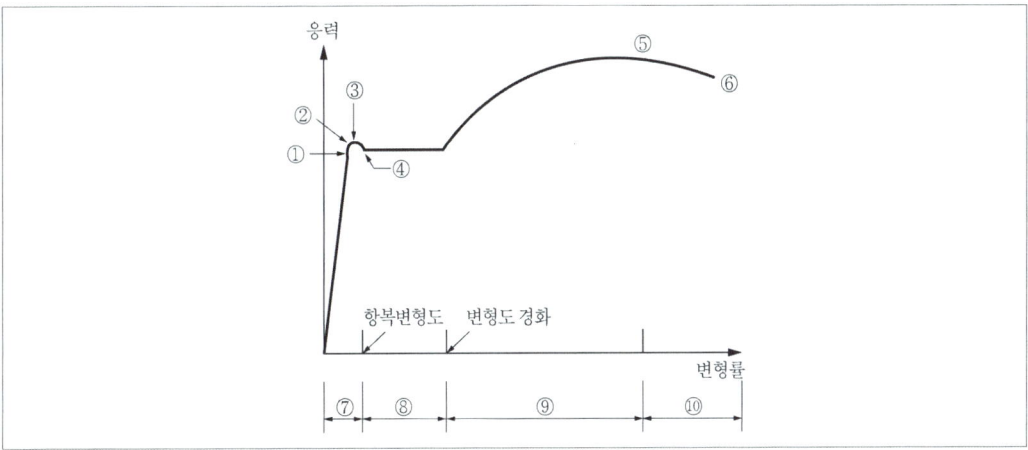

23 [3점]

재질과 단면적 및 길이가 같은 다음 4개의 장주를 유효좌굴길이가 큰 순서대로 나열하시오.

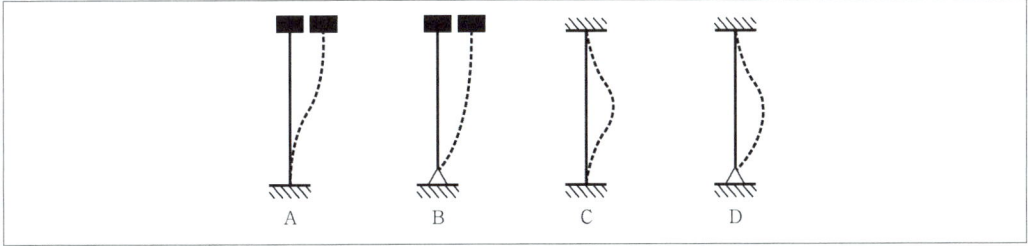

24 [3점]

다음과 같은 조건의 철근콘크리트 띠철근기둥의 설계축하중 ϕP_n(kN)을 계산하시오. (단, 기둥의 치수는 400×300, $A_{st}=3,096\text{mm}^2$, $f_{ck}=27\text{MPa}$, $f_y=400\text{MPa}$)

25 [4점]

공칭강도와 설계강도의 정의를 기술하시오.

26 [4점]

다음과 같은 단순보에서 A단의 처짐각을 구하시오. (부재의 강성은 EI로 한다.)

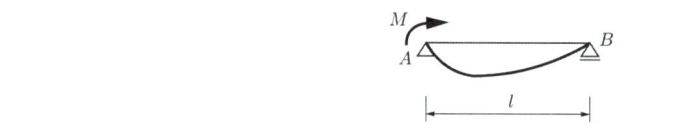

22년 1회 해설 및 정답

01
(1) 공개입찰
(2) 지명입찰
(3) 특명입찰(수의 계약)

02 **WBS의 정의**
프로젝트의 모든 작업 내용을 공종별로 분류한 작업 분류체계

03 **LCC**
건축물의 초기 기획단계에서 설계, 시공, 유지관리, 해체에 이르는 건축물의 전 생애에 소요되는 비용

04 **크리프**
일정하중이 계속 작용할 때 하중의 증가 없이도 시간의 경과에 따라 변형이 증가하는 소성변형 현상

05 **녹막이 칠을 하지 않는 부분**
(1) 고력볼트 접합부의 마찰면
(2) 콘크리트에 매입되는 부분
(3) 조립에 의해 맞닿는 면
(4) 현장 용접하는 부분
(5) 폐쇄형 단면을 한 부재의 밀폐된 면

06 **VE 공식**
(1) V : 가치(Value)
(2) F : 기능(Function)
(3) C : 비용(Cost)

07 **작업발판 일체형 거푸집**
(1) 갱 폼
(2) 슬립 폼
(3) 클라이밍 폼
(4) 터널 라이닝 폼

08 가. ⑤
나. ③
다. ①

09 (1) 캠버
(2) 동바리

10 ① 200mm
② 철근
③ 블록 메시
④ 컨트롤 조인트

11 **창호 기호표**

구분	창	문
목재	① WW	② WD
철재	③ SW	④ SD
알루미늄재	⑤ AW	⑥ AD

12 가. ① 스티프너, ② 띠판(Tie Plate), ③ 거싯 플레이트(Gusset Plate) 또는 전단 플레이트
나. 용접 종류 : 그루브용접, 필릿 용접

13 ①, ④, ⑤

14 ① 40
② 20mm

15 **품질관리 – 흡수율 계산**

$$흡수율 = \frac{W_{내부포수} - W_{절건}}{W_{절건}} \times 100 = \frac{2{,}000 - 1{,}992}{1{,}992} \times 100 = 0.402\%$$

16 **쪼갬인장강도 계산**

$$쪼갬인장강도 = \frac{2P}{\pi dL} = \frac{2 \times 100 \times 1{,}000}{\pi \times 300 \times 500} = 0.42 MPa$$

17 (1) 공정표

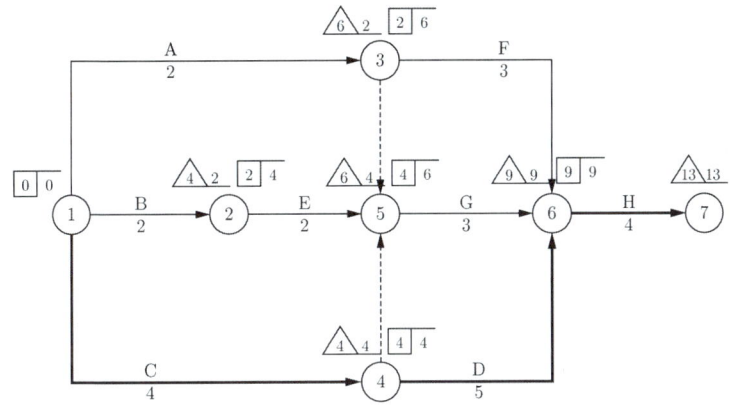

(2) 각 작업의 여유시간

작업명	TF	FF	DF	CP
A	4	0	4	
B	2	0	2	
C	0	0	0	*
D	0	0	0	*
E	2	0	2	
F	4	4	0	
G	2	2	0	
H	0	0	0	*

18 적산 – 벽돌량 계산
붉은 벽돌의 할증률 3%를 적용하며, 1.5B이므로 224매/m^2을 적용한다.
$20 \times 224 \times 1.03 = 4,614.4$
∴ 4,615장

19 적산 – 거푸집량 계산
(1) 기둥 = $(0.4+0.4) \times 2 \times 3 \times 4 = 19.2 m^2$
(2) 벽
  ① 수평방향 벽 = $(5-0.4\times 2)\times 3 \times 2(양면) \times 2(상하) = 50.4 m^2$
  ② 수직방향 벽 = $(8-0.4\times 2)\times 3 \times 2(양면) \times 2(좌우) = 86.4 m^2$
  벽 거푸집량 = $50.4 + 86.4 = 136.8 m^2$
  ∴ 전체 거푸집량 = $19.2 + 136.8 = 156.0 m^2$

20 용어 정의 – 항복비
강재가 항복에서 파단에 이르기까지를 나타내는 기계적 성질의 지표로서, 인장강도에 대한 항복강도의 비

21 사용성 한계상태
구조체가 붕괴되지는 않으나 구조기능이 저하되어 외관, 유지관리, 내구성 및 사용에 매우 부적합하게 되는 상태(예 : 진동, 균열, 처짐, 피로의 영향)

22 응력-변형률 곡선
(1) 비례한계점
(2) 탄성한계점
(3) 상항복점
(4) 하항복점
(5) 인장강도점
(6) 파괴점
(7) 탄성영역
(8) 소성영역
(9) 변형도경화영역
(10) 파괴영역

23 지지조건에 따른 유효좌굴길이
B(2L) → A(L) → D(0.7L) → C(0.5L)

24 띠철근기둥의 설계축하중
$$\phi P_n = \phi(0.80)[0.85 f_{ck}(A_g - A_{st}) + f_y A_{st}]$$
$$= 0.65(0.80)[0.85(27)(400 \times 300 - 3{,}096) + 400(3{,}096)]$$
$$= 2{,}039{,}100.34 N = 2{,}039.1 kN$$

25
- 공칭강도 : 강도설계법의 규정과 가정에 따라 계산된 부재 또는 단면의 강도를 말하며, 강도감소계수를 적용하기 전의 강도
- 설계강도 : 공칭강도에 강도감소계수를 곱한 값

26 탄성곡선식을 사용하여 처짐과 처짐각을 구한다.
$$M_x = M - \frac{Mx}{L}$$
$$\theta_x = \int \frac{M_x}{EI} dx = \frac{Mx}{EI} - \frac{Mx^2}{2EIL} + C_1$$
$$y_x = \int \theta_x dx = \frac{Mx^2}{2EI} - \frac{Mx^3}{6EIL} + C_1 x + C_2$$
경계조건에 의해 $y_A = y_B = 0$이므로 $x = 0$을 대입하면 적분상수 $C_2 = 0$을 얻을 수 있다.
$$y_{B(x=L)} = \frac{ML^2}{2EI} - \frac{ML^3}{6EIL} + C_1 L = 0$$
$$\therefore C_1 = \left(\frac{ML^2}{6EI} - \frac{ML^2}{2EI}\right) \times \frac{1}{L} = -\frac{ML}{3EI}$$
$$\therefore \theta_x = \frac{Mx}{EI} - \frac{Mx^2}{2EIL} - \frac{ML}{3EI} \rightarrow \theta_{A(x=0)} = \frac{M \times 0}{EI} - \frac{M \times 0}{2EIL} - \frac{ML}{3EI} = -\frac{ML}{3EI}$$
$$\therefore \theta_A = -\frac{ML}{3EI}$$

2022 제2회 건축기사

01 [4점]
가설공사에서 사용되는 기준점(Benchmark)의 정의 및 설치 시 주의사항 3가지를 기술하시오.
(1) 정의 :
(2) 설치 시 주의사항
　①
　②
　③

02 [4점]
조적공사에서 시공 시 기준이 되는 세로규준틀의 설치위치 1개소와 규준틀에 기재하는 사항 2가지를 기술하시오.
(1) 설치위치 :
(2) 기재사항 :

03 [3점]
흙막이 공사에서 역타설공법(Top-Down Method)의 장점 3가지 기술하시오.

04 [3점]

흙은 흙입자, 물, 공기로 구성되며, 도식화하면 다음 그림과 같다. 그림에 주어진 기호로 아래의 각종 용어를 표기하시오.

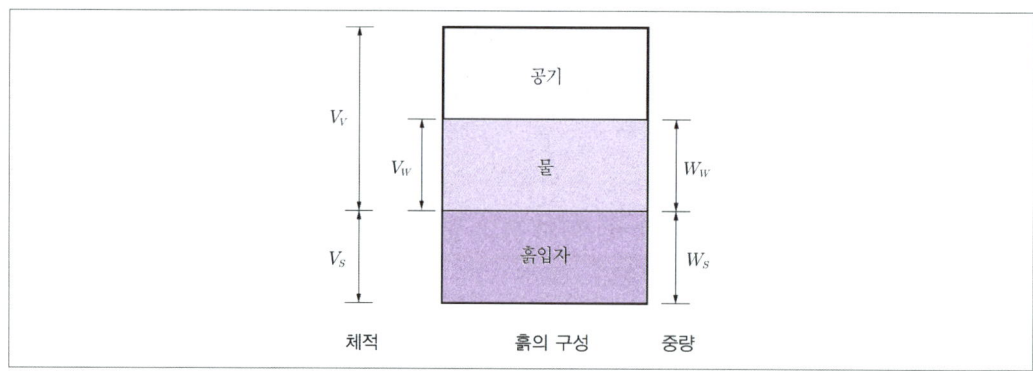

(1) 간극비 :
(2) 함수비 :
(3) 포화도 :

05 [4점]

다음 용어의 정의를 기술하시오.

(1) 스캘럽 :
(2) 엔드탭 :

06 [4점]

목재의 건조방법 중 천연건조(자연건조) 시 장점 2가지를 기술하시오.

(1)
(2)

07 [4점]

흙의 성질 중 예민비의 식과 정의를 기술하시오.

(1) 식 :
(2) 정의 :

08 [3점]

약액주입공법 후 주입재가 지반에 양호하게 되었는지 확인하는 방법 3가지를 기술하시오.

09 [4점]

다음과 같은 유리의 정의를 기술하시오.
(1) 복층유리 :
(2) 배강도 유리 :

10 [4점]

콘크리트 공사에서 소성수축균열(Plastic Shrinkage Crack)의 정의와 발생 원인을 기술하시오.

11 [4점]

시멘트계 바닥 바탕의 내마모성, 내화학성, 분진방지성을 증진시켜 주는 바닥강화제(Hardener) 중 침투식 액상하드너 시공 시 유의사항 2가지를 기술하시오.

12 [6점]

다음의 너트 조임에 대한 그림을 보고 합격과 불합격을 판정하고 각 이유를 기입하시오.

(1) 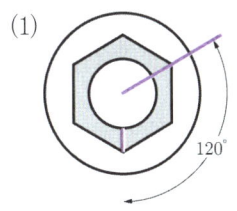 (2) 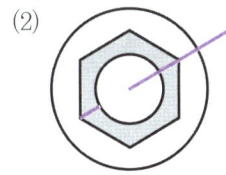 (3)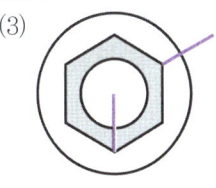

판정			
이유			

13 [3점]

밀시트(강재 시험성적서)로 확인할 수 있는 사항을 1가지를 기술하시오.

14 [4점]

다음의 콘크리트공사용 거푸집에 대하여 설명하시오.
(1) 슬라이딩 폼(Sliding Form) :
(2) 워플 폼(Waffle Form) :

15 [4점]

콘크리트에 사용되는 골재의 함수상태에는 절대건조상태, 기건상태, 표면건조 내부포수상태, 습윤상태가 있는데, 이 함수상태와 관련된 다음의 용어를 간략히 설명하시오.
(1) 흡수량 :
(2) 함수량 :

16 [3점]

철근콘크리트 공사 시 주철근 간격을 일정하게 유지하는 이유 3가지를 기술하시오.

17 [4점]

용접접합 중 슬래그 감싸들기(슬래그 혼입)의 이유 및 방지대책을 2가지씩 나열하시오.
(1) 원인
　①
　②
(2) 방지대책
　①
　②

18 [3점]

다음 설명에 맞는 볼트를 기술하시오.

> 철골부재의 접합에 사용되는 고장력볼트 중 볼트의 장력 관리를 손쉽게 하기 위해 개발된 것으로 본조임 시 전용 조임기를 사용하여 볼트의 핀테일이 파단될 때까지 조임시공하는 볼트

19 [10점]

다음에 제시된 화살표형 네트워크 공정표를 통해 일정계산 및 여유시간, 주공정선(CP)과 관련된 빈칸을 모두 채우시오. (단, CP에 해당하는 작업은 * 표시를 하시오.)

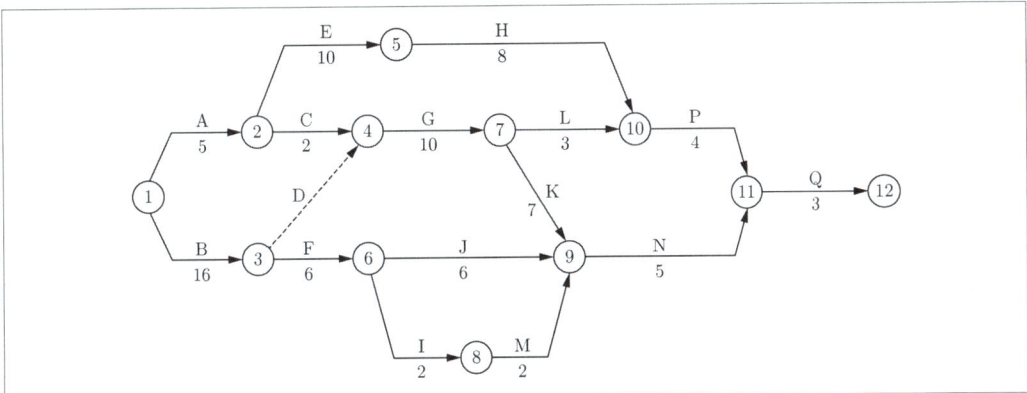

작업명	EST	EFT	LST	LFT	TF	FF	DF	CP
A								
B								
C								
D								
E								
F								
G								
H								
I								
J								
K								
L								
M								
N								
P								
Q								

20 [3점]

흐트러진 상태의 흙 30m³를 이용하여 30m²의 면적에 다짐 상태로 60cm 두께를 터 돋우기 할 때 시공 완료된 다음의 흐트러진 상태의 남는 토량을 산출하시오. (단, 이 흙의 L=1.2이고, C=0.9이다.)

21 [3점]

큰 처짐에 의하여 손상되기 쉬운 칸막이벽이나 기타 구조물을 지지 또는 부착하지 않은 부재의 경우, 다음 표에서 정한 최소두께를 적용하여야 한다. 표의 ( ) 안에 알맞은 숫자를 기입하시오. (단, 표의 값은 보통중량콘크리트와 설계기준항복강도 400MPa의 철근을 사용한 부재에 대한 값임)

[처짐을 계산하지 않은 경우의 보 또는 1방향 슬래브의 최소두께 기준]

단순지지된 1방향 슬래브	L/( )
1단 연속된 보	L/( )
양단 연속된 리브가 있는 1방향 슬래브	L/( )

22 [4점]

H형강 H-294×170×7×11의 설계인장강도를 산정하시오. (단, 설계저항계수 $\phi=0.90$을 적용하며, 항복강도 $F_y=325$MPa, $A_g=5,620$mm²이다.)

23 [3점]

다음 그림과 같은 구조물의 T부재에 발생하는 부재력을 계산하시오.

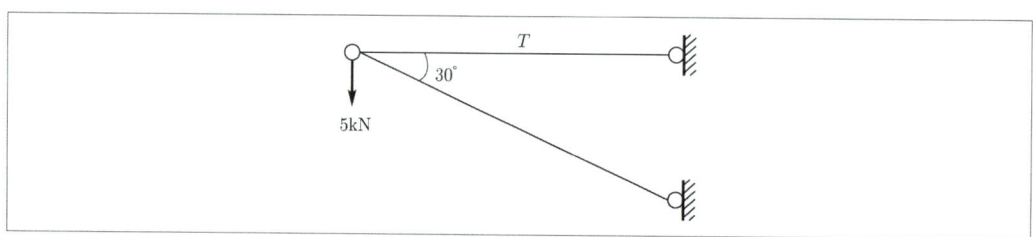

계산과정 :

24 [3점]

철근콘크리트 보의 춤이 700mm이고, 부모멘트를 받는 단면의 상부에 HD25 철근이 배근되어 있을 때, 철근의 인장정착길이(l_d)를 구하시오. (단, $f_{ck}=25$MPa, $f_y=400$MPa, 철근의 순간격과 피복두께는 철근 직경 이상이고, 상부철근 보정계수는 1.3을 적용하며, 도막되지 않은 철근, 보통중량콘크리트를 사용한다.)

25 [4점]

다음과 같은 부정정 라멘 구조에서 각 점의 휨모멘트 절대값을 구하고 휨모멘트도를 작성하시오.

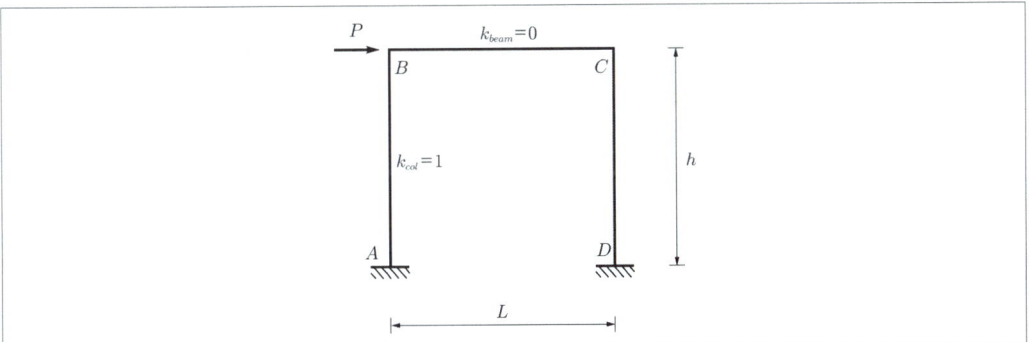

26 [3점]

다음 표의 ( ) 안에 알맞은 숫자를 기입하시오.

비합성 압축부재의 축방향 주철근 단면적은 전체 단면적 A_g의 (A)배 이상, (B)배 이하로 하여야 한다. 축방향 주철근이 겹침이음되는 경우의 철근비는 (C)를 초과하지 않도록 하여야 한다.

22년 2회 해설 및 정답

01 (1) 정의 : 건축물 시공 시 기준위치를 정하는 원점으로 공사 중 높이의 기준을 정하고자 설치하는 것
  (2) 설치 시 주의사항
   ① 이동의 염려가 없는 곳에 설치한다.
   ② 2개소 이상 설치한다.
   ③ 지면에서 0.5~1.0m 높이로 바라보기 좋고, 공사에 지장이 없는 곳에 설치한다.

02 (1) 설치위치 : 건물의 모서리, 벽의 끝부분
  (2) 기재사항 : 개구부 치수, 쌓기 높이/단수, 앵커볼트 위치, 테두리보, 인방보의 위치

03 **역타설공법의 장점**
  (1) 지상과 지하의 동시작업으로 공기가 단축된다.
  (2) 1층 바닥판이 먼저 시공되어 우기 시에도 공사가 가능하다.
  (3) 소음 및 진동이 적어 도심지 공사에 적합하다.
  (4) 부정형인 평면 형상이라도 굴착이 가능하다.

04 (1) 간극비 = $\dfrac{\text{간극의 부피}}{\text{흙입자의 부피}} = \dfrac{V_v}{V_s}$
  (2) 함수비 = $\dfrac{\text{물의 중량}}{\text{흙입자의 중량}} \times 100(\%) = \dfrac{W_w}{W_s} \times 100(\%)$
  (3) 포화도 = $\dfrac{\text{물의 부피}}{\text{간극의 부피}} \times 100(\%) = \dfrac{V_w}{V_v} \times 100(\%)$

05 (1) 스캘럽(Scallop) : 철골부재 용접 시 이음 및 접합부위의 용접선이 교차되어 재용접된 부위가 열영향을 받아 약해지는 것을 방지하기 위해 모재를 부채꼴 모양으로 제거한 것
  (2) 엔드탭 : 용접결함이 생기기 쉬운 용접 비드의 시작 부분이나 끝부분에 설치하는 보조 강판

06 **목재의 천연 건조(자연건조)의 장점**
  (1) 시설비 및 작업비용이 저렴함
  (2) 대량으로 건조 가능
  (3) 인공건조에 비해 균일한 건조 가능

07 (1) 식 : $\dfrac{\text{자연시료의 강도}}{\text{이긴시료의 강도}}$
  (2) 정의 : 이긴 시료에 대한 자연시료의 강도의 비

08
(1) 굴착 후 육안에 의한 확인
(2) 물리탐사에 의한 비파괴 확인
(3) 지반조사 및 시험을 통한 확인

09 복층유리, 배강도 유리의 용어 정의
(1) 복층유리 : 건조공기층을 사이에 두고 판유리를 이중으로 접합하여 테두리를 둘러서 밀봉한 유리로 단열, 결로방지에 유리함
(2) 배강도 유리 : 일반 판유리의 강도보다 2배 정도 크게 만든 유리로 고층건물에 적용함

10
(1) 정의 : 콘크리트 타설 후 블리딩의 발생속도보다 표면의 증발속도가 빠른 경우 표면 수축에 의해 발생되는 불규칙한 방향의 균열로, 주로 외기에 노출된 슬래브에서 많이 발생한다.
(2) 원인
  ① 물의 증발속도가 $1kg/m^2/h$ 이상일 때
  ② 건조한 바람이 심하게 불 경우
  ③ 고온 저습한 기온일 경우

11
(1) 바닥강화 시공 시 기온이 5℃ 이하면 작업 중지
(2) 바닥 오염제거 및 비나 눈의 피해가 없도록 보양 조치가 필요함

12
(1) 합격(이유 : 너트의 적절한 120도 회전)
(2) 불합격(이유 : 너트가 120도를 초과한 회전 과다)
(3) 불합격(이유 : 볼트와 너트의 동시 회전)

13 밀시트(강재 시험성적서)의 내역
(1) 규격
(2) 시험기준
(3) 화학 성분
(4) 역학적 시험 내용

14
(1) 슬라이딩 폼 : 유닛 거푸집을 설치하여 요크(York)로 거푸집을 끌어올리면서 연속해서 콘크리트를 타설 가능한 수직활동 거푸집, Silo, 굴뚝 등 단면형상의 변화가 없는 구조물에 사용
(2) 워플 폼 : 무량판 구조에서 2방향 장선(격자보) 바닥판 구조가 가능하도록 된 특수 상자모양의 기성재 거푸집

15 골재의 함수상태
(1) 흡수량 : 골재의 표면건조 내부포수상태의 중량과 절건상태의 중량의 차, 또는 표면건조 내부 포화상태의 골재 중에 포함되는 물의 양
(2) 함수량 : 골재의 습윤상태의 중량과 절건상태의 중량의 차, 또는 골재의 표면 및 내부에 있는 물의 전 중량

16 주철근의 간격 유지 이유
(1) 콘크리트 시공성 확보   (2) 소요강도 유지
(3) 재료분리 방지

17 슬래그 감싸들기(슬래그 혼입)
(1) 원인
  ① 용접 중에 발생하는 슬래그가 용접부 안으로 들어간 경우
  ② 용접 전류가 낮거나 운봉 속도가 늦은 경우
(2) 방지대책
  ① 용접 중 혼입된 슬래그를 제거하고 용접한다.
  ② 적정한 전류와 운봉 속도 유지

18 볼트축 전단형(Torque Shear) 고력볼트

19 (1)

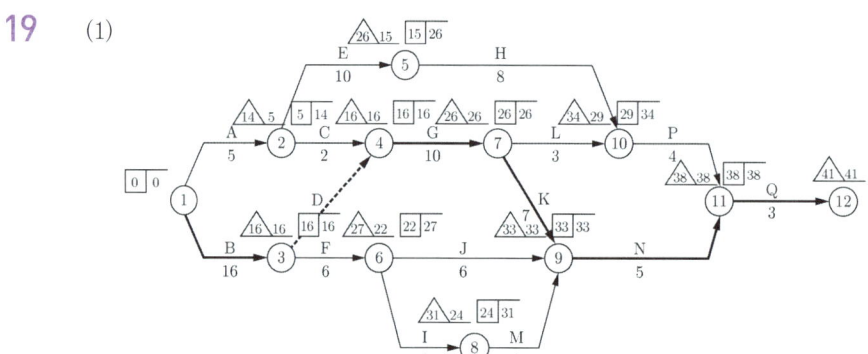

(2)

작업명	EST	EFT	LST	LFT	TF	FF	DF	CP
A	0	5	9	14	9	0	9	
B	0	16	0	16	0	0	0	*
C	5	7	14	16	9	9	0	
D	16	16	16	16	0	0	0	*
E	5	15	16	26	11	0	11	
F	16	22	21	27	5	0	5	
G	16	26	16	26	0	0	0	*
H	15	23	26	34	11	6	5	
I	22	24	29	31	7	0	7	
J	22	28	27	33	5	5	0	
K	26	33	26	33	0	0	0	*
L	26	29	31	34	5	0	5	
M	24	26	31	33	7	7	0	
N	33	38	33	38	0	0	0	*
P	29	33	34	38	5	5	0	
Q	38	41	38	41	0	0	0	*

20 (1) 시공 시 건축물의 부피에 해당하는 돋우기된 토량을 흐트러진 상태로 환산

$$30\text{m}^2 \times 0.6\text{m} \times \frac{1.2}{0.9} = 24\text{m}^3$$

(2) 남는 토량 = $30\text{m}^3 - 24\text{m}^3 = 6\text{m}^3$

21 **보 또는 1방향 슬래브의 최소두께**

(1) 단순지지된 1방향 슬래브 : L/(20)
(2) 1단 연속된 보 : L/(18.5)
(3) 양단 연속된 리브가 있는 1방향 슬래브 : L/(21)

부재	최소두께			
	캔틸레버	단순지지	1단 연속	양단 연속
• 1방향 슬래브	$L/10$	$L/20$	$L/24$	$L/28$
• 보 • 리브가 있는 1방향 슬래브	$L/8$	$L/16$	$L/18.5$	$L/21$

22 **설계인장강도 계산**

한계상태설계법에 의한 설계인장강도는 총 단면의 항복강도($0.9F_y A_g$)과 유효순단면의 파단강도($0.75F_u A_e$) 중 작은 값으로 산정해야 하지만 주어진 조건에서 설계저항계수를 0.90을 사용하라는 것은 총 단면의 항복만을 고려해서 설계인장강도를 계산하라는 뜻이다.

$F_t = \phi F_y A_g = 0.9 \times 325 \times 5{,}620 = 1{,}643{,}850 N = 1{,}643.85 kN$

23 **T부재력 : sine 법칙 이용**

$$\frac{N_T}{\sin(90-30)°} = \frac{5kN}{\sin 30°} \rightarrow N_T = \sin 60° \times \frac{5kN}{\sin 30°} = 8.66 kN (\text{인장력})$$

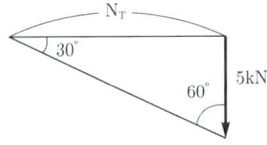

24 **철근 인장정착길이 계산**

(1) 정밀식 $l_d = \dfrac{0.9 d_b f_y}{\lambda \sqrt{f_{ck}}} \times \dfrac{\alpha \beta \gamma}{\left(\dfrac{c+K_{tr}}{d_b}\right)}$ 을 이용한다.

여기서, α : 철근배치 위치계수
β : 철근 도막계수
γ : 철근 또는 철선의 크기 계수(D19 이하 : 0.8, D22 이상 : 1.0)
λ : 경량콘크리트 계수
c : 피복두께나 철근 순간격 중 최소값의 1/2
K_{tr} : 횡방향철근지수(보통 0으로 계산)

$\alpha = 1.3$, $\beta = 1.0$, $\gamma = 1.0$, $\lambda = 1.0$, $c = 12.5$, $K_{tr} = 0$

(2) 인장정착길이 $l_d = \dfrac{0.9(25)(400)}{(1.0)\sqrt{(25)}} \times \dfrac{1.3(1.0)(1.0)}{\left(\dfrac{12.5+0}{25}\right)} = 4{,}680 mm$

25 처짐각법으로 풀이

$M_{AB} = k_{AB}(2\phi_A + \phi_B + R) + C_{AB} = \phi_B + R$ $\quad k_{BC} = k_{CB} = 0$
$M_{BA} = k_{BA}(2\phi_B + \phi_A + R) + C_{BA} = 2\phi_B + R$ $\quad \phi_A = \phi_B = 0$
$\quad\quad\quad\quad\quad\quad\quad\quad\quad\quad\quad\quad\quad\quad\quad C_{AB} = C_{BC} = C_{CD} = 0$

$M_{BC} = k_{BC}(2\phi_B + \phi_C + R) + C_{BC} = 0$
$M_{CB} = k_{CB}(2\phi_C + \phi_B + R) + C_{CB} = 0$

$M_{CD} = k_{CD}(2\phi_C + \phi_D + R) + C_{CD} = 2\phi_C + R$
$M_{DC} = k_{dC}(2\phi_D + \phi_C + R) + C_{DC} = \phi_C + R$

절점 평행 방정식에 따라	층방정식에 따라
$\sum M_B = M_{BA} + M_{BC} = 0$ $\therefore 2\phi_B + R = 0 \cdots$ 1식 $\sum M_C = M_{CB} + M_{CD} = 0$ $\therefore 2\phi_C + R = 0 \cdots$ 2식	$M_{AB} + M_{BA} + M_{CD} + M_{DC} + P \cdot h = 0$ $\therefore 3\phi_B + 3\phi_C + 4R = -P \cdot h \cdots$ 3식

1~3식을 연립방정식으로 풀면,

$\phi_B = \dfrac{P \cdot h}{2}$, $\phi_C = \dfrac{P \cdot h}{2}$, $R = -P \cdot h$

$\therefore M_A = -\dfrac{Ph}{2}$, $M_B = 0$, $M_C = 0$, $M_D = -\dfrac{Ph}{2}$

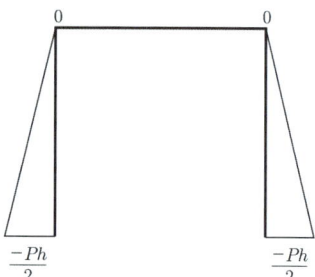

26 A : 0.01
B : 0.08
C : 0.04

2022 제4회 건축기사

01 [4점]

아래 〈보기〉에서 가치공학(Value Engineering)의 기본추진절차를 번호 순서대로 나열하시오.

① 정보 수집	② 기능 정리	③ 아이디어 발상
④ 기능 정의	⑤ 대상 선정	⑥ 제안
⑦ 기능 평가	⑧ 실시	⑨ 평가

02 [4점]

다음은 지반조사법 중 보링에 대한 설명이다. 알맞은 공법을 기술하시오.

(1) 충격날을 60~70cm 정도 낙하시키고 그 낙하 충격에 의해 파쇄된 토사를 퍼내어 지층 상태를 판단하는 공법
(2) 충격날을 회전시켜 천공하므로 토층이 흐트러질 우려가 적은 방법
(3) 오거를 회전시키면서 지중에 압입, 굴착하고 여러 번 오거를 인발하여 교란 시료를 채취하는 방법
(4) 깊이 30m 정도의 연질층에 사용되며, 외경 50~60mm 관을 이용, 천공하면서 흙과 물을 동시에 배출시키는 방법

03 [5점]

KSF 5201 규정에서 정한 포틀랜드 시멘트의 종류 5가지를 기술하시오.

04 [2점]

다음에서 설명하는 줄눈의 명칭을 기술하시오.

콘크리트 타설작업 중 휴식시간 등으로 경화가 완료된 콘크리트에 새로운 콘크리트를 이어서 타설할 때, 일체가 되지 않아 생기는 줄눈

05 [3점]

다음 그림에 해당하는 접합을 기술하시오.

(1) (   )접합   (2) (   )접합   (3) (   )접합

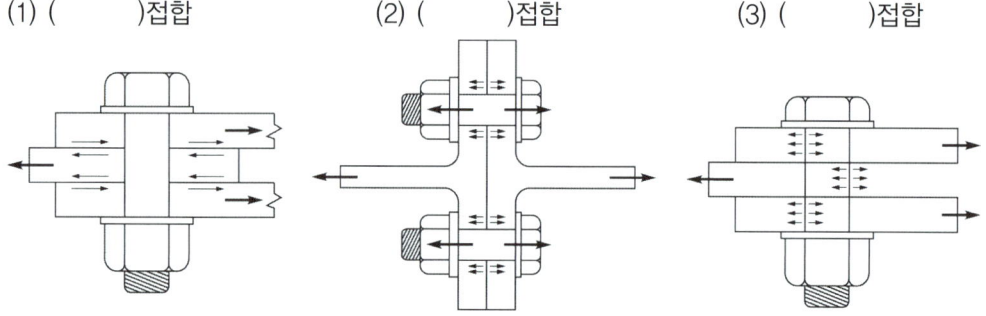

06 [4점]

철골공사 내화공법 중 습식 공법 4가지를 기술하시오.

07 [4점]

다음 용어의 정의와 역할을 간단히 기술하시오.
(1) 스캘럽(Scallop) :
(2) 뒷댐재(Back Strip) :

08 [3점]

철골공사 용접 시 발생하는 라멜라 테어링에 대해 간단히 설명하시오.

09 [4점]

레미콘(보통 - 25 - 24 - 150)의 현장 반입 시 송장 표기 내용이다. 각각 의미하는 바를 간단히 기술하시오. (단, 단위 표기도 할 것)

10 [3점]

지하구조물은 지하수위에서 구조물 밑면까지의 깊이만큼 부력을 받아 건물이 부상하게 되는데, 이러한 부상에 대한 방지대책 3가지를 기술하시오.

11 [3점]

조적조를 바탕으로 하는 지상부 건축물의 외부 벽체에 대한 직접 방수처리방법 3가지를 기술하시오.

12 [3점]

다음 보기는 용접부의 검사항목이다. 보기에서 골라 알맞은 공정에 해당 번호를 기입하시오.

① 트임새 모양	② 전류	③ 침투수압
④ 운봉	⑤ 모아대기법	⑥ 외관판단
⑦ 구속	⑧ 용접봉	⑨ 초음파검사
⑩ 절단검사		

(1) 용접 착수 전 :
(2) 용접 작업 중 :
(3) 용접 완료 후 :

13 [3점]

로이 삼중유리의 정의를 쓰고 특징 2가지를 기술하시오.

14 [3점]

건축공사에서 언더 피닝을 해야 하는 이유 3가지를 기술하시오.

15 [2점]

시멘트의 시험 중 분말도 시험의 종류 2가지를 기술하시오.

16 [4점]

다음과 같은 콘크리트 균열보수법의 정의를 기술하시오.

(1) 표면처리법 :
(2) 주입공법 :

17 [4점]

다음 설명하는 공법의 명칭을 기술하시오.

(1) 무량판 구조에서 2방향 장선 바닥판 구조가 가능하도록 된 특수상자 모양의 기성재 거푸집
(2) 시스템거푸집으로 한 구간 콘크리트를 타설 후 다음 구간으로 수평이동이 가능한 거푸집 공법
(3) 유닛 거푸집을 설치하여 요크로 거푸집을 끌어 올리면서 연속해서 콘크리트를 타설 가능한 수직 활동 거푸집
(4) 아연도 철판을 절곡 제작하여 거푸집으로 사용하여 콘크리트 타설 후 사용 철판을 바닥 하부 마감재로 사용하는 공법

18 [4점]

다음은 평지붕 외단열 시트 방수공법이다. 보기를 보고 시공순서를 보기에 골라 기술하시오.

① 누름콘크리트　　② PE 필름　　③ 단열재
④ 시트방수　　⑤ 콘크리트 바탕

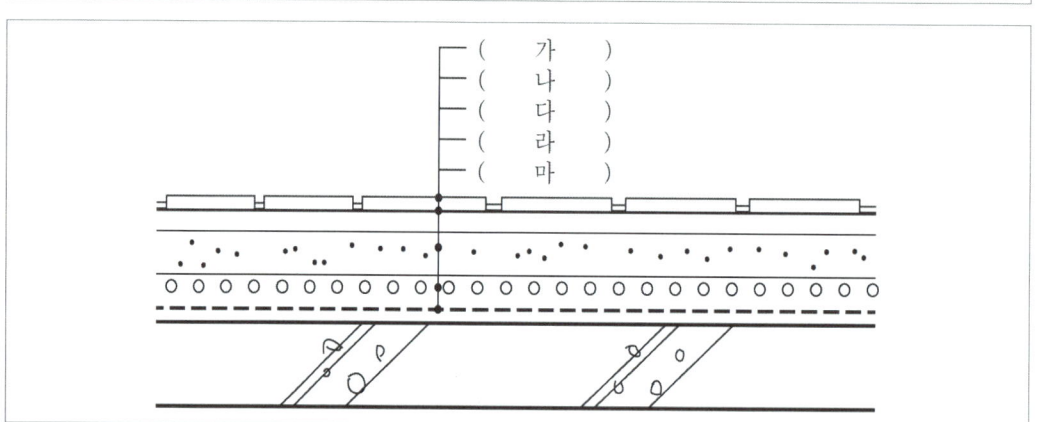

19 [3점]

콘크리트 배합 시 잔골재를 세척 해사로 사용했을 때 콘크리트의 염화물 함량을 측정한 결과 염소이온량이 $0.3 \sim 0.6 kg/m^3$이었다. 이때 철근콘크리트의 염분을 포함한 바닷모래를 골재로 사용하는 경우 철근 부식에 대한 방청의 유효한 조치 3가지를 기술하시오.

20 [4점]

건설공사 현장에 시멘트가 반입되었다. 특히 시방서에 시멘트의 비중은 3.10 이상으로 규정되어 있다고 할 때, 르샤틀리에 비중병을 이용하여 KS규격에 의거 시멘트 비중을 시험한 결과에 대하여 시멘트의 비중을 구하고, 자재 품질관리상 합격 여부를 판정하시오. (시험 결과 비중병에 광유를 채웠을 때의 최소눈금은 0.5ml, 시험에 사용한 시멘트량은 64g, 광유에 시멘트를 넣은 후에 눈금은 20.8cc이었다.)

21 [10점]

다음 데이터를 네트워크 공정표로 작성하고, 각 작업의 여유시간(TF와 FF)을 계산하시오.

작업명	작업일수	선행작업	비고
A	5	없음	① CP는 굵은 선으로 표시한다.
B	6	없음	② 각 결합점에서는 다음과 같이 표시한다.
C	5	A, B	EST │ LST LET │ EFT
D	7	A, B	
E	3	B	③ 각 작업은 다음과 같이 표시한다.
F	4	B	
G	3	C, E	(i) ──작업명/공사일수──> (j)
H	4	C, D, E, F	

22 [6점]

다음 기초에 사용되는 철근과 콘크리트의 정미량을 산출하시오. (단, 이형철근 D16의 단위중량은 1.56kg/m, D13의 단위중량은 0.995kg/m이다.)

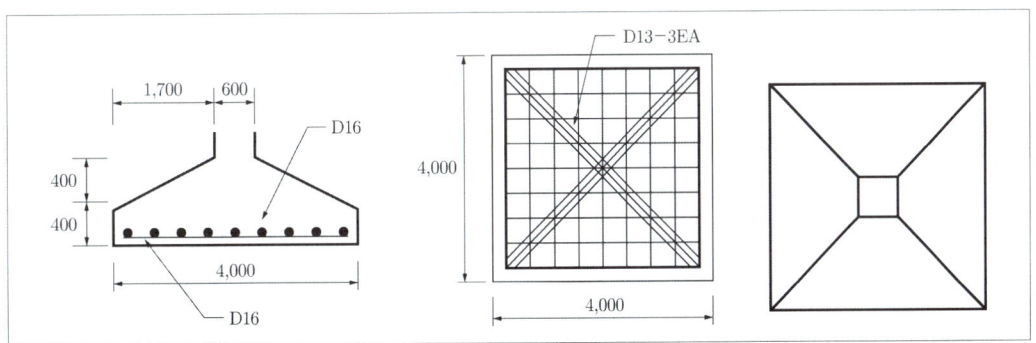

23 [4점]

그림과 같은 트러스의 U_2, L_2 부재의 부재력을 절단법으로 구하시오.

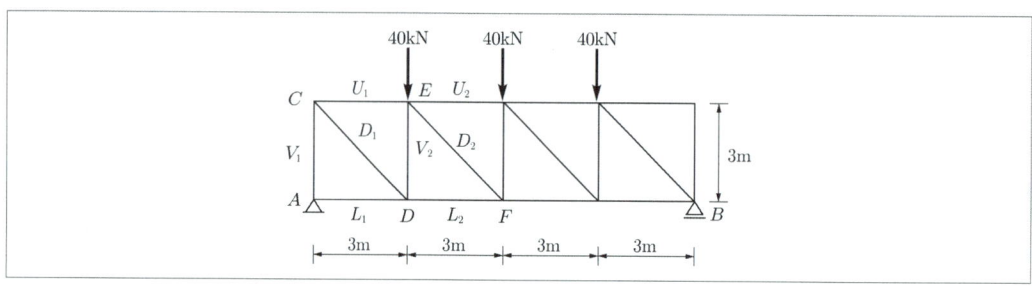

24 [3점]

그림과 같은 단순보의 단면에 생기는 최대 전단응력도(MPa)를 계산하시오. (단, 보의 단면은 300×500mm임)

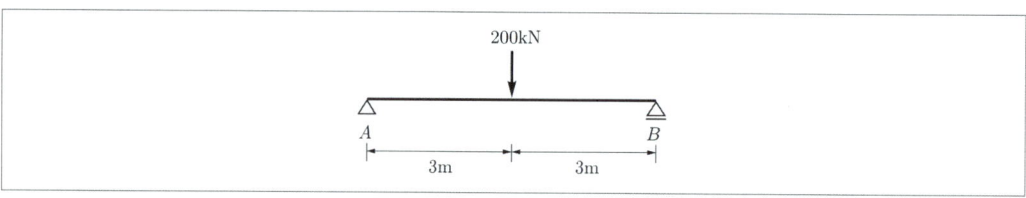

25 [4점]

그림과 같은 철근콘크리트 보의 설계전단강도를 산정하시오. (단, 보통중량콘크리트이고, $f_{ck} = 24$MPa, $f_{yt} = 400$MPa, D10 공칭단면적 $a_1 = 71.33$mm^2)

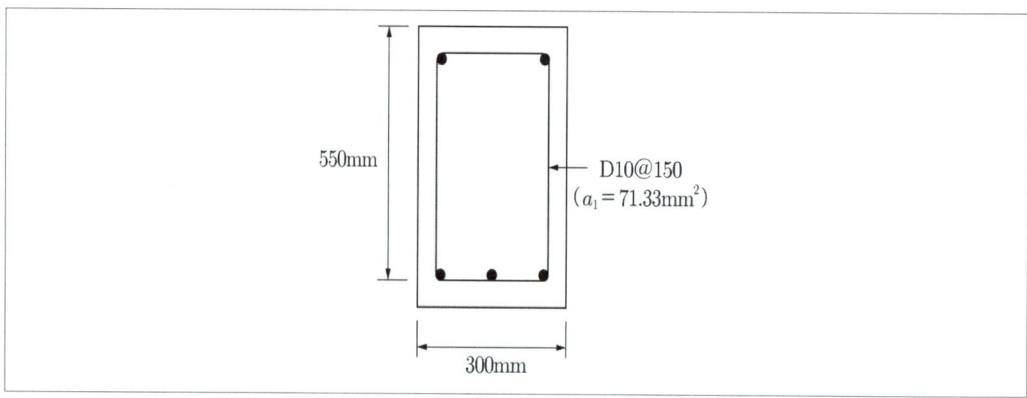

26 [4점]

다음은 철근콘크리트 부재의 구조계산을 수행한 결과이다. 물음에 답하시오.

(1) 하중조건
   ① 고정하중 : $M_D = 150\text{kNm}$, $V_D = 120\text{kN}$
   ② 활하중 : $M_L = 130\text{kNm}$, $V_L = 110\text{kN}$
(2) 강도감소계수
   ① 휨에 대한 강도감소계수 : $\phi = 0.85$
   ② 전단에 대한 강도감소계수 : $\phi = 0.75$

(1) 소요공칭휨강도 :
(2) 소요공칭전단강도 :

22년 4회 해설 및 정답

01 가치공학의 기본 추진절차
⑤ → ① → ④ → ② → ⑦ → ③ → ⑨ → ⑥ → ⑧

02 (1) 충격식
(2) 회전식
(3) 오거식
(4) 수세식

03 포틀랜드 시멘트 종류
(1) 보통 포틀랜드 시멘트
(2) 중용열 포틀랜드 시멘트
(3) 조강 포틀랜드 시멘트
(4) 저열 포틀랜드 시멘트
(5) 내황산염 포틀랜드 시멘트

04 콜드조인트

05 (1) 마찰접합
(2) 인장접합
(3) 지압접합

06 공법의 종류와 재료
(1) 타설공법 : 콘크리트, 경량 콘크리트
(2) 조적공법 : 벽돌, 콘크리트 블록
(3) 미장공법 : 철망 모르타르, 철망 펄라이트 모르타르
(4) 뿜칠공법 : 뿜칠 모르타르, 뿜칠 플라스터

07 (1) 스캘럽(Scallop) : 철골부재 용접 시 이음 및 접합부위의 용접선이 교차되어 재용접된 부위가 열영향을 받아 약해지는 것을 방지하기 위해 모재를 부채꼴 모양으로 제거한 것
(2) 뒷댐재(Back Strip) : 한 면 그루브용접 시 용융금속이 녹아 떨어지는 것을 방지하기 위해 루트 하부에 받치는 금속판

08 라멜라 테어링
용접 시 열 용접부의 국부 열변형으로 모재부에 판 표면과 평행하게 진행되는 층상의 용접균열이 발생되는 현상

09 (1) 보통콘크리트
(2) 25 : 굵은 골재 최대치수(mm)
(3) 24 : 호칭강도(MPa)
(4) 150 : 슬럼프(mm)

10 건물의 부상 방지대책
(1) 건물의 자중 증가
(2) 락-앵커(Rock Anchor)를 사용하여 정착
(3) 배수공법을 이용한 지하수위 저하
(4) 지하수를 채운 이중 지하실의 설치

11 조적조의 직접 방수처리방법
(1) 도막 방수(에폭시 수지)
(2) 시멘트 액체 방수
(3) 수밀성 재료의 부착

12 용접부의 검사항목
(1) 용접 착수 전 : ①, ⑤, ⑦
(2) 용접 작업 중 : ②, ④, ⑧
(3) 용접 완료 후 : ③, ⑥, ⑨, ⑩

13 (1) 정의 : 금속이나 금속산화물이 얇게 코팅된 유리로서 가시광선의 투과율이 높고 열의 이동이 최소화된 유리
(2) 특징
① 고단열 복층유리(에너지 절약형) 또는 저방사 유리하고도 함
② 단열과 결로 방지

14 언더피닝의 적용
(1) 터파기 시 인접 건물의 침하를 방지하고자 할 때
(2) 기존 건축물의 기초를 보강하고자 할 때
(3) 경사진 건물을 바로잡고자 할 때

15 시멘트의 분말도 시험
(1) 표준체의 체가름 시험
(2) 브레인시험(비표면적 시험)

16 콘크리트 균열보수법
(1) 표면처리법 : 보통 폭이 0.2mm 이하의 미세한 균열에 폴리머시멘트나 Mortar로 도막을 형성하여 보수하는 방법
(2) 주입공법 : 천공 후 주입 파이프를 적당한 간격으로 설치하여 낮은 점성의 에폭시 수지를 주입하는 공법

17
(1) 워플 폼
(2) 트래블링 폼
(3) 슬라이딩 폼
(4) 데크 플레이트

18
가 - ⑤ 콘크리트 바탕
나 - ③ 단열재
다 - ② PE 필름
라 - ④ 시트방수
마 - ① 누름콘크리트

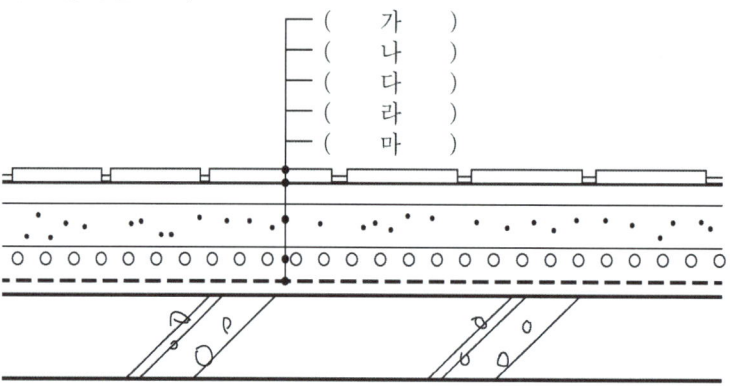

19 **염분에 대한 철근의 방청법**
(1) 철근에 아연도금, 에폭시 코팅
(2) 콘크리트에 방청제 혼입
(3) 물시멘트가 작은 콘크리트를 사용
(4) 충분한 피복두께

20
(1) 시멘트의 비중 $= \dfrac{64}{20.8-0.5} = 3.15$
(2) 판정 : 합격(∵ 3.15 > 3.10)

21 공정표 작성 및 여유시간
(1) 공정표 작성

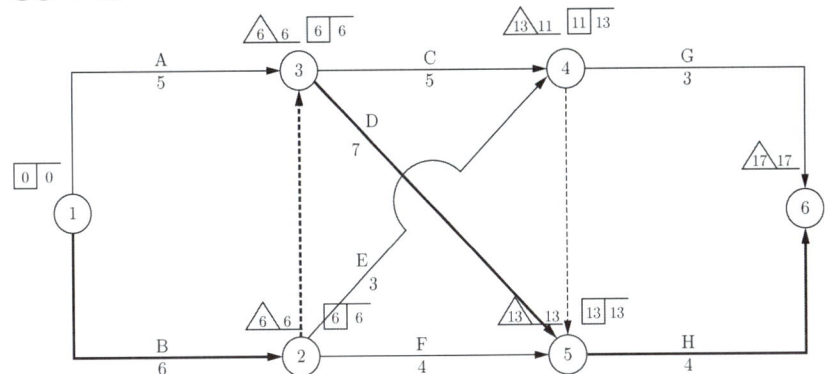

(2) 작업의 여유시간

작업명	TF	FF	DF	CP
A	1	1	0	
B	0	0	0	*
C	2	0	2	
D	0	0	0	*
E	4	2	2	
F	3	3	0	
G	3	3	0	
H	0	0	0	*

22
(1) 철근량(간격이 주어지지 않아서 도면의 개수로 적용)
　① 가로근(D16) : 4×9개=36m
　② 세로근(D16) : 4×9개=36m
　③ 대각선근(D13) : $\sqrt{4^2+4^2} \times 3 \times 2$개=33.94m
　∴ D13=③=33.94m×0.995kg/m=33.77kg
　　D16=①+②=72m×1.56kg/m=112.32kg
　∴ 총중량=D13+D16=146.09kg

(2) 콘크리트량
　① 수평부=4×4×0.4=6.4m³
　② 경사부=$\dfrac{0.4}{6} \times \{(2\times4+0.6)\times4+(2\times0.6+4)\times0.6\}$=2.5m³
　∴ ①+②=8.9m³

23 트러스 부재력 산정

구하고자 하는 부재를 포함하여 3개 이내의 부재가 절단되도록 임의의 절단선으로 트러스를 절단한다.

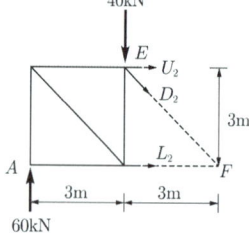

(1) $V_A = \dfrac{40+40+40}{2} = 60kN(\uparrow)$

(2) $\Sigma M_F = 0 \rightarrow 60 \times (3+3) - 40 \times 3 + U_2 \times 3 = 0$

$\qquad \therefore U_2 = -80kN$(압축)

(3) $\Sigma M_E = 0 \rightarrow 60 \times 3 - L_2 \times 3 = 0$

$\qquad \therefore L_2 = 60kN$(인장)

24 최대 전단응력 계산

(1) 단순보에서 최대 전단력은 항상 지점 반력과 같다.

$\therefore$ 최대 전단력 $V_{max} = \dfrac{P}{2} = \dfrac{200}{2} = 100kN = 100{,}000N$

(2) 직사각형 단면의 형상계수 k=1.5이고, 최대 전단응력을 구하기 위해 단위를 N과 mm로 통일시킨다.

$v_{max} = k\dfrac{V_{max}}{A} = 1.5 \times \dfrac{100{,}000}{300 \times 500} = 1N/mm^2 = 1MPa$

25 철근콘크리트 보의 설계전단강도 산정

① 콘크리트의 전단강도

$V_c = \dfrac{1}{6}\lambda\sqrt{f_{ck}}\,b_w d = \dfrac{1}{6} \times 1.0 \times \sqrt{24} \times 300 \times 550 = 134{,}722N = 134.72kN$

② 전단철근의 전단강도

$V_s = \dfrac{A_v f_{yt} d}{s} = \dfrac{(2 \times 71.33) \times 400 \times 550}{150} = 209{,}235N = 209.24kN$

③ 설계전단강도

$\phi V_n = \phi(V_c + V_s) = 0.75(134{,}722 + 209{,}235) = 257{,}968N = 257.97kN$

26

(1) 소요공칭 휨강도

$M_u \le M_d = \phi M_n$

$M_n \ge \dfrac{M_u}{\phi} = \dfrac{1.2M_D + 1.6M_L}{\phi} = \dfrac{1.2 \times 150 + 1.6 \times 130}{0.85} = 456.47kNm$

(2) 소요공칭 전단강도

$V_u \le V_d = \phi V_n$

$V_n \ge \dfrac{V_u}{\phi} = \dfrac{1.2V_D + 1.6V_L}{\phi} = \dfrac{1.2 \times 120 + 1.6 \times 110}{0.75} = 426.67kNm$

2023 제1회 건축기사

01 [4점]
지반조사 방법 중 보링(Boring)의 정의와 종류 3가지를 기술하시오.
(1) 정의 :
(2) 종류

02 [4점]
압밀과 다짐을 비교하여 설명하시오.

03 [4점]
자연시료의 강도가 8, 이긴 시료의 강도가 5일 때 예민비를 계산하시오.

04 [4점]
지하연속벽(Slurry Wall)공법에 사용되는 안정액의 역할 2가지를 기술하시오.

05 [4점]
레미콘(25-30-180)의 현장 반입 시 송장 표기 내용이다. 각각 의미하는 바를 간단히 기술하시오. (단, 단위 표기도 할 것)
(1) 25 :
(2) 30 :
(3) 180 :

06 [3점]

LOB(Line of balance) 공정표에 대해 설명하시오.

07 [3점]

Fastener는 커튼월을 구조체에 긴결시키는 부품을 말하는데, 외력에 대응할 수 있는 강도를 가져야 하며 설치가 용이하고 내구성, 내화성 및 층간변위에 대한 추종성이 있어야 한다. 커튼월 공사에서 구조체의 층간변위, 커튼월의 열팽창 등을 해결하는 Fastener의 긴결방식 3가지를 기술하시오.

08 [4점]

패스트트랙(fast track) 공법을 간단히 설명하시오.

09 [4점]

다음 시방서 규정에서 ( ) 안에 알맞은 숫자를 기입하시오.

> 콘크리트 시공 시 이어붓기를 하는 경우, 콘크리트의 비빔에서 타설 후 이어붓기까지의 제한 시간은 외기온도가 25℃ 미만에서는 (①)시간 이내, 25℃ 이상에서는 (②)시간 이내로 타설을 완료하여야 한다.

①
②

10 [4점]

ALC 제조 시 주재료와 기포 제조 방법을 기술하시오.

11 [3점]

다음과 같은 강구조 볼트 접합의 용어를 기술하시오.

(1) 볼트 중심 사이의 간격 :
(2) 볼트 중심 사이를 연결하는 선 :
(3) 볼트 중심 사이를 연결하는 선 사이의 거리 :

12 [3점]

화재 시 발생하는 고강도 콘크리트의 폭렬현상에 대하여 기술하시오.

13 [4점]

현장에 반입하는 레미콘의 품질검사 시험 항목(굳지 않은 콘크리트의 상태는 제외) 4가지를 기술하시오.

14 [3점]

석공사의 진행 중 석재가 깨진 경우 석재를 붙이는 데 사용되는 접착제를 기술하시오.

15 [3점]

철골공사에서 베이스 플레이트(Base Plate)의 시공 시 사용되는 충전재의 명칭을 기술하시오.

16 [4점]

지하구조물은 지하수위에서 구조물 밑면까지의 깊이만큼 부력을 받아 건물이 부상하게 되는데, 이러한 부상에 대한 방지대책 2가지를 기술하시오.

17 [3점]

다음에서 설명하는 특수 못의 용어를 쓰시오.

> 드라이비트 건이라는 일종의 못 박기 총을 사용하여 콘크리트나 강재 등에 박는 특수 못이다. 머리가 달린 것을 H형, 나사로 된 것을 T형이라고 한다.

18 [12점]

다음 데이터를 기준으로 Normal Time 네트워크 공정표를 작성하고, 3일 공기단축한 새로운 네트워크 공정표를 작성하고 총 공사금액을 계산하시오.

Activity	정상시간(일)	정상비용(원)	특급시간(일)	특급비용(원)
A(1→2)	3	20,000	2	26,000
B(1→3)	7	40,000	5	50,000
C(2→3)	5	45,000	3	59,000
D(2→5)	8	50,000	7	60,000
E(3→4)	5	35,000	4	44,000
F(3→5)	4	15,000	3	20,000
G(4→6)	3	15,000	3	15,000
H(5→6)	7	60,000	7	60,000

① CP는 굵은 선으로 표시한다.
② 각 결합점에서는 다음과 같이 표시한다.

③ 각 작업은 다음과 같이 표시한다.

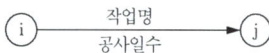

④ 공기단축 네트워크 공정표에는 EST LST /LET\ EFT 는 표시하지 않는다.

계산과정 :

19 [5점]

콘크리트 블록의 1급 압축강도는 6MPa 이상으로 규정되어 있다. 사용된 블록의 규격이 다음 그림과 같을 때, 압축강도 시험 결과 550kN, 500kN, 600kN에서 파괴되었다면 평균 압축강도를 구하고 규격을 상회하고 있는지 여부에 따라 합격 및 불합격을 검토하시오. (단, 블록의 전단면적(19cm×39cm)은 741cm2이고, 구멍을 공제한 중앙부의 순단면적은 460cm²이다.)

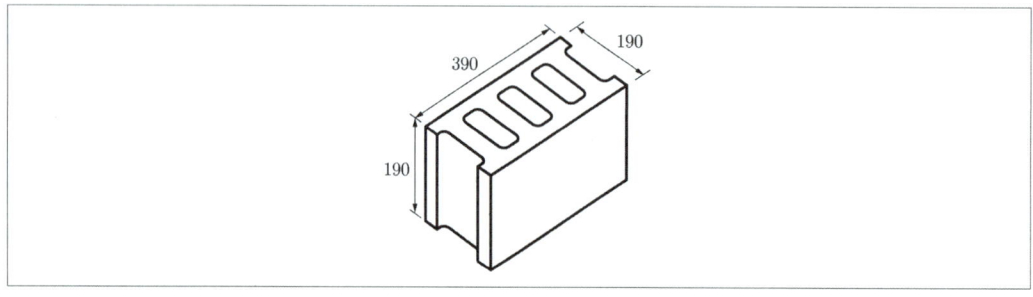

20 [6점]

다음과 같은 조건의 철근콘크리트 부재의 부피와 중량을 계산하시오.

(1) 기둥 : 450 × 600, 길이 4m, 수량 50개
(2) 보 : 300 × 400, 길이 1m, 수량 150개

(1) 부피 :
(2) 중량 :

21 [3점]

다음 그림과 같은 트러스 구조물의 부정정차수를 구하고, 안정구조물 또는 불안정구조물 여부를 판별하시오.

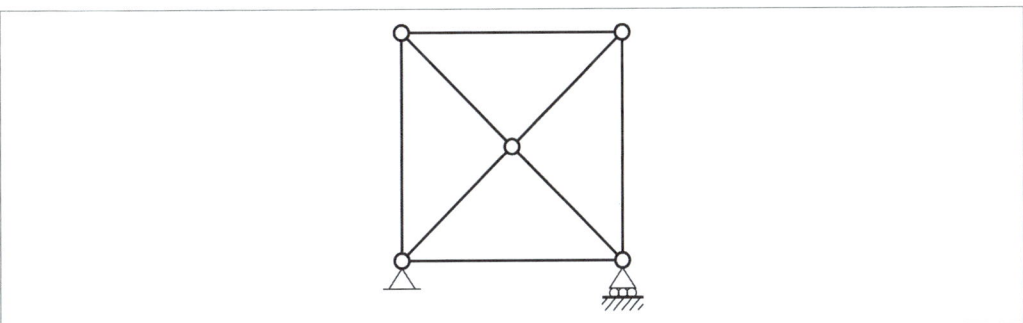

22 [3점]

다음 그림은 L=100×100×7을 사용한 철골 인장재이다. 사용 볼트가 M20(F10T, 표준구멍)일 때 인장재의 순단면적(mm^2)을 계산하시오. (단, 그림의 단위는 mm임)

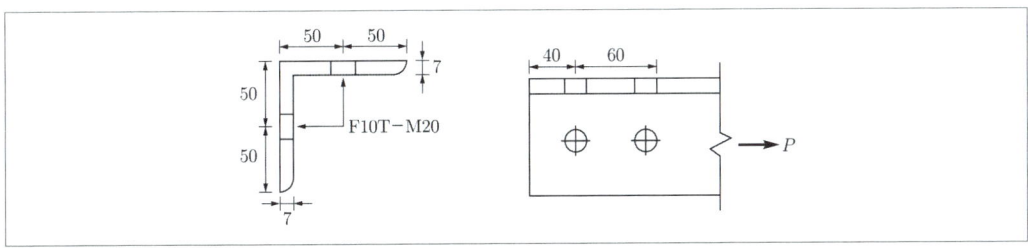

계산과정 :

23 [3점]

한계상태설계법으로 구조물을 설계하는 경우 하중조합으로 소요강도를 산정해야 한다. 이때, 지진하중에 대한 하중계수는 얼마인가?

24 [4점]

그림과 같은 단면의 단면2차모멘트 $I = 64,000\text{cm}^4$, 단면2차반경 $r = \dfrac{20}{\sqrt{3}}\text{cm}$일 때, b×h를 계산하시오.

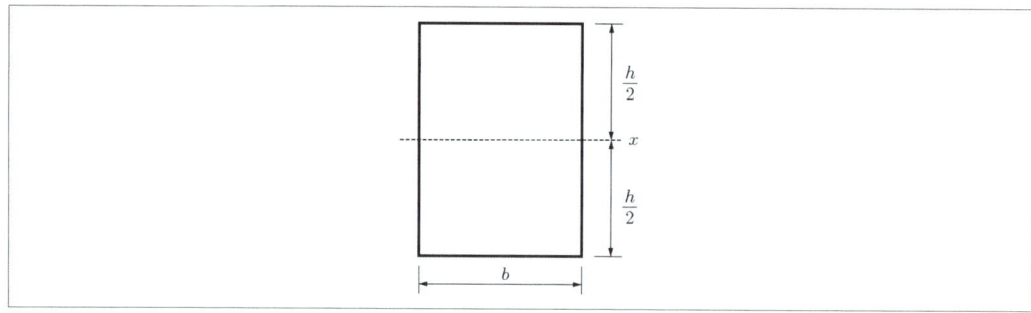

계산과정 :

25 [3점]

철근콘크리트구조에서 양단 연속인 T형보의 유효폭 산정 기준을 기술하시오.

26 [3점]

다음 그림과 같은 겔버보의 A, B, C 지점반력을 구하시오.

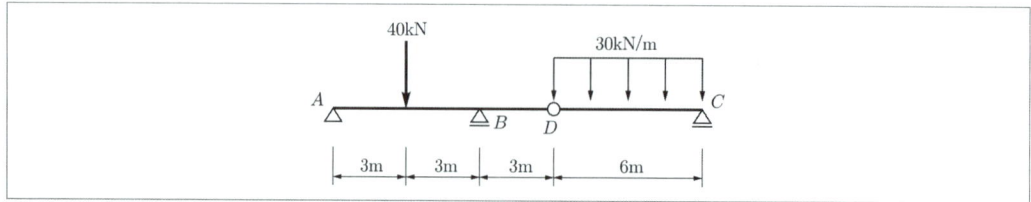

23년 1회 해설 및 정답

01
(1) 정의 : 지반을 뚫고 시료를 채취하여 지층의 상황을 판단하는 지반조사법
(2) 종류
  ① 회전식 보링
  ② 충격식 보링
  ③ 수세식 보링
  ④ 오거 보링

02 압밀과 다짐의 정의
(1) 압밀 : 점토지반에서 외력에 의해 흙의 간극수가 빠져나가면서 흙이 수축되는 현상
(2) 다짐 : 사질지반에서 외력에 의해 공극이 제거되어 흙이 압축되는 현상

03 예민비 계산
예민비 = $\dfrac{\text{자연 시료의 강도}}{\text{이긴 시료의 강도}} = \dfrac{8}{5} = 1.6$

04 지하연속벽(슬러리월) 공법에서 안정액의 역할
(1) 굴착 벽면의 붕괴방지
(2) 지하수 유입 차단(차수 역할)
(3) 굴착부의 마찰 저항 감소

05
(1) 25 : 굵은골재 최대치수 25mm
(2) 30 : 호칭강도 30MPa
(3) 180 : 슬럼프값 180mm

06 반복 작업에서 각 작업조의 생산성을 유지하면서 그 생산성(작업속도)을 기울기로 하는 직선을 각 반복 작업으로 표시하여 전체 공사를 도식화하는 공정기법

07 패스너 긴결방식
(1) 슬라이드 방식
(2) 고정방식
(3) 회전방식

08 설계 완료 후 시공을 하는 일반적인 공사와 달리, 설계를 1단계로 하고 공사를 진행하면서 2단계 설계를 병렬로 진행하는 방식으로, 같은 시간대에 1단계 설계 → 1단계 시공 및 2단계 설계 → 2단계 시공 및 3단계 설계 → 2단계 시공과 같은 방식으로 실시설계와 시공을 동시에 진행하게 됨

09 ① 2.5
② 2

10 **ALC(경량 기포콘크리트) 제조**
(1) 주재료 : 발포제, 석회질, 규산질
(2) 기포 제조방법 : 발포제(알루미늄 분말)를 넣고 고온, 고압에서 양생함

11 (1) 피치(Pitch)
(2) 게이지라인(Gauge line)
(3) 게이지(Gauge)

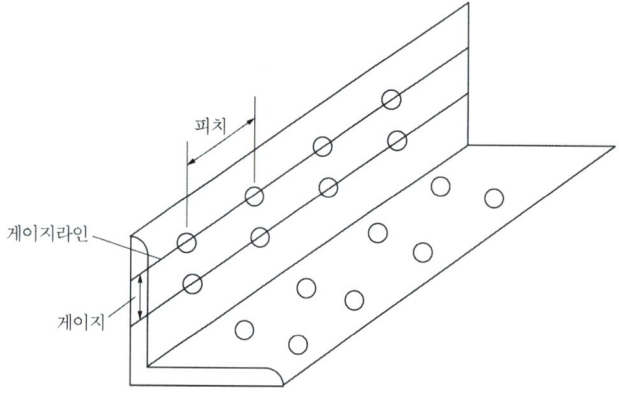

12 **고강도 콘크리트 폭렬현상**
화재 시 고열로 인하여 콘크리트 내부에서 생성된 수증기의 압력이 증가하게 되고 이 압력이 콘크리트의 인장강도보다 크게 되면 폭음과 함께 콘크리트가 떨어져 나가는 현상

13 (1) 슬럼프
(2) 공기량
(3) 압축강도 공시체 제작
(4) 염화물 함유량

14 **석재의 접착제**
에폭시 접착제

15 **주각부 충전재 명칭**
무수축 모르타르

16 건물의 부상 방지대책
(1) 건물의 자중 증가
(2) 락-앵커(Rock Anchor)를 사용하여 정착
(3) 배수공법을 이용한 지하수위 저하
(4) 지하수를 채운 이중 지하실의 설치

17 드라이브 핀(Drive Pin)

18 (1) 표준상태 공정표

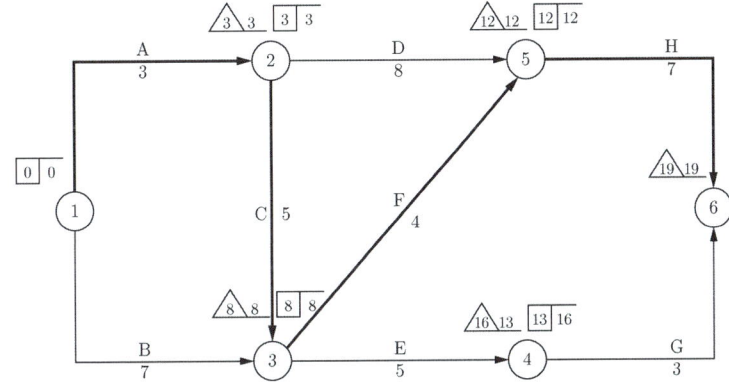

(2) 공기단축

작업	단축가능일수	비용구배
A	1	6,000
B	2	5,000
C	2	7,000
D	1	10,000
E	1	9,000
F	1	5,000
G	−	−
H	−	−

경로(소요일수)	1차	2차	3차
A-D-H (18)	18	17	16
A-C-F-H (19)	18	17	16
A-C-E-G (16)	16	15	14
B-F-H (18)	17	17	16
B-E-G (15)	15	15	14
단축작업-일수	F-1	A-1	B-1, C-1, D-1

(3) 총공사비 계산
① 표준상태 총공사비 = 280,000원
② 공기단축 시 증가 비용
   $A + B + C + D + F = 6,000 + 5,000 + 7,000 + 10,000 + 5,000 = 33,000$원
③ 공기단축 시 총공사비 = 280,000 + 33,000 = 313,000원

(4) 공기단축 공정표

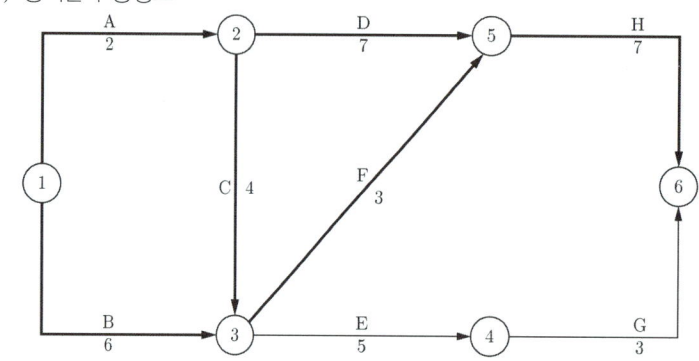

19 블록의 압축강도 규정 검토
블록의 표기방법은 긴 변×높이×짧은 변의 순이므로, 압축강도 계산 시 사용하는 블록의 단면적은 긴 변×짧은 변으로 전단면적을 사용하여 계산한다.

(1) $f_1 = \dfrac{550 \times 10^3}{390 \times 190} = 7.42 MPa$, $f_2 = \dfrac{500 \times 10^3}{390 \times 190} = 6.75 MPa$, $f_3 = \dfrac{600 \times 10^3}{390 \times 190} = 8.10 MPa$

(2) 평균 압축강도 $= \dfrac{7.42 + 6.75 + 8.1}{3} = 7.42 MPa > 6 MPa$ 이므로 합격

20 콘크리트 부재의 부피와 중량 계산
(1) 부피
  ① 기둥의 부피 $= 0.45 \times 0.6 \times 4 \times 50 = 54 m^3$
  ② 보의 부피 $= 0.3 \times 0.4 \times 1 \times 150 = 18 m^3$
  ③ 전체 부피 $= 54 + 18 = 72 m^3$
(2) 중량
  ① 기둥의 중량 $= 54 m^3 \times 2.4 t/m^3 = 129.6 t$
  ② 보의 중량 $= 18 m^3 \times 2.4 t/m^3 = 43.2 t$
  ③ 전체 중량 $= 129.6 + 43.2 = 172.8 t$

21 구조물의 판별식
(1) $n = r + m - 2j = 3 + 8 - 2 \times 5 = 1$차 부정정
  여기에서 반력수 $r = 1 + 2 = 3$, 부재수 $m = 8$, 절점수 $j = 5$
(2) 힘의 평형조건식을 만족하고 삼각형 형태로 내부의 큰 변형이 발생하지 않으므로 안정구조물이다.

22 인장재 순단면적
(1) 정렬배치이므로, $A_n = A_g - n d_0 t$ 식을 사용한다.
(2) 표준구멍이므로 $d_0 = d + 2.0 = 20 + 2 = 22 mm$
(3) $A_n = A_g - n d_0 t = (50 + 50 + 50 + 50 - 7) \times 7 - 2 \times 22 \times 7 = 1,043 mm^2$

23 한계상태설계법의 지진하중에 대한 하중계수
1.0

24 (1) $r = \sqrt{\dfrac{I}{A}} \;\to\; r^2 = \dfrac{I}{A} \;\to\; A = \dfrac{I}{r^2}$

(2) $A = \dfrac{64,000}{\left(\dfrac{20}{\sqrt{3}}\right)^2} = \dfrac{64,000}{\dfrac{400}{3}} = \dfrac{64,000 \times 3}{400} = 480\,cm^2$

(3) $I = \dfrac{bh^3}{12} = \dfrac{A \times h^2}{12} = 64,000\,cm^4$

$h = \sqrt{64,000 \times \dfrac{12}{480}} = 40\,cm$

$\therefore b = \dfrac{480}{40} = 12\,cm$

따라서 b×h=12cm×40cm

25 T형보의 유효폭 산정 기준
T형보의 유효폭은 다음 값 중 가장 작은 값을 사용한다.
(1) $16t_f + b_w$ (t_f : 슬래브 두께, b_w : 보의 폭)
(2) 양쪽 슬래브의 중심 간 거리
(3) 보 경간의 1/4

26 겔버보의 반력 계산
겔버보는 항상 힌지를 기준으로 두 개의 보로 분리해서 해석한다.
(1) DC 구간(단순보) : 좌우 대칭이므로
$V_c = V_D = \dfrac{30 \times 6}{2} = 90\,kN(\uparrow)$

(2) D점은 지점이 아니고 절점이기 때문에 반력이 존재할 수 없으므로 V_D를 90kN(↓)과 같이 반대 방향의 하중으로 다시 작용시킨다.

(3) AD 내민보 구간
$\Sigma H = 0 \;\to\; H_A = 0$
$\Sigma M_A = 0 \;\to\; 40 \times 3 - V_B \times (3+3) + 90 \times (3+3+3) = 0$

$\therefore V_B = 155\,kN(\uparrow)$

$\Sigma V = 0 \;\to\; V_A + 155 - 40 - 90 = 0$

$\therefore V_A = -25\,kN(\downarrow)$

2023 제2회 건축기사

01 [4점]
다음에 설명하는 내용에 맞는 입찰제도를 기술하시오.
(1) 비용 이외에 기술능력, 공사경험, 품질관리 능력, 재무상태 등 계약 수행능력을 종합심사하여 낙찰자를 결정하는 제도
(2) 입찰제 개선과 시공품질의 제고, 적정 공사비 확보를 정착시키기 위하여 가격과 공사수행능력 및 사회책임의 점수를 합산하여 높은 점수의 입찰자가 계약을 낙찰하는 제도

02 [3점]
컬럼 쇼트닝이 무엇인지 간단히 설명하시오.

03 [4점]
기초의 부동침하는 구조적으로 문제를 일으키게 된다. 이러한 기초의 부동침하를 방지하기 위한 대책 중 기초구조 부분에 처리할 수 있는 사항 2가지를 기술하시오.

04 [3점]
연약지반 개량공법 3가지를 기술하시오.

05 [4점]
철골 주각부의 현장 시공순서에 맞게 번호를 나열하시오.

| (1) 기초 상부 고름질 | (2) 가조립 | (3) 변형 바로잡기 |
| (4) 앵커볼트 설치 | (5) 철골 세우기 | (6) 철골 도장 |

06 [2점]

지하구조물은 지하수위에서 구조물 밑면까지의 깊이만큼 부력을 받아 건물이 부상하게 되는데, 이러한 부상에 대한 방지대책 2가지만 기술하시오.

07 [4점]

시방서와 설계도의 내용이 서로 달라서 시공상 부적당하다고 판단될 때 다음 [보기]에서 따라야 하는 중요도 높은 것에서 낮은 순으로 나열하시오.

(1) 공사시방서　　(2) 전문시방서　　(3) 표준시방서
(4) 공사 산출내역서　　(5) 설계도면

08 [3점]

지반조사 시 실시하는 보링공법의 종류 3가지를 기술하시오.

09 [4점]

다음은 건축공사 표준시방서에 따른 거푸집널 존치기간 중의 평균기온이 10℃ 이상인 경우에 콘크리트의 압축강도 시험을 하지 않고 거푸집을 떼어낼 수 있는 콘크리트의 재령(일)을 나타낸 표이다. 빈칸에 알맞은 숫자를 넣으시오.

시멘트 종류 평균 기온	조강포틀랜드 시멘트	보통포틀랜드 시멘트 고로슬래그 시멘트(1종)	고로슬래그시멘트(2종) 포졸란 시멘트(2종)
20℃ 이상	①	③	5일
20℃ 미만 10℃ 이상	②	6일	④

10 [4점]

미장재료 중 수경성 재료와 기경성 재료를 각각 2가지씩 기술하시오.

11 [4점]

다음 ( ) 안에 적당한 단어나 숫자를 기재하시오.

> 설계볼트장력은 고장력볼트 설계미끄럼강도를 구하기 위한 값으로 미끄럼계수의 최솟값은 (가) 이상으로 하며, 현장시공에서의 (나)볼트장력에 최소 (다)%를 할증한 (라)볼트장력으로 조임을 해야 한다.

12 [3점]

콘크리트 헤드(Concrete Head)의 정의를 기술하시오.

13 [4점]

목공사에서 방충 및 방부 처리된 목재를 써야 하는 경우 2가지를 기술하시오.

14 [3점]

쉬어커넥터가 하는 역할이 무엇인지 간단히 설명하시오.

15 [2점]

철골 구조물 주위에 철근 배근을 하고 이 철골과 철근을 감싸는 콘크리트가 타설되어 일체가 되도록 한 구조물로 초고층 구조물 하층부의 복합구조로 많이 채택되는 구조를 기술하시오.

16 [3점]

가설 출입구 설치 시 고려할 사항 3가지를 기술하시오.

17 [2점]

다음에 설명하는 줄눈의 명칭을 기술하시오.

지반 등 안정된 위치에 있는 바닥판이 건조수축에 의하여 표면에 균열이 생길 수 있는데, 벽과 슬래브가 외기에 접하는 부분 등 균열이 예상되는 위치에 약한 부분을 인위적으로 줄눈을 만들어 다른 부분의 균열을 억제하는 역할을 하는 줄눈

18 [3점]

KS 규정에 따른 레디믹스트콘크리트의 배합기준으로 다음 빈칸에 알맞은 용어를 기술하시오.

콘크리트 배합 시 보통 골재는 (가)상태의 중량, 인공경량골재는 (나)상태의 중량을 기준으로 한다. (다)비는 혼화재를 사용한 경우로 $\dfrac{물}{시멘트+혼화재}$ 으로 중량의 백분율로 계산하여 기입한다.

19 [10점]

다음 데이터를 이용하여 정상공기를 산출한 결과, 지정공기보다 3일이 지연되었음을 알게 되었다. 공기를 조정하여 3일의 공기를 단축한 네트워크 공정표를 작성하고 총공사금액을 계산하시오.

작업명	선행 작업	Normal Time (일)	Normal Cost (천원)	Crash Time (일)	Crash Cost (천원)	비용구배 (Cost Slope) (천원/일)	비고
A	없음	3	7,000	3	7,000	—	단축된 공정표에서 CP는 굵은선으로 표기하고 각 결합점에서는 아래와 같이 표기한다.
B	A	5	5,000	3	7,000	1,000	
C	A	6	9,000	4	12,000	1,500	
D	A	7	6,000	4	15,000	3,000	
E	B	4	8,000	3	8,500	500	EST LST / LFT EFT
F	B	10	15,000	6	19,000	1,000	작업명 공사일수
G	C,E	8	6,000	5	12,000	2,000	(단, 정상공기는 답지에 표기하지 않고 시험지 여백을 이용할 것)
H	D	9	10,000	7	18,000	4,000	
I	F,G,H	2	3,000	2	3,000	—	

(1) 단축한 네트워크 공정표
(2) 총공사 금액

20 [9점]

다음 그림과 같은 온통기초에서 터파기량, 되메우기량, 잔토처리량을 산출하시오. (L=1.3)

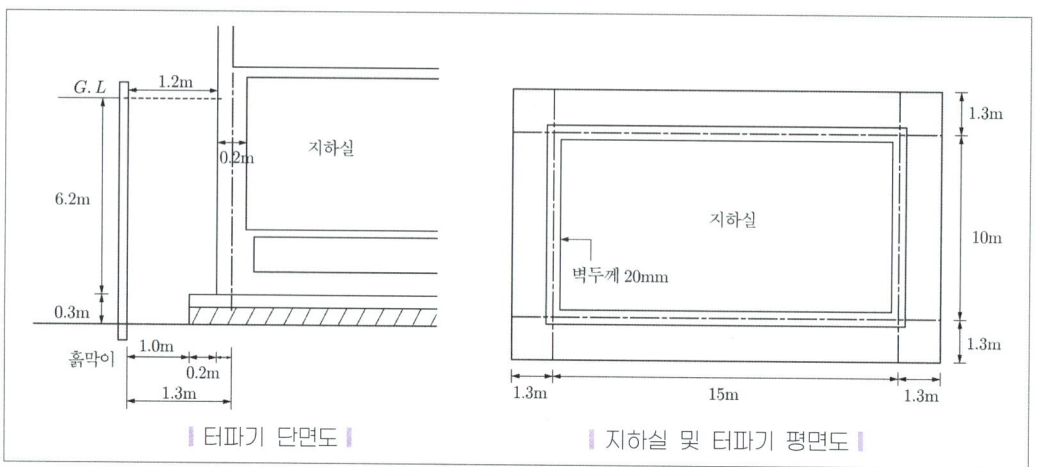

| 터파기 단면도 | | 지하실 및 터파기 평면도 |

21 [5점]

다음과 같은 평면에서 건물의 높이가 13.5m일 때 비계면적을 계산하시오. (단, 도면의 단위는 mm이며, 비계형태는 쌍줄비계로 한다.)

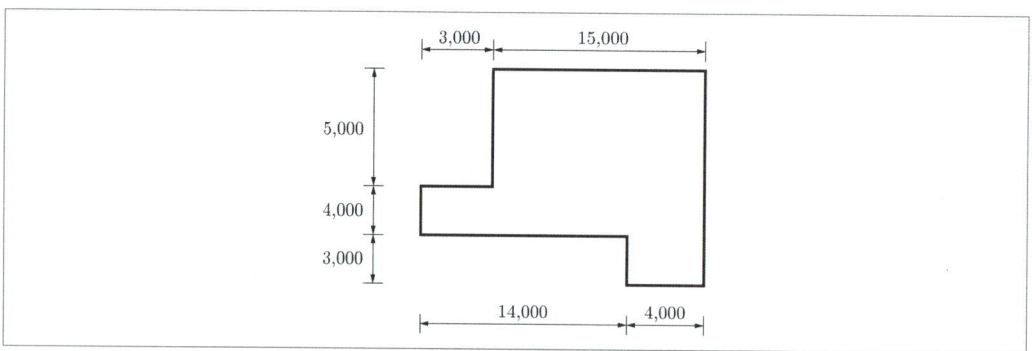

22 [3점]

다음은 건축공사 표준시방서에 따른 철근의 순간격 기준에 관한 내용이다. ( ) 안에 알맞은 숫자를 기술하시오.

수평철근의 순간격은 (가)mm 이상, 주철근의 (나)배 이상, 굵은 골재 최대치수의 (다)배 이상 중 가장 큰 값으로 한다.

23 [3점]

그림과 같은 비틀림모멘트(T)가 작용하는 원형강관의 비틀림 전단응력(τ_t)을 기호로 표현하시오.

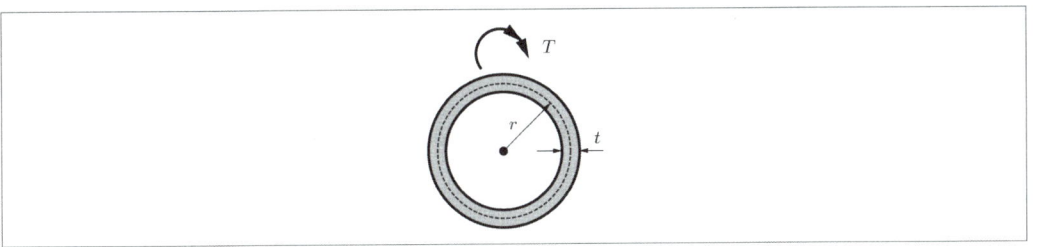

24 [3점]

그림과 같은 단면의 x축에 대한 단면2차모멘트를 계산하시오.

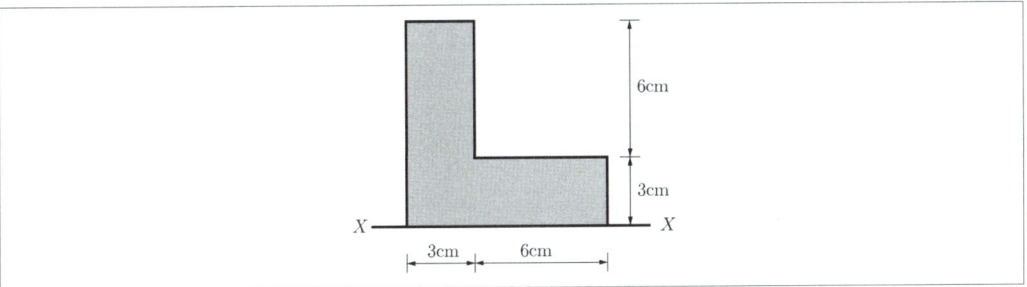

25 [4점]

다세대주택의 필로티 구조에서 전이보(Transfer Girder)의 1층 구조와 2층 구조가 상이한 이유를 설명하시오.

26 [4점]

그림과 같이 기둥의 재질과 단면 크기가 모두 같은 4개의 장주의 좌굴길이를 기술하시오.

조건				
	2a	4a	a	a/2
유효 좌굴 길이	①	②	③	④

23년 2회 해설 및 정답

01 (1) 적격낙찰제도
(2) 종합심사낙찰제도

02 철골구조의 고층 건축물에서 높이가 증가함에 따라 내외부 구조 차이, 재질 차이, 기둥·벽의 과적하중에 의해 발생하는 기둥의 축소변위량

03 기초의 부동침하 방지책
(1) 기초를 경질지반에 지지시킬 것
(2) 마찰말뚝을 사용할 것
(3) 복합기초를 사용할 것
(4) 지하실을 설치할 것

04 연약지반 개량공법
(1) 진동 다짐 공법(사질토)
(2) 선행 재하 공법(점성토)
(3) 굴착 치환 공법(점성토)
(4) 샌드드레인 공법(점성토)

05 (4) – (1) – (5) – (2) – (3) – (6)

06 건물의 부상 방지대책
(1) 건물의 자중 증가
(2) 락-앵커(Rock Anchor)를 사용하여 정착
(3) 배수공법을 이용한 지하수위 저하
(4) 지하수를 채운 이중 지하실의 설치

07 (1) – (5) – (2) – (3) – (4)

08 보링공법
(1) 충격식   (2) 회전식
(3) 오거식   (4) 수세식

09 ① 2일
② 3일
③ 4일
④ 8일

10. **미장재료-수경성/기경성**
   (1) 수경성 재료
      ① 시멘트 모르타르
      ② 순석고 플라스터
      ③ 배합석고 플라스터
      ④ 경석고 플라스터
   (2) 기경성 재료
      ① 진흙
      ② 회반죽
      ③ 돌로마이트 플라스터

11. 가. 0.5　　　나. 설계
    다. 10　　　라. 표준

12. **콘크리트 헤드**
    수직거푸집에서 타설된 콘크리트 윗면으로부터 최대측압이 발생하는 면까지의 수직거리

13. **방충 및 방부 처리된 목재의 사용**
    (1) 구조 내력상 주요부분인 토대, 외부기둥, 외부 벽 등에 사용하는 목재로서 포수성의 재질에 접하는 부분
    (2) 급수 및 배수시설에 근접된 목부로서 부식의 우려가 있는 부분
    (3) 목조의 외부 버팀 기둥을 구성하는 부재의 모든 면
    (4) 직접 우수를 맞거나 습기가 차기 쉬운 부분의 모르타르 바름 등의 바탕에 해당하는 부분

14. **쉬어커넥터**
    전단연결재라고도 하며 철골보와 콘크리트 바닥판을 일체화시켜 전단력을 전달하는 연결재

15. **매입형 합성기둥**

16. (1) 대지 내에 진입이 용이하고 자재 야적이 유리할 것
    (2) 도로에 설치된 전주, 가로수 등이 출입에 지장을 주지 않을 것
    (3) 인접도로의 차량 흐름에 영향을 적게 줄 것
    (4) 전면 도로 폭에 따른 진입 각도 확인

17. **조절줄눈**

18. 가. 표면건조내부포수
    나. 절대건조
    다. 물-결합재

19 (1) 공정표

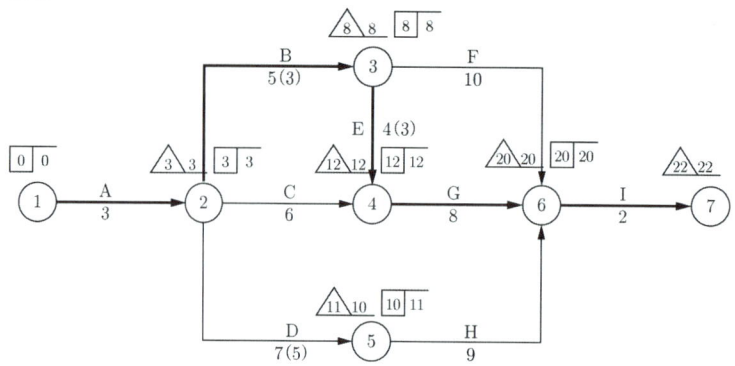

(2) 공기단축

작업	단축가능일수	비용구배(천원)
A	—	—
B	2	1,000
C	2	1,500
D	3	3,000
E	1	500
F	4	1,000
G	3	2,000
H	2	4,000
I	—	—

경로(소요일수)	1차	2차
A-B-F-I (20)	20	18
A-B-E-G-I (22)	21	19
A-C-G-I (19)	19	19
A-D-H-I (21)	21	19
단축작업-일수	E-1	B-2, D-2

(3) 공기 단축된 공정표

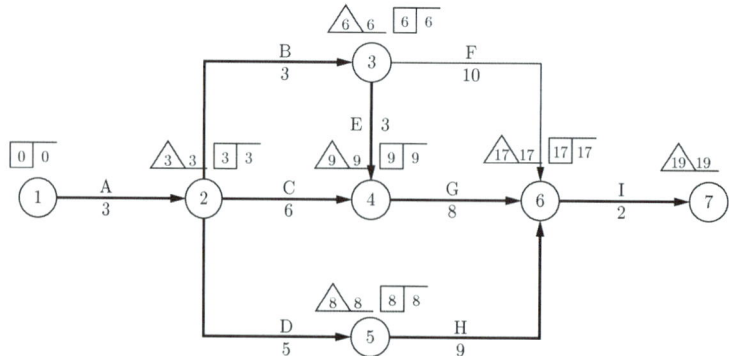

(4) 총공사비 계산
① 표준상태 총공사비= 69,000천원
② 공기단축 시 증가 비용
$2B+2D+E = 2(1,000)+2(3,000)+500 = 8,500$천원
③ 공기단축 시 총공사비= $69,000+8,500 = 77,500$천원= 77,500,000원

20 적산 온통기초 토공사 수량

(1) 터파기량 $V = (1.3+15+1.3) \times (1.3+10+1.3) \times (6.2+0.3) = 1,441.44 m^3$
(2) 되메우기량=터파기량−기초구조부 체적
〈기초구조부 체적〉
① 잡석+버림 콘크리트 $B_1 = (0.3+15+0.3) \times (0.3+10+0.3) \times 0.3 = 49.608 m^3$
② 지하실 체적 $B_2 = (0.1+15+0.1) \times (0.1+10+0.1) \times 6.2 = 961.248 m^3$
∴ 기초구조부 체적 $B = B_1 + B_2 = 49.608 + 961.248 = 1,010.856 m^3$
∴ 되메우기량= $V - B = 1,441.44 - 1,010.856 = 430.58 m^3$
(3) 잔토처리량 $B' = B \times L = 1,010.856 \times 1.3 = 1,314.11 m^3$

21
쌍줄비계면적= $[\Sigma L + (8 \times 0.9)] \times H$
$= [2 \times (3+15+5+4+3) + 8 \times 0.9] \times 13.5 = 907.2 m^2$

22
가. 25
나. 공칭직경의 1.0
다. 4/3

23
$$\tau_t = \frac{T}{2t \times A_m} = \frac{T}{2t \times \pi r^2}$$

24
$$I_X = [\frac{3(9)^3}{12} + (3)(9)(4.5)^2] + [\frac{6(3)^3}{12} + (6)(3)(1.5)^2]$$
$= 783 cm^4$

25
건축계획상 상부층의 기둥이나 벽체가 하부로 연속적으로 내려가지 못하기 때문에 이들을 춤이 큰 보에 지지시켜 상부의 하중을 다른 하부의 기둥이나 벽체에 전이시키기 때문이다.

26 지지조건에 따른 좌굴길이
① 고정단−핀 : $KL = 0.7 \times 2a = 1.4a$
② 양단고정 : $KL = 0.5 \times 4a = 2a$
③ 캔틸레버 : $KL = 2 \times a = 2a$
④ 양단 핀 : $KL = 1 \times \frac{a}{2} = 0.5a$

2023 제4회 건축기사

01 [3점]

건축주와 시공자가 공사실비를 확인 정산하고 정해진 보수율에 따라 시공자에게 보수를 지급하는 도급방식의 명칭을 기술하시오.

02 [4점]

다음 용어에 대하여 간단히 설명하시오.
(1) 솟음
(2) 토핑 콘크리트

03 [4점]

지반의 허용지내력과 관련된 내용이다. ( )에 알맞은 숫자를 채우시오.
(1) 경암반 : (   )kN/m^2
(2) 연암반 : (   )kN/m^2
(3) 자갈과 모래의 혼합물 : (   )kN/m^2
(4) 모래 : (   )kN/m^2

04 [3점]

다음은 건축공사 표준시방서의 한중콘크리트 공사에 대한 설명이다. (   ) 안에 알맞은 숫자를 쓰시오.

> 한중 콘크리트의 특징은 일 평균기온이 (가)℃ 이하의 조건에서 시공하는 콘크리트를 말하며, 콘크리트 타설 완료 후 24시간 동안 일 최저기온이 (나)℃를 유지해야 하고, 물-결합재비는 원칙적으로 (다)% 이하이어야 한다.

05 [4점]

다음 용어에 대하여 간단히 설명하시오.

(1) 물-결합재비 :
(2) 물시멘트비 :

06 [3점]

다음은 타일공사에 관한 내용이다. 해당하는 공법이나 알맞은 단어를 기입하시오.

(1) 바탕 모르타르를 초벌과 재벌로 두 번 발라 바탕을 고르게 마감 후 타일 뒷면에 모르타르를 얇게 하여 붙이는 공법
(2) 벽에 미리 바탕 모르타르를 평평하게 발라두고 그 위에 한 번 더 붙임 모르타르를 얇게 펴 바른 뒤 타일 뒷면에도 붙임 모르타르를 올린 뒤 압착해서 눌러 붙이는 공법
(3) 온도변화나 수분변화 또는 외력 등에 의하여 팽창, 수축 혹은 부동침하, 진동 등에 의해 균열이 예상되는 곳에 설치하는 줄눈

07 [2점]

목재면 바니쉬 칠의 작업순서대로 보기의 번호를 나열하시오.

〈보기〉
① 색올림   ② 왁스 문지름   ③ 바탕처리   ④ 눈먹임

08 [4점]

다음 용어를 간략히 설명하시오.

(1) 로이유리
(2) 접합유리

09 [4점]

지하연속벽(슬러리월) 공법에서 안정액의 역할 2가지를 기술하시오.

10 [4점]

숏크리트(Shotcrete) 공법의 정의를 기술하고, 그에 대한 장·단점 1가지씩을 기술하시오.

(1) 숏크리트 :
(2) 장점 :
(3) 단점 :

11 [3점]

공사 시공방식에서 페이퍼 조인트(Paper Joint)에 관하여 설명하시오.

12 [3점]

영구 배수공법의 일종으로 롤 형태의 보드를 옹벽 뒤에 부착하여 시공하는 배수 자재로 쇄석 대신 사용하는 것을 무엇이라고 하는가?

13 [3점]

거푸집에서 벽체 전용 거푸집 3개를 쓰시오.

14 [4점]

매스 콘크리트에서 선행냉각방식(pre-cooling)과 사용재료를 설명하시오.

15 [3점]

철골공사 용접 시 사용하는 스캘럽에 대해 간단히 설명하시오.

16 [3점]

콘크리트의 크리프(Creep) 현상에 대하여 설명하시오.

17 [4점]

다음 품질관리의 도구에 대하여 간단히 설명하시오.

(1) 특성요인도 :
(2) 파레토도 :
(3) 층별 :
(4) 산점도 :

18 [10점]

주어진 Data를 이용하여 다음 물음에 답하시오.

작업명	선행작업	정상 Time (일)	정상 Cost (천원)	급속 Time (일)	급속 Cost (천원)	비고
A	없음	5	170	4	210	단, CP는 굵은 선으로 표시하고 각 결합에서는 다음과 같이 표기한다.
B	없음	18	300	13	450	
C	없음	16	320	12	480	
D	A	8	200	6	260	
E	A	7	110	6	140	
F	A	6	120	4	200	
G	D, E, F	7	150	5	220	

(1) 표준네트워크 공정표를 작성하시오.
(2) 정상 공기 시 총공사비용을 구하시오.
(3) 공기를 4일 단축 시 증가된 총공사비용을 구하시오.

19 [3점]

시멘트 저장량이 500포이고 쌓기 단수가 12단일 때 시멘트 창고면적을 구하시오.

20 [4점]

다음 그림과 같은 철근콘크리트조 건물의 신축 시 필요한 귀규준틀과 평규준틀의 수량을 구하시오.

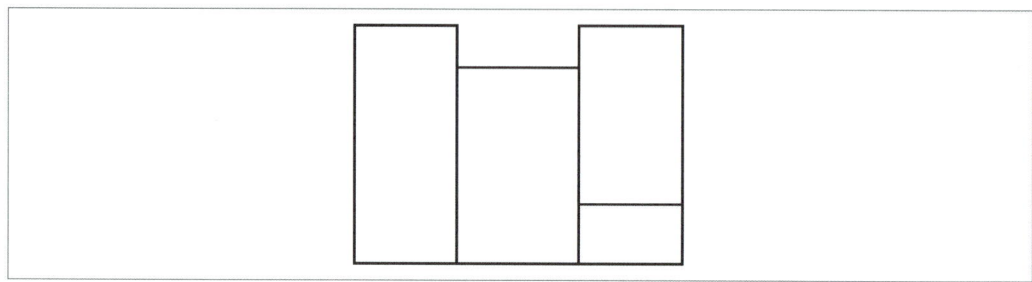

(1) 귀규준틀 :   개소
(2) 평규준틀 :   개소

21 [8점]

다음의 그림은 철근콘크리트조 경비실 건물이다. 주어진 평면도와 단면도를 보고 C_1, G_1, G_2, S_1 에 해당되는 부분의 1층과 2층의 콘크리트량과 거푸집 면적을 계산하시오.

단, 1) 기둥 단면(C_1) : 30cm×30cm,   2) 보 단면(G_1, G_2) : 30cm×60cm
    3) 슬래브 두께(S_1) : 13cm   4) 층고 : 단면도 참조
단, 단면도에 표기된 1층 바닥선 이하는 계산하지 않는다.

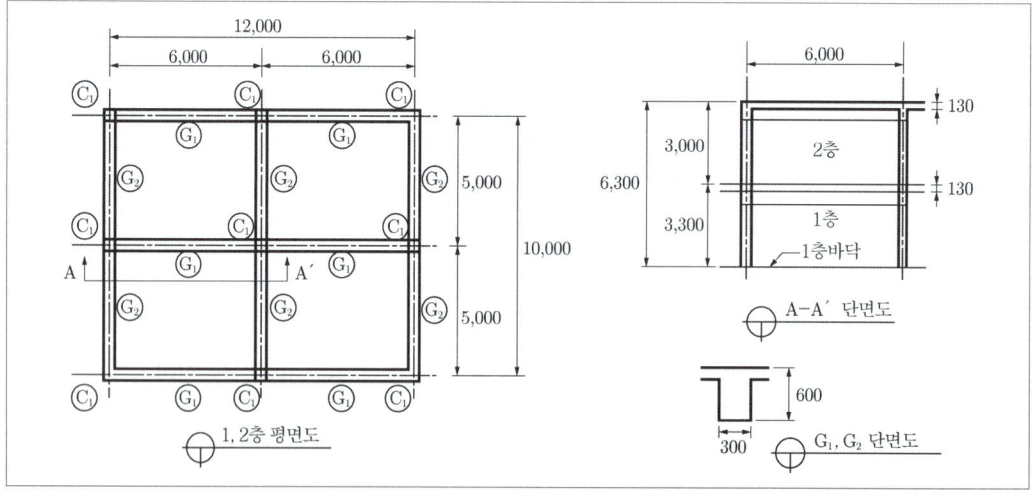

22 [4점]

다음 조건에서 용접 유효길이(L_e)를 계산하시오.

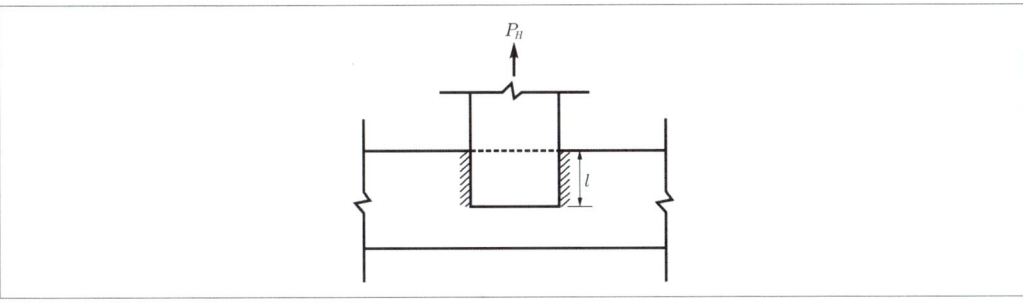

- 모재 : SM355($F_u = 490\text{MPa}$)
- 필릿치수 $s = 5\text{mm}$
- 하중 : 고정하중 20kN, 활하중 30kN

23 [3점]

양단고정의 지름 100mm, 길이 3m인 원형 강봉의 세장비(λ)를 계산하시오.

24 [3점]

다음 그림과 같이 하중과 모멘트가 작용하는 구조물에서 A지점의 반력을 계산하시오.

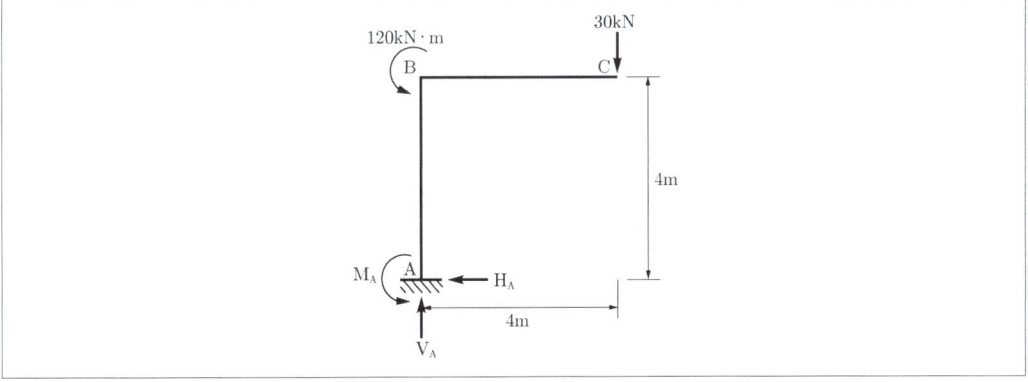

25 [4점]

다음 그림과 같은 T형보의 x축에 대한 단면2차모멘트를 계산하시오.

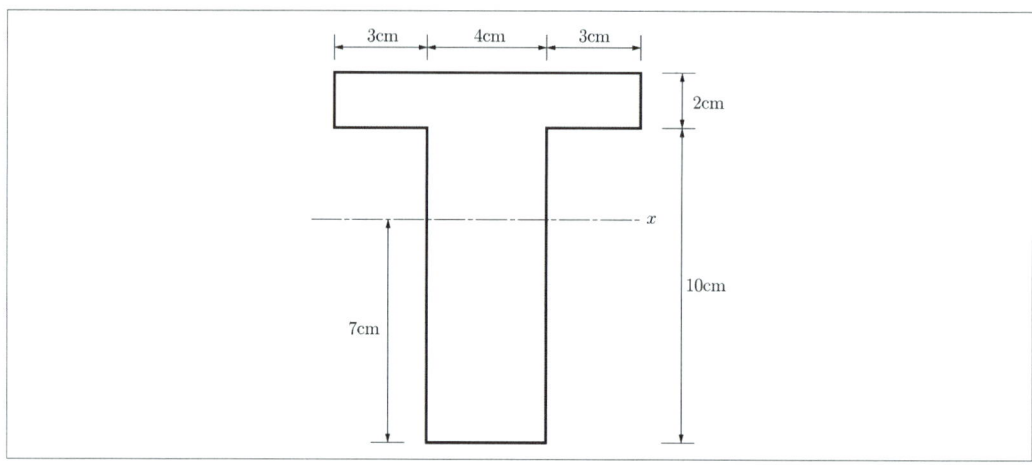

26 [4점]

그림과 같은 철근콘크리트 단순보에서 계수집중하중(P_u)의 최대값(kN)을 계산하시오. (단, 보통 중량콘크리트 $f_{ck}=28$MPa, $f_y=400$MPa, 인장철근 단면적 $A_s=1,500$mm^2, 휨에 대한 강도감소계수 $\phi=0.85$를 적용한다.)

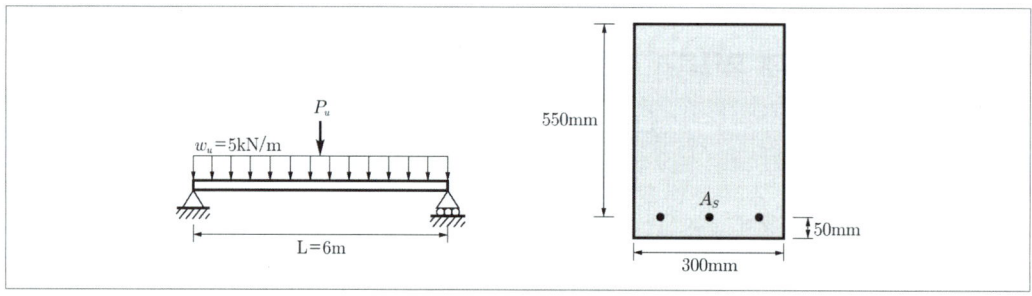

계산과정 :

23년 4회 해설 및 정답

01 실비정산 비율보수 가산식

02 (1) 솟음(camber) : 보, 슬래브 및 트러스 등의 수평부재가 하중에 의한 처짐을 고려하여 상향으로 들어 올리는 것 또는 들어 올린 크기
(2) 토핑 콘크리트(덧침 콘크리트) : 하부의 PC 부재 위에 타설하는 현장타설콘크리트

03 지반의 허용지지력
(1) 4,000   (2) 2,000   (3) 200   (4) 100

04 가. 4
나. 0
다. 60

05 (1) 물-결합재비 : 시멘트, 고로슬래그 미분말, 플라이애시, 실리카 퓸 등 결합재를 사용한 모르타르나 콘크리트에서 물과 결합재의 중량비
(2) 물시멘트비 : 모르타르나 콘크리트에서 물과 시멘트의 중량비

06 (1) 개량 적층(떠붙이기) 공법
(2) 개량 압착 공법
(3) 신축줄눈

07 ③ → ④ → ① → ②

08 (1) 로이유리 : 금속이나 금속산화물이 얇게 코팅된 유리로서 가시광선의 투과율이 높고 열의 이동이 최소화된 에너지 절약형 유리로 저방사 유리라고도 함
(2) 접합유리 : 2장 이상의 판유리 사이에 합성수지(필름)를 넣은 것

09 (1) 굴착 벽면의 붕괴방지
(2) 지하수 유입 차단(차수 역할)
(3) 굴착부의 마찰저항 감소

10 (1) 숏크리트 : 압축공기를 이용해 모르타르를 분사하여 시공하는 것으로 뿜칠 콘크리트라고도 한다.
(2) 장점 : 거푸집이 불필요하고 곡면 시공이 가능하다.
(3) 단점 : 외관이 거칠고 리바운딩이 되기 쉽다.

11 **페이퍼 조인트**
서류상으로는 공동도급 형태를 보이지만 실제로는 한 회사가 공사를 주도적으로 진행하고 다른 회사는 하도급 형태로 이루어지거나 단순한 이익배당에만 관여하는 일종의 위장 공동도급

12 **배수판(드레인 보드)**

13 (1) 갱폼
(2) 클라이밍 폼
(3) 대형 패널폼
(4) 셔터링폼

14 (1) 선행냉각방식(pre-cooling) : 콘크리트 재료의 일부 또는 전부를 미리 냉각하여 콘크리트의 온도를 낮추는 방법
(2) 사용재료 : 얼음, 액체 질소

15 **스캘럽**
철골부재 용접 시 이음 및 접합부위의 용접선이 교차되어 재용접된 부위가 열영향을 받아 약해지는 것을 방지하기 위해 모재를 부채꼴 모양으로 제거한 것

16 **크리프**
일정하중이 계속 작용할 때 하중의 증가 없이도 시간의 경과에 따라 변형이 증가하는 소성변형 현상

17 **품질관리의 도구의 용어**
(1) 특성요인도 : 결과와 원인이 어떻게 연관되어 있는지를 한눈에 알 수 있도록 작성한 그림
(2) 파레토도 : 고장, 불량 등의 발생건수를 분류하고 항목별로 나누어 크기 순서대로 나열해 놓은 것
(3) 층별 : 집단을 구성하고 있는 많은 데이터를 특징에 따라 몇 개의 부분집단으로 나눈 것
(4) 산점도 : 서로 대응되는 두 개의 짝으로 된 데이터를 그래프에 점으로 나타낸 것

18 공정-공기단축

(1) 표준네트워크 공정표

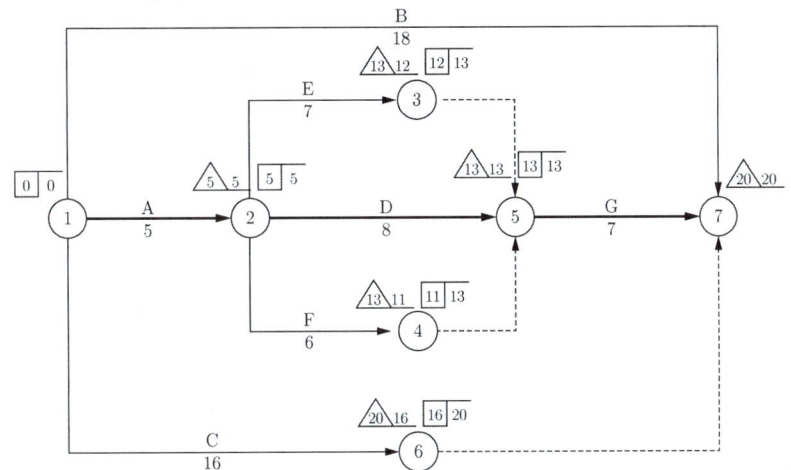

(2) 표준공기 시 총공사비
= 170 + 300 + 320 + 200 + 110 + 120 + 150

= 1,370천원 = 1,370,000원

(3) 공기단축을 위한 비용구배와 단축가능일수

작업명	비용구배(천원)	단축가능일수	1차	2차	3차	4차
A	40	1				1
B	30	5			1	1
C	40	4				
D	30	2	1			
E	30	1				
F	40	2				
G	35	2		1	1	

경로(소요일수)	1차	2차	3차	4차
B (18일)	18	18	17	16
A-E-G (19일)	19	18	17	16
A-D-G (20일)	19	18	17	16
A-F-G (18일)	18	17	16	15
C (16일)	16	16	16	16
공기단축	D-1	G-1	B-1, G-1	A-1, B-1

(4) 공기단축 시 총공사비
① 공기단축으로 추가된 비용
= A + 2B + D + 2G = 40 + 2×30 + 30 + 2×35

= 200천원 = 200,000원

② 최종 공사비
= 1,370,000 + 200,000 = 1,570,000원

19 시멘트 창고면적

창고면적 = $\dfrac{0.4 \times 500}{12} = 16.67 m^2$

20 적산-규준틀 개소 산출

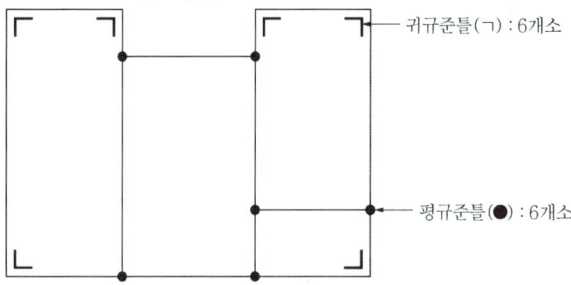

(1) 귀규준틀 : 6개소
(2) 평규준틀 : 6개소

21 콘크리트량과 거푸집 면적 계산
(1) 콘크리트량
   1) 기둥-C_1
      ① 1층 = $0.3 \times 0.3 \times (3.3 - 0.13) \times 9$개 = $2.568 m^3$
      ② 2층 = $0.3 \times 0.3 \times (3.0 - 0.13) \times 9$개 = $2.325 m^3$
   2) 보-G_1
      ① 1층 = $0.3 \times (0.6 - 0.13) \times (6 - \dfrac{0.3}{2} \times 2) \times 6$개 = $4.822 m^3$
      ② 2층 = $0.3 \times (0.6 - 0.13) \times (6 - \dfrac{0.3}{2} \times 2) \times 6$개 = $4.822 m^3$
   3) 보-G_2
      ① 1층 = $0.3 \times (0.6 - 0.13) \times (5 - \dfrac{0.3}{2} \times 2) \times 6$개 = $3.976 m^3$
      ② 2층 = $0.3 \times (0.6 - 0.13) \times (5 - \dfrac{0.3}{2} \times 2) \times 6$개 = $3.976 m^3$
   4) 슬래브-S_1
      ① 1층 = $(12 + \dfrac{0.3}{2} \times 2) \times (10 + \dfrac{0.3}{2} \times 2) \times 0.13 = 16.470 m^3$
      ② 2층 = $(12 + \dfrac{0.3}{2} \times 2) \times (10 + \dfrac{0.3}{2} \times 2) \times 0.13 = 16.470 m^3$
   5) 전체 콘크리트량 = 기둥+보+슬래브
      = $2.568 + 2.325 + (4.822 \times 2) + (3.976 \times 2) + (16.470 \times 2) = 55.43 m^3$
(2) 거푸집 면적 : 보의 밑면 거푸집은 계산하지 않고 슬래브의 밑면 거푸집으로 계산한다.
   1) 기둥-C_1
      ① 1층 = $(0.3 + 0.3) \times 2 \times (3.3 - 0.13) \times 9$개 = $34.236 m^2$
      ② 2층 = $(0.3 + 0.3) \times 2 \times (3.0 - 0.13) \times 9$개 = $30.996 m^2$

2) 보-G_1
① 1층= $(0.6-0.13) \times 2 \times (6 - \frac{0.3}{2} \times 2) \times 6$개 $= 32.148 \text{m}^2$

② 2층= $(0.6-0.13) \times 2 \times (6 - \frac{0.3}{2} \times 2) \times 6$개 $= 32.148 \text{m}^2$

3) 보-G_2
① 1층= $(0.6-0.13) \times 2 \times (5 - \frac{0.3}{2} \times 2) \times 6$개 $= 26.508 \text{m}^2$

② 2층= $(0.6-0.13) \times 2 \times (5 - \frac{0.3}{2} \times 2) \times 6$개 $= 26.508 \text{m}^2$

4) 슬래브-S_1
① 측면= $[(12 + \frac{0.3}{2} \times 2) + (10 + \frac{0.3}{2} \times 2)] \times 2 \times 0.13 \times 2$개층 $= 11.745 \text{m}^2$

② 밑면= $[(12 + \frac{0.3}{2} \times 2) \times (10 + \frac{0.3}{2} \times 2)] \times 2$개층 $= 253.38 \text{m}^2$

5) 전체 거푸집 면적=기둥+보+슬래브
$= 34.236 + 30.996 + (32.148 \times 2) + (26.508 \times 2) + 11.745 + 253.38 = 447.67 \text{m}^2$

22 용접 유효길이

(1) 계수하중 $P_u = 1.2 P_D + 1.6 P_L$
$\qquad = 1.2(20) + 1.6(30) = 72 \text{kN}$

(2) 용접부 내력 $\phi P_w = \phi F_w A_w$
① $\phi = 0.75$, $F_u = 490 \text{MPa}$
$F_w = 0.6 F_u = 0.6 \times 490 = 294 \text{MPa}$

② 용접면적 $A_w = 0.7s \times L_e = 0.7 \times 5 \times L_e = 3.5 L_e \text{mm}^2$

③ $\phi P_w = \phi F_w A_w = 0.75 \times 294 \times 3.5 L_e = 771.75 L_e \text{N}$

(3) 용접 소요강도와 설계강도의 비교에서
$P_u \leq \phi P_w \rightarrow 72 \times 10^3 = 771.75 L_e \text{N}$

$\therefore L_e = \frac{72 \times 10^3}{771.75} = 93.29 \text{mm}$

23

① 세장비 $\lambda = \frac{kL}{r}$, 양단고정의 k=0.5

② 단면2차반경 $r = \sqrt{\frac{I}{A}} = \sqrt{\frac{\frac{\pi D^4}{64}}{\frac{\pi D^2}{4}}} = \sqrt{\frac{D^2}{16}} = \frac{D}{4} = \frac{100}{4} = 25 \text{mm}$

③ 세장비 $\lambda = \frac{kL}{r} = \frac{0.5 \times 3{,}000}{25} = 60$

24

① $\Sigma H = 0 \rightarrow H_A = 0$
② $\Sigma V = 0 \rightarrow V_A - 30 = 0 \rightarrow V_A = 30 kN(\uparrow)$
③ $\Sigma M_A = 0 \rightarrow -M_A - 120 + 30(4) = 0 \rightarrow M_A = 0$

25

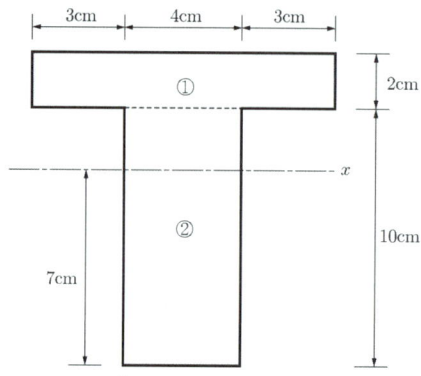

① $I_x = \dfrac{bh^3}{12} + Ay^2$

② $I_x = I_{x1} + I_{x2} = \dfrac{b_1 h_1^3}{12} + A_1 y_1^2 + \dfrac{b_2 h_2^3}{12} + A_2 y_2^2$

$= \left[\dfrac{10(2)^3}{12} + (10 \times 2) \times (2+10-7-\dfrac{2}{2})^2\right] + \left[\dfrac{4(10)^3}{12} + (4 \times 10) \times (7-\dfrac{10}{2})^2\right]$

$= 820 cm^4$

26 **계수집중하중 계산**

(1) 등가응력블록의 깊이 산정

$$a = \dfrac{A_s f_y}{0.85 f_{ck} b} = \dfrac{1500 \times 400}{0.85 \times 28 \times 300} = 84.034 mm$$

(2) $\phi M_n = \phi A_s f_y \times \left(d - \dfrac{a}{2}\right)$

$= 0.85 \times 1,500 \times 400 \times (550 - \dfrac{84.034}{2})$

$= 259,071,330 Nmm$

$= 259.07 kNm$

(3) $M_u = \dfrac{P_u \times L}{4} + \dfrac{w_u \times L^2}{8} = \dfrac{P_u \times 6}{4} + \dfrac{5 \times (6)^2}{8}$

(4) $M_u \leq \phi M_n$ 이므로

$\dfrac{P_u \times 6}{4} + \dfrac{5 \times (6)^2}{8} \leq 259.07$

$\therefore P_u \leq 157.71 kN$

실기 기출문제집

PART 2

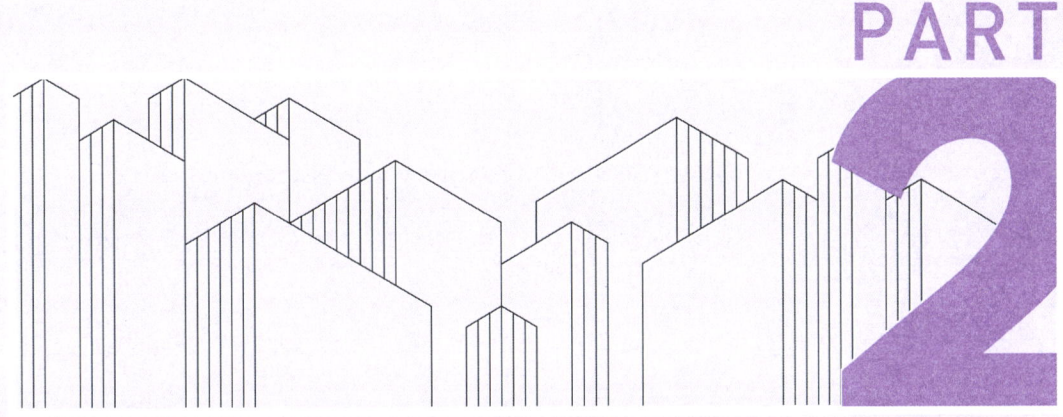

건축산업기사 과년도 문제

건축기사 / 건축산업기사
실기 기출문제집

2021 제1회 건축산업기사

01 [3점]
건축공사의 단열공법에서 단열 부위 위치에 따른 벽 단열공법의 종류 3가지를 기술하시오.
(1)
(2)
(3)

02 [3점]
철골공사에서 용접부의 비파괴 시험방법의 종류 3가지를 기술하시오.
(1)
(2)
(3)

03 [4점]
공사 계약 방식 중 단가 도급의 장·단점을 2가지씩 기술하시오.
(1) 장점
   ①
   ②
(2) 단점
   ①
   ②

04 [5점]

목공사에 사용되는 쪽매의 그림이다. 각 그림에 맞는 용어를 기술하시오.

(1) (2) (3) (4)
(5)

05 [6점]

아래 설명에 적합한 타일을 보기에서 골라 기호로 기술하시오.

〈보기〉
① 토기질 타일   ② 도기질 타일
③ 석기질 타일   ④ 자기질 타일

(1) 외장에 사용하는 타일은 (   ), (   )을 사용한다.
(2) 내장에 사용하는 타일은 (   ), (   ), (   )을 사용한다.
(3) 바닥 타일은 유약을 바르지 않은 (   ), (   )을 사용한다.

06 [4점]

다음 설명에 해당하는 비계의 명칭을 기술하시오.

(1) 강관으로 현장에서 조립하여 설치하는 비계
(2) 와이어로프로 옥상에서 매달아서 외부 작업용으로 사용하는 비계
(3) 실내에서만 사용하는 비계
(4) 수직재, 수평재, 가새로 조립해서 사용하는 비계

07 [4점]

철골 공사에서 내화피복 공법 중 습식공법 4가지를 기술하시오.

(1)
(2)
(3)
(4)

08 [2점]

철근이음 위치 선정 시 주의사항 2가지를 기술하시오.

09 [6점]

다음은 입찰순서이다. 괄호 안에 적당한 용어를 보기에서 골라 기입하시오.

〈보기〉
참가등록, 입찰, 계약, 개찰, 낙찰, 현장설명

입찰공고 – ( ) – 설계도서 배부 – ( ) – 질의응답 – 견적 – ( ) – ( ) – ( ) – ( )

10 [5점]

바닥용 시멘트 액체 방수층 시공순서를 보기에서 골라 순서대로 나열하시오.

〈보기〉
방수 모르타르, 방수액침투, 바탕면 정리 및 물청소, 방수시멘트 페이스트 1차, 방수 시멘트 페이스트 2차

11 [6점]

콘크리트 타설 시 여러 가지 특성에 따라 수직 거푸집에 측압이 발생한다. 아래 요인을 보고 측압이 증가하는 경우를 고르시오.

(1) 슬럼프 (① 크다 ② 작다)
(2) 부어넣기 속도 (① 크다 ② 작다)
(3) 거푸집 강성 (① 크다 ② 작다)
(4) 투수성 (① 크다 ② 작다)
(5) 컨시스턴시 (① 크다 ② 작다)
(6) 부재의 크기 (① 크다 ② 작다)

12 [4점]

아래 보기 중 철골 공사에서 사용하는 방청도료를 전부 고르시오.

〈보기〉
① 아크릴 ② 아연 분말 ③ 광명단
④ 프라이머 ⑤ 알루미늄 도료 ⑥ 페놀 수지

13 [4점]

철골 공사에서 용접 시 발생하는 용접 결함에 대한 그림을 보고 각 그림에 해당하는 용어를 골라 기입하시오.

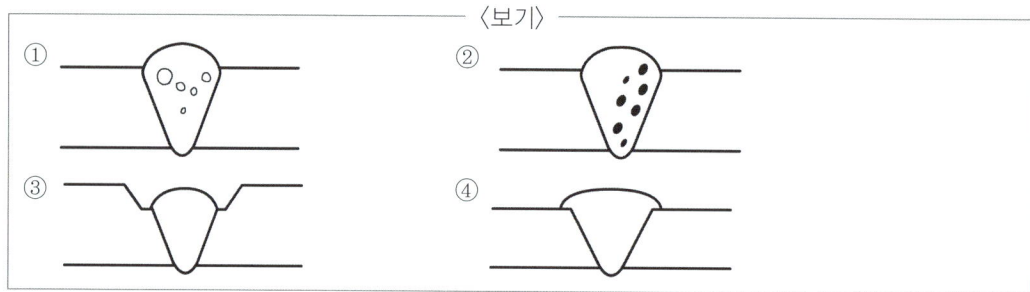

(1) 언더컷
(2) 블로우 홀
(3) 오버랩
(4) 슬래그 혼입

14 [4점]

다음은 굳지 않은 콘크리트의 성질을 설명한 것이다. 설명에 해당하는 적당한 단어를 기술하시오.

(1) 수량의 다소에 따른 반죽의 되고 진 정도
(2) 작업이 난이 정도 및 재료 분리의 저항의 정도
(3) 거푸집에 콘크리트가 잘 채워질 수 있는지의 난이 정도
(4) 콘크리트 표면정리의 난이 정도

15 [4점]

다음 미장 공사에서 시멘트 모르타르의 시공순서이다. ( ) 안에 적당한 용어를 보기에서 골라 기입하시오.

〈보기〉
바탕처리, 초벌, 재벌, 정벌, 고름질

라스 붙임 – ( ) – 존치기간 – ( ) – ( ) – ( )

16 [4점]

알루미늄 창호의 장점 4가지를 기술하시오.

(1)
(2)
(3)
(4)

17 [6점]

다음 도배 공사의 풀칠 공법이다. 간단히 설명하시오.

(1) 온통 붙임 :
(2) 봉투 붙임 :
(3) 비늘 붙임 :

18 [5점]

아래 그림을 보고 적당한 재료명을 기술하시오.

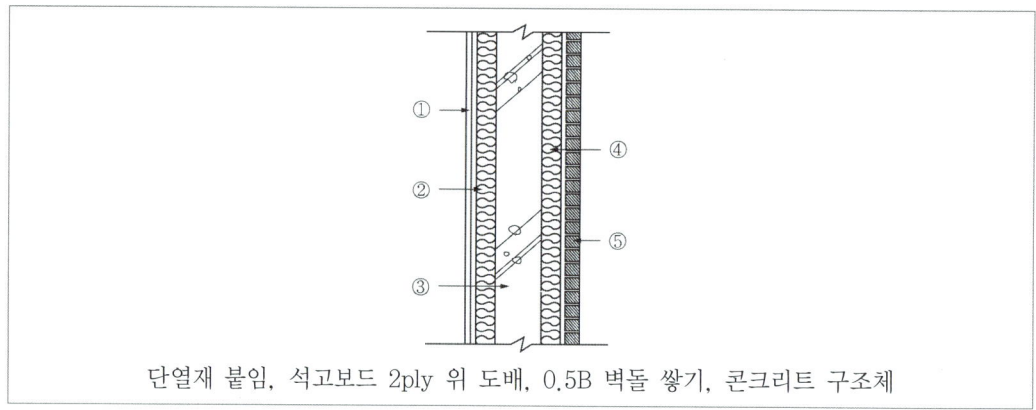

단열재 붙임, 석고보드 2ply 위 도배, 0.5B 벽돌 쌓기, 콘크리트 구조체

①
②
③
④
⑤

19 [5점]

다음은 안전 장구에 대한 설명이다. 설명에 해당하는 적당한 용어를 보기에서 골라 기입하시오.

〈보기〉

안전화, 안전모, 방진마스크, 방열복, 안전대, 보안경, 절연복, 방화복

(1) 높은 곳에서 떨어지는 물체나 도구 등의 위험이 있는 경우
(2) 비산 물질이 많이 발생하는 경우
(3) 용접 등 불꽃이 날리는 경우
(4) 2m 이상의 고소작업을 하는 경우
(5) 전기 감전의 우려가 있는 경우

20 [4점]

다음은 방수재료에 대한 설명이다. 설명에 맞는 용어를 보기에서 골라 기입하시오.

〈보기〉

방수 모르타르, 방수 시멘트 페이스트, 방수용액, 프라이머

(1) 시멘트, 모래와 방수제 및 물을 혼합하여 반죽한 것
(2) 시멘트와 방수제 및 물을 혼합하여 반죽한 것
(3) 물에 방수제를 넣어 희석 또는 용해한 것
(4) 방수층과 바탕을 견고하게 접착시키는 목적으로 도포하는 액상 혹은 점착 유연형의 재료

21 [5점]

다음 데이터를 이용하여 네트워크 공정표를 작성하시오.

작업명	작업일수	선행작업	비고
A	5	없음	① CP는 굵은 선으로 표시한다.
B	3	없음	② 각 결합점에서는 다음과 같이 표시한다.
C	2	없음	EST | LST LET | EFT
D	2	A, B	③ 각 작업은 다음과 같이 표시한다.
E	5	A, B, C	i —작업명/공사일수→ j
F	3	A, C	

22 [3점]

붉은 벽돌 1.0B 쌓기로 10m² 의 면적에 소요되는 벽돌량을 산출하시오.

23 [4점]

다음에서 설명하는 품질관리 수법을 기술하시오.

(1) 불량, 고장, 결점 등의 발생건수를 분류 항목별로 나누어 크기 순서대로 나열해 놓은 것
(2) 결과에 원인이 어떻게 작용하고 있는가를 한눈에 나타낸 그림
(3) 계량치의 데이터가 어떠한 분포를 하고 있는지를 알아보기 위하여 작성하는 것
(4) 서로 대응하는 두 개의 짝으로 된 데이터를 그래프 용지위에 타점하여 나타낸 것

21년 1회 해설 및 정답

01 단열 부위 위치에 따른 벽 단열공법
외단열, 중단열, 내단열

02 용접부 비파괴시험
(1) 방사선 투과법
(2) 초음파 탐상법
(3) 자기분말 탐상법

03 단가 도급의 장·단점
(1) 장점
    ① 공사의 신속한 착공
    ② 설계변경으로 인한 수량 증감의 계산이 용이
(2) 단점
    ① 공사비 예측의 어려움 및 공사비 증대 우려
    ② 자재, 노무비 절감의욕의 저하

04 (1) 오니쪽매
(2) 반턱쪽매
(3) 딴혀쪽매
(4) 제혀쪽매
(5) 틈막이대쪽매

05 (1) 외장에 사용하는 타일은 (③), (④)을 사용한다.
(2) 내장에 사용하는 타일은 (②), (③), (④)을 사용한다.
(3) 바닥 타일은 유약을 바르지 않은 (③), (④)을 사용한다.

06 (1) 강관비계
(2) 달비계
(3) 말비계
(4) 시스템비계

07 내화 피복공법 중 습식공법
(1) 타설공법
(2) 조적공법
(3) 미장공법
(4) 뿜칠공법

08
(1) 이음의 위치는 가급적 응력이 적게 발생하는 곳으로 한다.
(2) 동일 장소에 이음이 철근수의 1/2 이상이 집중되지 않도록 한다.
(3) 기둥은 기둥높이의 2/3 이하에서, 보의 압축을 받는 곳에서 잇는 것이 좋다.
(4) D35를 초과하는 철근은 겹침이음을 하지 않는다.
(5) 상호 엇갈리게 이음한다.

09 입찰공고 – (참가등록) – 설계도서 배부 – (현장설명) – 질의응답 - 견적 – (입찰) – (개찰) – (낙찰) – (계약)

10 바탕면 정리 및 물청소 → 방수시멘트 페이스트 1차 → 방수액침투 → 방수시멘트 페이스트 2차 → 방수 모르타르

11
(1) ①
(2) ①
(3) ①
(4) ②
(5) ①
(6) ①

12 ②, ③, ⑤

13
(1) 언더컷 – ③
(2) 블로우 홀 –①
(3) 오버랩 – ④
(4) 슬래그 혼입 – ②

14
(1) 반죽질기
(2) 시공연도
(3) 성형성
(4) 마감성

15 라스 붙임 – (초벌) – 존치기간 – (고름질) – (재벌) – (정벌)

16
(1) 비중이 철의 $\frac{1}{3}$로 가볍다.
(2) 공작이 자유롭고 기밀성이 있다.
(3) 여닫음이 경쾌하다.
(4) 녹슬지 않고 수명이 길다.

17
(1) 온통 붙임 : 도배지 전면에 전체를 풀칠하여 붙이는 공법
(2) 봉투 붙임 : 도배지 가장자리에만 풀칠하여 붙이는 공법
(3) 비늘 붙임 : 도배지 한쪽 면만 풀칠하여 붙이는 공법

18
① 석고보드 2ply 위 도배
② 단열재 붙임
③ 콘크리트 구조체
④ 단열재 붙임
⑤ 0.5B 벽돌 쌓기

19
(1) 안전모
(2) 방진마스크
(3) 방화복
(4) 안전대
(5) 절연복

20
(1) 방수 모르타르
(2) 방수 시멘트 페이스트
(3) 방수용액
(4) 프라이머

21 공정표 작성

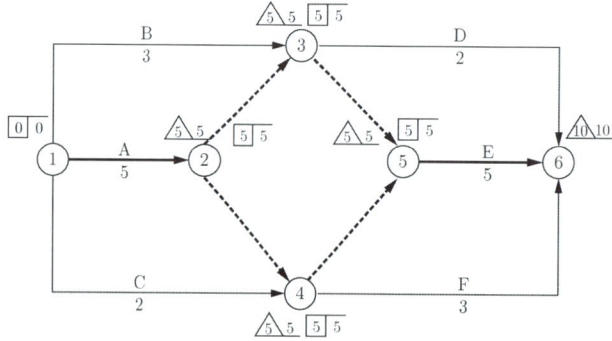

22 $10 \times 149 \times 1.03 = 1,534.7 \rightarrow 1,535$매

23
(1) 파레토도
(2) 특성요인도
(3) 히스토그램
(4) 산점도

2021 제2회 건축산업기사

01 [4점]
단가 도급의 정의와 장점 2가지를 기술하시오.

02 [6점]
워커빌리티의 정의와 시험 종류 3가지를 기술하시오.

03 [4점]
건축공사에 사용되는 단열재의 요구성능 4가지를 기술하시오.

04 [6점]
공개경쟁입찰과 지명경쟁입찰의 차이점과 공개경쟁입찰의 장점 2가지를 기술하시오.

05 [4점]
목재의 방부처리법에 대하여 4가지를 쓰시오.

06 [3점]
다음 보기를 보고 철골조 내화 피복공법 중 건식 공법을 고르시오.

〈보기〉
타설공법, 조적공법, 성형판 붙임공법, 합성공법, 세라믹 울 공법, 내화도료 공법

07 [4점]

AE제 사용 시 장점 4가지를 기술하시오.

08 [4점]

통나무 비계에 비해 강관 파이프 비계의 장점 4가지를 기술하시오.

09 [3점]

건설 현장에서 사용되는 추락 재해 방지 시설 3가지를 기술하시오.

10 [4점]

타일 붙이기 공법 4가지를 기술하시오.

11 [4점]

다음 설명하는 계약방식에 대하여 기술하시오.

(1) 설계단계에서 시공법을 결정하지 않고 요구 성능만을 시공자에게 제시하여 시공자가 자유로이 재료나 시공방법을 결정하여 제시하는 방식
(2) 공공시설물을 민간이 투자하여 완성하고 운영하여 비용을 회수하고 소유하는 방식
(3) 발주자가 사업에 같이 참여하는 공동도급의 형태
(4) 건설업자가 기획, 설계, 시공 등의 주문자가 필요로 하는 모든 것을 조달하여 주문자에게 인도하는 모든 요소를 포괄한 도급계약 방식

12 [5점]

아래 외단열의 그림을 보고 순서에 맞게 고르시오.

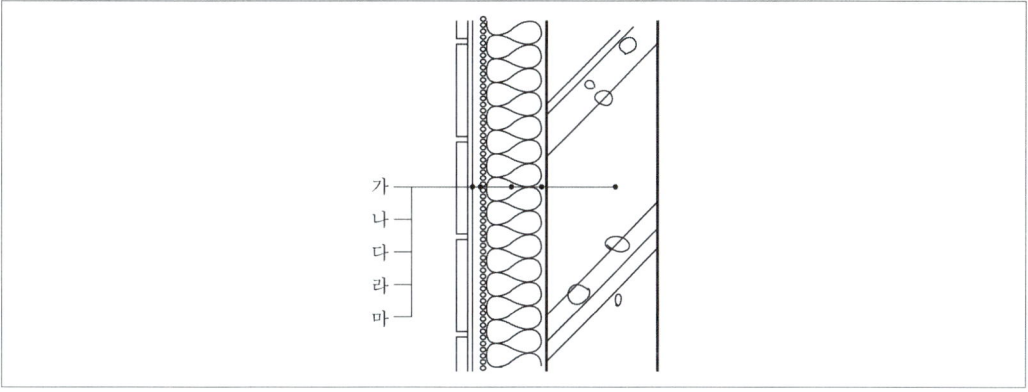

① 바탕 접착제
② 시멘트 모르타르
③ 비드법 보온판
④ 바탕접착제+보강메쉬
⑤ 콘크리트 구조체

13 [4점]

다음은 거푸집 존치기간에 관한 내용이다. 아래 표에 맞는 일수를 기재하시오.

	조강 포틀랜드시멘트	보통 포틀랜드시멘트
20℃ 이상	①	③
10℃ 이상 ~ 20℃ 미만	②	④

14 [4점]

다음 (   ) 안에 적당한 단어나 수치를 기재하시오.

> 벽돌 쌓기 시 줄눈은 (가)mm로 하고, 도면 또는 공사시방서에서 정한 바가 없을 때는 (나)쌓기나 (다)쌓기법으로 하며, 1일 벽돌량 쌓기 표준높이는 (라)이다.

15 [4점]

철골공사에서 사용하는 용접접합의 장점 4가지를 기술하시오.

16 [3점]

다음 설명하는 내용에 맞는 말을 보기를 보고 골라 기재하시오.
(1) 몇 가지 색의 도료를 혼합해서 얻어지는 도막의 색이 희망하는 색이 되도록 하는 작업
(2) 바탕의 파임·균열·구멍 등의 결함을 메워 바탕의 평편함을 향상시키기 위해 사용하는 살붙임용의 도료. 안료분을 많이 함유하고 대부분이 페이스트상이다.
(3) 목부 바탕재의 도관 등을 메우는 작업

〈보기〉
① 눈먹임   ② 퍼티   ③ 상도
④ 착색   ⑤ 조색   ⑥ 연마
⑦ 하도

17 [4점]

다음은 콘크리트에 대한 설명이다. 각 설명에 해당되는 콘크리트를 기재하시오.
(1) 일평균 기온이 25℃ 이상일 때 시공되는 콘크리트
(2) 단면이 80cm 이상이고 내부 열이 높은 콘크리트
(3) PS 강재를 이용하여 콘크리트의 인장능력을 키운 콘크리트
(4) 거푸집에 골재와 철근을 미리 넣고 트레미관을 이용하여 모르타르를 주입하여 만드는 콘크리트

18 [4점]

다음은 수밀콘크리트에 대한 설명이다. ( ) 안에 적당한 단어나 숫자를 기재하시오.
(1) 배합은 콘크리트의 소요의 품질이 얻어지는 범위 내에서 단위수량 및 물-결합재비는 되도록 (크게/작게) 하고, 단위 굵은 골재량은 되도록 (크게/작게) 한다.
(2) 콘크리트의 소요 슬럼프는 되도록 작게 하여 (   )mm를 넘지 않도록 하며, 콘크리트 타설이 용이할 때는 120mm 이하로 한다.
(3) 물-결합재비는 (   ) 이하를 표준으로 한다.

19 [4점]

용접 결함의 종류 4가지를 기술하시오.

20 [4점]

다음은 가설공사에 대한 내용이다. ( ) 안에 적당한 수치를 기입하시오.
(1) 가설 경사로는 견고한 구조로 해야 하고, 경사는 ( )도 이하로 한다. 경사가 ( )도를 초과할 때는 미끄러지지 않는 구조로 한다.
(2) 수직갱에 가설된 통로길이가 15m 이상일 때는 ( )m 이내마다 계단참을 설치하고, 건설공사에 사용되는 높이 8m 이상인 비계다리에는 ( )m 이내마다 계단참을 설치한다.

21 [4점]

아래 데이터를 보고 비용구배를 구하시오.

작업	표준상태		특급상태	
	공기	공비	공기	공비
A	8	10,000	6	12,000
B	6	60,000	4	90,000

22 [3점]

다음 설명하는 내용에 맞는 말을 보기를 보고 골라 기재하시오.
(1) 최초 개시 결합점에서 최종 종료 결합점에 이르는 경로 중 가장 긴 경로
(2) 그 작업을 EST에 시작하고, 후속작업도 EST에 시작할 때 생기는 여유
(3) 네트워크 공정표에서 결합점이 가지는 여유

〈보기〉
① DF ② FF ③ TF
④ Slack ⑤ CP ⑥ LP

23 [6점]

500×500의 단면을 가진 3m 높이의 기둥 10개에 소요되는 콘크리트량과 거푸집량을 산출하시오.

24 [4점]

품질관리의 순서 4단계를 기술하시오.

21년 2회 해설 및 정답

01 단가 도급
(1) 정의 : 공사금액을 구성하는 물량 또는 단위공사에 대한 단가만을 확정하고 공사가 완료되면 실시 수량의 확정에 따라 정산하는 방식이다.
(2) 장점
① 공사의 신속한 착공이 가능
② 설계변경으로 인한 수량증감의 계산이 용이

02 워커빌리티
(1) 정의 : 반죽질기에 따른 작업의 난이 정도 및 재료의 분리에 저항하는 정도
(2) 시험방법
① 슬럼프시험
② 플로 시험
③ 비비 시험
④ 낙하 시험
⑤ 구관입 시험

03 단열재의 요구성능
(1) 열전도율이 낮을 것
(2) 투습성이 적고, 내화성이 있을 것
(3) 비중이 작고, 상온에서 가공성이 좋을 것
(4) 내부식성이 좋을 것
(5) 균질한 품질, 가격이 저렴할 것

04 공개경쟁입찰과 지명경쟁입찰
(1) 차이점 : 공개경쟁입찰은 일정한 자격을 가진 모든 업체가 입찰하는 방식이고, 지명경쟁 입찰은 해당 공사에 적합하다고 인정되는 다수의 도급업자를 선정하여 입찰시키는 방식이다.
(2) 공개경쟁입찰 장점
① 균등한 기회 부여
② 공사비 절감
③ 담합의 우려가 적음

05 목재의 방부처리법
(1) 표면 탄화법 : 목재표면을 태워 수분을 제거하는 방법
(2) 방부제 처리법 : 방부제를 칠하거나 뿌리는 방법
(3) 일광직사법 : 목재를 30시간 이상 햇빛에 쪼이는 방법
(4) 수침법 : 물속에 목재를 담가 균이 기생하지 못하게 하는 방법

06 성형판 붙임공법 및 세라믹 울 공법

07 AE제의 장점
(1) 동결융해 저항성 증진
(2) 단위수량 감소
(3) 내구성 증진
(4) 시공연도 증진
(5) 수밀성 증가

08 강관 파이프 비계의 장점
(1) 조립 해체가 용이하다.
(2) 사용횟수가 많다.
(3) 강도가 커서 고층 건축시공에 유리하다.
(4) 작업장이 미관상 좋다.

09 추락 재해 방지 시설
(1) 추락 방호망
(2) 안전 난간
(3) 개구부 수평 보호덮개
(4) 수직형 추락 방지망

10 타일 붙이기 공법
(1) 떠 붙이기 공법
(2) 압착 공법
(3) 개량압착 공법
(4) 개량적층 공법
(5) 밀착 공법

11 (1) 성능발주 방식
(2) BOO
(3) 파트너링 방식
(4) 턴키도급

12 가. ⑤
나. ①
다. ③
라. ④
마. ②

13 ① 2일
② 3일
③ 4일
④ 6일

14 가. 10
나. 영식
다. 화란식
라. 1.2m

15 (1) 강재량의 절약(경제적)
(2) 접합부의 일체성과 수밀성 확보
(3) 철골의 중량 감소
(4) 무소음/무진동

16 (1) ⑤
(2) ②
(3) ①

17 (1) 서중 콘크리트
(2) 매스 콘크리트
(3) 프리스트레스트 콘크리트
(4) 프리플레이스트(프리팩트) 콘크리트

18 (1) 배합은 콘크리트의 소요의 품질이 얻어지는 범위 내에서 단위수량 및 물-결합재비는 되도록 (크게/작게) 하고, 단위 굵은 골재량은 되도록 (크게/작게) 한다.
(2) 콘크리트의 소요 슬럼프는 되도록 작게 하여 (180)mm를 넘지 않도록 하며, 콘크리트 타설이 용이할 때는 120mm 이하로 한다.
(3) 물-결합재비는 (50%) 이하를 표준으로 한다.

19 (1) 크랙
(2) 블로우 홀
(3) 슬래그 감싸돌기
(4) 크레이터
(5) 언더컷
(6) 피트
(7) 피쉬아이
(8) 오버랩

20 (1) 가설 경사로는 견고한 구조로 해야 하고, 경사는 (30)도 이하로 한다. 경사가 (15)도를 초과할 때는 미끄러지지 않는 구조로 한다.
(2) 수직갱에 가설된 통로길이가 15m 이상일 때는 (10)m 이내마다 계단참을 설치하고, 건설공사에 사용되는 높이 8m 이상인 비계다리에는 (7)m 이내마다 계단참을 설치한다.

21 A작업 : $\dfrac{12{,}000-10{,}000}{8-6}=1{,}000$원/일

B작업 : $\dfrac{90{,}000-60{,}000}{6-4}=15{,}000$원/일

22
(1) ⑤
(2) ②
(3) ④

23 모든 단위를 m로 통일하여 계산한다.
(1) 콘크리트량 : $0.5\times0.5\times3\times10$개$=7.5\text{m}^3$
(2) 거푸집량 : $(0.5+0.5)\times2\times3\times10$개$=60\text{m}^2$

24 계획(Plan) – 실시(Do) – 검토(Check) – 시정(Action)

2021 제3회 건축산업기사

01 [5점]

멤브레인 방수의 정의와 종류 3가지를 기술하시오.

02 [4점]

품질관리(QC) 등 일반관리의 제반요인(대상이나 수단)이 되는 여러 M 중 4M만을 기술하시오.

03 [4점]

철골공사에서 용접부의 비파괴 검사 4가지를 기술하시오.

04 [4점]

벽체 전용 시스템 거푸집 4가지를 기술하시오.

05 [5점]

공동도급의 정의와 장점 3가지를 기술하시오.

06 [5점]

철근의 피복두께의 정의와 유지목적을 기술하시오.

07 [4점]

강재의 접합 방법 중 고장력볼트 접합의 장점 4가지를 기술하시오.

08 [4점]

다음 콘크리트 줄눈의 종류를 기술하시오.
(1) 콘크리트 작업관계로 경화된 콘크리트에 새로 콘크리트를 타설할 경우 발생하는 Joint
(2) 온도변화에 따른 팽창, 수축 혹은 부동침하, 진동 등에 의해 균열이 예상되는 위치에 설치하는 Joint
(3) 균열을 전체 벽면 중의 일정한 곳에만 일어나도록 유도하는 Joint
(4) 시공상 콘크리트를 한 번에 계속해서 부어나가지 못할 때 타설 구획을 정함으로 형성되는 Joint

09 [4점]

목공사에서 바닥의 마루를 설치할 때 사용되는 쪽매 4가지를 기술하시오.

10 [3점]

건설 현장에서 사용되는 추락 재해 방지시설 3가지를 기술하시오.

11 [4점]

기경성 미장재료 4가지를 기술하시오.

12 [4점]

타일공사에서 떠 붙임 공법과 압착 붙임 공법의 차이를 기술하시오.

13 [4점]

BOT와 BTO의 차이점을 설명하시오.

14 [4점]

콘크리트 혼화재료 중 플라이애쉬의 특징 4가지를 기술하시오.

15 [4점]

다음은 거푸집 존치기간에 관한 내용이다. 아래 표에 맞는 일수를 기입하시오.

	조강포틀랜드 시멘트	보통포틀랜드시멘트
20℃ 이상	①	③
10℃ 이상 ~ 20℃ 미만	②	④

16 [4점]

다음은 프로젝트 사업 진행순서이다. ( ) 안에 적당한 기호를 기입하시오.

― 〈보기〉 ―
① 구매 및 조달   ② 시공   ③ 설계   ④ 시운전 및 완공

타당성 분석 - (가) - (나) - (다) - (라) - 인도

17 [4점]

다음은 가설공사에 대한 내용이다. ( ) 안에 적당한 수치를 기입하시오.

(1) 가설 경사로는 견고한 구조로 해야 하고, 경사는 (   )도 이하로 한다. 경사가 (   )도를 초과할 때는 미끄러지지 않는 구조로 한다.
(2) 수직갱에 가설된 통로길이가 15m 이상일 때는 (   )m 이내마다 계단참을 설치하고, 건설공사에 사용되는 높이 8m 이상인 비계다리에는 (   )m 이내마다 계단참을 설치한다.

18 [5점]

가설공사에서 사용되는 기준점의 설치목적과 주의사항 3가지를 기술하시오.

19 [4점]

다음은 거푸집 측압에 영향을 주는 요인들이다. 아래의 요인들이 어떤 상태일 때 측압이 증가되는지 상태를 기술하시오.

(1) 부재의 수평단면 :
(2) 거푸집의 투수성 :
(3) 거푸집의 강성 :
(4) 대기온도 :

20 [4점]

다음은 지붕 처마 구조에 방수 공법의 순서이다. 맞게 골라 기호로 적으시오.

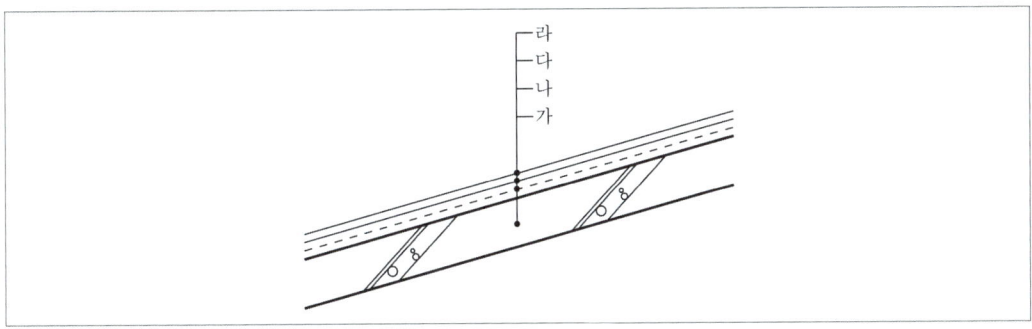

〈보기〉
① 컬러 아스팔트 싱글 ② 보호 모르타르
③ 투습 방수지 ④ 콘크리트 구조체

21 [4점]

다음은 용접 결함에 관한 설명이다. ( )에 적당한 결함 항목을 기입하시오.

(1) 용접 금속과 모재가 융합되지 않고 단순히 겹쳐지는 것 (   )
(2) 용접 상부에 모재가 녹아 용착금속이 채워지지 않고 홈으로 남게 된 부분 (   )
(3) 용접봉의 피복재 용해물인 회분이 용착금속 내에 혼입된 것 (   )
(4) 용융금속이 응고할 때 방출되었어야 할 가스가 남아서 생기는 용접부의 빈자리
    (   )

22 [4점]

커튼월 공사에서 실시하는 실물 모형실험(mock up test)인 성능시험의 시험 항목 4가지를 기술하시오.

23

[5점]

아래 공정표를 보고 주공정선을 굵게 칠하고 각 결합점의 일정을 기입하시오.

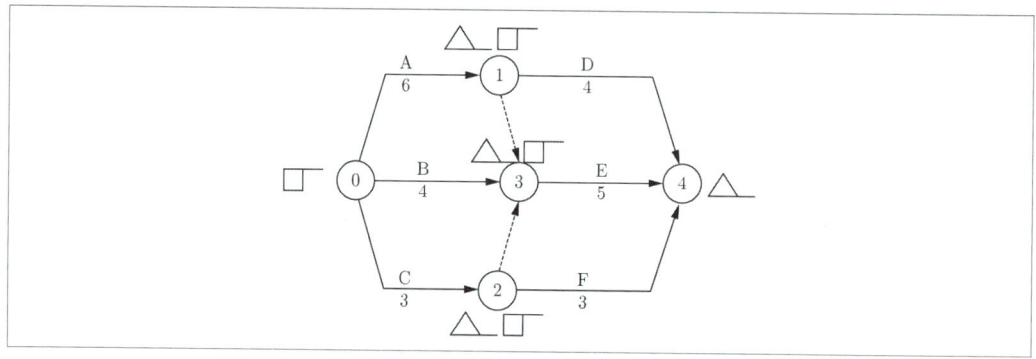

24

[4점]

다음 도면을 보고 요구하는 재료량(정미량)을 산출하시오. (단, 벽돌은 190×90×57을 사용한다.)

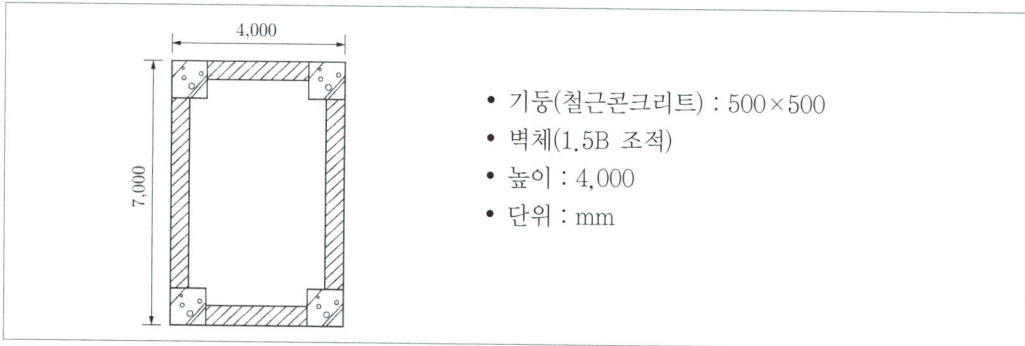

- 기둥(철근콘크리트) : 500×500
- 벽체(1.5B 조적)
- 높이 : 4,000
- 단위 : mm

(1) 철근콘크리트량
(2) 거푸집량
(3) 벽돌 매수

21년 3회 해설 및 정답

01 멤브레인 방수
(1) 정의 : 불투수성 피막을 형성하여 방수하는 공법
(2) 종류
① 아스팔트방수(Asphalt)
② 시트방수(Sheet)
③ 도막방수(Liquid)
④ 개량형 아스팔트방수(Modifed Asphalt)

02 품질관리(QC)의 M
(1) 자원   (2) 설비
(3) 자금   (4) 인력

03 용접부의 비파괴 검사
(1) 방사선 투과 검사   (2) 초음파 탐상법
(3) 자기분말 탐상법   (4) 침투 탐상법

04 벽체 전용 시스템 거푸집
(1) 갱(Gang) 폼
(2) 클라이밍(Climbing) 폼
(3) 대형 패널폼
(4) 셔터링 폼

05 공동도급
(1) 정의 : 대규모 공사에 대하여 시공자의 기술, 자본 및 위험의 부담을 감소시킬 목적으로 여러 개의 건설회사가 공동출자기업을 조직하여 한 회사의 입장에서 공사를 수급, 시공하는 방식
(2) 장점
① 위험의 분산
② 융자력 증대
③ 공사이행의 확실성 보장
④ 공사 도급 경쟁의 완화수단

06 철근의 피복두께
(1) 정의 : 콘크리트 외면에서부터 첫 번째 나오는 철근의 표면까지의 거리
(2) 유지목적
① 내구성 확보(중성화 방지)
② 내화성 확보
③ 시공성 확보
④ 콘크리트와 철근의 부착력 증대

07 고장력볼트 접합
    (1) 접합부의 강성 증대
    (2) 불량 부분의 수정 용이
    (3) 공사 기간을 단축시켜 경제적인 시공이 가능
    (4) 소음이 적음
    (5) 현장 시공 설비가 간편함

08 (1) 콜드조인트
    (2) 신축줄눈
    (3) 조절줄눈
    (4) 시공줄눈

09 바닥 마루에 사용되는 쪽매
    (1) 반턱 쪽매
    (2) 틈막이대 쪽매
    (3) 딴혀 쪽매
    (4) 오니 쪽매
    (5) 제혀 쪽매
    (6) 맞댐 쪽매

10 추락 재해 방지시설
    (1) 추락 방호망
    (2) 안전 난간
    (3) 개구부 수평 보호덮개
    (4) 수직형 추락 방지망

11 기경성 미장재료
    (1) 진흙
    (2) 회반죽
    (3) 회사벽
    (4) 돌로마이트 플라스터

12 떠 붙임 공법과 압착 붙임 공법
    (1) 떠 붙임 공법 : 타일 뒷면에 붙임용 모르타르를 바르고 벽면의 아래에서 위로 붙여 가는 종래의 일반적인 공법
    (2) 압착 붙임 공법 : 바탕면에 먼저 붙임 모르타르를 고르게 바르고 그곳에 타일을 눌러 붙이는 공법

13 BOT와 BTO
    (1) BOT : 민간이 시공 후 일정기간 동안 시설물을 운영하여 투자금을 회수한 후 시설물과 운영권을 발주자에게 양도하는 방식
    (2) BTO : 민간자본을 들여 시설물을 완공(Build)한 후 소유권을 발주처에 미리 이전하고 일정 기간 동안 운영하여 투자금을 회수하는 방식

14 플라이애쉬의 특징
(1) 시공연도가 좋아지므로 단위수량을 감소시킬 수 있다.
(2) 단위수량이 감소시킬 수 있으므로 수화열이 적고 건조수축이 적다.
(3) 초기강도는 다소 떨어지나 장기강도는 증가한다.
(4) 수밀성이 좋다.
(5) 해수에 대한 내화학성이 크다.

15 ① 2일 ② 3일 ③ 4일 ④ 6일
[거푸집 존치기간]

평균기온 \ 시멘트의 종류	조강 포틀랜드 시멘트	보통 포틀랜드 시멘트 고로슬래그시멘트 특급 포틀랜드포졸란시멘트 A종 플라이애시시멘트 A종	고로슬래그시멘트 1급 포틀랜드포졸란시멘트 B종 플라이애시시멘트 B종
20℃ 이상	2	4	5
20℃ 미만 10℃ 이상	3	6	8

16 가. ③ 나. ① 다. ② 라. ④
[건설프로젝트 진행순서]
타당성 조사/분석 → 설계 → 구매/조달 → 시공 → 시운전 및 완공 → 인도/유지관리

17
(1) 가설 경사로는 견고한 구조로 해야 하고, 경사는 (30)도 이하로 한다. 경사가 (15)도를 초과할 때는 미끄러지지 않는 구조로 한다.
(2) 수직갱에 가설된 통로길이가 15m 이상일 때는 (10)m 이내마다 계단참을 설치하고, 건설공사에 사용되는 높이 8m 이상인 비계다리에는 (7)m 이내마다 계단참을 설치한다.

18 기준점
(1) 목적 : 건축물 시공 시 기준위치를 정하는 원점으로 공사 중 높이의 기준을 정하고자 설치하는 것
(2) 주의 사항
 ① 이동의 염려가 없는 곳에 설치한다.
 ② 2개소 이상 설치한다.
 ③ 지면에서 0.5~1.0m 높이로 설치한다.
 ④ 바라보기 좋고, 공사에 지장이 없는 곳에 설치한다.

19
(1) 클수록
(2) 작을수록
(3) 클수록
(4) 낮을수록

20 가. ④
나. ③
다. ②
라. ①

21 (1) 오버랩
(2) 언더컷
(3) 슬래그 감싸돌기
(4) 블로홀

22 **실물 모형실험(mock up test)인 성능시험의 시험 항목**
(1) 기밀시험
(2) 정압/동압수밀시험
(3) 내풍압시험
(4) 층간변위시험

23

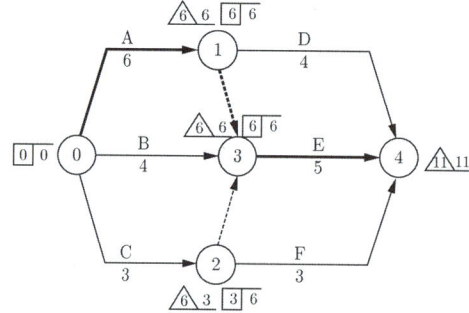

24 **재료량(정미량) 산출**
mm의 단위를 모두 m로 환산하여 계산한다.
(1) 콘크리트량 : $0.5 \times 0.5 \times 4 \times 4개소 = 4m^3$
(2) 거푸집 : $(0.5+0.5) \times 2 \times 4 \times 4개소 = 32m^2$
(3) 벽돌량 : $\{(7 - 0.5 - 0.5) \times 2 + (4 - 0.5 - 0.5) \times 2\} \times 4 \times 224 = 16,128$장

2022 제1회 건축산업기사

01 [5점]
공동도급의 운영방식(종류) 3가지와 공동도급의 장점과 단점을 각각 2가지를 기술하시오.

02 [2점]
Life Cycle Cost(LCC)에 대해 간략히 설명하시오.

03 [4점]
석재의 가공순서를 보기에서 골라 기호로 나타내시오.

〈보기〉
① 도드락다듬　　② 혹두기
③ 잔다듬　　　　④ 정다듬

04 [4점]
품질관리(QC)에서 일반관리의 제반요인(대상이나 수단)이 되는 여러 M 중 4M만을 기술하시오.

05 [4점]
다음 재료의 할증률을 기술하시오.

① 유리　　　　② 기와
③ 붉은 벽돌　　④ 단열재

06 [5점]

쉬어 커넥터의 정의와 종류 3가지를 기술하시오.

07 [4점]

철골공사의 접합 방법 중 용접의 장점 4가지를 기술하시오.

08 [5점]

혼화제와 혼화재의 차이점을 쓰고 혼화재의 종류 3가지를 기술하시오.

09 [4점]

건설 프로젝트 관리에서 리스크관리 대안 4가지를 기술하시오.

10 [2점]

시멘트 대체 혼화재로서 플라이애쉬 및 콘크리트용 고로슬래그 미분말을 결합재로 대량 치환하여 제조된 삼성분계 콘크리트 중 치환율이 50% 이상, 70% 이하인 콘크리트를 무엇이라 하는가?

11 [4점]

다음 설명에 해당하는 용어를 보기에서 골라 기호로 쓰시오.

〈보기〉
① 순환 골재　　　② 부순골재　　　③ 경량골재
④ 골재　　　　　⑤ 굵은 골재　　　⑥ 고로슬래그 골재
⑦ 자갈

(1) 콘크리트의 질량을 경감시킬 목적으로 사용하는 보통의 암석보다 밀도가 낮은 골재
(2) 모르타르 또는 콘크리트를 만들기 위하여 시멘트 및 물과 반죽 혼합하는 모래, 자갈, 부순 돌, 기타 이와 유사한 입상의 재료
(3) 암석을 크러셔 등으로 분쇄하여 인공적으로 만든 골재
(4) 건설폐기물을 물리적 또는 화학적 처리과정 등을 통하여 순환골재 품질기준에 적합하게 만든 골재로 재생골재라고도 함

12 [5점]

다음은 마감공사에서 시멘트 모르타르의 시공순서이다. 적당한 용어를 보기에서 골라 순서대로 기술하시오.

〈보기〉
① 고름질   ② 초벌 또는 덧먹임   ③ 정벌
④ 바탕처리   ⑤ 보양   ⑥ 재벌

13 [4점]

철골공사에서 녹막이 칠을 하지 않는 부분 4개를 기술하시오.

14 [4점]

공개경쟁입찰의 장점과 단점을 각각 2가지씩 기술하시오.

15 [4점]

지하실 외벽에 사용하는 안방수와 바깥방수의 특징을 다음의 보기에서 골라 번호를 기입하시오.

구분	안방수	바깥방수	보기	
(1) 사용환경			① 수압이 작고 얕은 지하실	② 수압이 크고 깊은 지하실
(2) 바탕처리			① 따로 만들 필요 없음	② 따로 만들어야 함
(3) 공사시기			① 자유롭다.	② 본 공사에 선행
(4) 시공용이			① 간단하다.	② 어렵다.
(5) 경제성			① 저렴	② 고가
(6) 보호누름			① 필요하다.	② 없어도 무방

16 [4점]

다음은 콘크리트 균열의 원인이다. 보기에서 재료상의 원인과 시공상의 원인을 골라 기호로 쓰시오.

〈보기〉
① 시멘트의 수화열에 의한 균열   ② 비빔 분량, 급속 타설
③ 경화 전 진동, 충격을 가한 경우   ④ 콘크리트의 건조수축
⑤ 초기의 급격한 건조(양생 불량)   ⑥ 알칼리 골재 반응

17 [4점]

다음은 고강도 콘크리트에 관한 사항이다. 재료 및 배합에 알맞은 기호를 골라 기술하시오.

재료 및 배합	보기	
(1) 단위수량	① 크게	② 작게
(2) 단위시멘트량	① 크게	② 작게
(3) 잔골재량	① 크게	② 작게
(4) 슬럼프치	① 크게	② 작게

18 [3점]

다음은 거푸집의 존치기간에 관한 규정이다. ( ) 안에 알맞은 수치를 기입하시오.

수직 거푸집의 경우는 압축강도가 (①)MPa 이상이면 제거가 가능하며, 수평거푸집 단층일 경우 설계기준강도의 (②) 이상의 강도가 얻어질 때, 최소 (③)MPa 이상이 되어야 해체가 가능하다.

19 [4점]

다음은 낙하물 방지망에 관한 내용이다. ( ) 안에 적당한 수치를 기입하시오.

낙하물 방지망의 설치 높이는 (①)m마다 설치하며, 비계 또는 구조체의 외측에서 내민 길이는 (②)m 이상 설치하며, 경사는 (③) 이상 (④) 이하로 한다.

20 [3점]

다음은 건설공사에서 악천후에 따른 철골공사의 중지 기준이다. ( ) 안에 적당한 수치를 기입하시오.

(1) 풍속 : (①)m/s
(2) 강수량 (②)mm/회
(3) 강설량 : (③)cm/회

21 [4점]

다음 중 건설공사에 사용되는 안전유리 3가지를 쓰시오.

〈보기〉
로이유리, 적외선 반사유리, 강화유리, 복층유리, 열선 반사유리, 망입유리, 접합유리

22 [5점]

건축물 가설공사에 사용하는 기준점(Bench Mark)의 정의와 유의사항 3가지를 기술하시오.

23 [3점]

다음은 목재의 접합에 관한 설명이다. 해당하는 용어를 보기에서 골라 기술하시오.
(1) 2개 이상의 목재를 길이 방향으로 접합하는 것
(2) 사용 널재를 옆으로 대어 접합하는 것
(3) 수직재와 수평재 등 각도를 갖고 접합하는 것

24 [3점]

다음과 같은 도면을 참고해서 화장실의 실내 마감표 상의 바탕, 마감, 두께에 대한 치수를 기재하시오.

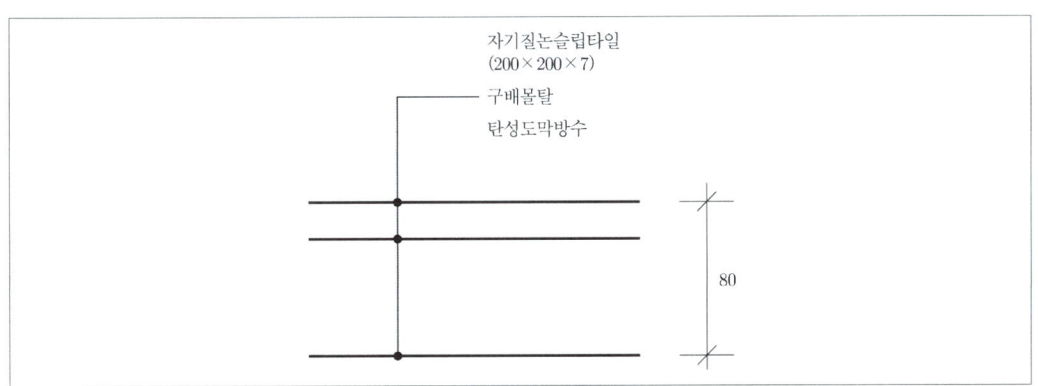

〈실내 마감표〉

단위 : mm

바탕	마감	두께	도면 이름
(1)	(2)	(3)	F_1

25 [4점]

다음의 표는 거푸집과 동바리 설치 시 점검사항의 항목별 시기와 횟수에 대한 표이다. 빈 칸에 알맞은 용어를 보기에서 찾아 기재하시오.

항목	시기 및 횟수
거푸집, 동바리의 재료 및 체결재의 종류, 재질, 형상치수	(1)
동바리의 배치	(2)
조임재의 위치 및 수량	(3)

〈보기〉
① 콘크리트 타설 도중 ② 동바리 조립 후
③ 콘크리트 타설 전   ④ 거푸집이나 동바리 조립 전
⑤ 콘크리트 타설 후

26 [4점]

다음과 같은 데이터를 네트워크 공정표로 작성하고 주공정선을 표시하시오.

작업명	작업일수	선행작업	비고
A	2	–	① CP는 굵은 선으로 표시한다.
B	2	–	② 각 결합점에서는 다음과 같이 표시한다.
C	4	–	(EST｜LST, LET｜EFT)
D	5	C	③ 각 작업은 다음과 같이 표시한다.
E	2	B	
F	3	A	i →작업명/공사일수→ j
G	3	A, C, E	
H	4	D, F, G	

22년 1회 해설 및 정답

01 공동도급
(1) 운영방식 : 공동이행방식, 분담이행방식, 주계약자형 공동도급방식
(2) 장점
① 위험의 분산
② 융자력 증대
③ 공사이행의 확실성 보장
(3) 단점
① 업체 간 책임소재가 불분명
② 단일회사 운영 시보다 경비 증대
③ 각 회사의 경영방식 차이에서 오는 능률저하 우려

02 LCC
건축물의 초기 기획단계에서 계획, 설계, 시공, 유지관리, 철거의 단계까지 총체적인 과정에서 사용되는 비용

03 석재의 표면가공 순서
② → ④ → ① → ③
혹두기 → 정다듬 → 도드락다듬 → 잔다듬 → 물갈기

04 일반관리의 제반요인(대상이나 수단)
(1) 인력
(2) 자금
(3) 기계(설비)
(4) 자원

05
① 유리 : 1%
② 기와 : 5%
③ 붉은 벽돌 : 3%
④ 단열재 : 10%

06 (1) 정의 : 전단연결재라고도 하며 철골보와 콘크리트 바닥판을 일체화시켜 전단력을 전달하는 연결재
(2) 종류
① 스터드 앵커(스터드 볼트)
② ㄷ형강 앵커
③ 나선형 철근 앵커

07 용접의 장점
(1) 콘크리트 타설 시 시공성 확보
(2) 강재량 절약
(3) 이음 부위의 강도 확보 가능
(4) 무소음/무진동

08
(1) 혼화제 : 시멘트 중량의 5% 미만 사용하는 액체의 혼화재료로 콘크리트의 성질을 개선하며, 배합 설계 시 혼화제의 부피는 무시한다.
　예 AE제, 유동화제, 경화촉진제, 응결지연제, 방청제, 방동제, 방수제, 고성능 감수제
(2) 혼화재 : 시멘트 중량의 5% 이상 사용하는 고체의 혼화재료로 콘크리트의 성질을 개선하며, 배합 설계 시 혼화재의 부피는 계산에 포함한다.
　예 플라이애시, 고로슬래그, 실리카 퓸, 착색제, 팽창제

09
(1) 리스크 회피
(2) 리스크 감소
(3) 리스크 전이
(4) 리스크 보유

10 저탄소 콘크리트

11
(1) ③, (2) ④, (3) ②, (4) ①

12
④ - ② - ① - ⑥ - ③ - ⑤

13 녹막이 칠을 하지 않는 부분
(1) 고력볼트 접합부의 마찰면
(2) 콘크리트에 매입되는 부분
(3) 조립에 의해 맞닿는 면
(4) 현장 용접하는 부분
(5) 폐쇄형 단면을 한 부재의 밀폐된 면

14
(1) 장점
　① 균등한 기회를 부여
　② 공사비를 절감
　③ 담합의 우려가 적음
(2) 단점
　① 과다 경쟁
　② 부적격자 낙찰 우려

15

구분	안방수	바깥방수	보기	
(1) 사용환경	①	②	① 수압이 작고 얕은 지하실	② 수압이 크고 깊은 지하실
(2) 바탕처리	①	②	① 따로 만들 필요 없음	② 따로 만들어야 함
(3) 공사시기	①	②	① 자유롭다.	② 본 공사에 선행
(4) 시공용이	①	②	① 간단하다.	② 어렵다.
(5) 경제성	①	②	① 저렴	② 고가
(6) 보호누름	①	②	① 필요하다.	② 없어도 무방

16 **균열의 재료상의 원인과 시공상의 원인**
 (1) 재료상의 원인 : ①, ④, ⑥
 (2) 시공상의 원인 : ②, ③, ⑤

17
 (1) ②
 (2) ②
 (3) ②
 (4) ②

18
 ① 5
 ② 2/3
 ③ 14

19
 ① 10
 ② 2
 ③ 20°
 ④ 30°

20
 ① 10
 ② 1
 ③ 1

21
 (1) 접합유리
 (2) 강화유리
 (3) 망입유리

22
 (1) 정의 : 건축물 시공 시 기준위치를 정하는 원점으로 공사 중 높이의 기준을 정하고자 설치하는 것
 (2) 유의사항
  ① 이동의 염려가 없는 곳에 설치한다.
  ② 2개소 이상 설치한다.
  ③ 지면에서 0.5~1.0m 높이로 바라보기 좋고, 공사에 지장이 없는 곳에 설치한다.

23 (1) 이음
(2) 쪽매
(3) 맞춤

24 (1) 20
(2) 53
(3) 80

25 (1) ④ 거푸집이나 동바리 조립 전
(2) ② 동바리 조립 후
(3) ③ 콘크리트 타설 전

26

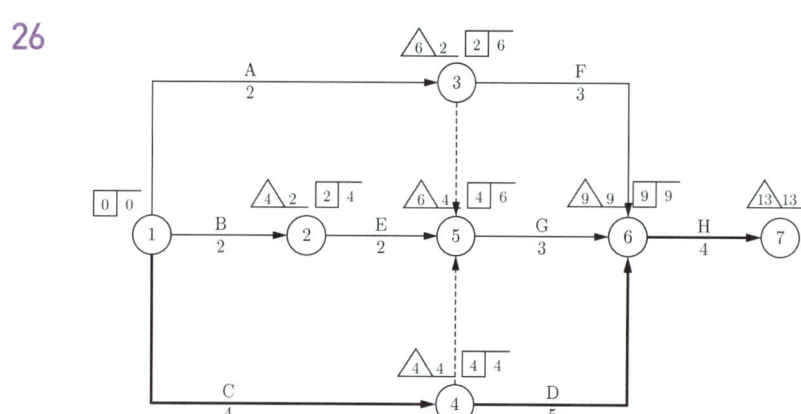

2022 제2회 건축산업기사

01 [4점]
정액도급, 단가도급의 장점을 각각 2가지씩 기술하시오.

02 [3점]
실비정산 보수 가산식 도급의 정의와 단점 2가지를 기술하시오.

03 [3점]
관리기법의 하나인 VE를 효율적으로 적용할 수 있는 공사의 종류 3가지를 기술하시오.

04 [5점]
도장공사 시공순서를 보기에서 골라 순서대로 나열하시오.

| 가. 바탕처리 | 나. 상도 1회 | 다. 상도 2회 |
| 라. 나무결 메우기 | 마. 연마 | 바. 하도 1회 |

05 [4점]
다음 설명에 해당하는 콘크리트의 명칭을 기술하시오.
(1) 거푸집에 골재와 철근을 미리 넣고 트레미관을 이용하여 모르타르를 주입하여 만드는 콘크리트
(2) 단면이 80cm 이상이고 내부 열이 높은 콘크리트
(3) PS 강재를 이용하여 콘크리트의 인장능력을 키운 콘크리트
(4) 시멘트 대체 혼화재로서 플라이애쉬 및 콘크리트용 고로슬래그 미분말을 결합재로 대량 치환하여 제조된 삼성분계 콘크리트 중 치환율이 50% 이상, 70% 이하인 콘크리트

06 [4점]

한중콘크리트에 대한 설명이다. 보기 내용이 맞는지 여부를 O, ×로 답하시오.

〈보기〉
(1) 물-결합재비는 원칙적으로 60% 이하로 사용한다.
(2) 공기 연행제를 사용하는 것을 원칙으로 한다.
(3) 단위수량은 소요의 워커빌리티를 유지할 수 있는 범위 내에서 가능한 크게 정해야 한다.
(4) 재료를 가열할 경우 골재와 물만 가열하고 시멘트는 어떤 경우라도 가열하지 않는다. 골재 가열은 건축수축이 일어나지 않는 정도로 한다.

07 [4점]

조적공사에 대한 설명이다. 보기 내용이 맞는지 여부를 O, ×로 답하시오.

〈보기〉
(1) 하루의 쌓기 높이는 1.2m를 표준으로 하고, 최대 1.5m 이하로 한다.
(2) 공사시방서에서 정한 바가 없을 때에는 영식 쌓기 또는 불식 쌓기로 한다.
(3) 가로 및 세로줄눈의 너비는 10mm로 하고, 막힌줄눈으로 하는 것이 원칙이다.
(4) 동일한 높이로 쌓고 어느 한쪽이 높게 쌓이거나 튀어나오지 않게 쌓는다.

08 [4점]

다음 시설에 맞게 보기에서 골라 기호로 나타내시오.

〈보기〉
① 개구부 수평보호덮개   ② 안전난간   ③ 방호선반
④ 낙하물 방지망   ⑤ 수직보호망   ⑥ 추락 방호망
⑦ 수직형 추락방지망

(1) 작업 도중 자재, 공구 등의 낙하로 인한 피해를 방지하기 위하여 개구부 및 비계 외부에 수평으로 설치하는 망
(2) 상부에서 작업 도중 자재나 공구 등의 낙하로 인한 재해를 방지하기 위하여 개구 및 비계 외부 안전 통로 출입구 상부에 설치하는 낙하물 방지망 대신 설치하는 목재 또는 금속판재
(3) 고소작업 중 근로자의 추락 및 물체의 낙하를 방지하기 위하여 수평으로 설치하는 보호망
(4) 근로자 또는 장비 등이 바닥 등에 뚫린 부분으로 떨어지는 것을 방지하기 위하여 설치하는 판재 또는 철판망

09 [4점]

철골공사에서 녹막이 칠을 하지 않는 부분 4개를 기술하시오.

10 [4점]

철골공사에서 내화피복의 습식공법에서 아래와 같은 종류에 따른 재료를 각각 2가지씩 기입하시오.

공법	재료	
타설공법	(1)	(2)
조적공법	(3)	(4)

11 [3점]

중대 재해에 대한 설명이다. 해당 내용에 맞는 인원수를 기입하시오.

중대 재해란 산업재해 중 사망 등 재해의 정도가 심한 것으로, 사망자가 (가)인 이상 발생한 재해, 3개월 이상 요양이 필요한 부상자가 동시에 (나)인 이상 발생한 재해, 부상자 또는 직업성 발병자가 동시에 (다)인 이상 발생한 재해를 말한다.

12 [4점]

거푸집의 종류 중 갱폼의 장점과 단점을 각각 2개씩 기술하시오.

13 [5점]

콘크리트 알칼리골재반응의 정의와 대책 3가지를 기술하시오.

14 [3점]

지붕 방수 공사에 사용되는 도막재 종류 3가지를 기재하시오.

15
[4점]

철골공사에서 용접부의 비파괴 검사 4가지를 기술하시오.

16
[5점]

아래 표는 거푸집 설치 후 시험 및 검사에 관한 내용이다. 빈칸에 맞는 말을 보기에서 골라 기호로 나타내시오.

항목	시험·검사 방법	시기·회수	판정 기준
거푸집, 동바리의 재료 및 체결재의 종류, 재질 형상치수	(1)	거푸집, 동바리 조립 전	지정한 품질 및 치수의 것일 것
동바리의 배치	(2)	동바리 조립 후	경화한 콘크리트 부재는 거푸집의 허용오차 규정에 적합할 것
조임재의 위치 및 수량	(3)	콘크리트 타설 전	
거푸집의 형상 치수 및 위치	(4)	콘크리트 타설 전 및 타설 도중	
거푸집과 최외측 철근과의 거리	(5)		철근 피복 허용오차 규정에 적합할 것

〈보기〉
① 외관 검사　　　　　　② 스케일에 의한 측정검사
③ 외관검사 및 스케일에 의한 측정

17
[4점]

콘크리트에 사용되는 염화칼슘, 플라이애쉬, 유동화제, 팽창제의 사용하는 목적 1가지씩을 기술하시오.

18
[5점]

석재 붙임 공법 중 앵커 긴결법을 설명하고 습식공법보다 좋은 장점 3가지를 기술하시오.

19 [3점]

다음 포틀랜트 시멘트의 품질 시험에 관한 항목이다. 각 시험에 해당하는 시험방법을 기술하시오.

(1) 분말도
(2) 응결 및 경화
(3) 안정도 시험

20 [5점]

다음 도면을 보고 각 번호에 해당하는 재료를 보기에서 골라 기호로 나타내시오.

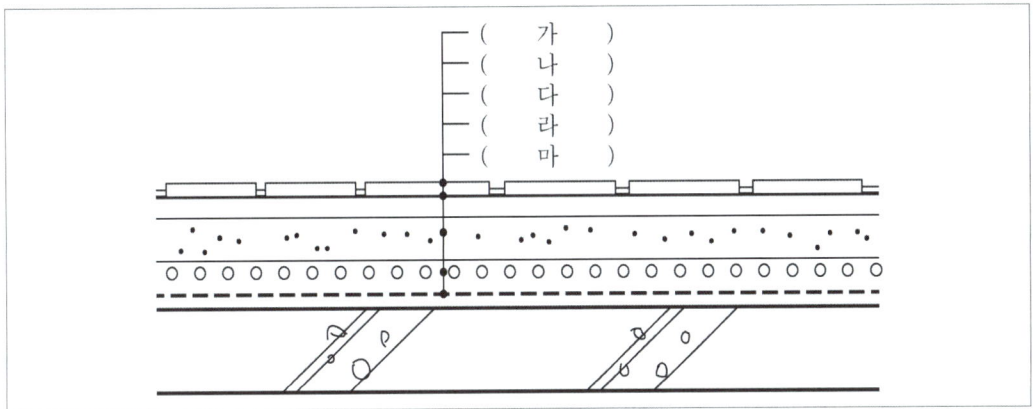

─〈보기〉─

PE 필름, 바닥마감재 자기질 타일, 시멘트 모르타르 및 와이어 메쉬, 콘크리트 바탕, 단열재

21 [3점]

다음 설명하는 공학목재 제품을 보기에서 골라 기호로 나타내시오.

─〈보기〉─

① OSB   ② 합판   ③ 파티클보드
④ 집성목재   ⑤ MDF   ⑥ 섬유판

(1) 얇게 만든 단판을 섬유방향과 직교되게 3장, 5장, 7장 등의 홀수로 붙여 만든 판형 제품
(2) 목재의 조각을 충분히 건조시킨 후 유기질의 접착제를 첨가하여 가열, 압축하여 만든 제품
(3) 목질의 섬유를 합성수지와 접착제를 섞어 판상으로 만든 제품

22 [3점]

다음에서 설명하는 품질관리(QC) 수법을 기술하시오.

(1) 고장, 불량 등의 발생건수를 분류하고 항목별로 나누어 크기 순서대로 나열해 놓은 것
(2) 결과와 원인이 어떻게 연관되어 있는지를 한눈에 알 수 있도록 작성한 그림
(3) 서로 대응되는 두 개의 짝으로 된 데이터를 그래프에 점으로 나타낸 것

23 [8점]

다음 데이터를 네트워크 공정표로 작성하고, 각 작업별 여유시간을 산출하시오.

작업명	작업일수	선행작업	비고
A	3	없음	① CP는 굵은 선으로 표시한다.
B	4	없음	② 각 결합점에서는 다음과 같이 표시한다.
C	5	없음	
D	6	A, B	EST|LST LET|EFT
E	7	B	
F	4	D	③ 각 작업은 다음과 같이 표시한다.
G	5	D, E	
H	5	C, F, G	i →(작업명/공사일수)→ j
I	7	F, G	

24 [4점]

다음 용어의 정의를 기술하시오.

(1) 적산(積算) :
(2) 견적(見積) :

25 [4점]

벽면적 $60m^2$ 벽체에 붉은 벽돌을 1.0B로 쌓을 때 벽돌의 소요량을 계산하시오.

계산과정 :

22년 2회 해설 및 정답

01 (1) 정액도급
① 공사관리 업무가 간편
② 총액 확정으로 자금, 공사계획 수립이 명확
(2) 단가도급
① 공사의 신속한 착공
② 설계변경으로 인한 수량 증감의 계산이 용이

02 (1) 정의 : 건축주와 시공자가 공사실비를 확인 정산하고 정해진 보수율에 따라 시공자에게 보수를 지급하는 도급방식
(2) 단점
① 공사기간 연장의 우려
② 공사비 증대 우려

03 (1) 공사 내용이 복잡하고 원가 절감의 효과가 큰 공사
(2) 공사에 특수한 개선 효과가 있는 공사
(3) 수량이 많거나 반복 효과가 큰 공사
(4) 하자가 빈번한 공사

04 가 – 바 – 라 – 마 – 나 – 다

05 (1) 프리플레이스트(프리팩트) 콘크리트
(2) 매스 콘크리트
(3) 프리스트레스트 콘크리트
(4) 저탄소 콘크리트

06 (1) ○
(2) ○
(3) ✕ (단위수량은 초기 동해를 적게 하기 위하여 소요의 워커빌리티를 유지할 수 있는 범위 내에서 되도록 적게 정해야 한다)
(4) ○

07 (1) ○
(2) ✕ (공사시방서에서 정한 바가 없을 때에는 영식 쌓기 또는 화란식 쌓기로 한다.)
(3) ○
(4) ○

08 (1) ④ (2) ③
(3) ⑥ (4) ①

09 **녹막이 칠을 하지 않는 부분**
(1) 고력볼트 접합부의 마찰면
(2) 콘크리트에 매입되는 부분
(3) 조립에 의해 맞닿는 면
(4) 현장 용접하는 부분
(5) 폐쇄형 단면을 한 부재의 밀폐된 면

10 (1) 콘크리트
(2) 경량콘크리트
(3) 벽돌
(4) 콘크리트 블록

11 가. 1
나. 2
다. 10

12 **갱폼의 특징**
(1) 장점
   ① 조립과 해체가 불필요하여 비용 절감
   ② 이음새가 발생하지 않아 마감에 유리
   ③ 합판의 재사용 가능
(2) 단점
   ① 대형 양중장비 필요
   ② 초기 투자비 과다
   ③ 기능공의 교육 및 작업 숙달기간 필요

13 (1) 정의 : 시멘트 내의 알칼리 성분과 골재의 실리카 성분이 화학반응을 일으켜 콘크리트가 팽창하여 균열을 발생시키는 현상
(2) 대책
   ① 저알칼리 시멘트(고로 시멘트, Fly Ash 등) 사용
   ② 비반응성 골재의 사용
   ③ 알칼리 골재 반응을 촉진하는 수분의 흡수 방지

14 (1) 블로운 아스팔트
(2) 우레탄 고무계
(3) 실리콘 고무계
(4) 아크릴 고무계

15
(1) 방사선 투과 검사
(2) 초음파 탐상법
(3) 자기분말 탐상법
(4) 침투 탐상법

16
(1) ①
(2) ③
(3) ③
(4) ②
(5) ②

17
(1) 염화칼슘 : 응결 경화 촉진제, 방동제
(2) 플라이애쉬 : 워커빌리티 증진, 수밀성 증진, 재료분리 감소
(3) 유동화제 ; 유동성 증대
(4) 팽창제 : 건조수축 저감, 무수축 모르타르

18
(1) 정의 : 건물 벽체에 단위 석재를 독립적으로 설치하여 석재와 바탕재를 앵커로 연결하는 공법
(2) 장점
   ① 시공 속도가 빠름
   ② 겨울철 공사가 가능함
   ③ 동결이나 백화 현상이 없음
   ④ 고층건물에 유리함

19
(1) 분말도 : 체가름시험, 브레인법
(2) 응결 및 경화 : 길모어 바늘 시험
(3) 안정도 시험 : 오토클레이브 팽창도 시험

20
가. 콘크리트 바탕
나. 단열재
다. PE 필름
라. 시멘트 모르타르 및 와이어 메쉬
마. 바닥마감재 자기질 타일

21
(1) ②
(2) ③
(3) ⑥

22
(1) 파레토도
(2) 특성요인도
(3) 산점도

23
(1) 공정표

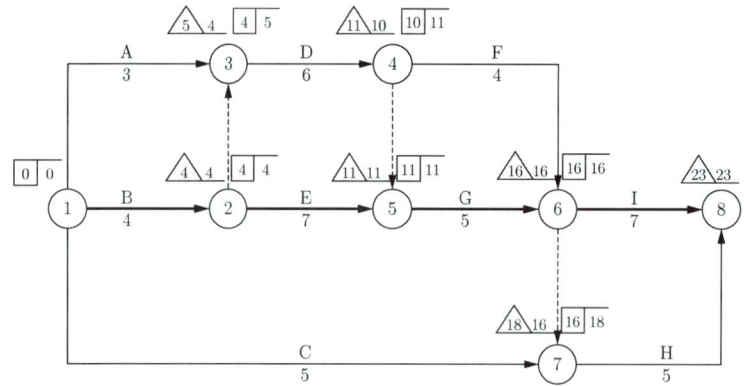

(2) 여유시간

작업명	TF	FF	DF	CP
A	2	1	1	
B	0	0	0	*
C	13	11	2	
D	1	0	1	
E	0	0	0	*
F	2	2	0	
G	0	0	0	*
H	2	2	0	
I	0	0	0	*

24
용어
(1) 적산(積算) : 공사에 필요한 재료나 품의 수량 즉, 전체 공사량을 산출하는 것
(2) 견적(見積) : 산출된 전체 공사량에 단가를 곱하여 총공사비를 산출하는 것

25
적산-벽돌량 계산
붉은 벽돌의 할증률 3%를 적용하며, 1.0B이므로 149매/m^2을 적용한다.
$60 \times 149 \times 1.03 = 9,208.2$
∴ 9,209장

2022 제3회 건축산업기사

01 [4점]

아래 설명하는 CM의 종류를 보기에서 골라 기호로 기술하시오.

〈보기〉
① ACM(Agency CM)
② XCM(eXtended CM)
③ OCM(Owner CM)
④ GMPCM(Guaranteed Maximum Price) CM

(1) CM의 고유업무뿐만 아니라 하도급 업체와 직접 계약을 체결하고 참여하여 공사의 소요되는 금액도 책임을 지는 방식
(2) 건설업의 전 과정인 기획 단계에서부터 설계, 발주, 시공, 유지관리 등에 걸쳐 사업을 관리하는 방식
(3) 설계 단계에서부터 설계, 시공의 전 과정을 관리하는 방식
(4) 발주자 자체가 CM 업무를 수행하는 방식

02 [5점]

실비정산 보수 가산식 도급의 정의와 단점 2가지를 기술하시오.

03 [4점]

가설공사에서 사용되는 수평규준틀과 수직규준틀(세로규준틀)의 설치 목적을 각각 2가지씩 기술하시오.

04 [5점]

콘크리트용 골재가 갖추어야 할 요구성능 5가지를 기술하시오.

05 [4점]

방수공사에 사용되는 시트 방수의 장단점을 각각 2가지씩 기술하시오.

06 [3점]

한중 콘크리트 양생방법 3가지를 기술하시오.

07 [5점]

강재의 접합 방법 중 고장력 볼트 접합의 장점 5가지를 기술하시오.

08 [5점]

목재면의 도장순서를 보기에서 골라 기호로 나열하시오.

─── 〈보기〉 ───
① 나뭇결 메우기   ② 바탕처리   ③ 하도
④ 상도 2   ⑤ 상도 1   ⑥ 연마

09 [4점]

목공사 접합에서 사용되는 이음 및 맞춤 시 주의사항 4가지를 기술하시오.

10 [3점]

콘크리트 공사에 사용되는 벽체용 거푸집 3가지를 기술하시오.

11 [3점]

조적공사에서 사용되는 수평과 수직에 대한 측정기구 3가지를 기술하시오.

12 [3점]

다음 설명하는 타일 붙이기 공법을 보기에서 골라 번호로 나타내시오.

〈보기〉
① 떠붙이기　　　② 압착 붙이기　　　③ 개량압착 붙이기

(1) 타일의 뒷면에 모르타르를 떠서 벽체 바탕에 1장씩 붙이는 공법
(2) 바탕면에 타일 접착용 모르타르를 바르고 타일에도 붙임 모르타르를 발라 붙이는 공법
(3) 바탕면에 타일 접착용 모트타르를 바르고 타일을 눌러 붙이는 공법

13 [4점]

다음 설명에 해당하는 비계의 명칭을 기술하시오.

〈보기〉
말비계　　달비계　　강관비계　　시스템비계

(1) 강관으로 현장에서 조립하여 설치하는 비계
(2) 와이어로프로 옥상에서 매달아서 외부 작업용으로 사용하는 비계
(3) 실내에서만 사용하는 비계
(4) 수직재, 수평재, 가새로 조립해서 사용하는 비계

14 [4점]

철골구조의 내화피복공사 시 활용되는 습식공법 4가지를 기술하시오.

15 [4점]

다음에서 설명하는 용접 결함을 보기에서 골라 기술하시오.

〈보기〉
블로홀　　슬래그 감싸돌기　　언더컷　　오버랩

(1) 용접금속과 모재가 융합되지 않고 단순히 겹쳐지는 것
(2) 용접상부에 모재가 녹아 용착금속이 채워지지 않고 홈으로 남게 되는 현상
(3) 용접봉의 피복재 용해물인 회분이 용착금속 내에 혼합된 것
(4) 용융금속이 응고할 때 방출되었어야 할 가스가 남아서 생기는 용접부의 빈자리

16 [4점]

매스콘크리트의 수화열 저감 대책 방안 4가지를 기술하시오.

17 [4점]

다음 강관비계를 설치하는 방법이다. ( ) 안에 적당한 수치를 기입하시오.

> 강관 파이프 비계를 설치할 때 비계기둥의 간격은 띠장 방향에서는 (가)m 이하, 장선 방향에서는 (나)m 이하로 설치하며, 띠장 간격은 (다)m 이하로 설치하고, 비계기둥 간의 적재 하중은 (라)kg을 초과하지 않도록 한다.

18 [3점]

콘크리트가 공기 중의 탄산가스의 작용을 받아서 콘크리트 중의 수산화칼슘이 서서히 탄산칼슘으로 되어 콘크리트의 알칼리성을 상실하는 현상을 무엇이라 하는지 용어를 기술하시오.

19 [3점]

다음은 데크 플레이트에 관한 설명이다. 보기에서 적당한 번호를 기술하시오.

> ─〈보기〉─
> ① 데크 플레이트　　② 복합 데크 플레이트　　③ 합성 데크 플레이트

(1) 거푸집재의 용도로만 사용하는 데크 플레이트
(2) 콘크리트와 일체로 되어 구조체를 형성하는 데크 플레이트
(3) 주근 철근이 배근되어 있고 거푸집 데크 플레이트의 용도로도 사용되는 데크 플레이트

20 [4점]

다음은 콘크리트에 사용되는 혼화재료의 설명이다. 보기에서 골라 번호를 기술하시오.

> ─〈보기〉─
> ① 유동화제　　② 방청제　　③ 응결지연제　　④ AE제

(1) 콘크리트의 움직이는 성질을 일시적으로 증가시키는 혼화재료
(2) 염화물 등으로 인한 철근이 부식되는 것을 방지하기 위하여 사용되는 혼화재료
(3) 콘크리트 타설 시 콜드조인트 등을 방지하기 위하여 사용되는 혼화재료
(4) 콘크리트의 시공성을 높이고 재료분리 등을 방지하기 위하여 사용되는 혼화재료

21 [4점]

다음 관리기법에 사용되는 용어들이다. 보기에서 알맞게 골라 번호를 기술하시오.

〈보기〉
① CALS   ② CIC   ③ VE   ④ Just In Time   ⑤ Lead Time

(1) 즉시 생산시스템으로 조립에 필요한 양만큼만 제조 생산하여 무재고를 원칙으로 하는 조달 시스템
(2) 최적의 비용으로 공사에 요구되는 품질, 공기, 안전성 등의 기능을 충족시키는 공사비 절감방안
(3) 상품의 주문일시와 인도일시 사이에 경과된 조달기간

22 [4점]

TQC에 이용되는 7가지 도구 중 4가지를 기술하시오.

23 [4점]

다음 골재의 함수상태이다. 각 구간에 해당하는 용어를 기술하시오.

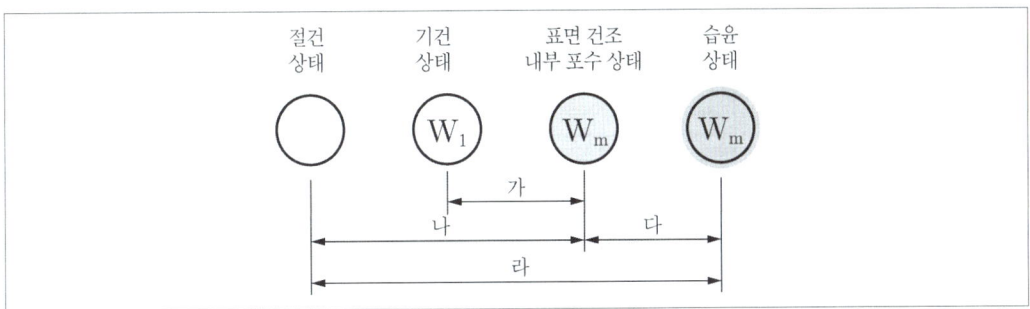

24 [3점]

다음 설명하는 네트워크 용어를 보기에서 적절한 용어를 선택해 기술하시오.

〈보기〉
패스(Path)   더미(Dummy)   주공정선(Critical Path)

(1) 최초 개시결합점에서 최종 종료결합점에 이르는 경로 중 가장 긴 경로
(2) 네트워크 공정표 작성 시 작업 상호간의 관계를 정상적으로 표현하지 못할 때 나타내는 점선 화살표
(3) 네트워크 중의 둘 이상의 작업이 연결된 작업의 경로

25

[4점]

다음 데이터를 이용하여 네트워크 공정표를 작성하시오.

작업명	작업일수	선행작업	비고
A	7	없음	① CP는 굵은 선으로 표시한다.
B	4	없음	② 각 결합점에서는 다음과 같이 표시한다.
C	4	없음	EST | LST LET △ EFT
D	3	B	③ 각 작업은 다음과 같이 표시한다.
E	7	A, B	(i) —작업명/공사일수→ (j)
F	5	A, C	

26

[6점]

아래 도면은 건물 옥상의 평면도와 단면도이다. 다음을 산출하시오. (단, 벽돌은 표준형을 사용하며 벽돌의 할증률은 5%로 한다.)

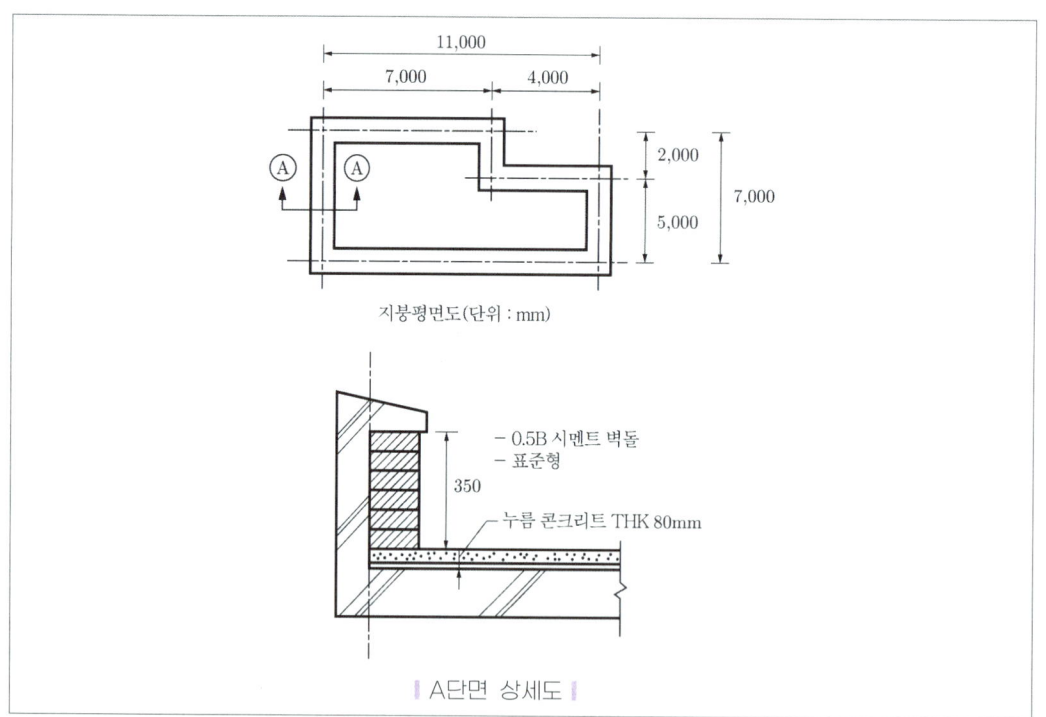

(1) 옥상 방수면적(m²) :
(2) 누름 콘크리트량(m³) :
(3) 보호 벽돌량(매) :

22년 3회 해설 및 정답

01
(1) ④
(2) ②
(3) ①
(4) ③

02
(1) 정의 : 건축주와 시공자가 공사실비를 확인 정산하고 정해진 보수율에 따라 시공자에게 보수를 지급하는 도급방식
(2) 단점
① 공사기간 연장의 우려
② 공사비 증대 우려

03
(1) 수평규준틀
① 건물의 각부 위치를 정확히 표시
② 건물이나 터파기의 높이, 너비, 길이 등을 정확하게 결정
(2) 수직규준틀(세로규준틀)
① 건물의 각부 높이를 정확히 표시
② 앵커볼트 위치, 테두리보, 인방보의 위치를 정확하게 결정

04
(1) 입도가 좋을 것
(2) 입형이 좋을 것
(3) 불순물을 함유하지 않을 것
(4) 소요강도가 충족될 것
(5) 물리적/화학적으로 안정할 것

05 **시트 방수의 장단점**
(1) 장점
① 공기단축이 가능하며 내약품성이 우수함
② 방수층의 두께가 균일함
(2) 단점
① 온도에 따른 영향이 커서 균열, 박리의 우려가 있음
② 내구성 있는 보호층이 필요함

06
(1) 단열 보온양생
(2) 가열 보온양생
(3) 피복 보온양생

07 고장력 볼트 접합의 장점
(1) 접합부의 강성 증대
(2) 불량 부분의 수정 용이
(3) 공사 기간을 단축시켜 경제적인 시공이 가능
(4) 소음이 적음
(5) 현장 시공 설비가 간편함

08 ② – ③ – ① – ⑥ – ⑤ – ④

09 (1) 이음, 맞춤은 가능한 한 응력이 적은 곳에서 만든다.
(2) 재료는 될 수 있는 대로 적게 깎아내어 약해지지 않도록 한다.
(3) 큰 응력을 받는 부분이나 약한 부분은 철물로써 보강한다.
(4) 이음, 맞춤의 단면은 응력의 방향에 직각으로 한다.

10 (1) 갱폼
(2) 클라이밍폼
(3) 대형 패널폼
(4) 셔터링폼

11 (1) 다림추
(2) 수평수준기
(3) 수직수준기

12 (1) ①   (2) ③   (3) ②

13 (1) 강관비계
(2) 달비계
(3) 말비계
(4) 시스템비계

14 철골 내화피복의 습식공법의 종류와 재료
(1) 타설공법 : 콘크리트, 경량콘크리트
(2) 조적공법 : 벽돌, 콘크리트 블록
(3) 미장공법 : 철망 모르타르, 철망 펄라이트 모르타르
(4) 뿜칠공법 : 뿜칠 모르타르, 뿜칠 플라스터

15 (1) 오버랩   (2) 언더컷
(3) 슬래그 감싸돌기   (4) 블로홀

16 매스콘크리트의 수화열 저감 대책
(1) 단위시멘트량 저감
(2) Pre-cooling, Pipe-cooling의 적용
(3) 수화열이 낮은 시멘트 사용
(4) 응결지연제 사용

17 가. 1.85
나. 1.5
다. 2
라. 400

18 중성화

19 (1) ①
(2) ③
(3) ②

20 (1) ①
(2) ②
(3) ③
(4) ④

21 (1) ④
(2) ③
(3) ⑤

22 TQC 도구
(1) 히스토그램
(2) 특성요인표
(3) 파레토도
(4) 그래프
(5) 체크시트
(6) 산점도
(7) 층별

23 가. 유효흡수량
나. 흡수량
다. 표면수량
라. 함수량

24 (1) 주공정선(Critical Path)
   (2) 더미(Dummy)
   (3) 패스(Path)

25

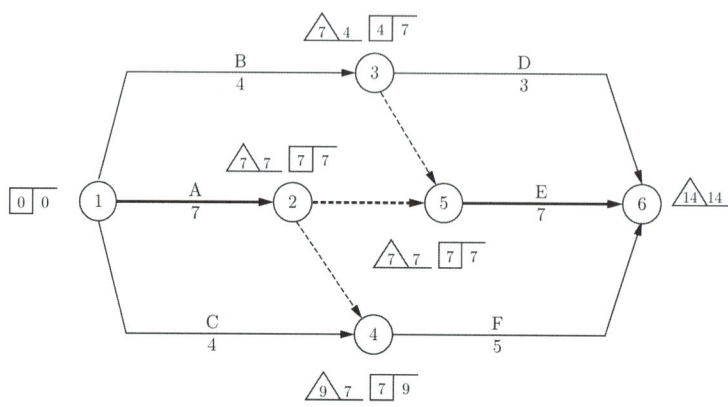

26 **옥상 방수 적산**
   (1) 옥상 방수면적 : $(7 \times 7)+(4 \times 5)+[(11+7) \times 2 \times (0.35+0.08)] = 84.48 m^2$
   (2) 누름 콘크리트량 : $[(7 \times 7)+(4 \times 5)] \times 0.08 = 5.52 m^3$
   (3) 보호 벽돌량 : $[(11-0.09)+(7-0.09)] \times 2 \times 0.35 \times 75매/m^2 \times 1.05 = 982.3 \rightarrow 983매$

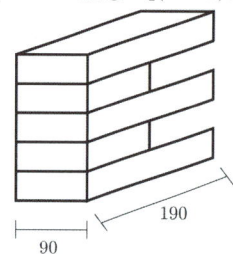

2023 제1회 건축산업기사

01 [3점]
건축생산의 3대 관리 목표를 기술하시오.

02 [3점]
다음에서 설명하는 입찰 방법이 무엇인지 알맞게 기술하시오.
(1) 최소한의 자격을 가진 업체가 모두 참여할 수 있는 입찰방식
(2) 3~7개 업체를 지명, 부적격자의 사전 제거로 공사의 신뢰성 확보가 가능하지만 담합의 우려가 있는 입찰방식
(3) 1개의 업체와 단독으로 협의하여 계약, 공사기밀 유지 가능, 공사비 상승 우려가 있는 입찰방식

03 [4점]
건설공사 입찰 과정에서 실시하는 PQ 제도의 장점과 단점을 각각 2가지씩 기술하시오.

04 [4점]
건설공사 현장 인근 사람들이 보기 쉬운 곳에 게시하는 공사표지판의 기재사항 4가지를 기술하시오.

05 [3점]
기준점(Bench Mark) 설치 시 주의사항 3가지를 기술하시오.

06 [4점]

갱폼의 장점 4가지를 기술하시오.

07 [5점]

KSF 5201 규정에서 정한 포틀랜드 시멘트의 종류 5가지를 기술하시오.

08 [3점]

철골공사의 기초 Anchor Bolt는 구조물 전체의 집중하중을 지탱하는 중요한 부분이다. 앵커볼트 매입공법의 종류 3가지를 기술하시오.

09 [4점]

히스토그램 정의와 작성순서를 간략히 기재하시오.

10 [4점]

벽타일 붙이기 공법의 종류 4가지를 기술하시오.

11 [4점]

다음 보기에서 수성도료, 유성도료를 골라 2가지씩 기술하시오.

| ① 광명단 조합도료 | ② 아크릴 도료 | ③ 합성수지 에멀션 퍼티 |
| ④ 합성수지 에멀션 도료 | ⑤ 조합도료 | ⑥ 아연분말 프라이머 |

12 [4점]

철근콘크리트조 건축물에서 철근에 대한 콘크리트의 피복두께를 유지하여야 하는 목적 4가지를 기술하시오.

13 [4점]

강재를 이용한 구조물로 경량형 강재의 장단점에 대하여 각각 2가지씩 기술하시오.

14 [4점]

다음 설명에 알맞은 콘크리트용 혼화재료의 명칭을 각각 기술하시오.
(1) 콘크리트의 움직이는 성질을 일시적으로 증가시키는 혼화재료
(2) 콘크리트 내부의 철근이 콘크리트에 혼입되는 염화물에 의해 부식되는 것을 억제하기 위해 사용되는 혼화제
(3) 시멘트와 물과의 화학반응을 촉진시키는 혼화제
(4) 시멘트 입자의 분산, 공기 연행 성능을 가지고 AE 감수제보다도 높은 감수 성능 및 양호한 슬럼프 유지 성능을 가지는 혼화재료

15 [3점]

다음은 콘크리트에 대한 설명이다. ( ) 안에 맞는 콘크리트를 기재하시오.
(1) 일평균 기온이 25℃ 이상의 높은 온도일 때 타설되는 콘크리트
(2) 단면이 80cm 이상이고 내부 열이 높은 콘크리트
(3) 콘크리트 재료를 공장에서 혼합하고 굳지 않은 상태로 공사장까지 운반하여 현장에서 타설되는 콘크리트

16 [4점]

다음 설명에 해당하는 보호구를 보기에서 골라 기술하시오.

> 안전화, 안전대, 안전모, 방열복

(1) 중량물이 떨어지거나 끼임 사고 발생 시 발과 발등을 보호하는 보호구
(2) 물체가 떨어지거나 추락할 위험이 있는 경우 외부 충격으로부터 머리를 보호하는 보호구
(3) 고열 작업이나 화재에서 화상과 열중증을 방지하기 위하여 사용하는 보호구
(4) 높이 2m 이상의 추락할 위험이 있는 곳에서 작업하는 근로자의 추락을 방지하기 위한 보호구

17 [4점]

미장 순서를 다음 보기에서 골라 기호로 표기하시오.

① 고름질
② 초벌바름 및 라스 먹임
③ 재료 준비 및 운반
④ 정벌
⑤ 재벌

18 [4점]

다음 설명에 해당하는 목재의 용어를 보기에서 골라 기술하시오.

토대, 도리, 기둥, 평보, 인방보, ㅅ자보, 띠쇠, 가새, 달대

(1) 수평력에 저항하기 위해 대각선 방향으로 설치되는 부재
(2) 지붕틀 하부에 수평으로 설치되는 인장 부재
(3) 개구부를 보호하기 위하여 개구부 상단에 설치하는 부재
(4) 기둥 최하부에 수평으로 설치되는 기둥을 고정하는 부재

19 [4점]

다음 용어를 간단히 설명하시오.

(1) 밀시트 :
(2) 스캘럽 :

20 [5점]

벽돌벽의 표면에 생기는 백화현상의 정의와 발생 방지대책 3가지를 기술하시오.

21 [3점]

굵은 골재의 공칭 최대치수는 다음 값을 초과하지 않아야 한다. ( ) 안에 적당한 수치를 기입하시오.

(1) 거푸집 양 측면 사이의 최소 거리의 ( )
(2) 슬래브 두께의 ( )
(3) 개별 철근, 다발철근, 긴장재 또는 덕트 사이 최소 순간격의 ( )

22 [3점]

방수공법 중 멤브레인 방수공법 3가지를 기술하시오.

23 [4점]

다음은 욕실 바닥 타일 붙이기 순서이다. 그림을 보고 보기에서 골라 알맞게 기재하시오.

기포콘크리트, 자기질 타일, 보호 모르타르, 고름 모르타르(XL15), 액체 방수 1종

- (가)
- (나)
- (다)
- (라)
- (마)

24 [8점]

아래 데이터를 참고로 네트워크 공정표로 작성하고, 각 작업의 여유시간을 구하시오.

작업명	작업일수	선행작업	비고
A	2	–	① CP는 굵은 선으로 표시한다.
B	2	–	② 각 결합점에서는 다음과 같이 표시한다.
C	4	–	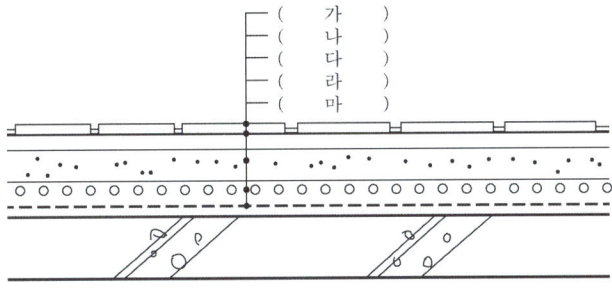
D	5	C	
E	2	B	③ 각 작업은 다음과 같이 표시한다.
F	3	A	
G	3	A, C, E	
H	4	D, F, G	

(1) 공정표
(2) 작업의 여유시간

25

[6점]

다음 도면을 보고 콘크리트량과 거푸집량을 산출하시오.

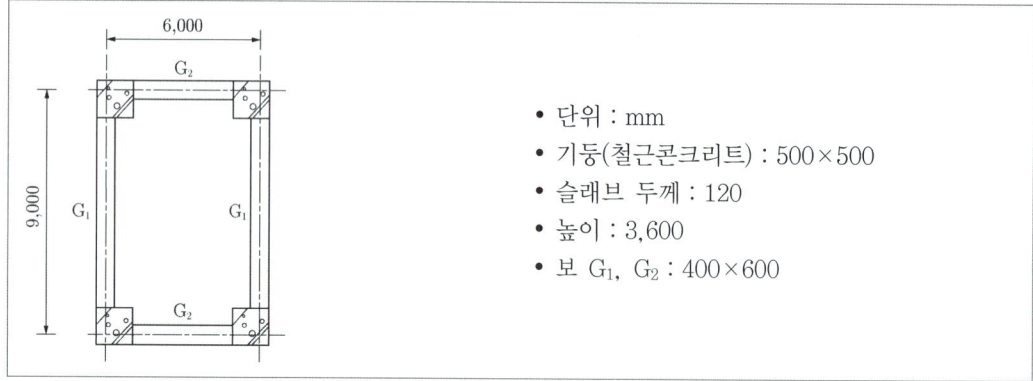

- 단위 : mm
- 기둥(철근콘크리트) : 500×500
- 슬래브 두께 : 120
- 높이 : 3,600
- 보 G_1, G_2 : 400×600

(1) 콘크리트량
(2) 거푸집량

23년 1회 해설 및 정답

01 건축생산(시공관리)의 3대 목표
(1) 공정관리　(2) 원가관리　(3) 품질관리

02 (1) 공개(경쟁)입찰
(2) 지명(경쟁)입찰
(3) 특명입찰

03 PQ 제도
(1) 장점
　① 부실시공 방지
　② 부적격업체 사전 배제
　③ 입찰자 감소로 입찰 시 소요시간과 비용 감소
(2) 단점
　① 자유경쟁 원리에 위배
　② 대기업에 유리한 제도
　③ 평가의 공정성 확보 문제
　④ 신규참여 업체에 장벽으로 간주
　⑤ PQ 통과 후 담합 우려

04 공사표지판의 기재사항
(1) 공사명
(2) 시공자
(3) 현장대리인
(4) 공사개요
(5) 공사기간

05 기준점(Bench Mark) 설치 시 주의사항
(1) 이동의 염려가 없는 곳에 설치한다.
(2) 2개소 이상 설치한다.
(3) 지면에서 $0.5 \sim 1.0m$ 높이로 바라보기 좋고, 공사에 지장이 없는 곳에 설치한다.
(4) 착공과 동시에 설치하고 완공 시까지 존치시킨다.

06 갱폼의 장점
(1) 조립과 해체가 불필요하여 비용 절감
(2) 가설비, 노무비의 절약
(3) 이음새가 발생하지 않아 마감에 유리
(4) 콘크리트 마감 작업 단순화

07 포틀랜드 시멘트의 종류
(1) 보통 포틀랜드 시멘트
(2) 중용열 포틀랜드 시멘트
(3) 조강 포틀랜드 시멘트
(4) 저열 포틀랜드 시멘트
(5) 내황산염 포틀랜드 시멘트

08 앵커볼트 매입공법
(1) 고정 매입공법
(2) 가동 매입공법
(3) 나중 매입공법

09 히스토그램
(1) 정의 : 계량치(데이터)의 분포가 어떠한 분포를 하는지 알아보기 위하여 작성하는 것
(2) 작성 순서
  ① 데이터를 수집한다.
  ② 데이터에서 최솟값과 최댓값을 구하며 전 범위를 구한다.
  ③ 구간폭과 경곗값을 정한다.
  ④ 도수분포도를 작성한다.
  ⑤ 히스토그램을 작성한다.
  ⑥ 히스토그램과 규격값을 대조하여 안정상태인지 검토한다.

10 벽타일 붙이기 공법
(1) 떠 붙이기 공법
(2) 압착 공법
(3) 개량압착 공법
(4) 개량적층 공법
(5) 밀착 공법

11
(1) 수성도료 : ③, ④
(2) 유성도료 : ②, ⑤
※ 방청도료 : ①, ⑥

12 피복두께의 유지목적
(1) 내구성 확보(중성화 방지)
(2) 내화성 확보
(3) 시공성 확보
(4) 콘크리트와 철근의 부착력 증대

13 경량형 강재
(1) 장점
  ① 강재량에 비해 단면효율이 크다.
  ② 성형가공이 용이하다.
(2) 단점
  ① 국부좌굴 및 뒤틀림이 생기기 쉽다.
  ② 부식에 약하여 방청도료를 사용해야 한다.

14
(1) 유동화제
(2) 방청제
(3) (응결경화)촉진제
(4) 고성능 AE감수제

15
(1) 서중 콘크리트
(2) 매스 콘크리트
(3) 레디믹스트 콘크리트

16
(1) 안전화
(2) 안전모
(3) 방열복
(4) 안전대

17
③ - ② - ① - ⑤ - ④

18
(1) 가새
(2) 평보
(3) 인방보
(4) 토대

19
(1) 밀시트 : 철강제품의 품질보증을 위해 공인시험기관에서 발급하는 제조업체의 품질보증서
(2) 스캘럽 : 철골부재 용접 시 이음 및 접합부위의 용접선이 교차되어 재용접된 부위가 열영향을 받아 약해지는 것을 방지하기 위해 모재를 부채꼴 모양으로 제거한 것

20 백화현상
(1) 정의 : 모르타르 중의 석회성분이 벽체에 침투된 빗물에 용해되어 건물의 표면에 올라와 공기 중 CO_2 가스와 결합하여 탄산석회를 생성하여 조적 벽면에 백색 물질이 돋는 현상
(2) 방지책
  ① 줄눈을 밀실하게 사춤
  ② 벽면에 파라핀 도료 등을 발라 방수 처리
  ③ 파라펫과 같은 비막이 설치
  ④ 흡수율이 낮은 벽돌 사용

21 (1) 1/5
(2) 1/3
(3) 3/4

22 **멤브레인 방수공법**
(1) 아스팔트방수
(2) 시트방수
(3) 도막방수
(4) 개량형 아스팔트방수

23 가. 자기질 타일
나. 고름 모르타르
다. 보호모르타르(XL15)
라. 기포콘크리트
마. 액체방수 1종

24 (1) 공정표

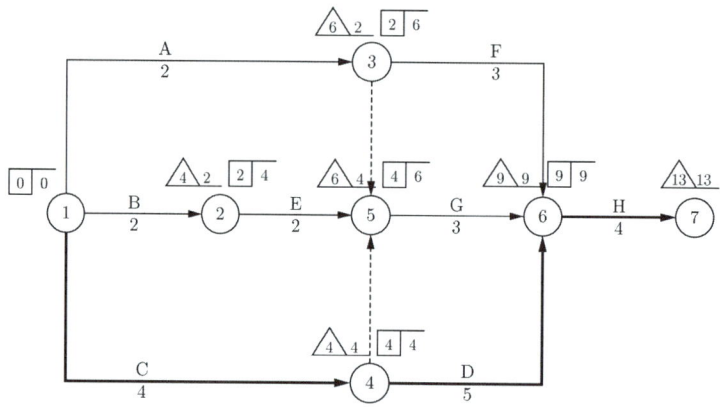

(2) 각 작업의 여유시간

작업명	TF	FF	DF	CP
A	4	0	4	
B	2	0	2	
C	0	0	0	*
D	0	0	0	*
E	2	0	2	
F	4	4	0	
G	2	2	0	
H	0	0	0	*

25
1. 콘크리트량
   (1) 기둥: $0.5 \times 0.5 \times 3.48 \times 4개 = 3.48 \text{m}^3$
   (2) 보(G_1, 8.4m): $0.4 \times 0.48 \times 8.4 \times 2개 = 3.23 \text{m}^3$
   (3) 보(G_2, 5.4m): $0.4 \times 0.48 \times 5.4 \times 2개 = 2.07 \text{m}^3$
   (4) 슬래브: $6.4 \times 9.4 \times 0.12 = 7.22 \text{m}^3$
   (5) 전체 콘크리트량 : $3.48 + 3.23 + 2.07 + 7.22 = 16.0 \text{m}^3$
2. 거푸집량
   (1) 기둥: $(0.5+0.5) \times 2 \times 3.48 \times 4개 = 27.84 \text{m}^2$
   (2) 보(G_1, 8.4m)(옆면): $0.48 \times 8.4 \times 2 \times 2개 = 16.13 \text{m}^2$
   (3) 보(G_2, 5.4m)(옆면): $0.48 \times 5.4 \times 2 \times 2개 = 10.37 \text{m}^2$
   (4) 슬래브
      ① 밑면: $6.4 \times 9.4 = 60.16 \text{m}^3$
      ② 측면: $(6.4+9.4) \times 2 \times 0.12 = 3.79 \text{m}^2$
   (5) 전체 거푸집량 : $27.84 + 16.13 + 10.37 + 60.16 + 3.79 = 118.29 \text{m}^2$

2023 제2회 건축산업기사

01 [3점]
공개경쟁입찰의 순서를 보기에서 기호로 골라 순서대로 나열하시오.

① 설계도서 교부 ② 현장설명 ③ 낙찰
④ 질의응답 ⑤ 계약 ⑥ 입찰 공고
⑦ 참가등록 ⑧ 적산 및 견적 ⑨ 개찰
⑩ 입찰 등록 ⑪ 입찰

02 [4점]
특명입찰의 정의와 장점 2가지를 기술하시오.

03 [3점]
건설공사에서 계약분쟁의 해결방안 3가지를 기술하시오.

04 [4점]
BOT와 BTO의 차이점을 비교하여 설명하시오.

05 [4점]
벽돌벽의 표면에 생기는 백화현상의 방지대책 4가지를 기술하시오.

06 [4점]
콘크리트 혼화재료 중 AE제의 장점 4가지를 기술하시오.

07 [5점]

레디믹스트 콘크리트의 정의를 쓰고 종류 3가지를 보기에서 골라 알맞은 기호를 기술하시오.

① 센트럴 믹스트 콘크리트　② 슈링크 믹스트 콘크리트　③ 트랜싯 믹스트 콘크리트

(1) 믹싱플랜트의 고정믹서에서 어느 정도 비빈 것을 운반 도중에 완전히 비빈 콘크리트 – (　　)
(2) 트럭 믹서에 모든 재료가 공급이 되고 운반 도중에 전부 비벼진 콘크리트 – (　　)
(3) 믹싱 플랜트의 고정믹서에서 비빔이 완료되어 현장으로 운반되는 콘크리트 – (　　)

08 [4점]

철골조 내화피복 공법 중 타설과 조적공법에 해당하는 재료를 각각 2가지씩 기술하시오.

09 [4점]

다음 보기에서 커튼월 조립방식 3가지와 설명하는 내용의 조립방식을 골라 기술하시오.

① 패널 방식　② 그리드 방식　③ 유닛월　④ 윈도우월　⑤ 스틱 방식

(1) 커튼월 조립방식:
(2) 구성 부재 모두가 공장에서 조립된 프리패브(Pre-Fab) 형식으로 현장 상황에 융통성을 발휘하기가 어렵고, 창호와 유리, 패널의 일괄발주 방식 – (　　)
(3) 창호와 유리, 패널의 개별발주 방식으로 창호 주변이 패널로 구성됨으로써 창호의 구조가 패널 트러스에 연결할 수 있어서 비교적 경제적인 시스템 구성이 가능한 방식 – (　　)

10 [3점]

아래 설명에 적합한 타일을 보기에서 골라 기호로 적으시오. (단, 번호 중복 기재 가능)

① 토기질 타일　② 도기질 타일　③ 석기질 타일　④ 자기질 타일

(1) 외장에 사용하는 타일은 (　), (　)을 사용하고 내동해성이 우수한 것으로 한다.
(2) 내장에 사용하는 타일은 (　), (　), (　)을 사용하고 한랭지 및 이에 준하는 장소의 노출 부위에는 (　), (　)을 사용한다.
(3) 바닥 타일은 유약을 바르지 않은 (　), (　)을 사용한다.

11 [4점]

목재의 방부처리법에 대하여 4가지를 기술하시오.

12 [4점]

다음은 목재 마루타일 붙이기 순서이다. 보기에서 골라 순서대로 나열하시오.

목재마루타일, 기포콘크리트, 단열재, 보호모르타르

13 [4점]

다음 설명하는 용접방법을 보기에서 골라 알맞게 적으시오.

피복아크 용접, 서브 머지드 용접, 가스 실드 아크 용접, 일렉트로 슬래그 용접

(1) 용융슬래그 속에 용접봉을 연속으로 공급하며, 용접봉과 용융 금속 내부에 흐르는 전류에 의한 전기 저항발열로써 전극을 용접시키는 방법
(2) 용접부 표면에 미세한 입상의 플럭스를 공급하고 플럭스 내부에서 피복하지 않은 용접봉을 사용하는 용접
(3) 피복재를 유착시킨 용접봉을 사용한 수동용접으로 가장 많이 사용되는 방법
(4) 가스로서 아크를 보호하며 진행하는 용접

14 [4점]

거푸집 측압이 증가하는 원인 4가지를 기술하시오.

15 [4점]

아래의 좌측 그림에 있는 맞댐용접(Groove Welding)의 도면을 보고 우측 그림에 맞는 치수를 단위를 포함해서 기술하시오.

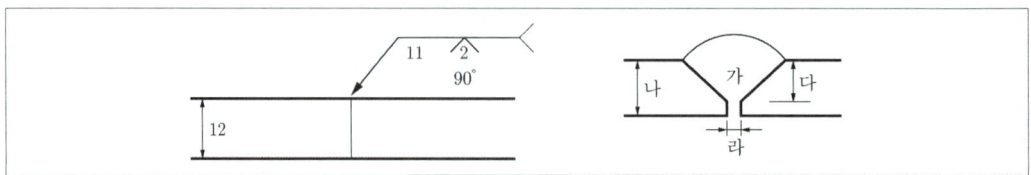

16 [3점]

다음 설명하는 품질관리 도구의 명칭을 기재하시오.

(1) 계량치가 어떤 분포를 하는지 알아보기 위하여 작성하는 것
(2) 서로 대응되는 두 개의 짝으로 된 데이터를 그래프에 점으로 나타낸 것
(3) 결과에 원인이 어떻게 관계하고 있는가를 한눈에 알 수 있도록 작성한 것

17 [4점]

굵은 골재의 공칭 최대치수는 다음 값을 초과하지 않아야 한다. ( ) 안에 적당한 수치를 기재하시오.

(1) 일반 콘크리트 : 20mm 또는 (①)
(2) 단면이 큰 부재일 때 (②)
(3) 무근콘크리트 : (③) 또는 부재 최소 치수의 (④) 초과 금지

18 [4점]

다음 보통 콘크리트의 피복두께를 기재하시오.

구분		피복두께(단위 : mm)
수중에서 타설하는 콘크리트		①
흙에 접하여 콘크리트를 친 후 영구히 흙에 묻혀 있는 콘크리트		②
흙에 접하거나 옥외의 공기에 직접 노출되는 콘크리트	D19 이상	③
	D16 이하	④

19 [3점]

도막방수와 비교한 시트방수의 특징에 해당하는 번호를 기술하시오.

① 핀홀과 같은 안정성이 떨어진다.　② 겹침부에 취약하다.
③ 기후의 영향을 받는다.　　　　　④ 흘러내림이 있다.
⑤ 굴곡부같은 곳에 적용하기 어렵다.　⑥ 자재 자체의 방수성이 좋다.

20 [3점]

다음 한중 콘크리트에 대한 설명이다. (   ) 안에 적당한 단어나 숫자를 기재하시오.

(1) 타설 일의 일평균 기온이 (①)℃ 이하 또는 콘크리트 타설 완료 후 24시간 동안 일 최저기온 0℃ 이하가 예상되는 조건이나 그 이후라도 초기동해 위험이 있는 경우 한중 콘크리트로 시공하여야 한다.
(2) 한중 콘크리트에는 (②)제를 사용하는 것을 원칙으로 한다.
(3) 물-결합재비는 원칙적으로 (③)% 이하로 하여야 한다.

21 [4점]

안전 설비시설에서 추락 재해 방지시설 4가지를 기술하시오.

22 [4점]

다음 종류별 달비계의 안전계수 수치를 기술하시오.

(1) 달기 와이어로프 및 달기 강선의 안전계수 (①) 이상
(2) 달기 체인 및 달기훅의 안전계수 (②) 이상
(3) 달기 강대와 달비계의 하부 및 상부 지점의 안전계수 강재의 경우 (③) 이상, 목재의 경우 (④) 이상

23 [4점]

다음 설명하는 보호장구를 기술하시오.

(1) 중량물의 낙하·충격이나 끼임 사고 발생 시 발과 발등을 보호장구
(2) 물체가 떨어지거나 날아올 위험 또는 근로자가 추락할 위험의 작업 시 착용하는 장구
(3) 용접 시 불꽃이나 물체가 흩날릴 위험이 있는 작업에 착용하는 보호장구
(4) 2m 이상의 높은 곳에서 작업하는 근로자의 떨어짐을 방지하기 위한 보호장구

24 [8점]

다음 데이터를 이용하여 네트워크 공정표를 작성하고, 각 작업의 여유시간을 구하시오.

작업명	작업일수	선행작업	비고
A	5	없음	더미는 작업이 아니므로 여유시간 계산에서는 제외하고 실제적인 여유에 대하여 계산한다.
B	2	없음	
C	4	없음	
D	4	A, B, C	
E	3	A, B, C	
F	3	A, B, C	

25 [3점]

다음 철근콘크리트 부재의 중량을 산출하시오.

보 : 크기 300×400, 길이 1m, 수량 120개

26 [4점]

표준형 벽돌(190×90×57) 1,000장으로 1.5B 두께로 쌓을 수 있는 벽면적은? (단, 할증은 고려하지 않는다.)

23년 2회 해설 및 정답

01 ⑥ → ⑦ → ① → ② → ④ → ⑧ → ⑩ → ⑪ → ⑨ → ③ → ⑤

02 (1) 정의 : 해당 공사에 가장 적합한 1개의 도급업자와 단독으로 입찰하는 방식(수의계약)
(2) 장점
① 양질의 시공 기대
② 간단한 입찰 수속
(3) 단점
① 공사비 결정의 불투명성
② 공사비 증대 우려

03 (1) 상호 협의(협상)
(2) 제3자의 조정
(3) 중재위원회의 판결
(4) 재판에 의한 최종적인 분쟁 해결

04 (1) BOT : 민간이 시공 후 일정기간 동안 시설물을 운영하여 투자금을 회수한 후 시설물과 운영권을 발주자에게 양도하는 방식
(2) BTO : 민간자본을 들여 시설물을 완공(Build)한 후 소유권을 발주처에 미리 이전하고 일정기간 동안 운영하여 투자금을 회수하는 방식

05 백화현상의 방지대책
(1) 줄눈을 밀실하게 사춤
(2) 벽면에 파라핀 도료 등을 발라 방수 처리
(3) 파라펫과 같은 비막이 설치
(4) 흡수율 낮은 벽돌 사용

06 AE제의 장점
(1) 동결융해 저항성 증진
(2) 단위수량 감소
(3) 내구성 증진
(4) 시공연도 증진
(5) 수밀성 증가

07 • 정의 : 콘크리트 제조설비를 갖춘 공장에서 제조하며, 굳지 않은 상태로 운반되어 현장에서 타설되는 콘크리트
   (1) ②
   (2) ③
   (3) ①

08 (1) 타설공법
      ① 콘크리트
      ② 경량콘크리트
   (2) 조적공법
      ① 벽돌
      ② 콘크리트 블록

09 (1) 커튼월 조립방식 : ③, ④, ⑤
   (2) 구성 부재 모두가 공장에서 조립된 프리패브(Pre-Fab) 형식으로 현장 상황에 융통성을 발휘하기가 어렵고, 창호와 유리, 패널의 일괄발주 방식 - (③)
   (3) 창호와 유리, 패널의 개별발주 방식으로 창호 주변이 패널로 구성됨으로써 창호의 구조가 패널 트러스에 연결할 수 있어서 비교적 경제적인 시스템 구성이 가능한 방식 - (④)

10 (1) 외장에 사용하는 타일은 (③), (④)을 사용하고 내동해성이 우수한 것으로 한다.
   (2) 내장에 사용하는 타일은 (②), (③), (④)을 사용하고 한랭지 및 이에 준하는 장소의 노출부위에는 (③), (④)을 사용한다.
   (3) 바닥 타일은 유약을 바르지 않은 (③), (④)을 사용한다.

11 **목재의 방부처리법**
   (1) 표면 탄화법 : 목재표면을 태워 수분을 제거하는 방법
   (2) 방부제 처리법 : 방부제를 칠하거나 뿌리는 방법
   (3) 일광직사법 : 목재를 30시간 이상 햇빛에 쪼이는 방법
   (4) 수침법 : 물속에 목재를 담가 균이 기생하지 못하게 하는 방법

12 단열재 → 기포콘크리트 → 보호모르타르 → 목재마루 타일

13 (1) 일렉트로 슬래그 용접
   (2) 서브 머지드 아크 용접
   (3) 피복아크 용접
   (4) 가스 실드 아크 용접

14 **거푸집 측압의 증가 원인**
(1) 온도가 낮을수록 습도가 높을수록
(2) 슬럼프값이 클수록
(3) 타설속도가 빠를수록
(4) 부배합일수록
(5) 거푸집 강성이 클수록

15 가. 90도
나. 12mm
다. 11mm
라. 2mm

16 (1) 히스토그램
(2) 산점도
(3) 특성요인도

17 ① 25mm
② 40mm
③ 40mm
④ 1/4

18 ① 100
② 75
③ 50
④ 40

19 ②, ③, ⑤, ⑥

20 ① 4
② 공기연행
③ 60

21 (1) 추락 방호망
(2) 안전 난간
(3) 개구부 수평 보호덮개
(4) 수직형 추락 방지망

22 ① 10   ② 5
③ 2.5   ④ 5

23 (1) 안전화
(2) 안전모
(3) 보안면
(4) 안전대

24 (1) 네트워크 공정표

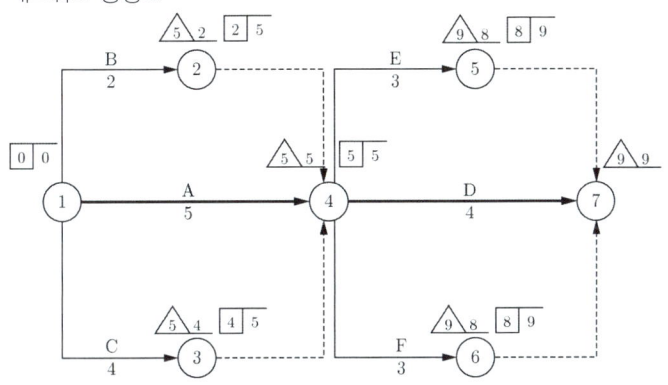

(2) 작업의 여유시간

작업명	TF	FF	DF	CP
A	0	0	0	*
B	3	3	0	
C	1	1	0	
D	0	0	0	*
E	1	1	0	
F	1	1	0	

25 중량=부피×단위중량
① 부피=$(0.3 \times 0.4) \times 1 \times 120 = 14.4 m^3$
② 중량=$14.4 m^3 \times 2.4 t/m^3 = 34.56$t

26 **1.5B 두께의 벽면적 산출**
(1) 1.5B의 정미량 : 224매/m^2
(2) 벽면적 $= \dfrac{1,000}{224} = 4.46 m^2$

2023 제3회 건축산업기사

01 [4점]
PQ 제도에 대하여 간단히 설명하시오.

02 [4점]
공동도급을 수행하는 공동이행방식과 분담이행방식의 차이점을 기술하시오.

03 [3점]
Life Cycle Cost(LCC)에 대하여 간단히 설명하시오.

04 [4점]
저탄소콘크리트에 사용되는 혼화재 종류 2가지를 기술하시오.

05 [3점]
석재의 등급은 다음 설명의 기준에 의하여 1에서 3등급으로 구분한다. 각 설명에 해당하는 등급을 기술하시오.

> ① 1등급 기준에 결점이 심하지 않은 석재
> ② 시공의 실용상 지장이 없는 것
> ③ 흐름(구름무늬, 얼룩), 점(흰점, 검은 점), 띠(흰 줄, 검은 줄), 철분(녹물), 끊어지는 줄(균열, 짬), 산화, 풍화 등이 조금도 없는 석재

06 [4점]

콜드조인트와 시공줄눈의 차이점을 기술하시오.

07 [3점]

콘크리트 슬럼프 저하 원인 3가지를 기술하시오.

08 [4점]

다음 그림에서 설명하는 용접결함에 해당하는 명칭을 기술하시오.

(1) 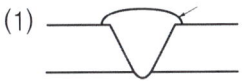   (2)

09 [3점]

조적 벽체에서 테두리보의 설치목적 3가지를 기술하시오.

10 [3점]

각 설명에 해당하는 목재 균열의 종류를 보기에서 골라 기술하시오.

> ① 분할 ② 윤할 ③ 할렬

(1) 제재목의 끝부분에서 상하가 관통하여 갈라진 결함
(2) 나무가 생장 과정에서 받는 내부응력으로 인하여 목재 조직이 나이테에 평행한 방향으로 갈라지는 결함
(3) 목재가 건조과정에서 방향에 따른 수축률의 차이로 나이테에 직각 방향으로 갈라지는 결함

11 [3점]

감리자의 역할에 대하여 3가지를 기술하시오.

12 [3점]

다음에서 설명하는 거푸집 부속재료를 기술하시오.

(1) 거푸집의 탈형과 청소를 용이하게 만들기 위해 합판 거푸집 표면에 미리 바르는 것
(2) 철근의 피복두께를 유지하기 위해 벽이나 바닥 철근에 대어주는 것
(3) 거푸집의 간격을 유지하며 벌어지는 것을 막는 부재

13 [3점]

다음에서 설명하는 데크 플레이트의 종류를 보기에서 골라 기호로 기술하시오.

― 〈보기〉 ―
① 구조데크플레이트
② 합성데크플레이트
③ 복합데크플레이트

(1) 압축응력을 콘크리트가 부담하고 인장응력은 철근 대신 여러 가지 형상으로 만들어진 데크 플레이트가 부담하는 것
(2) 하중에 무관하고 거푸집 대용으로 사용하거나 콘크리트와 일체가 되게 사용하는 것
(3) 거푸집 대용 플레이트와 슬라브 철근 주근을 공장에서 조립하고 현장에서 배력근만 설치하고 콘크리트를 타설하는 것

14 [3점]

한중콘크리트에 대한 설명이다. ( ) 안에 적당한 단어나 숫자를 기입하시오.

한중콘크리트는 (가)콘크리트를 사용하는 것을 원칙으로 하며, 물 결합재비는 가급적 (나) 사용해야 하며, 원칙적으로 (다)% 이하로 하여야 한다.

15 [3점]

다음은 슬럼프 콘에 관한 시험방법이다. ( ) 안에 적당한 숫자를 기입하시오.

슬럼프 콘에 콘크리트를 거의 같은 양의 3층으로 나누어 채우고 다짐봉으로 (가)회씩 똑같이 다진다. 슬럼프 콘에 콘크리트를 채우기 시작하고 나서 슬럼프 콘의 들어올리기를 종료할 때까지의 시간은 (나)분 이내로 하며, 슬럼프 시험의 측정 단위는 (다)cm로 표기한다.

16 [4점]

다음 보기를 보고 아래의 각 부재 주근의 정착 위치를 골라 기호로 기술하시오.

〈보기〉
① 기초 ② 기둥 ③ 보 ④ 벽 ⑤ 바닥

(1) 기초
(2) 바닥
(3) 벽
(4) 지중보

17 [3점]

다음은 레디믹스트 콘크리트에 관한 설명이다. (   ) 안에 적당한 말을 기입하시오.

레디믹스트 콘크리트의 종류는 보통콘크리트, 경량콘크리트, 포장콘크리트, 고강도 콘크리트로 하고, 구입자는 (가), (나), (다)를 조합한 표에 표시한 범위 내에서 종류를 지정하는 것을 원칙으로 한다.

18 [4점]

광학유리의 종류 2가지를 기술하시오.

19 [4점]

시멘트 모르타르 바름 시공순서의 일반사항이다. 보기에서 틀린 것을 골라 올바르게 적으시오.

(1) 바탕을 모르타르로 바탕의 요철을 조정하고 긁어놓은 다음 2주 이상 가능한 한 오래 방치한다.
(2) 바탕은 바름 직전에 잘 청소하고, 완전히 건조시킨 다음 초벌바름을 한다.
(3) 모르타르의 현장배합은 표준 배합비에 따른다.
(4) 마무리 두께는 공사시방서에 의하며 천장 차양은 15mm 이하, 기타는 15mm 이상으로 한다.
(5) 바름두께는 바탕의 표면부터 측정하는 것으로, 라스 먹임의 바름두께를 포함하여 측정한다.
(6) 바름두께에서 메탈라스 및 와이어라스 라스 먹임의 바름두께는 제외한다.

20 [4점]

다음은 한중콘크리트 양생방법에 관한 설명이다. ( ) 안에 알맞은 양생방법을 보기에서 골라 기호로 기술하시오.

| ① 피복양생 | ② 가열양생 |
| ③ 현장봉함양생 | ④ 단열양생 |

(1) 양생기간 중 어떤 열원을 이용하여 콘크리트를 가열하는 양생
(2) 단열성이 높은 재료로 콘크리트 주위를 감싸 시멘트의 수화열을 이용하여 보온하는 양생
(3) 시트 등을 이용하여 콘크리트의 표면 온도를 저하시키지 않는 양생
(4) 콘크리트 공시체를 봉투 등을 이용하여 대기와 차단하는 양생

21 [4점]

다음은 녹막이칠 도장작업별 점검사항이다. 순서에 맞는 단계별 점검사항을 보기에서 골라 기호로 기술하시오.

① 도막상태 확인	② 표면조도(조색) 확인
③ 미스트코트 작업 여부	④ 마찰계수 확인
⑤ 오염물 제거 여부	

(1) 표면처리
(2) 하도
(3) 중도/상도
(4) 현장 마감

22 [3점]

다음은 단열재의 시공방법에 관한 설명이다. ( ) 안에 적당한 단어를 보기에서 골라 기입하시오.

〈보기〉

| ① 긴 변 | ② 짧은 변 |
| ③ 위 | ④ 아래 |

단열재를 시공할 때 건물의 수직, 수평의 기준선을 정한 후 단열재의 (가)을 지면과 수평을 유지하며 (나)에서부터 (다)의 방향으로 설치하고, 수직 통줄눈이 생기지 않도록 엇갈리게 교차하여 단열재를 설치한다.

23 [4점]

다음 곤돌라형 달비계에 사용 금지된 와이어로프에 대한 설명이다. 각 항목에 맞는 기준을 고르시오.

(1) 이음매가 (① 있는 것 ② 없는 것)
(2) 이음매가 있는 와이어로프의 한 꼬임에서 끊어진 소선의 수가 (① 3% ② 5% ③ 10% ④ 15%) 이상인 와이어로프
(3) 지름의 감소가 공칭지름의 (① 3% ② 7% ③ 10% ④ 15%)를 초과하는 꼬인 와이어로프
(4) 꼬임이 (① 있는 것 ② 없는 것)

24 [4점]

비계 해체 시 주의사항에 대한 설명이다. 보기에서 틀린 항목 2개를 고르고 옳은 내용으로 수정하시오.

(1) 해체 및 철거는 시공의 역순으로 진행하여야 한다.
(2) 해체 착수 전에 비계에 결함이 발생했을 경우에는 정상적인 상태로 복구한 후에 해체하여야 한다.
(3) 해체는 규칙적이고 계획적으로 진행되어야 하며, 수직부재부터 차례로 해체하여야 한다.
(4) 해체 및 철거 시 균열 및 흔들림이 존재한다면 빠르게 해체한다.
(5) 모든 분리된 부재와 이음재는 비계로부터 떨어뜨리지 말고 내려야 하며, 아직 분해되지 않은 비계 부분은 안정성이 유지되도록 작업하여야 한다.
(6) 해체된 부재들은 비계 위에 적재해서는 안 되며, 해체된 부재들은 지정된 위치에 보관하여야 한다.

25 [3점]

다음은 가설통로 중 경사로에 관한 설명이다. (   ) 안에 적당한 숫자를 기재하시오.

경사로 설치 시 경사각은 (가)도 이하이어야 하며, 경사가 (나)도를 초과하는 경우 미끄러지지 않는 구조로 하고, 건설공사에 사용하는 높이 8m 이상인 비계다리에는 (다)m마다 경사로의 꺾임 부분에는 계단참을 설치하여야 한다.

26 [3점]

다음 그림을 보고 적당한 재료명칭을 기술하시오.

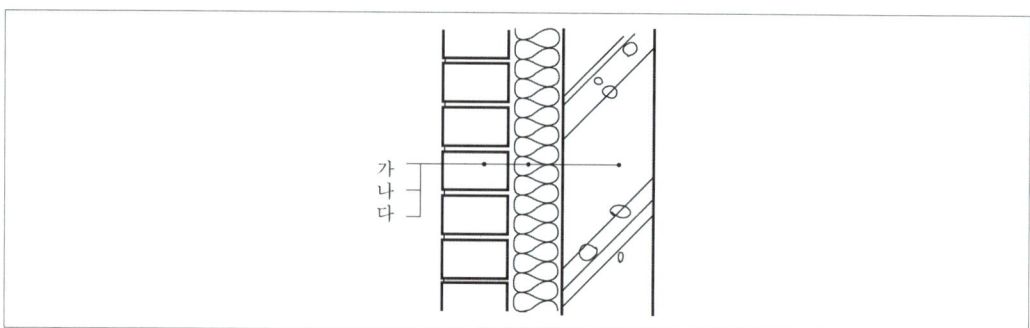

27 [3점]

다음 네트워크 공정표에 사용되는 용어이다. 보기에서 골라 표기하시오.

─〈보기〉─
EST, EFT, LST, LFT, CP, SLACK, FLOAT, TF, FF, DF

(1) 작업을 가장 빨리 시작할 수 있는 시간
(2) 네트워크 공정표에서 결합점이 가지는 여유시간
(3) 후속 작업의 TF에 영향을 주는 여유

28 [4점]

작업리스트에 따라 네트워크 공정표를 작성하시오.

작업명	작업일수	선행작업	비고
A	2	없음	(1) CP는 굵은 선으로 표시한다.
B	3	없음	(2) 각 결함점에서는 다음과 같이 표시한다.
C	5	A	
D	5	A, B	
E	2	A, B	
F	3	C, D, E	
G	4	E	

29 [3점]

표준형 벽돌 1,600매로 1.5B 두께로 쌓을 수 있는 벽면적은? (단, 할증률은 고려하지 않는다.)

23년 3회 해설 및 정답

01 건설업체의 공사수행능력을 기술적 능력, 재무능력, 조직 및 공사능력 등 비가격 요인을 검토하여 가장 효율적으로 공사를 수행할 수 있는 업체에 입찰참가자격을 부여하는 제도

02
- 공동이행방식 : 전체 공사를 공동으로 이행하는 완전한 형태의 공동도급방식
- 분담이행방식 : 전체 공사를 분할 또는 분담하여 이행하는 방식으로 공구 분할이 쉬운 공사에 주로 적용

03 건축물의 초기 기획 단계에서 계획, 설계, 시공, 유지관리, 철거의 단계까지 총체적인 과정에서 사용되는 비용

04
(1) 플라이애시
(2) 고로슬래그

05
(1) 2등급
(2) 3등급
(3) 1등급

06
- 콜드조인트식 : 콘크리트 타설 작업 중 휴식시간 등으로 경화가 완료된 콘크리트에 새로운 콘크리트를 이어서 타설할 때, 일체가 되지 않아 생기는 줄눈
- 시공줄눈 : 콘크리트를 한 번에 타설하지 못하고 이어붓기로 인해 발생하는 줄눈

07
(1) 잉여수의 증발
(2) 배합의 운반시간이 긴 경우
(3) 타설 시간이 긴 경우
(4) 펌프 압송거리가 클 때
(5) 서중 콘크리트일 때

08
(1) 오버랩
(2) 언더컷

09
(1) 수직균열 방지
(2) 벽체의 일체화를 통한 수직하중의 분산
(3) 세로근의 정착 및 이음 부위 제공

10 (1) ①
　　 (2) ②
　　 (3) ③

11 (1) 계약서, 설계도서, 관련 법규대로 시공하는지를 감독
　　 (2) 공사 중 발생되는 문제 지도, 조언
　　 (3) 발주자의 입장에서 감독 기능을 보완

12 (1) 박리제
　　 (2) 간격재(스페이서)
　　 (3) 긴장재(폼 타이)

13 (1) ②
　　 (2) ①
　　 (3) ③

14 가. 공기연행
　　 나. 적게
　　 다. 60

15 가. 25
　　 나. 3
　　 다. 0.5

16 (1) ②
　　 (2) ③, ④
　　 (3) ②, ③, ⑤
　　 (4) ①, ②

17 가. 굵은 골재의 최대치수
　　 나. 호칭강도
　　 다. 슬럼프

18 (1) 크라운 유리
　　 (2) 플린트 유리

19 (2) 완전히 건조 → 물 축임을 한 후
　　 (5) 바름두께를 포함 → 바름두께를 포함하지 않고

20 (1) ②
(2) ④
(3) ①
(4) ③

21 (1) ②
(2) ①
(3) ③
(4) ⑤

22 가. ①
나. ④
다. ③

23 (1) ①
(2) ③
(3) ②
(4) ①

24 (3) 수직부재 → 수평부재
(4) 빠르게 해체 → 균열과 흔들림을 조치한 후 해체

25 가. 30
나. 15
다. 7

26 가. 벽돌
나. 단열재
다. 콘크리트

27 (1) EST
(2) SLACK
(3) DF

28 〈네트워크 공정표〉

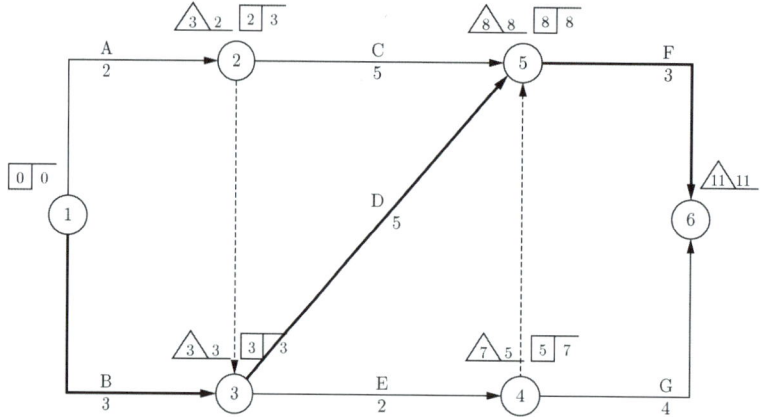

29 ① 1.5B의 벽돌량 : 224매/m^2
② 1,600매를 사용한다고 했으므로 $\dfrac{1,600}{224} = 7.14m^2$

실기 기출문제집

부록

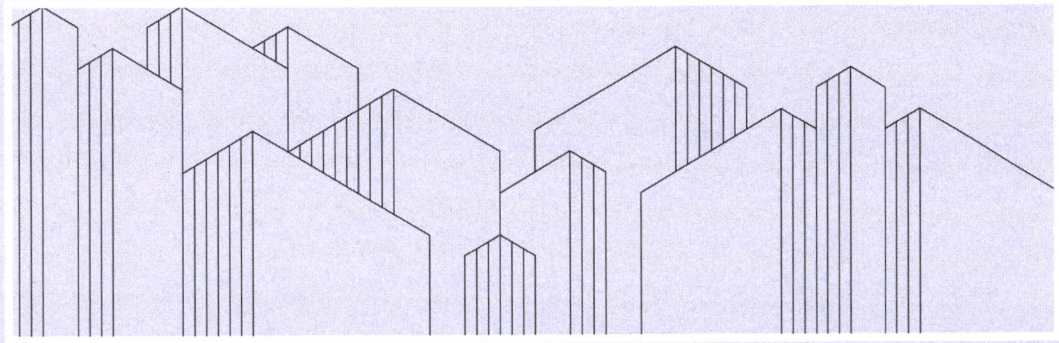

2024년 기출복원 문제

건축기사 / 건축산업기사
실기 기출문제집

2024 제1회 건축기사

01 [4점]
다음 용어를 간단히 설명하시오.
(1) 종합심사낙찰제도 :
(2) 적격낙찰제도 :

02 [2점]
민간이 자금조달을 하여 시설을 준공한 후 소유권을 정부에 이전하되, 일정기간 계약하여 시설임대료를 통해 투자비를 회수하는 민간투자사업 계약방식의 명칭을 기술하시오.

03 [3점]
콘크리트 헤드(Concrete head)에 대하여 간단히 설명하시오.

04 [4점]
어스앵커 공법의 특징 4가지를 기술하시오

05 [3점]
유리 공사에서 발생할 수 있는 열 파손에 대하여 설명하시오.

06 [3점]
콘크리트 공사에서 레미콘 공장 선정을 위한 공장방문 시 점검사항 3가지를 기술하시오.

07 [4점]

다음 용어에 대하여 간단히 설명하시오.
(1) 로이유리 :
(2) 단열강봉 :

08 [4점]

다음 용어에 대하여 간단히 설명하시오.
(1) 콜드조인트 :
(2) 컨스트럭션 조인트 :

09 [3점]

조적쌓기 방법 중 영식쌓기에 대하여 설명하시오.

10 [4점]

커튼월의 알루미늄 바 설치 시 누수에 대한 시공상 방지대책 4가지를 기재하시오.

11 [3점]

기성콘크리트 말뚝 공사 후 검사항목 3가지를 기술하시오.

12 [4점]

건설공사에서 사용되는 잭 서포트의 정의를 간단히 설명하고 설치 위치 2개소를 기술하시오.

13 [5점]

다음 그림은 철근콘크리트 라멘 구조의 기둥의 일부이다. 기둥 주철근을 횡방향으로 이음하려고 할 때 기둥 주철근의 이음 위치로 가장 적합한 위치를 그림에서 번호로 선택하고 해당 번호의 이음 구간을 선택한 이유를 설명하시오.

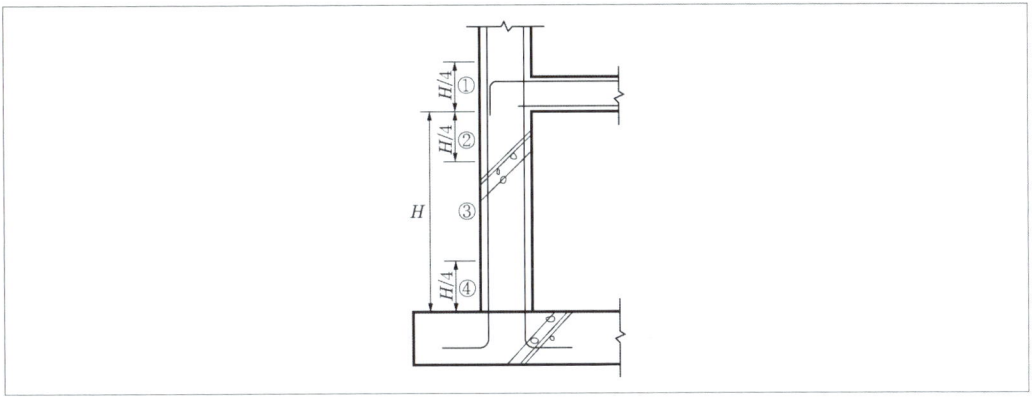

(1) 이음 구간 :
(2) 해당 이음 구간을 선택한 이유 :

14 [2점]

철근콘크리트 기둥에서 띠철근(Hoop)의 역할 2가지를 기술하시오.

15 [4점]

다음의 시험 항목과 관련되는 시험을 〈보기〉에서 골라 그 번호를 기술하시오.

① 신월 샘플링(Thin Wall Sampling)
② 베인시험
③ 표준관입시험
④ 정량분석시험

(1) 진흙의 점착력　　　　　　　　(　　)
(2) 지내력　　　　　　　　　　　(　　)
(3) 연한 점토　　　　　　　　　　(　　)
(4) 염분　　　　　　　　　　　　(　　)

16 [2점]

다음은 건축공사 표준시방서의 규정이다. (   ) 안에 적당한 수치를 기술하시오.

> 터파기 공사에서 모래로 되메우기할 경우 충분한 물다짐을 실시하고, 일반 흙으로 되메우기를 할 경우 (①)mm 마다, 다짐밀도 95% 이상으로 다진다.

17 [3점]

품질관리계획서에 필수적으로 기입해야 하는 항목 3가지를 기술하시오.

18 [8점]

다음 데이터를 이용하여 네트워크 공정표를 작성하시오.

작업명	작업일수	선행작업	비고
A	3일	없음	① CP는 굵은 선으로 표시한다.
B	4일	없음	② 각 결합점에서는 다음과 같이 표시한다.
C	4일	A	$\boxed{\text{EST} \mid \text{LST}} \quad \triangle \text{LET} \mid \text{EFT}$
D	6일	A	③ 각 작업은 다음과 같이 표시한다.
E	5일	A	$(i) \xrightarrow[\text{공사일수}]{\text{작업명}} (j)$
F	3일	B, C, D	

19 [4점]

강판을 그림과 같이 가공하여 30개의 수량을 사용하고자 한다. 강판의 비중이 7.85일 때 강판의 소요량(kg)과 스크랩의 발생량(kg)을 계산하시오.

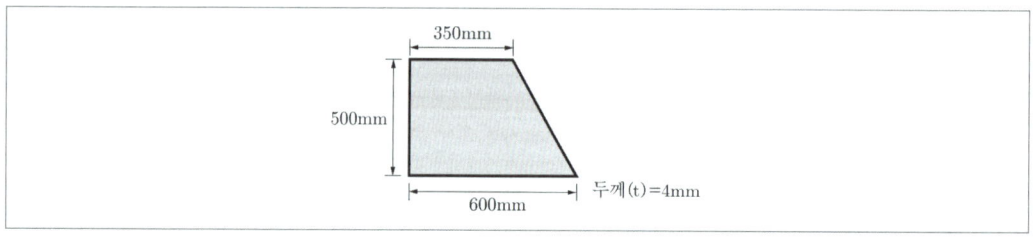

20 [6점]

다음 조건을 이용해 콘크리트 $1m^3$를 생성하는 데 필요한 시멘트, 모래, 자갈의 중량(kg)을 모두 계산하시오.

① 시멘트 비중 : 3.15
② 모래비중 2.5, 자갈 비중 : 2.6
③ 단위수량 : $160kg/m^3$
④ 잔골재율(S/A) : 40%
⑤ 공기량 : 1%
⑥ 물시멘트비 : 50%

21 [3점]

다음 그림과 같은 부재 단면에서 X축에 대한 단면1차모멘트를 계산하시오.

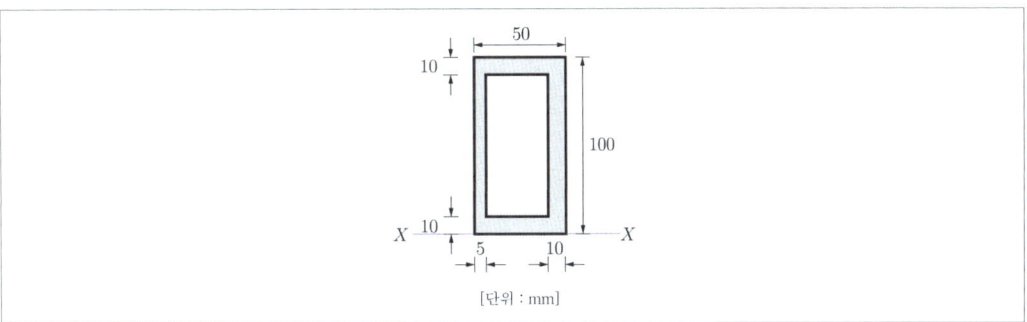

[단위 : mm]

22 [3점]

다음 그림과 같은 부재 단면의 세장비를 계산하시오.

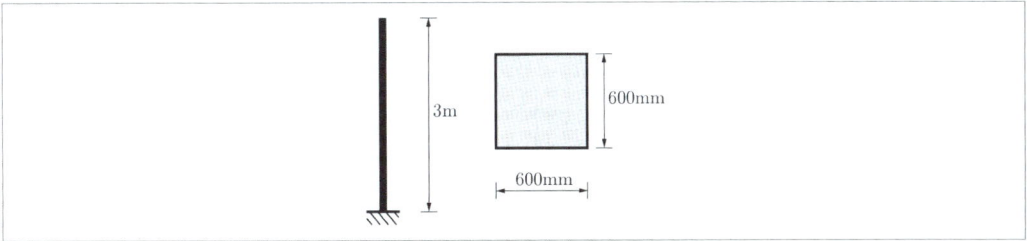

23 [4점]

다음은 철근콘크리트의 휨 및 압축을 받는 부재의 설계기준에 대한 내용이다. 괄호 안에 적당한 수치를 기재하시오

> 프리스트레스를 가하지 않은 휨부재는 공칭강도 상태에서 순인장변형률 ϵ_t가 휨부재의 최소 허용변형률 이상이어야 한다. 휨부재의 최소 허용변형률은 철근의 항복강도가 400MPa 이하인 경우 (①)로 하며, 철근의 항복강도가 400MPa을 초과하는 경우 철근항복변형률의 (②)배로 한다.

24 [6점]

지진과 관련된 다음 용어를 간단히 설명하시오.

(1) 내진구조 :
(2) 면진구조 :
(3) 제진구조 :

25 [4점]

300mm×600mm의 단면을 가지는 보에서 외력에 의해 휨 균열을 일으키는 균열모멘트(M_{cr})를 계산하시오. (단, 보통중량콘크리트, $f_{ck}=30\text{MPa}$, $f_y=400\text{MPa}$, $A_s=2,000\text{mm}^2$)

26 [4점]

다음과 같은 독립기초에서 발생하는 최대압축응력을 계산하시오.

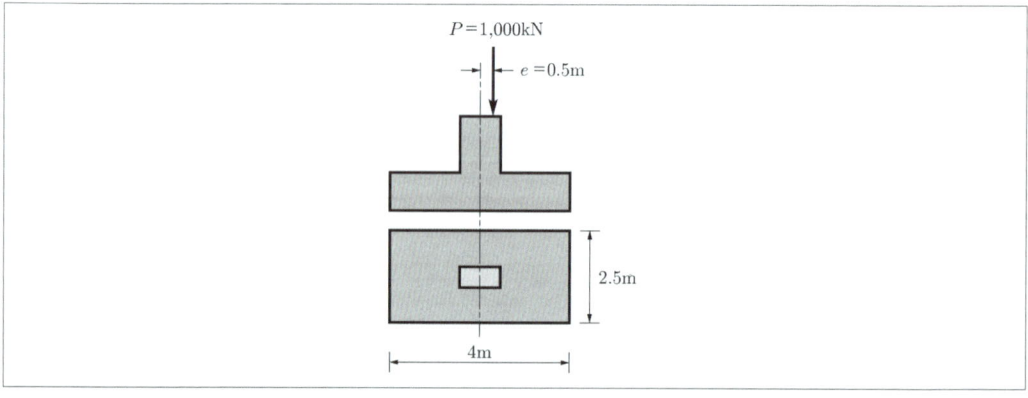

24년 1회 해설 및 정답

01 (1) 종합심사제도 : 입찰제 개선과 시공품질의 제고, 적정 공사비 확보를 정착시키기 위하여 가격과 공사수행능력 및 사회책임의 점수를 합산하여 높은 점수의 입찰자가 계약을 낙찰하는 제도
(2) 적격낙찰제도 : 비용 이외에 기술능력, 공사경험, 품질관리 능력, 재무상태 등 계약수행 능력을 종합심사하여 낙찰자를 결정하는 제도

02 용어 설명
BTL

03 수직거푸집에서 타설된 콘크리트 윗면으로부터 최대측압이 발생하는 면까지의 수직거리

04 (1) 버팀대가 불필요하여 깊은 굴착 시 경제적이다.
(2) 넓은 작업장 확보가 가능하다.
(3) 부분굴착이 가능하여 공구분할이 용이하다.
(4) 공기단축이 가능하다.

05 유리가 두꺼운 경우 열 축적이 크게 되는데, 유리 공사 시 발생한 국부적 결함이 있는 곳으로 온도 응력이 집중하여 유리가 파손되거나 급격한 온도변화에 따라 균열이 발생하여 파손되는 현상

06 (1) 현장과의 거리
(2) 운반 시간
(3) 콘크리트 제조 능력
(4) 레미콘 운반차의 수
(5) 공장의 제조 설비
(6) 품질관리 상태

07 (1) 로이유리 : 금속이나 금속산화물이 얇게 코팅된 유리로서 가시광선의 투과율이 높고 열의 이동이 최소화된 에너지 절약형 유리로 저방사 유리라고도 함
(2) 단열간봉 : 복층유리에서 유리와 유리 사이의 간격을 유지하고 열전달을 차단하여 단열성능을 향상시키기 위해 유리 가장자리에 쓰는 열전도율이 낮은 플라스틱 간격재

08 (1) 콜드조인트(Cold Joint) : 콘크리트 타설작업 중 휴식시간 등으로 경화가 완료된 콘크리트에 새로운 콘크리트를 이어서 타설할 때, 일체가 되지 않아 생기는 줄눈
(2) 시공줄눈(Construction Joint) : 콘크리트를 한 번에 타설하지 못하고 이어붓기로 인해 발생하는 줄눈

09 한 켜는 길이쌓기, 다음 켜는 마구리쌓기를 반복하는 방식으로 이오토막을 이용하여 통줄눈이 거의 생기지 않는 쌓기 법

10 (1) 스크류 고정부위/알루미늄 바 접합부위의 실런트 시공
(2) 오픈 조인트 설치 시 물의 이동으로 인한 누수 차단 철저히 시공
(3) 클로즈드 조인트 설치 시 이음새 없이 시공
(4) 멀리온과 패널의 이음매 처리 철저

11 (1) 말뚝의 최종 관입깊이
(2) 말뚝의 지지력 확인
(3) 말뚝의 위치 측량에 따른 편심 산정
(4) 말뚝 머리 파손 여부
(5) 이음 여부 및 품질

12 (1) 잭 서포트 : 건축물 상판 구조물에 작용하는 과다한 하중이나 진동으로 인한 균열 또는 붕괴를 방지하기 위해 보나 슬래브 밑에 수직으로 설치해 하중을 지지하는 동바리
(2) 설치 장소
① 슬래브 스팬 중앙부
② 보나 거더의 중앙부

13 (1) 이음 구간: ③
(2) 기둥은 중앙 부분이 휨응력이 작기 때문에 ③ 구간에서 주철근을 잇는다. 또한 구조기준에서는 '하단에서 500mm 이상부터 상단에서 기둥 높이의 1/4 하부에서 엇갈리게 한다'라고 규정하고 있음

14 (1) 주철근의 좌굴방지 및 위치 확보
(2) 수평력에 대한 전단보강의 역할

15 (1) ②
(2) ③
(3) ①
(4) ④

16 ① 300

17 (1) 품질방침 및 목표
(2) 품질관리 절차
(3) 품질관리 항목
(4) 품질관리 검사 및 시험계획
(5) 품질관리 부적격 판정 및 처리계획

18 표준네트워크 공정표

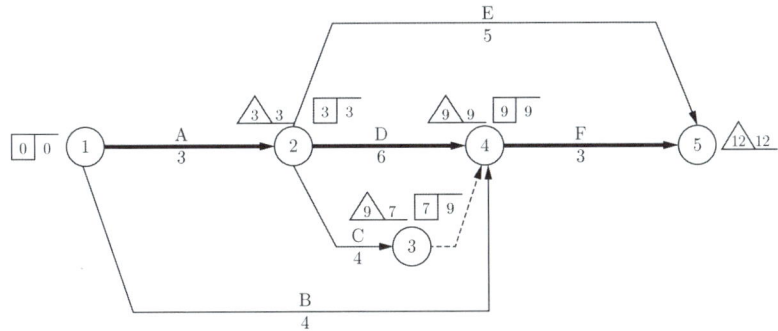

19 적산 - 강판 소요량 / 스크랩 발생량

비중 7.85는 $7.85t/m^3$을 의미하며, 강판의 할증률은 10%를 적용한다.
(1) 강판의 소요량
$$= 0.6 \times 0.5 \times 0.004 \times 7.85 t/m^3 \times 1{,}000 kg/t \times 30개 \times 1.1 = 310.86 kg$$
(2) 스크랩 발생량
$$= \frac{1}{2} \times 0.25 \times 0.5 \times 0.004 \times 7.85 t/m^3 \times 1{,}000 kg/t \times 30개 = 58.88 kg$$

20 적산 – 배합비에 따른 각 재료의 중량 계산
(1) 시멘트 중량
$$W/C = \frac{W_w}{W_c} = 50\% = 0.5 \;\rightarrow\; W_c = \frac{W_w}{0.5} = \frac{160}{0.5} = 320 kg$$
(2) 모래의 중량 : 골재의 중량을 계산하기 위해 다른 모든 재료들의 부피를 계산한 후 비중을 이용해 중량으로 환산해야 한다.
콘크리트 $1m^3$=물의 부피+시멘트 부피+공기 부피+전골재(모래+자갈) 부피

비중 $= \frac{W(중량)}{V(부피)} \;\rightarrow\; V(부피) = \frac{W(중량)}{비중}$, $W(중량) = V(부피) \times 비중$

① 물의 부피 : $V = \frac{W(중량)}{비중} = \frac{160kg}{1t/m^3} = \frac{0.16t}{1t/m^3} = 0.16 m^3$

② 시멘트의 부피 : $V = \frac{W(중량)}{비중} = \frac{320kg}{3.15t/m^3} = \frac{0.32t}{3.15t/m^3} = 0.102 m^3$

③ 공기의 부피 : $1m^3$의 $1\% = 0.01 m^3$

④ 모래+자갈의 부피 : $1 - (0.16 + 0.102 + 0.01) = 0.728 m^3$

⑤ 잔골재율을 이용한 모래의 부피

잔골재율 $= \frac{모래의\ 부피}{모래+자갈의\ 부피} \;\rightarrow\;$ 모래의 부피=잔골재율×(모래+자갈의 부피)
$$= 0.4 \times 0.728 = 0.291 m^3$$

⑥ 모래의 중량 : $W(중량) = V(부피) \times 비중$
$$= 0.291 m^3 \times 2.5 t/m^3 = 0.728 t = 728 kg$$

(3) 자갈의 중량
① 자갈의 부피 : 자갈의 부피=(1−잔골재율)×(모래+자갈의 부피)
$$= (1-0.4) \times 0.728 = 0.437 \text{m}^3$$
② 자갈의 중량 : $W(중량) = V(부피) \times 비중$
$$= 0.437 \text{m}^3 \times 2.6 \text{t/m}^3 = 1.1362 \text{t} = 1,136.2 \text{kg}$$

21 $(50 \times 100) \times 50 - (35 \times 80) \times 50 = 110,000 \text{mm}^3$

22 기둥의 세장비 계산
① 세장비 $\lambda = \dfrac{kL}{r}$, 캔틸레버의 k=2.0

② 단면2차반경 $r = \sqrt{\dfrac{I}{A}} = \sqrt{\dfrac{\dfrac{600 \times 600^3}{12}}{600 \times 600}} = 173.205 \text{mm}$

③ 세장비 $\lambda = \dfrac{kL}{r} = \dfrac{2 \times 3,000}{173.205} = 34.641$

23 ① 0.004
② 2

24 (1) 내진구조: 구조물이 지진력에 대항하여 붕괴되지 않도록 구조물 자체를 튼튼하게 설계한 건축물
(2) 면진구조: 건축물의 기초 부분 등에 적층고무 또는 미끄럼받이 등을 넣어서 지진에 대한 건축물의 흔들림을 감소시키는 구조
(3) 제진구조: 건축물에 장치나 기계 따위를 설치하여 지진이나 진동에 의한 흔들림이 건축물에 직접적으로 전달되지 않도록 하는 구조시스템

25 균열모멘트 계산
(1) $\sigma = \dfrac{M}{Z} \rightarrow f_r = \dfrac{M_{cr}}{Z} \rightarrow M_{cr} = f_r \times Z$

(2) $M_{cr} = 0.63\lambda\sqrt{f_{ck}} \times \dfrac{bh^2}{6} = 0.63(1)\sqrt{30} \times \dfrac{300(600)^2}{6}$
$= 62,111,738.02 \text{Nmm} = 62.11 \text{kNm}$

26 독립기초의 최대 압축응력 계산
(1) 응력을 구하므로 모든 단위를 N과 mm로 통일
(2) 최대 압축응력$(\sigma) = -\dfrac{P}{A} - \dfrac{M}{Z} = -\dfrac{P}{A} - \dfrac{Pe}{Z}$
$= -\dfrac{1,000 \times 10^3}{2,500 \times 4,000} - \dfrac{1,000 \times 10^3 \times 500}{\dfrac{2,500 \times 4,000^2}{6}} = -0.175 \text{MPa}$

2024 제2회 건축기사

01 [3점]

종합심사낙찰제도에 대하여 간략히 설명하시오.

02 [4점]

다음은 표준관입시험에 대한 설명이다. ( ) 안에 맞는 내용을 기입하시오.

> Rod 선단에 샘플러를 부착하고, Rod 상단에 63.5 ± (①)kg의 해머로 (②)mm + 10mm 높이에서 타격하여 Rod 끝의 (③) 부분을 (④)mm 관입시키는데 필요한 타격횟수 N치를 구하여 지반의 밀도를 파악하는 시험

03 [4점]

건축공사 표준시방서에 의한 석재의 물갈기 마감공정을 순서대로 기술하시오.

> (1) 물갈기
> (2) 정갈기
> (3) 거친갈기
> (4) 본갈기

04 [4점]

경량철골 칸막이 공사에서 석고보드를 양면으로 시공하는 시공순서를 보기에서 골라 기술하시오. (단, 석고보드는 2회 붙이시오.)

(1) 벽체틀 설치
(2) 석고보드
(3) 마무리
(4) 단열재
(5) 바탕처리

05 [3점]

가연성 도료 창고의 구비사항 3가지를 기술하시오.

06 [4점]

다음 용어에 대하여 간단히 설명하시오.
(1) 달비계 :
(2) 말비계 :

07 [5점]

옥상 시트 방수 마감에 대한 최하단부터의 순서를 보기에서 골라 기술하시오.

(1) 보호모르타르
(2) 목재 데크
(3) 고름모르타르
(4) 무근콘크리트
(5) 시트방수

08 [4점]

콘크리트의 알칼리 골재반응의 방지대책 2가지를 기술하시오.

09 [4점]

다음 그림을 보고 맞는 줄눈 명칭을 기재하시오.

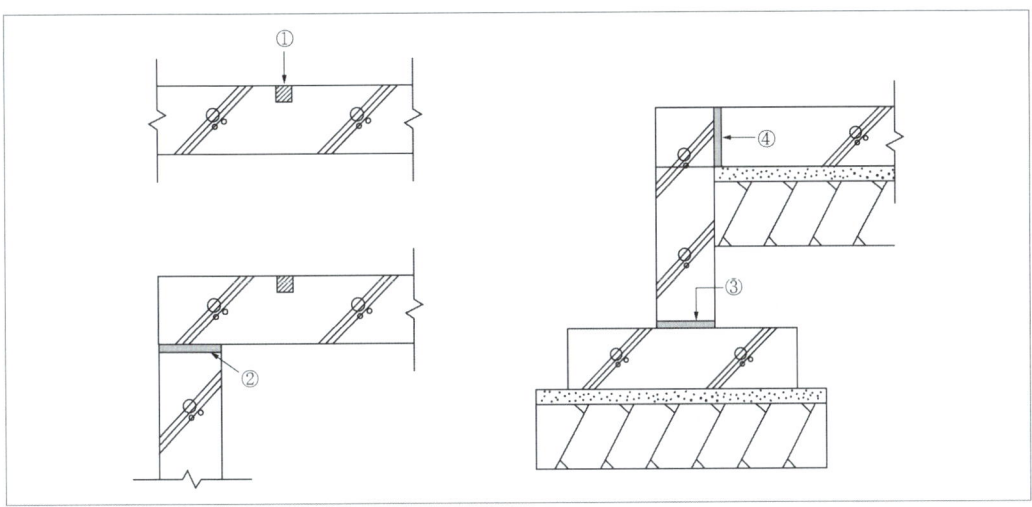

10 [4점]

다음은 건축공사 표준시방서에 따른 거푸집널 존치기간 중의 평균기온이 10℃ 이상인 경우에 콘크리트의 압축강도 시험을 하지 않고 거푸집을 떼어낼 수 있는 콘크리트의 재령(일)을 나타낸 표이다. 빈칸에 알맞은 숫자를 넣으시오.

시멘트 종류 평균 기온	조강포틀랜드 시멘트	보통포틀랜드 시멘트 고로슬래그 시멘트(1종)	고로슬래그시멘트(2종) 포졸란 시멘트(2종)
20℃ 이상	2	①	②
20℃ 미만 10℃ 이상	③	④	8

11 [3점]

아래 용접기호에 따라 시공된 상태의 상세도에 맞게 용접기호를 표기하시오.

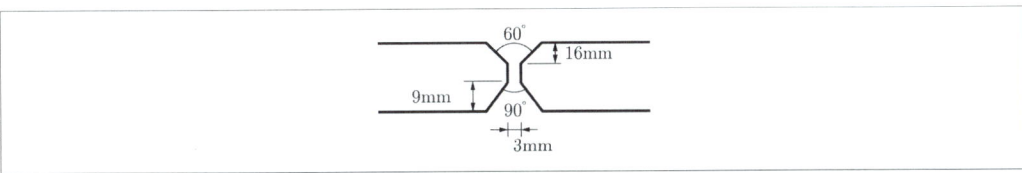

12 [3점]

콘크리트 타설 시 경화 후 냉각되면서 온도균열이 발생하는데 이러한 온도균열의 방지대책 3가지를 기술하시오.

13 [4점]

철근콘크리트 2층 구조물 철근의 조립순서이다. 보기에서 기호를 골라 순서대로 기술하시오.

(1) 벽
(2) 보
(3) 기둥
(4) 기초
(5) 슬래브

14 [2점]

다음은 벽돌 쌓기에 대한 설명이다. 이에 맞는 쌓기법을 기술하시오.

(1) 담 또는 처마 부분에 내쌓기를 할 때 45° 각도로 모서리가 면에 나오도록 쌓는 방법
( )

(2) 난간벽과 같이 상부 하중을 지지하지 않는 벽에 있어서 장식적인 효과를 기대하기 위해 벽체에 구멍을 내어 쌓는 것
( )

15 [3점]

다음 내용은 발포 폴리스티렌 단열재의 종류에 대한 설명이다. 내용에 맞는 단열재의 종류 용어를 알맞게 기술하시오.

(1) 구슬 또는 원료를 미리 가열하여 1차 발포시키고 적당한 시간을 숙성시킨 후 판 모양 또는 통 모양의 금형에 채우고 다시 가열하여 2차 발포에 의해 융착, 성형한 제품
(2) 원료를 가열, 용융하고 연속적으로 압출, 발포시켜 성형한 제품
(3) 첨가제 등에 의하여 개질된 폴리스티렌 원료를 사용하여 발포, 성형한 제품

16 [4점]

390 × 190 × 150mm인 시멘트 블록의 압축강도 시험에서 하중속도를 매초 0.2N/mm²로 가력한다면 압축강도 10MPa인 블록은 몇 초에서 붕괴되는지 붕괴시간(초)을 구하시오.

17 [3점]

어떤 골재의 비중이 2.65이고, 단위용적중량이 1,800kg/m³이라면 이 골재의 실적률을 계산하시오.

18 [3점]

KS 규격상 시멘트의 오토클레이브 팽창도는 0.80% 이하로 규정되어 있다. 반입된 시멘트의 안정성 시험결과가 다음과 같다고 할 때 합격 여부를 판정하시오. (단, 시험 전 시험체의 유효 표점 길이는 254mm, 오토클레이브 시험 후 시험체의 길이는 255.78mm이었다.)

19 [10점]

다음 데이터를 이용하여 표준네트워크 공정표를 작성하고 7일 공기단축한 상태의 네트워크 공정표를 완성하시오.

작업명	작업일수	선행작업	비용구배(천원)	비고
A(①→②)	2	없음	50	(1) 결합점 위에는 다음과 같이 표시한다. EST LST / LET EFT, i 작업명 공사일수 j
B(①→③)	3	없음	40	
C(①→④)	4	없음	30	
D(②→⑤)	5	A, B, C	20	
E(②→⑥)	6	A, B, C	10	
F(③→⑤)	4	B, C	15	
G(④→⑥)	3	C	23	(2) 공기단축은 작업일수의 1/2을 초과할 수 없다.
H(⑤→⑦)	6	D, F	37	
I(⑥→⑦)	7	E, G	45	

20 [4점]

흐트러진 상태의 흙 10m³를 이용하여 10m²의 면적에 다짐 상태로 50cm 두께를 터 돋우기할 때 시공 완료된 다음의 흐트러진 상태의 양을 산출하시오. (단, 이 흙의 L=1.2, C=0.9)

21 [6점]

다음 도면을 보고 요구 물량을 산출하시오.

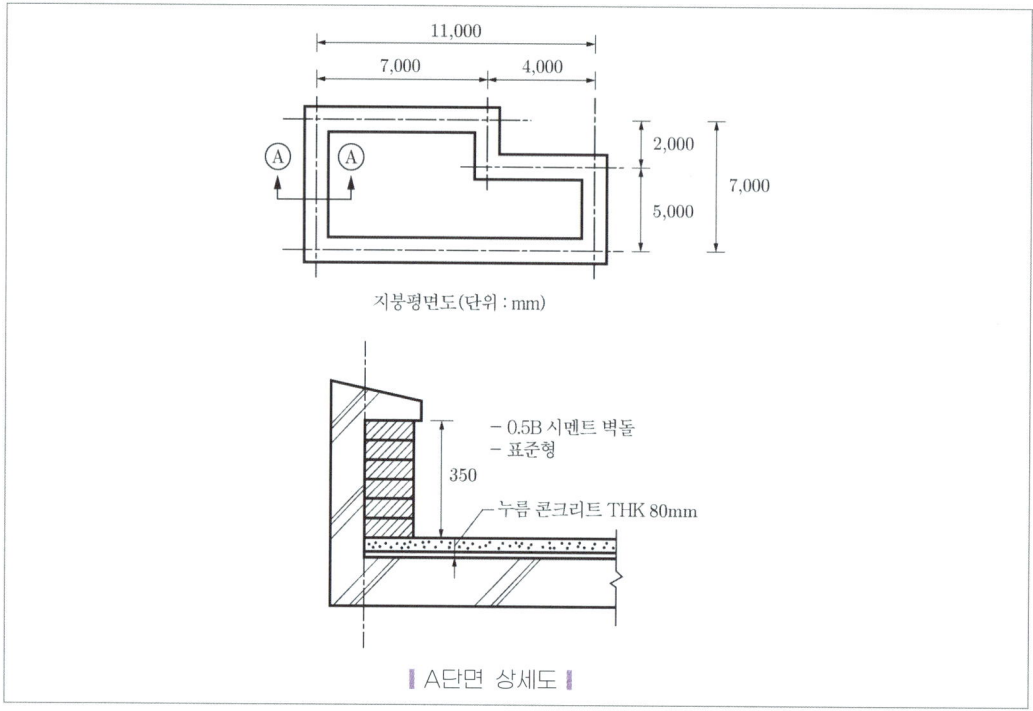

(1) 옥상 방수면적(m²) :
(2) 누름 콘크리트량(m³) :
(3) 보호 벽돌량(매) :

22 [4점]

철근콘크리트구조에서 탄성계수비 $n = \dfrac{E_s}{E_c} = \dfrac{200,000}{8,500\sqrt[3]{f_{cu}}} = \dfrac{200,000}{8,500\sqrt[3]{f_{ck} + \triangle f}}$ 식으로 표현할 수 있다. 다음 빈칸에 들어갈 알맞은 숫자를 기술하시오.

$f_{ck} \leq 40\,\text{MPa}$	$40\,\text{MPa} < f_{ck} < 60\,\text{MPa}$	$f_{ck} \geq 60\,\text{MPa}$
$\triangle f = (\ ①\ )$	$\triangle f = $ 직선 보간	$\triangle f = (\ ②\ )$

①
②

23 [4점]

평판구조(Flat Plate Slab)에서 2방향 전단보강방법 4가지를 기술하시오.

24 [3점]

다음과 같은 구조물에서 AB 구간의 단면적은 A_1, BC 구간의 단면적이 A_2일 때 구조물의 전체 늘어난 길이를 산출하시오. (단, 구조물의 탄성계수는 E로 동일하다.)

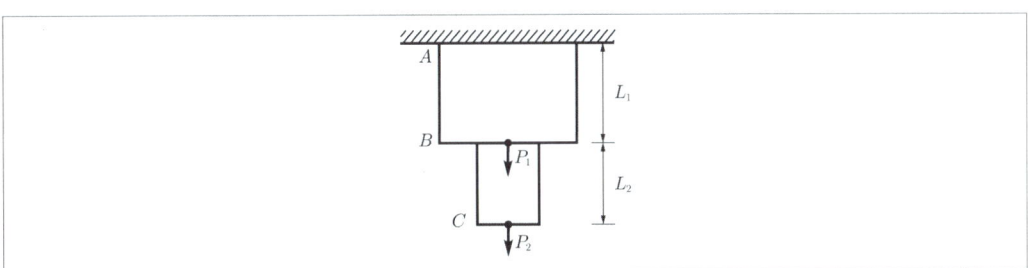

25 [4점]

단위하중을 받는 용수철 시스템의 용수철계수 k값을 구하시오. (하중 P, 길이 L, 단면적 A, 탄성계수 E)

26 [4점]

그림과 같은 인장부재의 순단면적을 계산하시오. (단, 판재의 두께는 10mm이며, 구멍 크기는 22mm이다.)

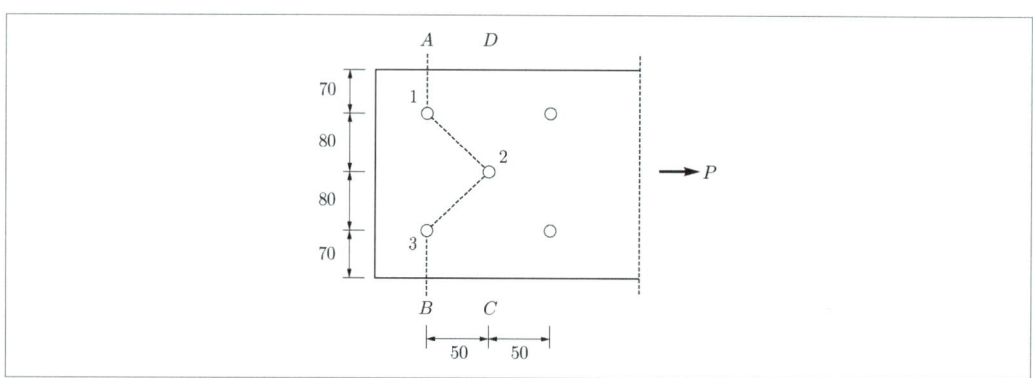

24년 2회 해설 및 정답

01 입찰제 개선과 시공품질의 제고, 적정 공사비 확보를 정착시키기 위하여 가격과 공사수행능력 및 사회책임의 점수를 합산하여 높은 점수의 입찰자가 계약을 낙찰하는 제도

02
① 0.5
② 760
③ 표준관입시험용 샘플러
④ 300

03 (3) – (1) – (4) – (2)

04 (5) → (1) → (4) → (2) → (2) → (3)

05
(1) 독립한 단층건물로서 주위 건물에서 1.5m 이상 떨어져 있게 한다.
(2) 건물의 내부는 내화구조 또는 방화구조로 된 구획된 장소를 선택한다.
(3) 지붕은 불연재로 하고 천장은 설치하지 않는다.
(4) 시너를 많이 보관할 때에는 소화방법 및 기타 위험물 취급에 관한 법령에 준하여 소화기 및 소화용 모래 등을 비치한다.

06
(1) 달비계 : 와이어로프로 옥상에서 매달아서 외부 작업용으로 사용하는 비계
(2) 말비계 : 두 개의 일정한 모양의 형태를 가진 사다리를 정상부에 결합하고 다리를 벌린 모양으로 하여 발판으로 사용되는 것으로 실내에서만 사용하는 비계

07 (3) → (5) → (1) → (4) → (2)

08
(1) 저알칼리 시멘트(고로 시멘트, Fly Ash 등) 사용
(2) 비반응성 골재의 사용
(3) 알칼리 골재 반응을 촉진하는 수분의 흡수 방지

09
① 조절줄눈
② 슬라이딩줄눈
③ 시공줄눈
④ 신축줄눈

10
① 4일   ② 5일
③ 3일   ④ 6일

11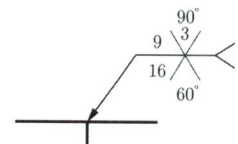

12
(1) 수화열이 적은 중용열 시멘트 사용
(2) 단위시멘트량 저감
(3) Pre-cooling, Pipe-cooling 적용
(4) 응결지연제 사용

13 (4) → (3) → (1) → (2) → (5)

14
(1) 엇모쌓기
(2) 영롱쌓기

15
(1) 비드법 1종
(2) 압출법
(3) 비드법 2종

16
(1) 압축강도 $= \dfrac{P}{A} \geq 10 N/mm^2$
(2) $P = 10 \times 390 \times 150 = 585{,}000 N$
(3) 1초당 가압하중 $= 0.2 \times 390 \times 150 = 11{,}700 N$
(4) 붕괴시간 $= \dfrac{585{,}000}{11{,}700} = 50$ 초

17
(1) 실적률 $= \dfrac{w}{G} \times 100(\%) = \dfrac{1.8}{2.65} \times 100 = 67.92\%$

18
(1) 오토클레이브 팽창도 $= \dfrac{255.78 - 254}{254} \times 100 = 0.70\%$
(2) 판정 = 합격 (∵ 0.70% < 0.80%)

19 (1) 표준네트워크 공정표

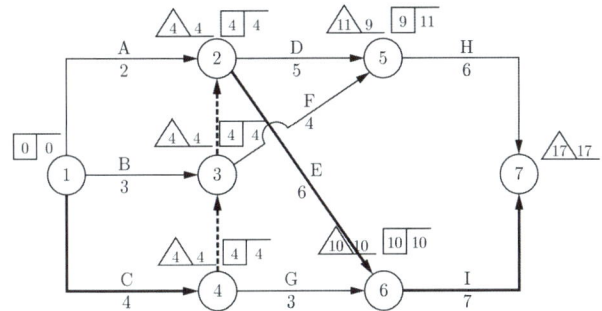

(2) 공기단축된 공정표
① 공기단축을 위한 비용구배와 단축가능일수

작업명	비용구배	단축가능일수	1차	2차	3차	4차	5차	6차
A	50,000	1						
B	40,000	1				1		
C	30,000	2		1		1		
D	20,000	2			1		1	
E	10,000	3	2		1			
F	15,000	2					1	
G	23,000	1						
H	37,000	3						1
I	45,000	3					1	1

경로(소요일수)	1차	2차	3차	4차	5차	6차
A-D-H (13일)	13	13	12	12	11	10
A-E-I (15일)	13	13	12	12	11	10
B-D-H (14일)	14	14	13	12	11	10
B-F-H (13일)	13	13	13	12	11	10
B-E-I (16일)	14	14	13	12	11	10
C-D-H (15일)	15	14	13	12	11	10
C-E-I (17일)	15	14	13	12	11	10
C-F-H (14일)	14	13	13	12	11	10
C-G-I (14일)	14	13	13	12	11	10
공기단축	E-2	C-1	D-1, E-1	B-1, C-1	D-1, F-1, I-1	H-1, I-1

② 공기단축 후 증가된 비용
40,000+30,000×2+20,000×2+10,000×3+15,000+37,000+45,000×2
=312,000원

③ 공기단축된 공정표(모든 공정이 주공정선임)

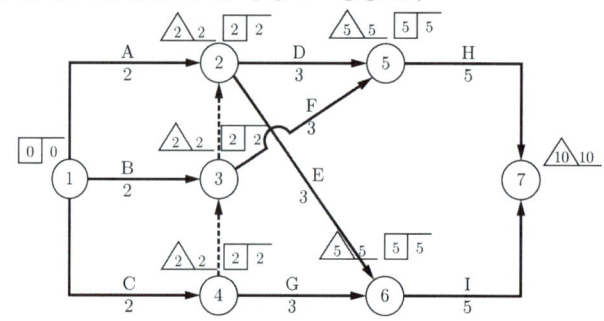

20 (1) 시공 시 건축물의 부피에 해당하는 돋우기된 토량을 흐트러진 상태로 환산

$10\text{m}^2 \times 0.5\text{m} \times \dfrac{1.2}{0.9} = 6.67\text{m}^3$

(2) 남는 토량 = $10\text{m}^3 - 6.67\text{m}^3 = 3.33\text{m}^3$

21 (1) 옥상 방수면적 : $(7 \times 7) + (4 \times 5) + [(11+7) \times 2 \times (0.35+0.08)] = 84.48 m^2$
(2) 누름 콘크리트량 : $[(7 \times 7) + (4 \times 5)] \times 0.08 = 5.52 m^3$
(3) 보호 벽돌량 : $[(11-0.09) + (7-0.09)] \times 2 \times 0.35 \times 75매/m^2 \times 1.05 = 982.3 → 983매$

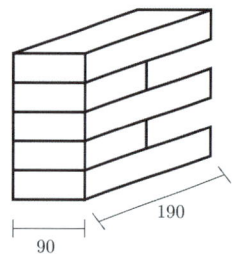

22 ① 4MPa
② 6MPa

23 평판구조(플랫 플레이트 슬래브)의 전단보강법
(1) 전단 머리(Shear Head)의 보강
(2) 슬래브 두께의 증가
(3) 지판 또는 주두의 사용
(4) 기둥의 주철근을 스터럽으로 보강

24 (1) AB 구간에 작용하는 하중 : $P_1 + P_2$, BC 구간에 작용하는 하중 : P_2

(2) AB 구간의 늘어난 길이 : $\Delta L_1 = \dfrac{(P_1 + P_2)L_1}{EA_1}$

(3) BC 구간의 늘어난 길이 : $\Delta L_2 = \dfrac{P_2 L_2}{EA_2}$

(4) 따라서 전체 늘어난 길이 : $\Delta L = \dfrac{(P_1 + P_2)L_1}{EA_1} + \dfrac{P_2 L_2}{EA_2}$

25 후크의 법칙에 의해 단위하중을 받는 용수철의 힘의 방정식은 다음과 같다.

$P = k \times \triangle L \;\; \rightarrow \;\; k = \dfrac{P}{\triangle L}$

여기서 P는 작용하는 힘, k는 용수철계수, $\triangle L$은 변형량을 뜻한다.
위 식을 변형량식과 연립해서 구하면

$\triangle L = \dfrac{PL}{EA}$ 이므로, $k = \dfrac{P}{\Delta L} = \dfrac{P}{\dfrac{PL}{EA}} = \dfrac{EA}{L}$

26 인장재의 순단면적 계산
(1) 파단선 A-1-3-B인 경우 : 정렬배치
$A_n = A_g - nd_0 t = (70 + 80 + 80 + 70) \times 10 - 2 \times 22 \times 10 = 2{,}560\,\text{mm}^2$

(2) 파단선 A-1-2-3-B인 경우 : 엇모배치

$A_n = A_g - nd_0 t + \Sigma \dfrac{s^2 t}{4g}$

$= (300 \times 10) - 3 \times 22 \times 10 + \dfrac{(50)^2 \times 10}{4 \times 80} + \dfrac{(50)^2 \times 10}{4 \times 80} = 2{,}496.25\,\text{mm}^2$

∴ 두 값 중 최솟값 $A_n = 2{,}496.25\,\text{mm}^2$

2024 제3회 건축기사

01 [4점]
마이크로 말뚝의 정의와 장점 2가지를 기술하시오.

02 [3점]
지정공사 중 CIP 공법의 정의를 설명하시오.

03 [3점]
다음은 지반조사법 중 보링에 대한 설명이다. 각 설명에 맞는 보링의 종류를 기술하시오.
(1) 경질층에 사용하며, 충격날을 낙하시키고 그 낙하 충격에 의해 파쇄된 토사를 퍼내어 지층 상태를 판단하는 공법
(2) 충격날을 회전시켜 천공하므로 토층이 흐트러질 우려가 적은 방법
(3) 깊이 30cm 정도의 연질층에 사용하며, 외경 50~60mm 관을 이용, 천공하면서 흙과 물을 동시에 배출시키는 방법

04 [3점]
흙막이벽에 발생하는 히빙 파괴 방지대책 3가지를 기술하시오.

05 [3점]
다음 (   ) 안에 공통으로 들어가야 하는 단어를 적으시오.

> 토층의 평균 전단파속도($V_{s,soil}$)는 (   ) 시험결과가 있을 경우 이를 우선적으로 적용한다. 이때 (   )시험은 시추조사를 바탕으로 가장 불리한 시추공에서 수행하는 것을 원칙으로 한다.

06 [2점]
수장 공사 시 바닥 하부에서 1~1.5m의 높이까지 널을 댄 벽의 명칭을 기술하시오.

07 [2점]
벽돌벽의 표면에 생기는 백화현상의 방지대책 2가지를 기술하시오.

08 [3점]
철골공사 용접 시 발생하는 라멜라 테어링에 대해 간단히 설명하시오.

09 [4점]
타일공사에서 타일의 박리·박락의 원인 2가지를 기술하시오.

10 [4점]
철골공사 내화공법 중 습식공법 4가지를 기술하시오.

11 [3점]
콘크리트 구조물의 압축강도를 추정하고 내구성 진단, 균열의 위치, 철근의 위치 등을 파악하는 데 있어서 구조체를 파괴하지 않고 비파괴적인 방법으로 측정하는 검사 방법 3가지를 기술하시오.

12 [4점]
콘크리트 구조물의 화재 시 급격한 고열현상에 의하여 발생하는 폭렬현상 방지대책 2가지를 기술하시오.

13 [3점]

철골공사의 기초 Anchor Bolt는 구조물 전체의 집중하중을 지탱하는 중요한 부분이다. 이 Anchor Bolt 매입공법의 종류 3가지를 기술하시오.

14 [2점]

다음 설명에 맞는 계측기기를 기술하시오.
(1) 굴착공사와 관련 지하수의 변화가 예상되는 곳에 설치하여 지하수위 측정
(2) 연약지반 굴착공사에 인접하여 중요한 지중 구조물이 매설된 경우 적용

15 [4점]

다음은 용접 결함에 관한 설명이다. ( )에 적당한 결함 항목을 기입하시오.
(1) 용접 금속과 모재가 융합되지 않고 단순히 겹쳐지는 것   (   )
(2) 용접 상부에 모재가 녹아 용착금속이 채워지지 않고 홈으로 남게 된 부분   (   )
(3) 용접봉의 피복재 용해물인 회분이 용착금속 내에 혼입된 것   (   )
(4) 용융금속이 응고할 때 방출되었어야 할 가스가 남아서 생기는 용접부의 빈자리
                                                                      (   )

16 [3점]

목재에 적용이 가능한 방부제 처리법 3가지를 기술하시오.

17 [4점]

공업생산에 품질관리의 기초수법으로 이용되는 도구(TQC) 4가지를 기술하시오.

18 [4점]

다음은 공사착공 전에 하여야 할 내용이다. (   ) 안에 적당한 계획서의 이름을 기입하시오.

공사착공 시 산업안전보건법에 의거하여 일정 규모 이상의 건축물은 (가)계획서와 건설기술진흥법에 의한 일정 규모 이상의 건축물은 (나)계획서를 작성하여야 한다.

19 [10점]

다음 주어진 데이터를 이용하여 공정표를 작성하고 각 작업의 여유시간을 구하시오.

작업명	작업일수	선행작업	비고
A	2	없음	① CP는 굵은 선으로 표시한다.
B	5	없음	② 각 결합점에서는 다음과 같이 표시한다.
C	3	없음	EST LST LET EFT
D	4	A, B	③ 각 작업은 다음과 같이 표시한다.
E	3	B, C	i —작업명/공사일수→ j

(1) 공정표 작성 :
(2) 각 작업의 여유시간 :

20 [6점]

모래질 흙으로 된 지하실의 터파기량(자연상태) 12,000m³ 중에서 5,000m³를 되메우기 하고 나머지 전부를 8t 트럭으로 잔토처리할 경우 덤프트럭 1회 적재량과 필요한 차량대수를 산출하시오. (단, 자연상태에서의 토석의 단위중량 : 1,800kg/m³, 토량변화율(L) : 1.25)

21 [3점]

구조물의 내진설계 시 동적해석의 방법 3가지를 기술하시오.

22 [3점]

내진설계 시스템의 설계계수 중 R과 C_d 및 Ω_0의 명칭을 기술하시오.

23 [5점]

다음 그림과 같은 마찰접합에서 설계미끄럼강도를 산출하시오. (단, 강재의 재질은 SS400, 고력볼트는 M22(F10T), 미끄럼계수는 0.5, 설계볼트장력 T_0=165kN, 표준구멍을 사용함)

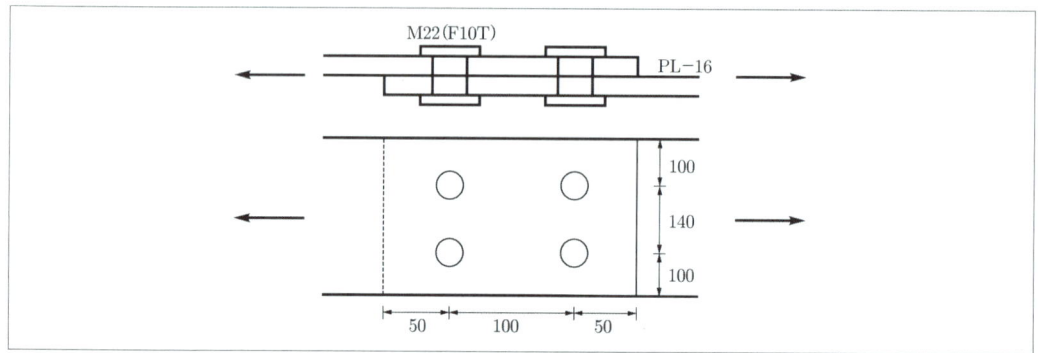

24 [3점]

아래의 보기가 설명하는 구조의 명칭을 기술하시오.

> 건축물의 기초부분 등에 적층고무 또는 미끄럼받이 등을 넣어서 지진에 대한 건축물의 흔들림을 감소시키는 구조

25 [3점]

단면적이 1,000mm²이고 길이가 4m인 강봉에 80kN의 인장력을 주었을 때 늘어난 길이를 산정하시오. (단, 탄성계수는 205,000MPa로 한다.)

26   [5점]

다음 그림과 같은 내민보의 전단력도(SFD)와 휨모멘트도(BMD)를 그리시오.

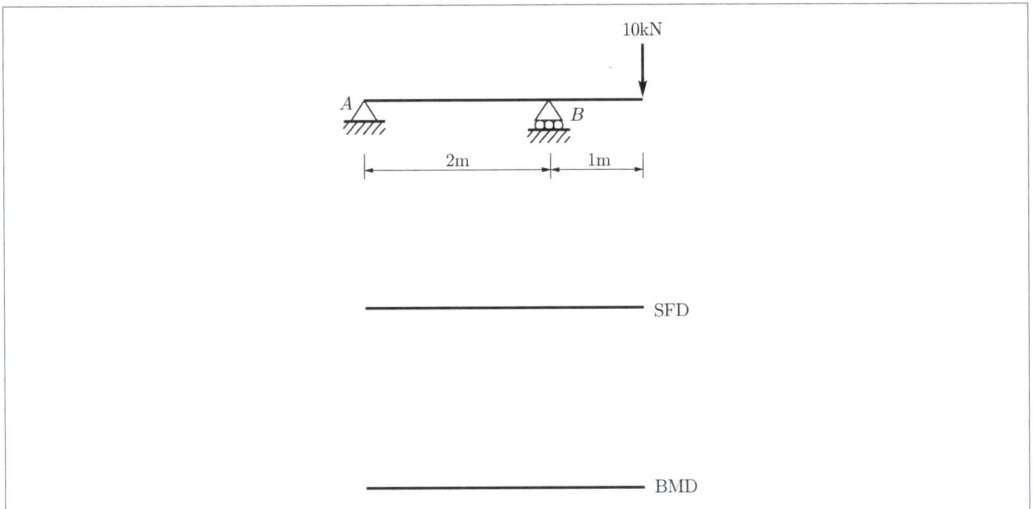

24년 3회 해설 및 정답

01 (1) 마이크로 말뚝 : 지반을 천공하여 강재를 삽입하고 그라우팅하여 형성된 직경 300mm 이하의 소구경 말뚝
(2) 장점 : ① 진동 및 소음의 최소 발생으로 주변 지반의 최소 교란
② 지반 및 굴착조건이 양호하지 않아도 시공 가능
③ 협소한 작업공간에서 사용 가능

02 **CIP 공법**
어스 오거로 굴착 후 철근을 넣고 모르타르 주입용 pipe를 설치한 다음 자갈을 다져 넣고 모르타르를 주입하여 만든 지지말뚝

03 (1) 충격식
(2) 회전식
(3) 수세식

04 **히빙 파괴 방지대책**
(1) 흙막이벽을 깊게 타입
(2) 이중 흙막이널 설치
(3) 흙막이벽 상부의 과적하중 제거

05 탄성파

06 징두리 (판)벽

07 **백화현상의 방지대책**
(1) 줄눈을 밀실하게 사춤
(2) 벽면에 파라핀 도료 등을 발라 방수 처리
(3) 파라펫과 같은 비막이 설치
(4) 흡수율이 낮은 벽돌 사용
백화현상 : 모르타르 중의 석회성분이 벽체에 침투된 빗물에 용해되어 건물의 표면에 올라와 공기 중 CO_2 가스와 결합하여 탄산석회를 생성하여 조적 벽면에 백색 물질이 돋는 현상

08 **라멜라 테어링**
용접 시 열 용접부의 국부 열변형으로 모재부에 판 표면과 평행하게 진행되는 층상의 용접균열이 발생되는 현상

09 타일의 박리·박락의 원인
　(1) 붙임 모르타르 불량
　(2) 바탕의 처리 불량
　(3) 동해에 의한 팽창
　(4) 줄눈시공 불량

10 철골 내화피복의 습식공법
　(1) 타설공법 : 콘크리트, 경량콘크리트
　(2) 조적공법 : 벽돌, 콘크리트 블록
　(3) 미장공법 : 철망 모르타르, 철망 펄라이트 모르타르
　(4) 뿜칠공법 : 뿜칠 모르타르, 뿜칠 플라스터

11 콘크리트의 비파괴 검사법
　(1) 인발법
　(2) 슈미트 해머법(반발 경도법)
　(3) 초음파법
　(4) 공진법

12 폭렬현상 방지대책
　(1) 내화 도료 또는 내화 모르타르 시공
　(2) 표층부 메탈라스 시공
　(3) 흡수율이 낮고 내화성이 있는 골재 사용

13 앵커볼트 매입공법
　(1) 고정 매입공법
　(2) 가동 매입공법
　(3) 나중 매입공법

14 계측기기
　(1) 지하수위계(Water level meter)
　(2) 지중침하계(Extension meter)

15 용접 결함
　(1) 오버랩
　(2) 언더컷
　(3) 슬래그 감싸돌기
　(4) 블로홀

16 목재의 방부제 처리법
　(1) 방부제 도포법　　(2) 침지법
　(3) 표면탄화법　　　(4) 주입법

17 TQC 도구
(1) 히스토그램　　(2) 특성요인표
(3) 파레토도　　(4) 그래프
(5) 체크시트　　(6) 산점도
(7) 층별

18
가. 유해·위험방지
나. 안전관리

19
(1) 공정표

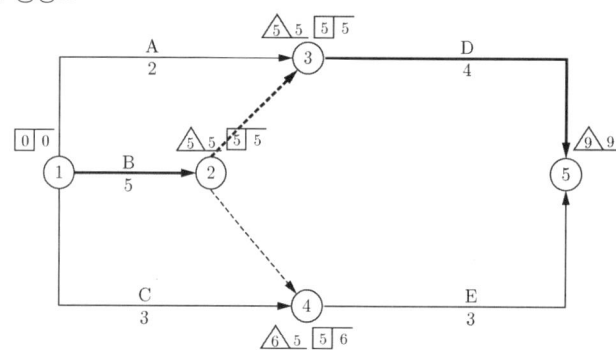

(2) 각 작업의 여유시간

작업명	TF	FF	DF	CP
A	3	3	0	
B	0	0	0	*
C	3	2	1	
D	0	0	0	*
E	1	1	0	

20 잔토처리량과 필요 차량 대수
(1) 덤프트럭 1회 적재량

　① 8t 트럭 1대의 흙의 적재량(자연상태) $= \dfrac{8t}{1.8t/m^3} = 4.444\text{m}^3$

　② 8t 트럭 1대의 흙의 적재량(흐트러진 상태) $= 4.444 \times 1.25 = 5.56\text{m}^3$

(2) 필요 차량 대수

　① 잔토처리량(흐트러진 상태) $= (12,000 - 5,000) \times 1.25 = 8,750\text{m}^3$

　② 필요 차량 대수 $= \dfrac{8,750\text{m}^3}{5.56\text{m}^3/\text{대}} = 1,573.7 \rightarrow 1,574$대

21 동적해석법
(1) 응답스펙트럼해석법
(2) 탄성시간이력해석법
(3) 비탄성시간이력해석법

22 내진설계 시스템의 설계계수
(1) R : 반응수정계수
(2) C_d : 변위증폭계수
(3) Ω_0 : 시스템초과강도계수

23 고력볼트의 설계미끄럼강도 계산
(1) 고력볼트 1개의 미끄럼강도
$$\phi R_n = \phi \times \mu \times h_{sc} \times T_0 \times N_s$$
$$= 1.0 \times 0.5 \times 1.0 \times 165 \times 1 = 82.5 \text{kN}$$
∵ 표준구멍이므로 $\phi = 1.0$, 필러를 사용하지 않았으므로 필러계수 $h_{sc} = 1.0$
(2) 고력볼트가 4개이므로 $4 \times 82.5 = 330 \text{kN}$

24 용어 정의
면진구조

25 변형량 계산
탄성계수의 단위가 MPa이므로 모든 단위를 N과 mm로 통일한다.
$$\Delta L = \frac{PL}{EA} = \frac{80,000(4,000)}{205,000(1,000)} = 1.56 \text{mm}$$

26 내민보의 전단력도 및 휨모멘트도
(1) A지점과 B지점의 반력 방향을 모두 위쪽으로 가정하면,
$$\Sigma M_A = 0 \quad \rightarrow \quad -R_B \times 2 + 10 \times (2+1) = 0$$
$$\therefore R_B = 15 \text{kN}(\uparrow)$$
(2) $\Sigma V = 0 \quad \rightarrow \quad R_A + 15 - 10 = 0$
$$\therefore R_A = -5 \text{kN}(\downarrow)$$
(3) B지점을 기준으로 우측의 자유물체도를 가정하면,
$$\Sigma M_B = 0 \quad \rightarrow \quad M_B + 10 \times 1 = 0$$
$$\therefore M_B = -10 \text{kNm}$$

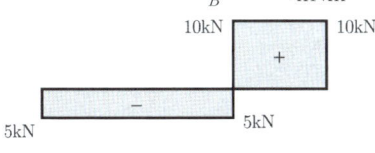
<SFD>

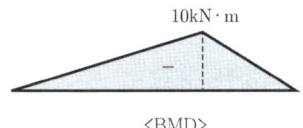
<BMD>

2024 제1회 건축산업기사

01 [6점]
다음 계약방식의 정의를 기술하시오.
(1) BOT (2) BTO (3) BOO

02 [4점]
입찰방식 중 특명입찰(수의계약)의 장점과 단점을 각각 2가지씩 기술하시오.

03 [3점]
시공방식의 분류 중 공사비 지불 방식에 따른 계약방식 3가지를 기술하시오.

04 [4점]
콜드조인트에 대하여 정의를 설명하고 구조체에 미치는 영향 2가지를 기술하시오.

05 [3점]
다음 설명에 해당하는 데크플레이트를 이용한 슬래브 구조 방법 분류를 보기에서 골라 적으시오.

> ① 합성 데크 슬래브　　② 구조 데크 슬래브
> ③ 복합 데크 슬래브

(1) 데크플레이트와 콘크리트가 일체가 되어 하중을 부담하는 구조
(2) 데크플레이트와 리브에 철근을 배치한 철근 및 콘크리트와 데크플레이트가 하중을 부담하는 구조
(3) 데크플레이트가 연직하중, 가새가 수평하중을 부담하는 구조

06 [3점]

KSF 5201 규정에서 정한 포틀랜드 시멘트의 종류를 5가지 기술하시오.

07 [4점]

다음에서 설명하는 비계의 명칭을 기재하시오.
(1) 강관 등으로 미리 제작한 틀을 현장에서 조립하여 세우는 형태의 비계 (   )
(2) 와이어로프로 옥상에서 매달아서 외부 작업용으로 사용하는 비계   (   )
(3) 실내 내장 마무리 등을 위해 사용하는 비계   (   )
(4) 수직재, 수평재, 가새 부재를 공장에서 제작하고 현장에서 조립하여 사용하는 비계
                                                        (   )

08 [4점]

철골의 내화피복공법의 종류 4가지 및 각각에 사용되는 재료를 하나씩 기술하시오.

작업명	공법	재료
가		
나		
다		
라		

09 [3점]

목재의 건조 목적과 효과 3가지를 기술하시오.

10 [3점]

다음은 수밀콘크리트의 특징이다. 틀린 문항을 한 개 고르고 잘못된 점을 바르게 수정하여 기술하시오.

① 배합은 콘크리트의 소요의 품질이 얻어지는 범위 내에서 단위수량 및 물-결합재비는 되도록 크게 하고, 단위굵은골재량은 되도록 작게 한다.
② 콘크리트의 소요 슬럼프는 되도록 작게 하여 180mm를 넘지 않도록 하며 콘크리트 타설이 용이할 때에는 120mm 이하로 한다.
③ 물-결합재비는 50% 이하를 표준으로 한다.
④ 공기연행제를 사용하는 것을 원칙으로 한다.

11 [3점]

다음의 굳지 않는 콘크리트의 설명에 대한 용어를 보기에서 골라 기술하시오.

| ① 성형성 | ② 반죽질기 | ③ 마감성 |

(1) 단위수량에 의해 변화하는 콘크리트 유동성의 정도 (　　　　)
(2) 거푸집의 형상에 순응하여 잘 채워질 수 있는지의 난이 정도 및 재료분리에 저항하는 정도
　　　　　　　　　　　　　　　　　　　　　　　　　　　　　　(　　　　)
(3) 콘크리트 표면 정리의 난이 정도 (　　　　)

12 [3점]

다음 설명하는 용접결함의 방지책에 대한 용접결함을 보기에서 골라 기술하시오.

| ① 오버랩 | ② 언더컷 | ③ 슬래그 혼입 |

(1) 용접 시 전류를 약간 높이고 용접 부위의 청소를 확실히 하고 슬래그가 선행되지 않는 속도로 용접할 것
(2) 용접봉의 각도를 적절히 유지하고 운봉 시 용접 비드 가장자리에서 잠시 멈출 것
(3) 운봉의 운행속도를 증가시킬 것

13 [4점]

강재의 접합 중 고력볼트의 접합 시 장점 4가지를 기술하시오.

14 [4점]

다음 설명에 해당하는 콘크리트의 명칭을 기술하시오.

(1) 콘크리트의 설계기준강도가 40MPa 이상, 경량콘크리트는 27MPa 이상인 콘크리트
(2) 높은 외부기온으로 인하여 콘크리트의 슬럼프 또는 슬럼프 플로 저하나 수분의 급격한 증발 등의 우려가 있을 경우에 시공되며 하루 평균기온이 25℃를 초과하는 경우 타설되는 콘크리트
(3) 부재 단면이 80cm 이상이고 콘크리트 내외부 온도차가 25℃ 이상으로 예상되는 콘크리트
(4) 시멘트 대체 혼화재로서 플라이애시 및 콘크리트용 고로슬래그 미분말을 결합재로 대량 치환하여 제조된 콘크리트 중 치환율이 50% 이상, 70% 이하인 콘크리트

15 [3점]

우레탄 고무계 도막방수에서 사용하는 보호 및 마감재의 종류 3가지를 기술하시오. (단, 도포형이라고 가정한다.)

16 [4점]

다음은 조적 공사에 관한 시방 기준이다. ( ) 안에 적당한 단어와 수치를 기재하시오.

> 벽돌쌓기 시 가로 및 세로줄눈의 너비는 (①)를 표준으로 하고, 도면 또는 공사시방서에서 정한 바가 없을 때에는 (②)쌓기나 (③)쌓기로 하며, 1일 벽돌쌓기의 표준높이는 1.2m 이하로 하고, 최대 (④) 이하로 한다.

17 [3점]

거푸집의 부속재 중 긴결재(Form tie), 격리재(Separator), 박리제(Form oil)의 정의를 기술하시오. (특히 긴결재와 격리재의 차이점 위주로 서술하시오.)

(1) 긴결재(Form tie) :
(2) 격리재(Separator) :
(3) 박리제(Form oil) :

18 [4점]

다음 타일에 사용되는 줄눈의 크기를 기재하시오.

사용부위	크기	두께(mm)	줄눈 너비(mm)
욕실 바닥	200×200	7 이상	①
욕실 벽	200×250	6 이상	②
현관 바닥	300×300	7 이상	③
주방 벽	200×200	6 이상	④

19 [3점]

모르타르에 사용되는 도료 3가지를 기재하시오.

20 [3점]

다음은 거푸집 측압에 관한 내용이다. 아래 주어진 항목을 예시와 같이 나타내시오.

[예시]   콘크리트 타설속도 - 콘크리트 타설속도가 빠를수록 측압이 증가

(1) 슬럼프치   (2) 투수성   (3) 거푸집 강성

21 [4점]

다음은 욕실 바닥 타일 붙이기 순서이다. 그림을 보고 보기에서 골라 알맞게 기재하시오.

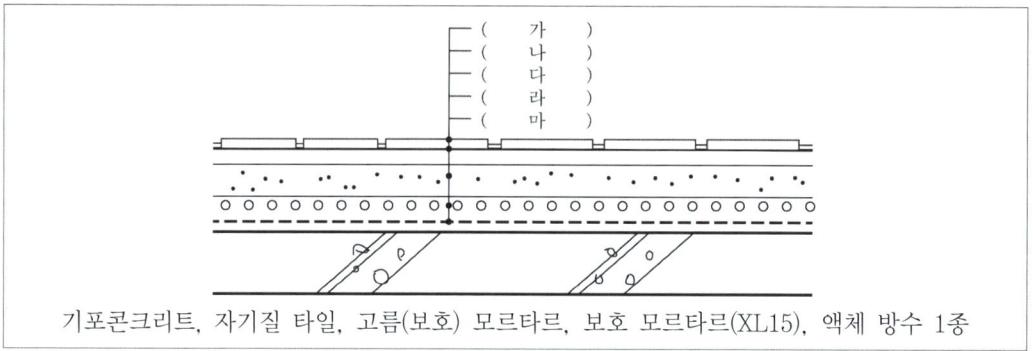

기포콘크리트, 자기질 타일, 고름(보호) 모르타르, 보호 모르타르(XL15), 액체 방수 1종

22 [4점]

다음 설명에 맞는 안전설비 항목을 보기에서 골라 기호로 기술하시오.

① 개구부 수평보호덮개   ② 안전난간
③ 방호선반   ④ 낙하물 방지망
⑤ 수직보호망   ⑥ 추락 방호망
⑦ 수직형 추락방망

(1) 근로자가 위험장소에 접근하지 못하도록 수직으로 설치하여 추락의 위험을 방지하는 방망
　　　　　　　　　　　　　　　　　　　　　　　　　　　　　　　　(　　　　　)

(2) 상부에서 작업 도중 자재나 공구 등의 낙하로 인한 재해를 방지하기 위하여 개구부 및 비계 외부의 안전 통로 출입구 상부에 설치하는 낙하물 방지망 대신 설치하는 목재 또는 금속판재
　　　　　　　　　　　　　　　　　　　　　　　　　　　　　　　　(　　　　　)

(3) 가설 구조물의 바깥면 등에 설치하여 낙하물의 비산 등을 방지하기 위해 설치하는 보호망
　　　　　　　　　　　　　　　　　　　　　　　　　　　　　　　　(　　　　　)

(4) 근로자 또는 장비 등이 바닥 등에 뚫린 부분으로 떨어지는 것을 방지하기 위하여 설치하는 판재 또는 철판망
　　　　　　　　　　　　　　　　　　　　　　　　　　　　　　　　(　　　　　)

23 [3점]

안전난간에 관한 설명이다. ( ) 안에 적당한 수치를 기재하시오.

상부 난간대는 바닥면·발판 또는 경사로의 표면으로부터 (①)cm 이상 지점에 설치하고, 상부 난간대를 120cm 이하에 설치하는 경우에는 중간 난간대는 상부 난간대와 바닥면 등의 중간에 설치하여야 하며, 120cm 이상 지점에 설치하는 경우에는 중간 난간대를 2단으로 설치하고 난간의 상하 간격은 (②)cm 이하이어야 하고, 안전난간은 구조적으로 가장 취약한 지점에서 가장 취약한 방향으로 작용하는 (③)kg 이상의 하중을 견딜 수 있는 구조이어야 한다.

24 [4점]

품질관리 4단계를 순서대로 기술하시오.

25 [4점]

건설업의 TQC에 이용되는 도구의 명칭을 기술하시오.

(1) 계량치의 분포가 어떠한 분포를 하는지 알아보기 위하여 작성하는 것
(2) 결과에 원인이 어떻게 관계하고 있는가를 한눈에 알아보기 위하여 작성하는 것
(3) 불량, 결점, 고장 등의 발생 건수를 분류 항목별로 나누어 크기 순서대로 나열해 놓은 것
(4) 서로 대응되는 두 개의 짝으로 된 데이터를 그래프용지에 점으로 나타낸 것

26 [4점]

다음 데이터를 이용하여 네트워크 공정표를 작성하시오.

작업명	작업일수	선행작업	비고
A	5일	없음	① CP는 굵은 선으로 표시한다. ② 각 결합점에서는 다음과 같이 표시한다. 　EST │ LST │　LET \ EFT ③ 각 작업은 다음과 같이 표시한다. 　ⓘ ——작업명/공사일수——▶ ⓙ
B	6일	없음	
C	5일	A, B	
D	4일	B	

27 [4점]

아래 데이터를 보고 A 작업, B 작업의 비용구배를 구하시오.

작업	표준상태		특급상태	
	공기(일)	공비(원)	공기(일)	공비(원)
A	8	10,000	6	12,000
B	6	60,000	4	90,000

28 [4점]

배합비 1 : 3의 모르타르 $10m^3$ 제조에 필요한 시멘트와 모래량을 산출하시오.

24년 1회 해설 및 정답

01
(1) BOT : 사회간접시설의 확충을 위해 민간이 자금조달과 공사를 완성하여 투자액의 회수를 위해 일정기간 운영하고 시설물과 운영권을 발주 측에 이전하는 방식
(2) BTO : 사회간접시설의 확충을 위해 민간이 자금조달과 공사를 완성하여 소유권을 공공부분에 먼저 이양하고, 약정기간 동안 그 시설물을 운영하여 투자금액을 회수하는 방식
(3) BOO : 사회간접시설의 확충을 위해 민간이 자금조달과 공사를 완성하여 시설물의 운영과 함께 소유권도 민간에 이전되는 방식

02
(1) 장점
  ① 양질의 시공 기대
  ② 공사의 기밀 유지
(2) 단점
  ① 공사비 결정의 불투명성
  ② 공사비 증대 우려

03
(1) 정액도급
(2) 단가도급
(3) 실비정산보수가산도급

04
(1) 정의
콘크리트 타설 작업 중 휴식시간 등으로 경화가 완료된 콘크리트에 새로운 콘크리트를 이어서 타설할 때, 일체가 되지 않아 생기는 줄눈
(2) 영향
  ① 일체화 저하로 강도 저하
  ② 경화 시 균열 발생
  ③ 철근 부식 촉진 및 부착력 저하
  ④ 전단력 저하

05
(1) ① 합성 데크 슬래브
(2) ③ 복합 데크 슬래브
(3) ② 구조 데크 슬래브

06
(1) 1종 : 보통 포틀랜드 시멘트
(2) 2종 : 중용열 포틀랜드 시멘트
(3) 3종 : 조강 포틀랜드 시멘트
(4) 4종 : 저열 포틀랜드 시멘트
(5) 5종 : 내황산염 포틀랜드 시멘트

07 (1) 강관틀비계
(2) 달비계
(3) 말비계
(4) 시스템비계

08 **내화공법**

공법	재료	
타설공법	콘크리트	경량콘크리트
조적공법	벽돌	콘크리트 블록
미장공법	철망 모르타르	철망 펄라이트 모르타르
뿜칠공법	뿜칠 모르타르	뿜칠 플라스터

09 (1) 건조 목적 : 수축으로 인한 변형 방지
(2) 건조 효과
　① 수축변형 감소
　② 강도 증가
　③ 균류 발생 방지에 따른 내구성 증가

10 (1) 틀린 문항 : ①
(2) 내용 수정 : 물-결합재비는 크게 → 작게, 단위굵은골재량은 작게 → 크게

11 (1) ②
(2) ①
(3) ③

12 (1) ③
(2) ②
(3) ①

13 (1) 접합부의 강성 증대
(2) 불량 부분의 수정 용이
(3) 공사 기간을 단축시켜 경제적인 시공이 가능
(4) 소음이 적음
(5) 현장 시공 설비가 간편함

14 (1) 고강도콘크리트
(2) 서중콘크리트
(3) 매스콘크리트
(4) 저탄소콘크리트

15   (1) 현장타설콘크리트
       (2) 콘크리트 블록
       (3) 시멘트 모르타르
       (4) 마감 도료 도장

16   ① 10mm
       ② 영식
       ③ 화란식
       ④ 1.5m

17   (1) 긴결재(Form tie) : 콘크리트를 부어넣을 때 거푸집의 간격을 유지하며 벌어지는 것을 막는 것
       (2) 격리재(Separator) : 벽거푸집이 오므라지는 것을 방지하고 간격을 일정하게 유지하여 격리와 긴장재 역할을 하는 것
       (3) 박리제(Form oil) : 중유, 파라핀, 합성수지 등을 사용하여 거푸집의 탈형과 청소를 용이하게 만들기 위해 합판 거푸집 표면에 미리 바르는 것

18   ① 4
       ② 2
       ③ 5
       ④ 2

19   (1) 합성수지에멀션 도료
       (2) 아크릴수지 도료
       (3) 염화비닐수지 도료

20   (1) 슬럼프치가 클수록 측압이 증가
       (2) 투수성이 작을수록 측압이 증가
       (3) 거푸집 강성이 클수록 측압이 증가

21   가. 자기질 타일
       나. 고름(보호) 모르타르
       다. 보호 모르타르(XL 15)
       라. 기포콘크리트
       마. 액체 방수 1종

22   (1) ⑦
       (2) ③
       (3) ⑤
       (4) ①

23 ① 90
② 60
③ 100

24 계획 – 실시 – 검토 – 시정(조치)

25 (1) 히스토그램
(2) 특성요인도
(3) 파레토도
(4) 산점도

26 표준 네트워크 공정표

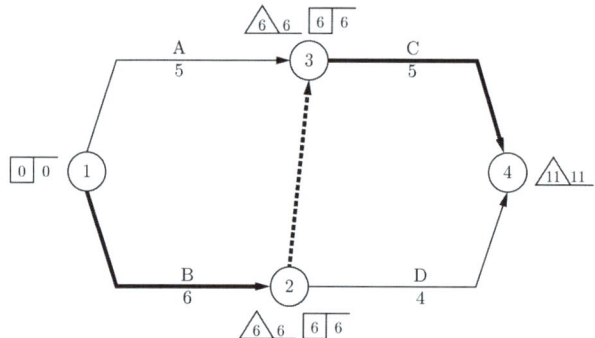

27 (1) A작업 = $\dfrac{12{,}000-10{,}000}{8-6}$ = 1,000원/일

(2) B작업 = $\dfrac{90{,}000-60{,}000}{6-4}$ = 15,000원/일

28 배합비 1 : 3 모르타르 $1m^3$ 제조 시 표준품셈 기준(시멘트 510kg, 모래 $1.10m^3$)
(1) 시멘트 = 510×10 = 5,100kg
(2) 모래 = 1.10×10 = $11m^3$

2024 제2회 건축산업기사

01 [4점]
공개경쟁입찰의 장·단점을 각각 2가지씩 기술하시오.

02 [3점]
도급공사와 비교해 직영공사가 가진 장점 3가지를 기술하시오.

03 [3점]
다음 설명에 맞는 공사관계자를 기재하시오.
(1) 건축주와 공사 전체를 직접 계약한 자 (   )
(2) 건축주와 관계없이 원도급자와 도급공사 일부를 수행하기로 계약한 자 (   )
(3) 건축주와 관계없이 원도급자와 도급공사 전부를 수행하기로 계약한 자 (   )

04 [5점]
TQC에 이용되는 7가지 도구 중 5가지를 기술하시오.

05 [3점]
다음 보기에 있는 이형 봉강들을 용도에 따라 일반용, 용접용 및 특수용으로 구분해서 기입하시오.

SD300, SD500, SD700W, SD500W, SD700S, SD500S

(1) 일반용 …… (   )
(2) 용접용 …… (   )
(3) 내진용 …… (   )

06 [5점]

현장에 반입하는 레미콘의 품질검사 시험 항목(굳지 않은 콘크리트의 상태는 제외) 5가지를 기술하시오.

07 [4점]

알루미늄 창호의 장점 4가지를 기술하시오.

08 [3점]

철골공사에서 용접부의 비파괴 검사 3가지를 기술하시오.

09 [4점]

타일공사에서 떠 붙임 공법과 압착 붙임 공법의 시공상 차이점을 기술하시오.

10 [3점]

다음은 욕실 바닥 타일 붙이기 순서이다. 그림을 보고 보기에서 골라 알맞게 기재하시오.

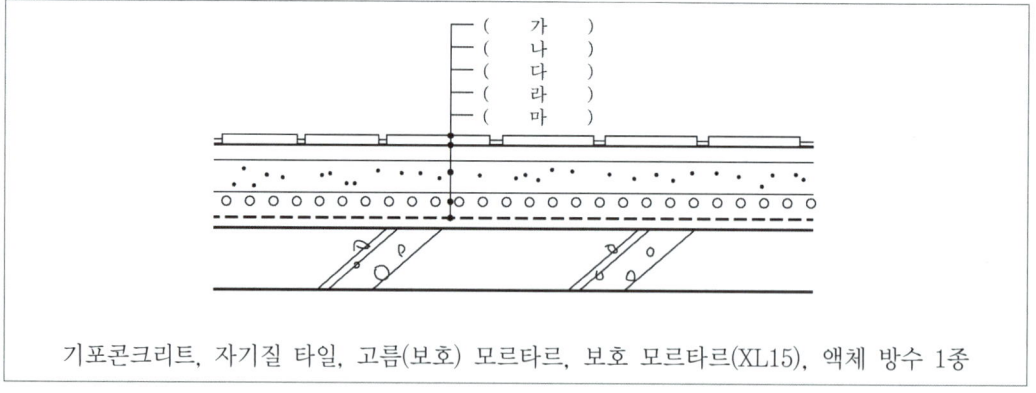

기포콘크리트, 자기질 타일, 고름(보호) 모르타르, 보호 모르타르(XL15), 액체 방수 1종

11 [4점]

다음 설명하는 품질관리 도구의 명칭을 기재하시오.

(1) 결과에 원인이 어떻게 관계하고 있는가를 한눈에 알 수 있도록 작성한 것
(2) 서로 대응되는 두 개의 짝으로 된 데이터를 그래프에 점으로 나타낸 것

12 [4점]

콘크리트 혼화재료 중 AE제의 사용 목적 4가지를 기술하시오.

13 [3점]

다음 설명하는 계약방식을 알맞게 기재하시오.

(1) 공공시설물을 완공(Build)한 후 소유권을 발주처에 미리 이전하고 일정기간 동안 운영하여 투자금을 회수하는 방식 (　　　　　　)
(2) 공공시설사업의 시행, 운영, 소유까지 투자자가 행사하며 발주자는 사업시행에 대한 통제를 하는 방식 (　　　　　　)
(3) 공공시설물을 완공한 후 일정기간 임대하고, 그 임대료로 투자금을 회수하고 발주자에게 양도하는 방식 (　　　　　　)

14 [4점]

다음 굳지 않은 콘크리트의 성질에 관한 용어를 간단히 설명하시오.

(1) 플라스티시티(plasticity) :
(2) 워커빌리티(workability) :

15 [4점]

다음 미장공사의 순서를 보기에서 골라 기호를 기술하시오.

① 고름질
② 정벌
③ 초벌
④ 재벌

16 [4점]

철골공사에서 용접 시 발생하는 용접 결함에 대한 그림을 보고 각 그림에 해당하는 용어를 골라 기입하시오.

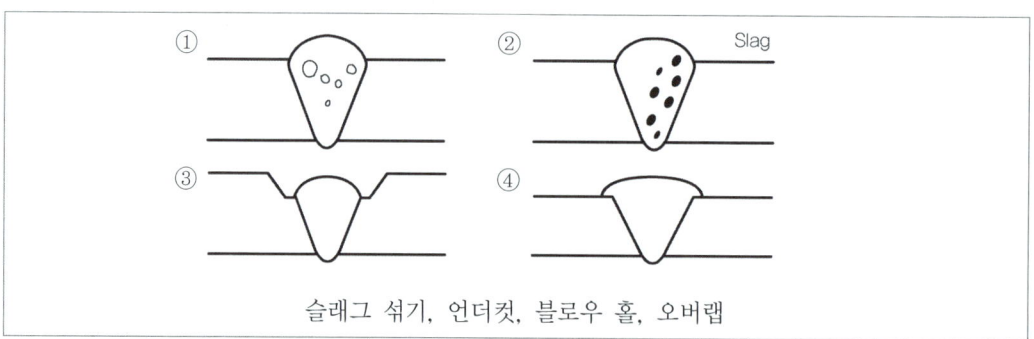

슬래그 섞기, 언더컷, 블로우 홀, 오버랩

17 [3점]

다음은 거푸집 측압에 관한 내용이다. 아래 주어진 항목을 예시와 같이 나타내시오.

[예시]   타설속도 … 타설속도가 빠를수록 측압이 증가

(1) 슬럼프치
(2) 투수성
(3) 거푸집 강성
(4) 타설속도

18 [2점]

벽돌 공간 쌓기 목적 2가지를 기재하시오.

19 [4점]

철근공사에서 철근 조립순서를 보기에서 골라 순서대로 기술하시오.

① 보	② 기둥
③ 기초	④ 벽
⑤ 계단	⑥ 슬래브

20 [4점]

한중콘크리트의 초기 양생목적 및 양생방법 3가지를 기술하시오.

21 [3점]

다음 설명하는 목재에 관한 용어를 기재하시오.
(1) 두께가 75mm 미만이고 너비가 두께의 4배 이상인 것
(2) 목재를 제재한 후 건조 및 대패가공하여 최종제품으로 생산된 치수
(3) 나무가 생장 과정에서 받는 내부응력으로 인하여 목재 조직이 나이테에 평행한 방향으로 갈라지는 결함

22 [3점]

우레탄 고무계 도막방수에서 사용하는 보호 및 마감재의 종류 3가지를 기술하시오. (단, 도포형이라고 가정한다.)

23 [3점]

공사현장의 비산먼지로 인한 피해를 방지하기 위해 설치하는 시설 3가지를 기술하시오.

24 [4점]

다음은 낙하물 방지망에 관한 내용이다. ( ) 안에 적당한 수치를 기재하시오.

> 낙하물 방지망의 설치 높이는 (가)m마다 설치하며, 비계 또는 구조체의 외측에서 내민 길이는 (나)m 이상 설치하며, 경사는 (다) 이상 (라) 이하로 한다.

25 [3점]

추락재해 방지시설 3가지를 기술하시오.

26 [8점]

다음 데이터를 네트워크 공정표로 작성하고, 각 작업의 여유시간을 구하시오.

작업명	작업일수	선행작업	비고
A	3	없음	① CP는 굵은 선으로 표시한다.
B	4	없음	② 각 결합점에서는 다음과 같이 표시한다.
C	5	없음	EST LST LET EFT
D	6	A, B	③ 각 작업은 다음과 같이 표시한다.
E	7	B	(i) ——작업명——→ (j)
F	4	D	공사일수
G	5	D, E	
H	5	C, F, G	
I	7	F, G	

27 [4점]

500 × 500 단면을 가진 높이 3m 콘크리트 기둥 10개의 거푸집량과 콘크리트량을 구하시오.

24년 2회 해설 및 정답

01
(1) 장점 ① 균등한 기회의 부여
② 공사비 절감
③ 담합의 우려가 적음
(2) 단점 ① 과다 경쟁
② 부적격자 낙찰 우려

02
(1) 양질의 공사 가능
(2) 임기응변 처리 가능
(3) 발주계약 등의 수속 절감

03
(1) 원도급자
(2) 하도급자
(3) 재도급자

04
(1) 히스토그램
(2) 특성요인도
(3) 파레토도
(4) 그래프
(5) 체크시트
(6) 산점도
(7) 층별

05
(1) 일반용 …… (SD300, SD500)
(2) 용접용 …… (SD700W, SD500W)
(3) 내진용 …… (SD700S, SD500S)

06
(1) 압축강도 공시체 제작
(2) 슬럼프
(3) 공기량
(4) 염화물 함유량
(5) 제조시간

07
(1) 비중이 철의 약 1/3로 가볍다.
(2) 공작이 자유롭고 기밀성이 있다.
(3) 여닫음이 경쾌하다.
(4) 녹슬지 않고 수명이 길다.

08 (1) 방사선 투과검사
(2) 초음파 탐상법
(3) 자기분말 탐상법
(4) 침투 탐상법

09 (1) 떠 붙임 공법: 타일 뒷면에 붙임용 모르타르를 바르고 벽면의 아래에서 위로 붙여 가는 종래의 일반적인 공법
(2) 압착 붙임 공법 : 바탕면에 먼저 붙임 모르타르를 고르게 바르고 그곳에 타일을 눌러 붙이는 공법

10 (1) 자기질 타일
(2) 고름(보호) 모르타르
(3) 보호 모르타르(XL15)
(4) 기포콘크리트
(5) 액체 방수 1종

11 (1) 특성요인도
(2) 산점도

12 (1) 동결융해 저항성 증진
(2) 단위수량 감소
(3) 내구성 증진
(4) 시공연도 증진
(5) 수밀성 증가

13 (1) BTO
(2) BOO
(3) BLT

14 (1) 플라스티시티(plasticity) : 성형성으로 콘크리트가 거푸집에 잘 채워질 수 있는지의 난이 정도
(2) 워커빌리티(workability) : 작업의 난이 정도 및 재료분리의 저항 정도

15 ③ 초벌 → ① 고름질 → ④ 재벌 → ② 정벌

16 ① 블로우 홀
② 슬래그 섞기
③ 언더컷
④ 오버랩

17 (1) 슬럼프치가 클수록 측압이 증가
(2) 투수성이 작을수록 측압이 증가
(3) 거푸집 강성이 클수록 측압이 증가
(4) 타설속도가 빠를수록 측압이 증가

18 (1) 방수
(2) 단열(보온)
(3) 결로방지

19 ③ – ② – ④ – ① – ⑥ – ⑤

20 (1) 초기 양생목적 : 초기강도 5MPa 발현 시까지 보온 양생
(2) 양생방법 : ① 피복양생
② 가열양생
③ 단열양생
④ 현장봉함양생

21 (1) 판재
(2) 실제치수
(3) 윤할

22 (1) 현장타설콘크리트
(2) 콘크리트 블록
(3) 시멘트 모르타르
(4) 마감 도료 도장

23 (1) 방진망
(2) 방진벽
(3) 방진 덮개
(4) 방진막

24 가. 10
나. 2
다. 20°
라. 30°

25 (1) 추락 방호망
(2) 안전 난간
(3) 개구부 수평 보호덮개
(4) 수직형 추락 방지망

26 (1) 네트워크 공정표

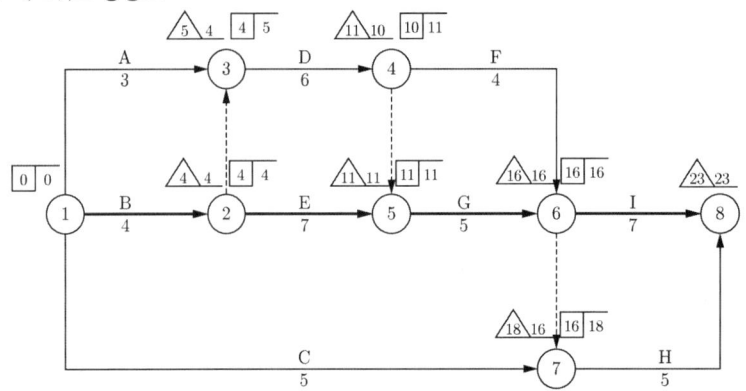

(2) 작업별 여유시간

작업명	TF	FF	DF	CP
A	2	1	1	
B	0	0	0	*
C	13	11	2	
D	1	0	1	
E	0	0	0	*
F	2	2	0	
G	0	0	0	*
H	2	2	0	
I	0	0	0	*

27 (1) 콘크리트량 : $0.5 \times 0.5 \times 3 \times 10 = 7.5 \text{m}^3$
(2) 거푸집량 : $(0.5 + 0.5) \times 2 \times 3 \times 10 = 60 \text{m}^2$

2024 제3회 건축산업기사

01 [4점]

다음의 공사관리 계약방식에 대하여 기술하시오.
(1) CM for Fee :
(2) CM at Risk :

02 [4점]

다음 설명하는 공사계약방식을 기재하시오.
(1) 건설업자가 기획, 설계, 시공 등의 주문자가 필요로 하는 모든 것을 조달하여 주문자에게 인도하는 모든 요소를 포괄한 도급계약방식　　　　　　　　　(　　　　　　　　　　)
(2) 건축주와 시공자가 공사실비를 확인 정산하고 정해진 보수율에 따라 시공자에게 보수를 지급하는 도급방식　　　　　　　　　(　　　　　　　　　　)

03 [4점]

직영공사의 정의 및 장점 2가지를 기술하시오.

04 [3점]

다음은 일반구조용 압연강재에 관한 기계적 성질 중 인장강도에 관한 내용이다. 설명에 맞는 강재를 보기에서 골라 기술하시오.

① SS235	② SS450	③ SS550
④ SS275	⑤ SS315	⑥ SS410

(1) 인장강도(N/mm^2) : 330~450　　　　　　　　　　　　　　(　　　　)
(2) 인장강도(N/mm^2) : 490~630　　　　　　　　　　　　　　(　　　　)
(3) 인장강도(N/mm^2) : 590 이상　　　　　　　　　　　　　　(　　　　)

05 [4점]

용접 접합의 장단점을 각각 2가지씩 기술하시오.

06 [5점]

목공사에 사용되는 쪽매의 그림이다. 각 명칭을 보기에서 골라 기술하시오.

| ① 딴혀쪽매 | ② 오니쪽매 | ③ 제혀쪽매 |
| ④ 반턱쪽매 | ⑤ 빗쪽매 | |

가. 나. 다. 라. 마.

07 [5점]

다음 탄산화 현상에 대한 정의에 알맞은 용어를 보기에서 고르고, 이러한 탄산화 현상이 구조체에 미치는 영향 3가지를 기술하시오.

(1) 정의 : 공기 중의 탄산가스의 작용을 받아 콘크리트 중의 (가)이 서서히 (나)으로 되어 콘크리트의 (다)이 상실되는 현상

| ① 탄산칼슘 | ② 수산화칼슘 | ③ 산성 | ④ 알칼리성 |

(2) 구조체에 미치는 영향 :

08 [4점]

다음 (   ) 안에 알맞은 단어나 수치를 기재하시오.

벽돌쌓기 시 줄눈은 (가)mm로 하고, 도면 또는 공사시방서에서 정한 바가 없을 때에는 (나) 쌓기나 (다) 쌓기법으로 하며, 1일 벽돌량 쌓기 표준높이는 (라)이다.

09 [3점]

거푸집 부속재료 중 긴결재(긴장재), 격리재의 용도별 차이점을 기술하시오.

10 [4점]

다음 줄눈 그림에 맞는 각 명칭을 보기에서 골라 기술하시오.

① 오목줄눈　② 평줄눈
③ 볼록줄눈(내민줄눈)　④ 빗줄눈

11 [4점]

다음에서 설명하는 품질관리수법(QC)을 기술하시오.

(1) 불량, 결점, 고장 등의 발생건수를 분류항목별로 나누어 크기 순서대로 나열해 놓은 것
(2) 결과에 원인이 어떻게 관계하고 있는가를 한눈에 알아보기 위하여 작성하는 것
(3) 계량치(데이터)의 분포가 어떠한 분포를 하는지 알아보기 위하여 작성하는 것
(4) 서로 대응되는 두 개의 짝으로 된 데이터를 그래프용지에 점으로 나타낸 것

12 [2점]

콘크리트 시공 후 양생하는 이유 2가지를 기술하시오.

13 [4점]

다음은 타일 시공검사에 관한 내용이다. (　　) 안에 적당한 수치를 기입하시오.

(1) 벽타일 붙이기 중 떠붙임 공법의 경우는 접착용 모르타르 밀착 정도를 검사하여 중앙부를 기준으로 밀착 정도 (가)% 이상이면 합격 처리하고 불합격 시는 주변 8장을 다시 떼어내 확인하여 이 중 한 장이라도 불합격이 있으면 시공물량을 재시공한다.
(2) 타일의 접착력 시험은 일반건축물의 경우 타일면적 (나)m^2당, 공동주택은 (다)호당 1호에 한 장씩 시험한다.
(3) 시험결과의 판정은 타일 인장강도가 (　라　)N/mm^2(MPa) 이상이어야 한다.

14 [3점]

다음 보기의 거푸집에서 벽 전용 거푸집을 골라 기술하시오.

> 갱폼, 클라이밍폼, 슬립폼, 워플폼, 데크 플레이트

15 [4점]

다음 설명하는 도장의 용어를 보기에서 골라 적으시오.

> 눈먹임, 퍼티, 연마, 착색, 상도, 중도, 백업재, 조색

(1) 모재 바탕재의 도관 등을 메우는 작업 ( )
(2) 몇 가지 색의 도료를 혼합해서 얻어지는 도막의 색이 희망하는 색이 되도록 하는 작업
( )
(3) 마무리로서 도장하는 작업 또는 그 작업에 의해 생긴 도장면 ( )
(4) 바탕의 파임·균열·구멍 등의 결함을 메워 바탕의 평편함을 향상시키기 위해 사용하는 살붙임용의 도료. 안료분을 많이 함유하고 대부분이 페이스트상이다. ( )

16 [4점]

다음 용접 기호를 통해 알 수 있는 사항을 4가지 기술하시오.

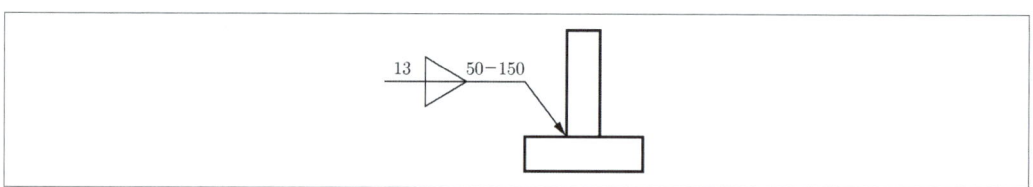

17 [4점]

다음은 지하실 바깥방수에 관한 내용이다. 각 항목에 해당하는 번호를 골라 기술하시오.

	1	2
(1) 수압	약하다.	강하다.
(2) 보호누름	필요	불필요
(3) 경제성	싸다.	비싸다.
(4) 시공용이	간단하다.	까다롭다.

18 [4점]

다음은 내화피복의 공법을 설명하는 내용이다. 적합한 공법을 보기에서 골라 적으시오.

> 타설공법, 조적공법, 뿜칠공법, 미장공법, 성형판 붙임공법, 합성공법

(1) 콘크리트, 경량콘크리트 등을 타설하여 강재를 피복하는 공법 (　　　)
(2) 모르타르, 펄라이트 등으로 강재에 발라 피복하는 공법 (　　　)
(3) 다른 공법으로 두 번 하거나 2개의 공법을 절반씩 나누어 각각 사용 (　　　)
(4) 벽돌, 블록 등을 쌓아 강재를 피복하는 공법 (　　　)

19 [4점]

다음은 콘크리트의 굳지 않은 성질이다. 알맞은 내용을 기술하시오.

(1) 펌프시공 콘크리트의 경우 펌프에 콘크리트가 잘 밀려가는지의 정도 (　　　)
(2) 반죽질기에 따른 작업의 난이 정도 및 재료의 분리에 저항하는 정도 (　　　)
(3) 표면정리의 난이 정도를 표시하는 성질 (　　　)
(4) 거푸집 등의 형상에 순응하여 채우기 쉽고, 분리가 일어나지 않는 성질 (　　　)

20 [4점]

다음 설명하는 혼화재료를 보기에서 골라 적으시오.

> 유동화제, 방청제, 응결지연제, AE제, 고로 슬래그 미분말

(1) 콘크리트의 움직이는 성질을 일시적으로 증가시키는 혼화재료 (　　　)
(2) 해수지역에서 염화물 등으로 인한 철근이 부식되는 것을 방지하기 위하여 사용되는 혼화재료
 (　　　)
(3) 콘크리트 타설 시 콜드조인트 등을 방지하기 위하여 사용되는 혼화재료 (　　　)
(4) 콘크리트의 시공성을 높이고 재료분리 등을 방지하기 위하여 사용되는 혼화재료
 (　　　)

21 [5점]

피복두께의 정의를 쓰고 다음 부재의 피복두께를 기재하시오.

(1) 정의 :

(2)

옥외의 공기나 흙에 직접 접하지 않는 콘크리트	슬라브, 벽체	D35 초과	(가)
		D35 이하	(나)
	보, 기둥		(다)

22 [5점]

다음 데이터를 이용하여 네트워크 공정표를 작성하시오.

작업명	작업일수	선행작업	비고
A	5	없음	① CP는 굵은 선으로 표시한다. ② 각 결합점에서는 다음과 같이 표시한다. ③ 각 작업은 다음과 같이 표시한다.
B	3	없음	
C	2	없음	
D	2	A, B	
E	5	A, B, C	
F	3	A, C	

23 [3점]

20m²의 벽면적에 시멘트 벽돌 1.0B 두께로 시공 시 할증을 고려한 필요 수량을 산출하시오.

24 [4점]

다음은 달비계 관련 내용이다. 항목별로 내용에 맞는 답을 고르거나 알맞은 용어를 기입하시오.

(1) '와이어로프의 상태'에서 달비계에 사용되면 안 되는 항목을 고르시오.

와이어로프의 상태
① 이음매가 있는 것
② 와이어로프의 한 꼬임에서 끊어진 소선의 수가 10% 이상인 것
③ 지름의 감소가 공칭지름의 7% 초과인 것
④ 부식되어 변형이 있는 것
⑤ 꼬임이 있는 것
⑥ 열과 전기충격에 의해 손상된 것

(2) 근로자의 추락 위험을 방지하기 위하여 다음과 같은 조치를 한다. 다음 ( ) 안에 알맞은 용어를 기술하시오.

> 달비계에 (가)을 설치하고, 근로자에게 (나)를 착용하도록 하고 근로자가 착용한 안전줄을 달비계의 (가)에 체결하도록 한다.

25 [3점]

다음은 추락재해 방지 시설의 추락방호망에 관한 내용이다. ( ) 안에 적당한 수치를 기재하시오.

> 작업면으로부터 추락방호망의 설치지점까지의 수직거리는 (가)m 초과할 수 없으며, 추락방호망은 수평으로 설치하고 망의 중앙 처짐은 짧은 변 길이의 (나)% 이상이 되도록 하며, 건축물 등의 바깥쪽으로 설치하는 경우 추락방호망의 내민길이는 벽면으로부터 (다)m 이상이 되도록 한다.

26 [5점]

다음 내용에 맞는 안전설비를 보기에서 골라 기술하시오.

> 개구부 수평보호덮개, 낙하물 방지망, 추락 방호망, 안전난간, 방호선반

(1) 작업 도중 자재, 공구 등의 낙하로 인한 피해를 방지하기 위하여 개구부 및 비계 외부에 수평으로 설치하는 망 ( )

(2) 상부에서 작업 도중 자재나 공구 등의 낙하로 인한 재해를 방지하기 위하여 개구 및 비계 외부 안전통로 출입구 상부에 설치하는 낙하물 방지망 대신 설치하는 목재 또는 금속판재 ( )

(3) 고소작업 중 근로자의 추락 및 물체의 낙하를 방지하기 위하여 수평으로 설치하는 보호망 ( )

(4) 근로자 또는 장비 등이 바닥 등에 뚫린 부분으로 떨어지는 것을 방지하기 위하여 설치하는 판재 또는 철판망 ( )

(5) 추락의 우려가 있는 통로, 작업발판의 가장자리, 개구부 주변 등의 장소에 임시로 조립하여 설치하는 수평난간대와 난간기둥으로 구성된 안전시설 ( )

24년 3회 해설 및 정답

01 (1) CM for Fee : 관리자가 발주자의 대행인으로서 관리업무만 수행하고 약정된 보수를 받는 방식
(2) CM at Risk : 관리자가 직접 계약에 참여하여 이익을 추구하며 시공에 대한 책임을 지는 방식

02 (1) 턴키방식
(2) 실비정산보수가산방식

03 (1) 정의 : 건축주가 직접 공사에 관한 계획을 세우고 재료 구입, 노무자 고용, 시공기계, 가설재 등을 확보하여 공사를 시행하는 것
(2) 장점 ① 양질의 공사 가능
② 임기응변 처리 가능

04 (1) ①
(2) ⑤
(3) ②

05 (1) 장점 ① 강재량의 절약(경제적)
② 접합부의 일체성과 수밀성 확보
③ 철골의 중량 감소
④ 무소음/무진동
(2) 단점 ① 숙련공이 필요함
② 용접 결함 검사의 어려움
③ 용접열에 의한 변형 발생
④ 결함 발견 시 재시공 곤란

06 가. ③   나. ②
다. ④   라. ①
마. ⑤

07 (1) 가-②, 나-①, 다-④
(2) 구조체에 미치는 영향
① 철근의 부식
② 콘크리트 균열
③ 내구성 저하

08 가. 10
나. 영식
다. 화란식
라. 1.2m

09
- 긴결재(긴장재) : 콘크리트를 부어넣을 때 거푸집의 간격을 유지하며 벌어지는 것을 막는 것
- 격리재 : 벽거푸집이 오므라지는 것을 방지하고 간격을 일정하게 유지하여 격리와 긴장재 역할을 하는 것

10
가. ③
나. ④
다. ②
라. ①

11
(1) 파레토도
(2) 특성요인도
(3) 히스토그램
(4) 산점도

12
① 콘크리트를 타설 후 수화작용을 충분히 발휘시켜 적정한 강도를 발현하기 위해
② 외력에 의한 균열발생을 예방하고 오손, 변형, 파손 등으로부터 콘크리트를 보호하기 위해

13
가. 80
나. 200
다. 10
라. 0.39

14 갱폼, 클라이밍폼, 슬립폼

15
(1) 눈먹임
(2) 조색
(3) 상도
(4) 퍼티

16
(1) 필릿용접
(2) 용접치수 13mm
(3) 용접길이 50mm
(4) 용접간격 150mm

17
(1) 2
(2) 2
(3) 2
(4) 2

18
(1) 타설공법
(2) 미장공법
(3) 합성공법
(4) 조적공법

19
(1) 압송성
(2) 시공연도
(3) 마감성
(4) 성형성

20
(1) 유동화제
(2) 방청제
(3) 응결지연제
(4) AE제

21
(1) 콘크리트 외면에서부터 첫 번째 나오는 철근의 표면까지의 거리
(2) 피복두께
   가. 40mm
   나. 20mm
   다. 40mm

22

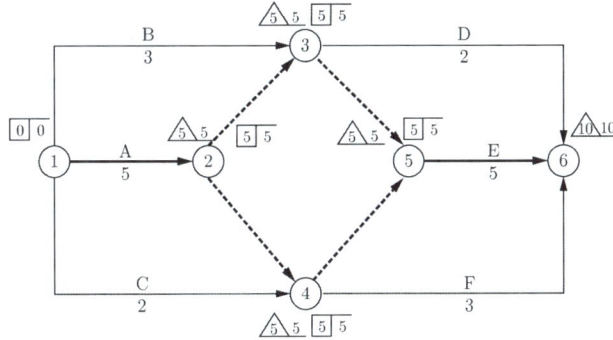

23 20 × 149 × 1.05 = 3,129매

24
(1) ①, ②, ③, ④, ⑤, ⑥
(2) 가-구명줄, 나-안전대

25 가. 10
   나. 12
   다. 3

26 (1) 낙하물 방지망
(2) 방호선반
(3) 추락 방호망
(4) 개구부 수평보호덮개
(5) 안전난간

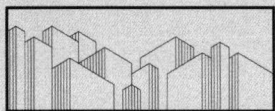

MEMO

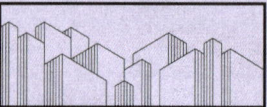

MEMO